高等学校计算机专业规划教材

云计算与
物联网信息融合

陈红松　编著

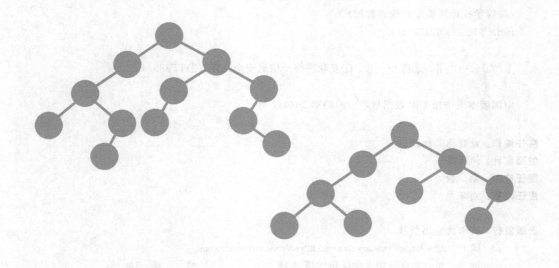

清华大学出版社
北　京

内容简介

本书主要介绍云计算与物联网的信息融合技术,首先讲授云计算的概念与发展、云计算系统结构、云计算关键技术,云存储及云安全技术,开源云计算系统、云计算应用软件开发及 Hadoop 云计算编程实例;然后讲授物联网的概念与发展、物联网系统结构、物联网关键技术,物联网安全技术,开源物联网系统;最后讲授云计算与物联网的融合应用,以及云计算与物联网的实验指导。

本书强调科学理论与工程实验的有机结合,既保证理论的完整性,又保证实验的可行性,因此,既可作为高等院校计算机科学与技术、物联网工程、信息安全等相关专业的本科生和研究生相关课程的教材,也可作为云计算与物联网工程技术人员的参考书。

图书在版编目(CIP)数据

云计算与物联网信息融合/陈红松编著. —北京:清华大学出版社,2017(2024.12重印)
(高等学校计算机专业规划教材)
ISBN 978-7-302-45208-9

Ⅰ. ①云… Ⅱ. ①陈… Ⅲ. ①互联网络—信息安全 Ⅳ. ①TP393.4

中国版本图书馆 CIP 数据核字(2016)第 264047 号

责任编辑:龙启铭 徐跃进
封面设计:何凤霞
责任校对:梁 毅
责任印制:刘海龙

出版发行:清华大学出版社
      网 址:https://www.tup.com.cn, https://www.wqxuetang.com
      地 址:北京清华大学学研大厦 A 座   邮 编:100084
      社 总 机:010-83470000   邮 购:010-62786544
      投稿与读者服务:010-62776969,c-service@tup.tsinghua.edu.cn
      质量反馈:010-62772015,zhiliang@tup.tsinghua.edu.cn
      课件下载:https://www.tup.com.cn,010-62795954
印 装 者:三河市春园印刷有限公司
经 销:全国新华书店
开 本:185mm×260mm   印 张:21   字 数:500 千字
版 次:2017 年 1 月第 1 版   印 次:2024 年 12 月第 7 次印刷
定 价:49.00 元

产品编号:041900-01

前言

　　云计算和物联网是当今信息技术发展的两大亮点，它们既有区别，又有联系。物联网通过各种异质传感器采集物理世界的海量数据，通过各类网络汇聚到云计算数据中心，依靠云计算的强大处理能力对海量数据进行智能信息处理。云计算是物联网发展的基石，物联网为云计算提供丰富的数据来源，二者相辅相成共同促进新形态信息技术发展。在大数据时代，二者的有机融合将进一步推动数据自身应用价值的挖掘与呈现，促进信息产业爆发式发展。本书紧密结合当前云计算和物联网领域的发展动态，体现学科前沿研究成果，注重一定的实践性和创新性，兼顾云计算与物联网知识体系的科学性、完整性、关联性、系统性与发展性，体现学科国内外理论研究和实践教学领域的先进成果，本书很多内容来自编者的科研成果及教学实践。

　　全书共分15章。第1章介绍云计算的概念、发展、特点及标准化状况；第2章介绍云计算的系统结构模型、服务层次结构、技术层次结构、典型的云计算平台及系统结构，如 Google 云平台、Amazon 云平台；第3章讲授云计算的关键技术，包括资源池技术、数据中心技术、虚拟化技术、资源管理技术、网络通信技术、编程模型、云存储与云安全技术；第4章讲授云存储的概念、系统结构、关键技术、标准化及云存储安全技术；第5章讲授云计算的安全问题、安全属性、安全架构、安全标准、实施步骤等，结合阿里云讲授云安全的策略与方法；第6章讲授开源云计算系统，包括 Hadoop、Eucalyptus、OpenStack、CloudStack 等典型开源云计算系统，分别从系统组成、关键技术、开发应用等方面进行阐述；第7章讲授云计算应用软件开发，包括 Microsoft Azure Service、Salesforce、Amazon AWS、Google App Engine 以及阿里云自助实验系统；第8章讲授 Hadoop 云计算编程实例，包括 Hadoop 数据去重、数据排序、单表关联等实例；第9章介绍物联网的概念、发展、特征、应用案例、挑战与建议等；第10章阐明物联网系统结构的设计原则，从多种不同视角讲授物联网的系统结构，分析物联网标准化框架；第11章讲授物联网的关键技术，包括现代感知与标识技术、嵌入式系统技术、网络与通信技术、数据汇聚与信息融合、智能信息处理、云计算与信息服务技术、网络安全与管理技术等；第12章讲授物联网的安全问题、安全需求、安全机制、安全技术；第13章讲授物联网的开源硬件系统、开源操作系统和开源数据交换标准；第14章讲授云计算与物联网在智慧城市、智慧医疗、智慧社区三个方面的融合应用；第15章讲授云计算与物联网的实验指导，包括 RFID 实验、

ZigBee 实验、WiFi 实验、蓝牙实验及 Hadoop 云计算实验等。

本书注重科学理论与实验教学的有机结合,既可作为高等院校计算机科学与技术、物联网工程、信息安全等相关专业的本科生和研究生相关课程的教材,也可作为云计算与物联网工程技术人员的参考书。

本书由北京科技大学计算机与通信工程学院的陈红松副教授主持全书内容的策划和编写,本教材的编写得到了高等学校本科教学质量与教学改革工程建设项目和北京科技大学教材建设经费资助(编号 JC2013YB029),北京市自然科学基金资助(编号 4142034)、北京市科技计划项目资助(编号 D141100003414002)、国家 863 高技术研究发展计划资助(编号 2013AA01A209),作者在此致以深切感谢。

由于云计算与物联网技术发展较快,作者水平有限,书中不足之处在所难免,殷切希望广大作者批评指正并提出宝贵意见和建议,以便进一步完善教材内容。编者 E-mail: architecture_ustb@aliyun.com。

编 者

2016 年 11 月

目录

第1章

云计算的概念与发展

本章结构

1.1 云计算的概念及定义

"云计算"从出现起,只用了短短几年时间,就赢得了众多企业及教育科研机构的重视。Google、IBM、亚马逊、微软等公司投入了空前的人力、物力从事云计算技术和产品。云计算到底是什么?云计算如何实现?作为新兴概念,云计算的标准化工作又是如何推进的?云计算会遭遇哪些挑战?本章将分析这些问题,帮助读者对这些内容形成一个初步的认识。云计算(cloud computing)这个概念最早是由 Google 提出,在众多企业的推动下逐渐深入人心。

通过云计算技术可以快速得到大批量任务的处理结果,因为使用 1000 台服务器一小时的成本与使用一台服务器 1000 小时相当。这种资源的伸缩性、无须为大规模处理支付额外费用的特性,在 IT 历史上是前所未有的。

目前,云计算的概念可以被划分为"狭义云计算"和"广义云计算"。狭义云计算是指 IT 基础设施的交付和使用模式,指通过网络以按需、易扩展的方式获得所需资源(硬件、平台、软件)。提供资源的网络被称为"云"。"云"中的资源在使用者看来是可以无限扩展的,并可以随时获取,按需使用,随时扩展,按使用付费。人们像购买水电燃气一样购买计算服务,将使用 IT 基础设施变为按需取用。相对地,广义云计算是指服务的交付和使用模式,指通过网络以按需、易扩展的方式获得所需的服务。

事实上,现有的研究成果对云计算的定义并没有达成行业的共识。目前各大主流厂商的云计算理念也不一样,对云计算的理解更不尽相同。IBM 的技术白皮书"Cloud Computing"中的云计算定义是:"云计算一词用来同时描述一个系统平台或者一种类型的应用程序。"一个云计算的平台按需进行动态的部署(provision)、配置(configuration)、重新配置(reconfigure)以及取消服务(reprovision)等。在云计算平台中的服务器可以是物理的服务器或者虚拟的服务器。高级的计算云通常包含一些其他计算资源,例如存储区域网络(SANS),网络设备,防火墙以及其他安全设备等。在应用方面,云计算描述了一种可以通过互联网进行访问的可扩展的应用程序。"云应用"使用大规模的数据中心以及功能强大的服务器来运行网络应用程序与网络服务。任何一个用户可以通过合适的互联网接入设备以及一个标准浏览器就能够访问一个云计算应用程序。

中国云计算网将云定义为:云计算是分布式计算(distributed computing)、并行计算(parallel computing)和网格计算(grid computing)的发展,或者说是这些科学概念的商业实现。

2009年,美国国家标准技术研究院(NIST)对于云计算设立草案,在这份法案草案中,对云计算进行了如下定义:"云计算是一种按使用付费的模型。该模型具有方便、可以按需访问资源共享池的特点。这里的共享资源池可以是网络、服务器、存储、应用或者服务。云计算也可以利用最少的管理提供迅速的服务。云模型具有五个主要特点、三个分发模型,以及四个部署模型。"其五个主要特点分别为按需自助式服务(on-demand self-service),无处不在的网络接入(ubiquitous network access),独立的资源池(location independent resource pooling),高速的可伸缩性(rapid elasticity)和管理服务(measured service)。同时,该草案提出将云计算划分为三个分发模型:将软件作为服务(Software as a Service, SaaS),将平台作为服务(Platform as a Service, PaaS)以及将基础设施作为服务(Infrastructure as a Service, IaaS)。同时,四个部署模型分别为私有云(private cloud)、社区云(community cloud)、公共云(public cloud)以及混合云(hybrid cloud)。

SaaS把应用程序作为服务提供给用户,就是软件即服务(SaaS)。该模式的云服务是在云基础设施上运行的、由软件提供者提供的应用程序。这些应用程序可以被各种不同的客户端设备,通过像Web浏览器、手机客户端这样的瘦客户端访问。用户不直接管理或控制底层云基础设施,包括网络、服务器、操作系统和存储设备,例如新浪微博提供的开发和数据接口等软件服务。

PaaS对开发环境抽象封装和有效服务负载封装,实现系统的有效服务负载均衡,就是平台即服务(PaaS)。PaaS将消费者创建或获取的应用程序,利用资源提供者指定的编程语言和工具部署到云的基础设施上。用户可以控制部署的应用程序,也可以配置应用的托管环境,例如Hadoop平台提供的云服务。

IaaS把基本存储和计算能力作为标准的服务提供给用户,就是把基础设施当作服务(IaaS)。该模式的云服务通过租用处理、存储、网络和其他基本的计算资源,消费者能够在上面部署和运行任意软件,包括操作系统和应用程序。用户可以控制操作系统、存储、部署的应用,也有可能选择网络构件(如主机防火墙),例如Amazon S3、EC2等服务。

需要指出的是,随着云计算的不断深入发展,不同云计算分发模型也在进行相互融合,同一产品往往涵盖两种以上类型,界限模糊是未来的一种发展趋势。

由以上定义可知,云计算是虚拟化(virtualization)、效用计算(utility computing)、IaaS(基础设施即服务)、PaaS(平台即服务)、SaaS(软件即服务)等概念混合演进并跃升的结果。

　　虽然目前云计算没有统一的定义,综合上述定义,可以总结出云计算的一些本质特征,即分布式计算和存储特性、高扩展性、用户友好性和良好的管理。

1.2　云计算的发展历程

　　云计算发展历程如下。

　　1959 年 6 月,Christopher Strachey 发表虚拟化论文,虚拟化是今天云计算基础架构的基石。

　　1961 年,John McCarthy 提出计算力和通过公用事业销售计算机应用的思想。

　　1962 年,J. C. R. Licklider 提出"星际计算机网络"设想。

　　1965 年,美国电话公司 Western Union 一位高管提出建立信息公用事业的设想。

　　1984 年,Sun 公司的联合创始人 John Gage 说出了"网络就是计算机"的名言,用于描述分布式计算技术带来的新世界,今天的云计算正在将这一理念变成现实。

　　1996 年,网格计算 Globus 开源网格平台起步。

　　1997 年,南加州大学教授 Ramnath K. Chellappa 提出云计算的第一个学术定义,认为计算的边界可以不是技术局限,而是经济合理性。

　　1998 年,VMware(威睿)公司成立并首次引入 X86 的虚拟技术。

　　1999 年,Marc Andreessen 创建 LoudCloud,是第一个商业化的 IaaS 平台。

　　1999 年,Salesforce. com 公司成立,宣布"软件终结"革命开始。

　　2000 年,SaaS 兴起。

　　2004 年,Web 2.0 会议举行,Web 2.0 成为技术流行词,互联网发展进入新阶段。

　　2004 年,Google 公司发布 MapReduce 论文。Hadoop 就是 Google 集群系统的一个开源项目总称,主要由 HDFS、MapReduce 和 HBase 组成,其中 HDFS 是 Google File System(GFS) 的开源实现;MapReduce 是 Google MapReduce 的开源实现;HBase 是 Google BigTable 的开源实现。

　　2004 年,Doug Cutting 和 Mike Cafarella 实现了 Hadoop 分布式文件系统(HDFS)和 Map-Reduce,Hadoop 成为非常优秀的分布式系统基础架构。

　　2005 年,Amazon 公司宣布创立 Amazon Web Services 云计算平台。

　　2006 年,Amazon 公司相继推出在线存储服务 S3 和弹性计算云 EC2 等云服务。

　　2006 年,Sun 公司推出基于云计算理论的 BlackBox 计划。

　　2007 年,Google 公司与 IBM 公司在大学开设云计算课程。

　　2007 年 3 月,戴尔公司成立数据中心解决方案部门,先后为全球 5 大云计算平台中的三个(包括 Windows Azure、Facebook 和 Ask. com)提供云基础架构。

　　2007 年 7 月,Amazon 公司推出了简单队列服务(Simple Queue Service,SQS),这项服务使托管主机可以存储计算机之间发送的消息。

　　2007 年 11 月,IBM 公司首次发布云计算商业解决方案,推出"蓝云"(Blue Cloud)计划。

2008 年 1 月，Salesforce.com 公司推出了随需应变平台 DevForce，Force.com 平台是世界上第一个平台即服务的应用。

2008 年 2 月，EMC 中国研发集团云架构和服务部正式成立，该部门结合云基础架构部、Mozy 和 Pi 两家公司共同形成 EMC 云战略体系。

2008 年 2 月，IBM 公司宣布在中国无锡太湖新城科教产业园为中国的软件公司建立第一个云计算中心。

2008 年 4 月，Google App Engine 发布。

2008 年中，Gartner 发布报告，认为云计算代表了计算的方向。

2008 年 5 月，Sun 公司在 2008JavaOne 开发者大会上宣布推出 Hydrazine 计划。

2008 年 6 月，EMC 公司中国研发中心启动"道里"可信基础架构联合研究项目。

2008 年 6 月，IBM 公司宣布成立 IBM 大中华区云计算中心。

2008 年 7 月，HP 公司、Intel 公司和 Yahoo 公司联合创建云计算试验台 Open Cirrus。

2008 年 8 月 3 日，美国专利商标局（SPTO）网站信息显示，戴尔公司正在申请"云计算"（cloud computing）商标，此举旨在加强对这一未来可能重塑技术架构的术语的控制权。戴尔公司在申请文件中称，云计算是"在数据中心和巨型规模的计算环境中，为他人提供计算机硬件定制制造"。

2008 年 9 月，Google 公司推出 Google Chrome 浏览器，将浏览器彻底融入云计算时代。

2008 年 9 月，甲骨文公司和 Amazon AWS 合作，用户可在云中部署甲骨文软件、在云中备份甲骨文数据库。

2008 年 9 月，思杰公司公布云计算战略，并发布新的思杰云中心（Citrix Cloud Center，C3）产品系列。

2008 年 10 月，微软公司发布其公共云计算平台——Windows Azure Platform，由此拉开了微软公司的云计算大幕。

2008 年 12 月，Gartner 披露十大数据中心突破性技术，虚拟化和云计算上榜。

2008 年，Amazon 公司、Google 公司和 Flexiscale 公司的云服务相继发生宕机故障，引发业界对云计算安全的讨论。

2009 年，思科公司先后发布统一计算系统（UCS）、云计算服务平台，并与 EMC 公司、VMware 公司建立虚拟计算环境联盟。

2009 年 1 月，阿里软件公司在江苏南京建立首个"电子商务云计算中心"。

2009 年 4 月，VMware 公司推出业界首款云操作系统 VMware vSphere 4。

2009 年 7 月，Google 公司宣布将推出 Chrome OS 操作系统。

2009 年 7 月，中国首个企业云计算平台诞生（中化企业云计算平台）。

2009 年 9 月，VMware 公司启动 vCloud 计划，构建全新云服务。

2009 年 11 月，中国移动云计算平台"大云"计划启动。

2010 年 1 月，HP 公司和微软公司联合提供完整的云计算解决方案。

2010 年 1 月，IBM 公司与松下公司达成云计算交易。

2010 年 1 月,微软公司正式发布 Microsoft Azure 云平台服务。

2010 年 4 月,英特尔公司在 IDF 上提出互联计算,图谋用 x86 架构统一嵌入式、物联网和云计算领域。

2010 年,微软公司宣布其 90% 员工将从事云计算及相关工作。

2010 年 4 月,戴尔公司推出源于 DCS 部门设计的 PowerEdgeC 系列云计算服务器及相关服务。

2010 年,国家发展和改革委员会、工业和信息化部联合颁布了《关于做好云计算服务创新发展试点示范工作的通知》。通知指出:"现阶段云计算创新发展的总体思路是'加强统筹规划、突出安全保障、创造良好环境、推进产业发展、着力试点示范、实现重点突破'。云计算创新发展试点示范工作要与区域产业发展优势相结合,与国家创新型城市建设相结合,与现有数据中心等资源整合利用相结合,要立足全国规划布局,推进云计算中心(平台)建设,为提升信息服务水平、培育战略性新兴产业、调整经济结构、转变发展方式提供有力支撑。"这宣示着中国云计算时代也即将到来,同时在国家的扶持下也必将昌盛。

2012 年 6 月,中国科技部发布中国云科技发展"十二五"专项规划意见稿,该意见稿要求十二五期间形成可批量推广的云计算解决方案,研发亿级并发云服务器,研制 EB 级云存储系统,培育和扶持一批具有竞争力的产业链核心企业。

2014 年 2 月 27 日,中央网络安全和信息化领导小组成立。该领导小组将着眼国家安全和长远发展,统筹协调涉及经济、政治、文化、社会及军事等各个领域的网络安全和信息化重大问题,由此,网络信息安全已上升成为国家战略。国产软硬件对以 IOE(IOE 分别表示 IBM、Oracle 和 EMC 三家公司)为代表的进口软硬件的替代趋势不可逆转。替代的路径应该是先由最容易实现的服务器等硬件设备到云计算和云存储等软件与服务,最终到处理器、操作系统和数据库等核心基础软件平台。

工信部针对云计算的"十三五"规划已经启动。2014 年我国云计算产业的发展思路和工作重点是:培育龙头企业,打造完整的产业链;鼓励有实力的大型企业兼并重组、集中资源发挥龙头企业对产业发展的带动辐射作用,打造云计算产业链。

2015 年 1 月初,国务院印发《关于促进云计算创新发展培育信息产业新业态的意见》。该意见提出,要在 2020 年,让云计算成为我国信息化重要形态和建设网络强国的重要支撑。2015 年 7 月初,国务院印发《关于积极推进"互联网+"行动的指导意见》。本意见明确指出"探索互联网企业构建互联网金融云服务平台","支持银行、证券、保险企业稳妥实施系统架构转型,鼓励探索利用云服务平台开展金融核心业务"。

2016 年,国家科技部会同相关部门组织开展了《云计算和大数据重点专项实施方案》编制工作,在此基础上发布指南,启动"云计算和大数据重点专项"。云计算和大数据专项总体目标是:形成自主可控的云计算和大数据系统解决方案、技术体系和标准规范;在云计算与大数据的重大设备、核心软件、支撑平台等方面突破一批关键技术;基本形成以自主云计算与大数据骨干企业为主体的产业生态体系和具有全球竞争优势的云计算与大数据产业集群;提升资源汇聚、数据收集、存储管理、分析挖掘、安全保障、按需服务等能力,实现核心关键技术自主可控,促进我国云计算和大数据技术的研究与应用达到国际领先水平,加快建成信息强国。专项围绕云计算和大数据基础设施、基于云模式和数据驱动的新型软件、大数据分析应用与类人智能、云端融合的感知认知与人机交互4个创新链（技术方向）部署31项研究任务，专项实施周期为2016年至2020年。

随着云计算的发展，云计算将已更加快速的趋势进入各相关行业，并与物联网逐步融合。云计算将逐步关系到每个人的生活、工作，等等。云计算快速发展的同时，大数据行业也迎来了井喷式的发展，但面对大数据快速增加的存储需求，云存储无疑是大数据最好的解决平台。首先，云存储能够提供灵活的扩展空间，同时，云计算还能够提供强大的计算能力，帮助企业发掘数据潜在价值。在数据分析方面，可以利用云计算帮助企业分析数据的内涵，发掘潜在商业价值。未来一切都可以变得智能化：智能手表、智能衣服、智能电视、智能家居和智能汽车，并且绝大多数智能设备的软件和数据都可以在云端运行与存储。

1.3　云计算的特点

从目前研究现状上看，云计算规模超大，且"云"能赋予用户前所未有的计算能力。具体而言，云计算具有以下特点：

（1）超强的计算、存储能力。用户可以通过网络、随时随地、以各种终端使用从几台到几十万台的服务器资源。

（2）高可靠性。云使用冗余、数据多副本容错等措施来保障服务的高可靠性。云计算系统可以自动检测失效节点，并将失效节点排除，不影响系统的正常运行。

（3）通用性。云计算不针对特定的应用，同一个云可以同时支撑不同的应用；不针对特定的用户，用户端的设备要求低，使用方便。

（4）按需服务、高可扩展性、超大规模。云是一个庞大的资源池，可以按需购买、计费，规模可以动态伸缩。服务的实现机制对用户透明，用户无须了解云计算的具体机制，就可以获得需要的服务。

（5）虚拟化。云计算支持用户在任意位置、使用各种终端获取应用服务。所请求的资源来自云，而不是固定的有形的实体。应用在云中运行，用户无须了解应用的具体位置。

（6）高层次的编程模型。云计算系统提供高级别的编程模型。用户通过简单的学习，就可以编写自己的云计算程序，在"云"系统上执行，满足自己的需求。现在云计算系统主要采用Map-Reduce模型。

（7）经济性。组建一个采用大量的商业机组成的机群相对于同样性能的超级计算机花费的资金要少很多。可用廉价节点构成云，云的自动化集中式管理降低数据中心管理成本，云的通用性使资源利用率大幅提升，从总体上大幅降低成本。

1.4　云计算的标准化

随着云计算业务的快速发展，标准化一直是云计算行业的讨论热点，国际上出现了众多的云计算标准组织。根据Gartner的预测，2010年全球云服务收入预计达到683亿美元，与2009年586亿美元的收入相比增长16.6%，云计算行业到2014年收入将达到

1488 亿美元,呈现出强劲的增长势头,市场的高速增长使市场的规范化需求日益迫切。云计算未来将变成一种类似于电信服务的公共服务,充分市场化的公共云服务需要涉及服务提供商之间的接口(类似于运营商间的网络与业务互联)以及服务提供商与用户之间的接口(类似于运营商与终端用户之间的接口),这些接口都需要进行标准化,以实现服务提供商间业务的互通,同时避免服务提供商对用户的锁定。为应对这种需求,目前国际上已经有众多标准组织以及产业联盟启动了云计算及云服务的标准化工作,分析云计算标准化的方向与趋势。

1.4.1 国际上云计算标准化现状

目前,全球范围内的云计算标准化工作已经启动,全世界已经有三十多个标准组织宣布加入云计算标准的制定行列,并且这个数字还在不断增加。这些标准组织大致可分为三种类型:

(1) 以分布式管理任务组 DMTF、开放网络论坛 OGF、存储网络工业协会 SNIA 等为代表的传统 IT 标准组织或产业联盟,这些标准组织中有一部分原来是专注于网格标准化的,现在转而进行云计算的标准化工作。

(2) 以云安全联盟 CSA、开放云计算联盟 OCC、云计算互操作论坛 CCIF 等为代表的专门致力于进行云计算标准化的新兴标准组织。

(3) 以 ITU、ISO、IEEE、IETF 为代表的传统电信或互联网领域的标准组织。

从表 1.1 中可以看到,大部分标准组织的成果仍只是一些白皮书或者技术报告,能够形成标准文档的较少,即使是已经发布的一些标准,也由于涉及的领域有限而没有产生很大影响。

表 1.1 云计算相关标准

标 准 组 织	题　　目	类型	发布时间
云安全联盟 (Cloud Security Alliance)	Top Threats to Cloud Computing	白皮书	2010.03
	Security Guidance for Critical Areas Of Focus Cloud Computing	白皮书	2009.12
分布式管理任务组 (Distributed Management Task Force)	Interoperable Clouds	白皮书	2009.11
	Architectures for Managing Clouds	白皮书	2010.06.18
	Use Cases and Interactions for Managing Clouds	白皮书	2010.06.18
	Open Virtualization Format Specification	DMIF 标准	2010.01
	Common Information Model System Virtualization	白皮书	2007.11
	Virtualization MANagement（VMAN）A Building Block for Cloud Interoperability	技术报告	2009.08
全球云间技术论坛 (Global Inter-Cloud Technology Forum)	Use Cases and Functional Requirements for Inter-Cloud Computing	白皮书	2010.08.09

续表

标 准 组 织	题　目	类型	发布时间
开放云宣言	Cloud Computing Use Cases V4.0	白皮书	2010.07
存储网络工业协会 （Storage Networking Industry Association）	Cloud Data Management Interface（CDMI）	SNIA 标准	2010.04
	Cloud Storage for Cloud Computing	白皮书	2009.09
	Managing Data Storage in the Public Cloud	白皮书	2009.10

一些标准组织也进行了大量有意义的工作，正在努力将云计算的标准化向前推动。

1. 重要的标准组织

（1）NIST。NIST（National Institute of Standards and Technology，美国国家标准技术研究院）由美国联邦政府支持，做了大量标准化工作。美国联邦政府在新一任联邦首席信息官的推动下，正在积极推进联邦机构采购云计算服务，而 NIST 作为联邦政府的标准化机构，就承担起为政府提供技术和标准支持的任务，它集合了众多云计算方面的核心厂商，共同提出了目前为止被广泛接受的云计算定义，并且根据联邦机构的采购需求，还在不断推进云计算的标准化工作。

（2）DMTF。DMTF（The Distributed Management Task Force，分布式管理任务组）是领导面向企业和 Internet 环境的管理标准和集成技术的行业组织。DMTF 在 2009 年 4 月成立了"开放云计算标准孵化器"，主要关注于 IaaS 的接口标准化，制定开放虚拟接口格式（Open Virtualization Format，OVF），使用户可以在不同的 IaaS 平台间自由地迁移。

（3）CSA。CSA（Cloud Security Alliance，云安全联盟）是专门针对云计算安全方面的标准组织，已经发布了"云计算关键领域的安全指南"白皮书，成为云计算安全领域的重要指导文件。

（4）IEEE。云计算（主要是以虚拟化方式提供服务的 IaaS 业务）给传统的 IDC 及以太网交换技术带来了一系列难以解决的问题，如虚拟机间的交换、虚拟机的迁移、数据/存储网络的融合等，作为以太网标准的主要制定者，IEEE 目前正在针对以上问题进行研究，并且已经取得了一些阶段性的成果。

（5）SNIA。SNIA（Storage Networking Industry Association，存储网络协会）是专注于存储网络的标准组织，在云计算领域，SNIA 主要关注于云存储标准，目前已经发布了"云数据管理接口 CDMI v1.0"。

（6）其他组织。ITU、IETF、ISO 等传统的国际标准组织也已经开始重视云计算的标准化工作。ITU 继成立了云计算焦点组（Cloud Computing Focus Group）之后，又在 SG13 成立了云计算研究组（Q23）；IETF 在近两次会议中都召开了云计算的 BOF，吸引了众多成员的关注；ISO 在 ISO/IEC JTC1 进行一些云计算相关的 SOA 标准化工作等。这些标准组织与其他专注于具体某个行业领域的组织不同，希望能够从顶层架构的角度来对云计算标准化进行推进，虽然短期内可能不会取得太多的成果，但长期来看，这些组织如果能够吸收众家之长，形成云计算标准的"顶层设计"，应该是非常有意义的。

2. 国际云计算标准化的特点

(1) 私有与开源实现给标准化造成一定的困难。从目前云计算服务提供商的情况来看，对云平台的私有和开源实现仍是主导。一方面，云计算相关的开源实现，如 Hadoop、Eucalyptus、KVM 等成为构建云计算平台的重要基础，一些具有自主开发能力的企业正在这些开源实现的基础上进行开发，以提供具有个性化特点的云计算业务。另一方面，具有先发优势的公司利用其成熟的技术和产品形成了事实标准，如 VMware、Citrix 的虚拟机管理系统，这些产品主导了云计算解决方案市场。

应该说，云平台基于开源或私有技术与云计算的标准化并不冲突，因为对于标准化来说，重点应该在于系统的外部接口，而不是系统的内部实现。但由于一些开源的实现方式无法提供面向于平台间互联与互操作的接口，而一些私有或专用的云平台则由于利益关系，不愿提供开放的接口，因此给标准化造成了一定的困难。

(2) IaaS 是标准化的重点。IaaS 是基础性的云计算服务，实现了基础 IT 资源（如存储、内存、CPU、网络等）的虚拟化。从产业角度来看，IaaS 具有比较成熟的产业链，是传统的企业数据中心向云计算迁移的最现实与便捷的方式，因此，IaaS 是目前市场上宣传与关注最多的云计算业务模式，在某种程度上，IaaS 甚至已经在市场上成为云计算的代名词。从技术角度来看，IaaS 的概念和技术实现最为明确，主机虚拟化、分布式存储等技术在形式和目标上比较统一。IaaS 的标准化既有技术上的可行性，又存在市场需求，因此成为目前标准化的重点目标。

(3) 互操作、业务迁移和安全是标准化的主要方向。NIST 将其云计算的标准化的重点定为互操作、可移植性与安全，这可能代表了产业界对云计算标准化方向的一种共识。目前，众多标准组织都把云的互操作、业务迁移和安全列为云计算 3 个最重要的标准化方向。

类似于今天电信网络中不同运营商同类业务间的互联互通，未来云提供商之间也必然实现互联、互操作，这也是建立更加合理的市场竞合关系的必要条件。云平台之间的互操作将促进云计算产业链的进一步细分，并产生更加灵活和多样化的业务形式。互操作将产生众多云间接口的标准化需求，如计算云与存储云间的接口、软件云与基础设施云间的接口等。

云间的业务迁移是维护市场秩序，避免业务垄断和用户锁定的重要基础。云间的业务迁移需要在提供同类云计算业务的提供商之间定义标准化的业务、资源、数据描述方式，这也产生了大量标准需求。

在云计算发展面临的挑战中，安全和隐私排在了首位。云安全被认为是决定云计算能否生存下去的关键问题，因此自然成为标准化所关注的重点。当然，安全问题需要从法律、监管、信任体系等多个角度入手去解决，标准化只是其中的一个方面。从技术的角度看，云的安全问题带来了对云平台及客户端安全防护、数据加密、监管接口等多方面的标准化需求。

(4) 市场主导者在标准化问题上态度日趋积极。标准化是避免垄断的一种技术手段，因此一些云计算的"先行者"最初对于标准化的态度并不积极。2009 年 3 月底，由 IBM 公司发起，包括 IBM、AMD、EMC、Sun、SAP、VMware 等在业内知名的芯片、存储、虚拟化、软件等数十家厂商和组织，共同签署了一份"开放云计算宣言"，为开放云计算制订若干原则，以保证未来云计算的互操作性。该宣言受到了微软公司、亚马逊公司、谷歌公司、Salesforce 公司等云计算先行者的抵制,这些公司均拒绝签署该宣言。

2009 年 4 月,在众多企业的支持下,DMTF 成立了"开放云计算标准孵化器",希望能够为 IaaS 制定一套技术规范,但是目前市场上 IaaS 业务的最主要厂商亚马逊公司并不支持这一组织,亚马逊公司认为云计算还没有到需要标准化的阶段。

以上案例都表明了市场的领导者对于标准化的态度,作为市场的主导者,他们不希望目前的垄断局面被打破。但市场的发展是无法阻挡的,市场规模的扩大必然需要给后来者以生存空间。标准化,尤其是互操作与业务迁移的标准化正是使市场能够走向开放的重要基础。因此,市场主导者的态度也在逐渐发生着积极的变化。目前,谷歌公司正在积极参加 IETF 对于云计算的讨论,Salesforce 公司成为了 CSA 的成员之一,微软公司、Intel 公司等已经成为 DMTF 的董事会成员。所有这些变化都说明,云计算的标准化已经成为业界的共识,参见表 1.2。

表 1.2 云计算相关标准组织及工作目标

序号	标准化组织	工作目标	主要成员
1	国际标准化组织/国际电工委员会 第一联合技术委员会/软件工程分技术委员会(ISO/IEC JTC1/SC7)	2009 年 5 月成立了"云计算 IT 治理研究组",以研究分析市场对于 IT 治理中的云计算标准需求,并提出 JTC1/SC7 内的云计算标准目标及内容	韩国、中国及其他有兴趣的国家成员体
2	国际标准化组织/国际电工委员会 第一联合技术委员会/分布式应用平台与服务分技术委员会(ISO/IEC JTC1/SC38)	2009 年 10 月成立了"云计算研究组",以研究分析市场对于云计算标准的需求,与云计算相关的其他标准化组织或协会沟通,并确立 JTC1 内的云计算标准内容	韩国、中国及其他有兴趣的国家成员体 ISO 内的其他有兴趣的标准化组织及云计算协会
3	分布式管理任务组(DMTF)	2009 年,成立 DMTF 开放式云标准孵化器(DMTF Open Cloud Standards Incubator),着手制定开放式云计算管理标准 其他工作还有开放式虚拟化格式(OVF)、云计算互操作性白皮书、DMTF 和 CSA 共同制定云安全标准	AMD、Cisco、Citrix、EMC、HP、IBM、Intel、Microsoft、Novell、Redhat、Sun、VMware、Savvis 等
4	云安全联盟	促进最佳实践以提供在云计算内的安全保证,并提供基于是有云计算的教育来帮助保护其他形式的计算	eBay、ING、Qualys、PGP、zScaler 等
5	欧洲电信标准研究所(ETSI)	其他网络技术委员会正在更新其工作范围以包括云计算这一新出现的商业趋势,重点关注电信及 IT 相关的基础设施即服务	涉及电信行政管理机构、国家标准化组织、网络运营商、设备制造商、专用网业务提供者、用户研究机构等
6	美国国家标准技术研究生(NIST)	NIST 正在制定云计算的定义,NIST 的科学家通过产业和政府一起来制定这些云计算的定义。NIST 将主要为美国联邦政府服务,主要聚焦云架构,安阳河部署策略	美国 NIST 相关成员

序号	标准化组织	工作目标	主 要 成 员
7	网络存储工业协会（SNIA）	SNIA 云存储技术工作组与 2010 年 1 月发布了云数据管理接口（CDMI）草案 1.0 版本,其中包括了 SNIA 云存储的参考模型以及基于这个参考模型的 CDMI 参考模型。SNIA 希望为云存储和云管理提供相应的英语程序接口并向 ANSI 和 ISO 提供这些标准	ActiFio、 Bycast、 Inc.、 Calsoft、 Inc. Cisco、The CloudStor Group at the San Diego Supercomputer Center、EMC,CoGrig 等
8	对象管理组织（OMG）	云的互操作及云的可移植性	OMG 相关成员
9	开放网格论坛（OGF）	开发管理云计算基础设施的 API,创建能与云基础设施（Iaas）进行交互的实际可用的解决方案	Microsoft、 Sun、 Oracle、 Fujitsu、 Hitaohi、 IBM、 Intel、 HP、 AT&T、 eBay 等
10	开放云计算联盟（OCC）	开发云计算基准和支撑云计算的参考实现;管理开放云测试平台;改善跨地域的异构数据中心的云存储和计算性能使得不同实体一起无缝操作	Cisco、MIT 林肯实验室、Yahoo、各个大学（包括芝加哥的伊利诺斯州大学）
11	结构化信息标准促进组织（OASIS）	OASIS 认为云计算是 SOA 和网络管理模型的自然延伸,致力于基于现存标准 Web Services、SOA 等相关标准建设云模型及轮廓相关的标准 OASIS 最近成立云技术委员会 IDCloud TC,该技术委员会定位于云计算中的识别管理安全	OASIS 相关成员
12	开放群组（TOG）	最近刚成立云计算工作组,以确保在开放的标准下高效安全地使用企业级架构与 SOA 的云计算	TOG 相关成员
13	云计算互操作论坛（CCIF）	建立一个共同商定的框架/术语,使得云平台之间能在一个统一的工作区内交流信息,从而使得云计算技术和相关服务能应用于更广泛的行业	Cisco、 Intel、 Thomson Reuters、 Orange、 Sun、 IBM、RSA 等公司
14	开放云计算宣言（Open Cloud Manifesto）	研究在同样应用场景下两种或多种云平台进行信息交换的框架,同时为云计算的标准化进行最新趋势的研究、提供参考架构的最佳实践等 主要负责收集用户和云计算提供方对于云计算技术的需求并发起相关的讨论,为其他标准化组织提供参考,目前发布了《云计算案例白皮书》V3.0	目前已有 300 多家单位参与

1.4.2　我国云计算标准化的情况

云计算要在中国发展,首先要在某个应用领域、某些专业领域内实现专业云,由专业云过渡到混合云,混合云再到真正的云;其次是在现有的信息技术基础上实现迁移,把云的概念、云的体系架构应用到现有的体系架构、现有的应用系统里面,迁移到云的架构体系当中去。援引中国电子学会常务副理事长刘汝林的说明,"关于标准化工作,要考虑四个方面:一是云计算的迫切性和必要性;二是云计算标准的复杂性;三是标准的开放性;四是云计算的兼容性和渐进性。同时,我国的标准化工作需加强调研,要做好标准的顶层体系结构设计,协调相关方面的关系,坚持开放性,要采取先易后难的发展思路"。

目前在云计算产业与服务方面我国并未在国际上取得领先的地位,但在云计算的国际标准化方面,国内许多企业与研究机构都在积极地参与。

在 DMTF 中,联想公司已经成为领导层(Leadership)会员,而华为公司也成为了参与(Participation)会员;联想网御、瑞星、蓝盾已经成为 CSA 的成员;在 IETF 中,中兴公司发起了云计算方面的 BOF 会议;在 ITU,中兴公司、电信研究院等单位在云计算焦点组,SG13 云计算研究组中发挥着重要作用;在标准化推动组织 The Open Group 中,我国的金蝶软件公司已经成为董事会成员;电子技术标准化研究所成为 ISO JTC1 云计算标准化工作的发起单位;中国电信公司正式加入了全球云计算研发测试平台 Open Cirrus。

全国信息技术标准化技术委员会 SOA 分委会也联合云计算相关企业及高校、科研院所等开展《云计算数据中心参考架构》标准的制定工作。

由中国等国家成员体推动立项并重点参与的两项云计算国际标准——ISO/IEC 17788:2014《信息技术 云计算 概述和词汇》和 ISO/IEC 17789:2014《信息技术 云计算 参考架构》正式发布,这标志着云计算国际标准化工作进入了一个新阶段。这是国际标准化组织(ISO)、国际电工委员会(IEC)与国际电信联盟(ITU)三大国际标准化组织首次在云计算领域联合制定标准,由 ISO/IEC JTC1 与 ITU-T 组成的联合项目组共同研究制定。

这些情况表明,我国在云计算标准化方面已经不是一个旁观者,这也为未来我国能够在云计算领域拥有一定的话语权打下了基础。我国正在不断完善云计算的标准化。

1.5　云计算的发展现状

1.5.1　国外云计算发展现状

2009 年全球云计算市场规模相对较小,市场规模为 160 亿美元,但其增长速度将相当快,IDC 报告显示未来全球云计算市场平均每年将增长 27%。各国政府与其 IT 企业纷纷合作,共同拉动云计算跳跃式的发展。如今 IT 界对云计算的讨论及研发进入到关键阶段。企业、研究部门纷纷向云计算靠拢。在众多云计算实验室、服务托管中心、云计算中心中,Google 公司的云计算平台、IBM 公司的蓝云和 Amazon 公司的弹性云计算云的业绩夺目。国际数据公司 IDC 的高级副总裁兼主要分析师 Frank Gens 在他的分析报告中指出云计算服务仍然处在早期发展阶段。Frank Gens 在他的分析报告中列出了云计算服务面临的九大挑战和问题，Frank Gens 指出目前用户最关心的是云计算的安全问题，当他们的商业信息和重要的 IT 资源放置在云上时，用户们觉得很不安全；其次用户关心的是云计算的性能和可用性，即云计算的可靠性。云计算的可靠性涉及网络的可靠性、云计算系统的可靠性、甚至是提供云计算服务整个生态链的可靠性。

为了更好地辅助读者了解云计算的发展现状，下面从三个方面介绍各个国家的发展特点。

1. 美国云计算发展

美国政府的技术决策者认为，云计算的优势远大于风险。因此，美国政府正大力推行采用云服务或自行构建云服务的计划。云计算在美国政府机构的 IT 政策和战略中逐渐扮演越来越重要的角色，2009 年 5 月，在美国华盛顿举行的联邦 IT 成本节约论坛上，来自美国军方、国防信息系统局（DISA）、总务管理局、宇航局（NASA）、国家标准和技术研究所以及国防部、能源部和内政部的人士，充分讨论了采用或考虑采用云平台和云服务时所面临的安全、法规、互操作性和 IT 技能发展等问题。虽然他们在一些问题上达成了共识，但是由于云计算存在概念模糊、安全隐患以及缺乏典型部署等问题而广惹争议。因此，美国国家标准和技术研究所草拟了云计算的定义。美国总务管理局则向服务提供商们发布了信息请求，信息请求包括 45 个问题，涉及价格、服务级别协议、操作程序、数据管理、安全和互操作性等方面，这表明了美国政府机构对云的兴趣渐浓。同年 9 月，美国总统贝拉克·奥巴马就宣布将执行一项影响未来的长期性云计算政策，希望能借云计算的发展解决应用虚拟化带来的美国政府高居不下的 IT 经济支出问题。该方案的出台无疑成为了云计算发展最好的催化剂，迅速引起了 Amazon、Google、IBM 等科技公司的密切关注。

从而在美国，政府成为了云计算最大也是最可靠的 IT 支出来源。政府正在大力推行云计算计划，第一大元素就是联邦政府 CIO（首席信息官）维维克·昆德拉于 2009 年 9 月 16 日发布的网站，这是一个在线商城，让各个联邦机构可以浏览及购买以云为主的 IT 服务，该平台上提供许多 IT 服务业者，整合了商业、社交媒体、生产力应用与云端 IT 服务。此后，昆德拉执行了云端计划的第二步：美国政府在 2010 会计年度开始将轻量级的工作流程都转到云端，并且加强了对云计算的安排，把云计算纳入了政府规划与架构中，资助了众多试点项目，包括中央认证、目标架构与安全、隐私以及采购相关内容。此外，美国国防信息系统部门正在其数据中心内部搭建云环境，而美国宇航局下设的艾姆斯研究中心最近也推出了一个名为"星云"（Nebula）的云计算环境。政府行为一般都能带动整个产业。在美国，Amazon 公司也曾为与政府机构合作的 IT 服务公司开设了为期两天的有关云计算方面的培训课程。微软公司也表示，美国政府目前对微软公司的 Azure 云服务很感兴趣，这种方法可以为自己迅速扩展 IT 资源，满足奥巴马总统下令加强透明度的要求。在全球信息化浪潮与云计算等理念的推动下，谷歌、IBM、英特尔、AMD、微软等公司纷纷进入云计算及虚拟化领域，以软件创新推动硬件变革，最大限度地提高资产使用率，节约运营成本，也将获得最大的效益和灵活性。

2. 日本云计算发展

当美国政府大力支持云计算发展的时候,日本也奋起直追,日本政府也出台各种云计算发展计划政策,大力扶持和引领日本云计算发展。在当前日本 IT 业界,云计算已经是热门话题,它成为信息产业变革的代名词,不开展云计算业务,似乎就有可能落后于潮流,落后于潮流就意味着在一日千里的 IT 业界新一轮竞争中有可能败下阵来。

日本顺应 IT 发展的潮流,旨在降低政府 IT 运营成本,其内务部和通信监管机构正计划建立一个大规模的云计算基础设施,以支持所有政府运作所需的信息系统,这一系统被命名为 Kasumigaseki Cloud 的基础设施,该庞大的工程已在 2015 年完工,目标是巩固政府的所有 IT 系统到一个单一的云基础设施,以提高运营效率和降低成本。Kasumigaseki Cloud 将让各个政府机构协作完成共同的职能,大幅减少电子政务的发展和运营成本的同时增加处理速度和功能整合共享,提供安全,先进的政府服务。

日本 IT 大型公司已纷纷加大对云计算的投入力度,积极响应政府发展云计算政策。日本富士通公司总裁山本正己在 2010 年 7 月 9 口宣布,2010 财年对通过因特网向用户提供软件服务的云计算事业的投资计划为 1000 亿日元,约为 2009 财年的 1.5 倍,并把云计算视为增长的原动力。富士通 2010 财年的设备投资和研究开发费用为 4050 亿日元,云计算投资就占了 1/4。富士通计划先强化国内基础,然后向海外扩展,二者结合提高经营效益。日本富士通公司还与美国微软公司合作,开展通过互联网向客户提供软件和信息系统服务的云计算业务,以增强竞争力,开拓世界云计算市场。把云计算作为投资重点的公司在日本有很多,NTT 公司日前斥资 2800 亿日元收购南非 IT 企业,目的是强化云计算业务;NEC 公司从 2010 年 7 月开始也加大云计算服务力度,并培育专业人员 1 万人。

3. 欧洲云计算发展

美国领跑全球云计算的发展,日本等国紧随其后,云计算成为各国 IT 热门的战略重点,然而云计算在欧洲却遭到了质疑和冷遇。目前,以德国和英国为首的欧洲各国,对云计算提出了三点质疑:安全隐患、可靠性缺乏和概念的不成熟。

由于云计算等新兴商业模式要求用户将信息存储在云端,使用时可从云端直接启动,这触及用户的数据隐私,引发欧洲各国政府对信息安全的担忧。虽然微软、谷歌和美国其他科技巨头正积极促使欧盟对隐私法规进行整合,以便为欧盟提供更多的远程计算和数据存储服务。这些公司希望斥巨资在欧洲建立了一些大型数据中心,在欧盟 27 国内建立统一的云计算服务法规。同时,他们向 5 亿欧盟用户销售计算能力和存储空间,这些空间可以存储从家庭照片到医疗记录的各种内容。但是,由于多数的欧盟成员对私人公司保持着相当大警惕,尤其是对美国公司,不愿让它们控制太多公民的数据,强烈反对在欧盟建立统一的法规。

云计算的安全隐患如果不能消除,在欧洲的发展将受到诸多的阻碍。同时欧洲国家也对云计算模糊的概念提出了异议,虽然目前已经有很多定义,但是却始终没有统一云计算的定义。诸多原因导致,云计算在欧洲各国的 IT 战略发展中成为排名较为靠后的战略项目。相比较美国和日本,欧洲对于云计算的发展态度较为保守和谨慎。

1.5.2　国内云计算发展现状

我国云计算起步与国外相比较晚,但是发展的势头相当壮观。从 2008 年开始,云计算国内外企业在我国逐渐建立了多个云计算中心;政府对云计算的发展也是保持着鼓励和扶持的态度,意在增强科技创新力,提高云计算发展的自主创新能力。2010 年 10 月 10日,国务院发布的《国务院关于加快培养和发展战略性新兴产业的决定》明确指出:新一代信息技术产业,加快建设宽带、融合、安全的信息网络基础设施,推动新一代移动通信、下一代互联网核心设备和智能终端的研发及产业化,加快推进三网融合,促进物联网、云计算的研发和示范性应用。2010 年 10 月,工业和信息化部、国家发改委联合印发《关于做好云计算服务创新发展试点示范工作的通知》,在北京、上海、深圳、杭州、无锡五个城市先行开展云计算创新发展试点示范工作。试点的范围包括了针对政府、大中小企业和个人等不同用户需求,研究推进 SaaS、PaaS 和 IaaS 等服务模式创新发展,建设云计算中心(平台),面向全国开展相关服务。

我国云计算服务市场处于起步阶段,云计算技术与设备已经具备一定的发展基础。我国云计算服务市场总体规模较小,但追赶势头明显。据 Gartner 估计,预期未来我国与国外在云计算方面的差距将逐渐缩小。

大型互联网企业是目前国内主要的云计算服务提供商,业务形式以 IaaS＋PaaS 形式的开放平台服务为主,其中 IaaS 服务相对较为成熟,PaaS 服务初具雏形。我国大型互联网企业开发了云主机、云存储、开放数据库等基础 IT 资源服务,以及网站云、游戏云等一站式托管服务。一些互联网公司自主推出了 PaaS 云平台,并向企业和开发者开放,其中数家企业的 PaaS 平台已经吸引了数十万的开发者入驻,通过分成方式与开发者实现了共赢。

ICT 制造商在云计算专用服务器、存储设备以及企业私有云解决方案的技术研发上具备了相当的实力。其中,国内企业研发的云计算服务器产品已经具备一定竞争力,在国内大型互联网公司的服务器新增采购中,国产品牌的份额占到了 50％以上,同时正在逐步进入国际市场;国内设备制造企业的私有云解决方案已经具备千台量级物理机和百万量级虚拟机的管理水平。

软件厂商逐渐转向云计算领域,开始提供 SaaS 服务,并向 PaaS 领域扩展。业界领先的国内 SaaS 软件厂商签约用户数已经过万。

电信运营商依托网络和数据中心的优势,主要通过 IaaS 服务进入云计算市场。中国电信于 2011 年 8 月发布天翼云计算战略、品牌及解决方案,2012 年将提供云主机、云存储等 IaaS 服务,未来还将提供云化的电子商务领航等 SaaS 服务和开放的 PaaS 服务平台。中国移动自 2007 年起开始搭建大云(BigCloud)平台,2011 年 11 月发布了大云 1.5版本,移动 MM 等业务将在未来迁移至大云平台。中国联通则自主研发了面向个人、企业和政府用户的云计算服务"沃•云"。目前"沃•云"业务主要以存储服务为主,实现了用户信息和文件在多个设备上的协同功能,以及文件、资料的集中存储和安全保管。

在工信部的调查中显示,2013 年我国公有云服务市场约为 47.6 亿元人民币,增长率达 36％,有 8％受访企业已经开始了云计算应用,其中公有云服务占 29.1％,私有云占

2.9％,混合云占6％,更有76.8％的受访者表示会将更多的业务迁移至云环境,国内企业对云计算的认知和采用逐年提升。

我国云计算发展有自己独树一帜的地方,就是国内企业创造的“云安全”概念。云安全通过网状的大量客户端对网络中软件行为的异常监测,获取互联网中木马、恶意程序的最新信息,送到服务端进行自动分析和处理,再把病毒和木马的解决方案分发到每一个客户端。云安全的策略构想是:使用者越多,每个使用者就越安全,因为如此庞大的用户群,足以覆盖互联网的每个角落,只要某个网站被挂马或某个新木马病毒出现,就会立刻被截获。

1.6　云计算的挑战

无论是政府、学界或是企业界,现在许多行业对云计算的关注度迅速提高。人们从多方面的角度来分析定义云计算,在探讨云计算对人类未来的影响的同时也关注到云计算存在的各种问题。当云计算风起云涌的时候,它也面临着巨大的挑战。

1. 信息安全问题方面的挑战

云计算时代,用户需要把自己的所有信息放到云计算提供商的服务器中,这就意味着用户无法掌控服务器数据的生命周期,那么能不能够保证用户的数据隐私和安全,是云计算提供商用面临的一个巨大挑战。云安全包括数据的安全性、隐私问题、身份鉴别等方面。和传统应用不同,云计算下数据保存在云中,这对数据的访问控制、存储安全、传输安全和审计都带来极大的挑战。在身份鉴别方面还需要解决跨云的身份鉴别问题。因此,安全问题被认为是云计算普及的头号大敌,主要存在以下几个方面。

(1)若云端使用浏览器来接入,然而浏览器是计算机中相对脆弱的,其自身漏洞可以使客户的证书或认证密钥的泄露,所以客户端的可用性和安全性对于云计算的发展至关重要。

(2)云中各种不同的应用需要认证,从云端到云之间如何进行有效的认证需要简单健壮高效的认证机制。

(3)在应用服务层中,要有高效的手段保证网络的服务质量,免受病毒木马侵袭,保护数据隐私安全。

(4)在基础设施层中,数据的完整性、可用性、保密性和隔离风险性都是令人担忧和棘手的问题。

2. 云计算对软件危机的挑战

云计算是以应用为目的,通过互联网将必要的大量硬件和软件按照一定的结构体系连接起来,并随应用需求的变化不断调整结构体系建立的一个内耗最小,功效最大的虚拟资源服务中心。

首先,云计算应用的发展,使人们可以在“云”里获取所需资源,那么软件开发会如人们现在用的 Word 等工具编辑文字一样,用户将自己编制所需要的软件程序。

其次,云计算将促使全球资源迅速集中。各种资源通过技术手段按照市场规则将被分类集中,这种集中使得资源的使用效率达到最大化,同时资源的分配在有效监控下做到了尽可能的公平。大量计算机组成了一个庞大的计算资源中心,大量软件系统组成了一个庞大的云计算软件系统,而这些软件系统原来是孤立地分散在不同的计算中心里。当数百万或者数亿个功能集中到一个"云"里,而且它们之间有很多关联关系的时候,这样就有可能构成软件危机。软件危机带来的危害有可能让云计算系统无法正常运营,甚至会崩溃。因此,云计算必须面对和解决软件危机的问题。

3. 云计算对商业运营模式的挑战

商业模式是以商品所有者为中心,把商品、消费者、信息、流通等元素按照一定的组织形式连接在一起,所形成的实现商品价值转移的结构体系。商业模式即赚钱策略。云计算成功背后的重要推动力不仅仅在于先进的技术,还在于适合的商业模式和强大的运营能力,这三大要素的有机结合将成为国内云计算服务提供商赢得市场和用户并最终成功的关键。根据不同的产业参与者,国内云计算领域存在四种商业运作模式:互联网公司模式、方案商模式、软件服务商模式运营商模式。

互联网模式,比如谷歌。互联网公司在云计算方面的技术和业务积累优势明显。云计算对于他们来说,将作为向平台型公司演进的重要工具,但云计算业务本身不是目的,最根本的仍然是为其主营业务服务。

方案商模式以 IBM 为代表,国内的浪潮、曙光等也值得关注。这类企业除了在硬件方案方面具有技术和产品优势,同时对于行业信息化有更深刻的理解和丰富的经验。该类企业作为云计算行业的基础建设力量,商业模式较为简单,以产品交付和技术服务为基本模式,并不直接接触最终用户,也是运营商的主要合作伙伴。

软件服务商模式的代表是微软和 Salesforce,国内代表企业诸如用友伟库和八百客等。

最后一类是运营商模式,该模式又分为电信运营商模式和专业运营商模式。

云计算的发展将对这些模式产生影响,并带来一定的挑战。

4. 企业遭遇的瓶颈

(1) 网络接入成本增加。

(2) 云服务的质量保障。

(3) 企业的隐私保护。

(4) 缺少相关的法律保障。

(5) 云计算运营商的信誉。

5. 云计算的发展建议

针对当前存在的问题与挑战,对云计算发展提出以下建议:

(1) 加强宏观调控,完善政策法规。国家有关部门需要及时把握产业动态和走向,更新政策信息,为不同地域、不同规模的云计算建设创造条件。发展过程中,要完善法律体系,保证数据安全、商业和服务模式的规范等,宏观把控中国云计算的发展方向。

(2) 深入开展云计算关键技术研发。企业想要做好云计算产业转型,必须结合自身条件制定研发模式,形成有企业特色的云计算运作模式,充分调用资源,把握市场,创造产业效益。

(3) 鼓励龙头企业参与标准制定工作。虽然业界推出了多种云计算解决方案,但从宏观产业角度看云计算还没有规范统一的国家标准参考。云计算领先企业应密切跟踪云计算国际标准动态,结合自身研发路线,积极参与云计算标准的研究制定,保证云服务的可移植性和互操作性。

(4) 针对各地不同特点发展云计算。各地不要光追求云计算中心的规模,更要考虑性价比、节能减排和应用效果的问题。云的规模是可以动态扩展的,最好的做法是随着应用规模扩展而扩展,这样可以避免闲置和空转。中国最合适建云计算中心的地方是东北、内蒙古等地。这些地方气候寒冷、电力充足。对于云计算制造业而言,目前最适合的地点当属深圳和江浙一带,这些地方产业配套非常齐全。至于云计算核心技术研发方面,北京、上海、南京等大都市具有优势,这些地方高校数量众多,人才优势明显,人力成本相对较低,科研政策特别优惠,已经形成全国研发企业的集聚效应。

本 章 小 结

本章首先给出了云计算的概念与发展历程,分析了云计算模型所具有的五个主要特点、三个分发模型,以及四个部署模型;介绍了云计算的特点及国内外标准化方面的进展情况,分析了云计算在国内外的发展状况,以及当前云计算所面临的挑战与机遇。

习 题

1. 云计算的五个主要特点是什么?
2. 云计算的三个分发模型是什么?
3. 云计算的四个部署模型是什么?

思 考 题

1. 云计算所面临的主要挑战有哪些?
2. 试对云计算的发展提出合理化建议。

第 2 章

云计算的系统结构

本章结构

2.1 云计算系统结构概念

"云"是一个巨大的服务池,它通过虚拟化技术来扩展云端的计算能力,实现资源的共享和服务,以使得各个设备发挥最大的效能,解决云演化、云控制、云安全和软计算等复杂问题。数据的处理及存储均通过"云"端的服务器集群来完成,这些集群由大量普通的工业标准服务器组成,并由一个大型的数据处理中心负责管理,数据中心按客户的需要分配计算资源,达到与超级计算机等同的效果。而作为用户的"端点"则通过网络远程访问"云"里的丰富资源池,通过云计算系统可以实现"端点"与"云"之间、"云"与"云"之间、"端点"与"端点"之间的资源共享与访问控制。这些巨量的"端点"、"云"以及互连部件构成了云计算系统,如何对这个复杂的云计算系统进行分层划分和管理就是云计算系统结构需要研究的范畴。

本章从云计算分层系统结构、服务层次、技术层次、SOA 架构四个方面来描述云计算的系统结构,并讲解几种典型的云计算平台系统结构。

2.2 云计算的系统结构模型

云计算的系统结构如图 2.1 所示。

(1) 用户交互界面:用户通过终端设备向服务云提出请求,用户通过 Web 浏览器可以注册、登录及定制服务、配置和管理用户。打开应用实例与本地操作桌面系统一样。

(2) 服务目录:即一个用户能够请求的所有服务目录。云用户在取得相应权限(付

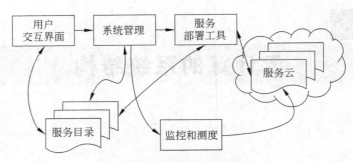

图 2.1　云计算系统结构

费或其他限制)后可以选择或定制服务列表,也可以对已有服务进行退订操作,在云用户端界面生成相应的图标或列表的形式展示相关的服务。

(3)系统管理:主要涉及用户对计算机资源的管理。

(4)服务部署工具:能够用于处理请求的服务,需要部署服务配置。系统管理和部署工具提供管理和服务,能管理云用户,能对用户授权、认证、登录进行管理,并可以管理可用计算资源和服务,接收用户发送的请求,根据用户请求并转发到相应的程序,调度资源智能地部署资源和应用,动态地部署、配置和回收资源。

(5)监控和测度:用于对用户服务进行跟踪测量,并提交给中心服务器分析和统计。监控并计量云系统资源的使用情况,以便做出迅速反应,完成节点同步配置、负载均衡配置和资源监控,确保资源能顺利分配给合适的用户。

(6)服务云:虚拟的或物理的服务器,由管理系统管理,负责高并发量的用户请求处理、大运算量计算处理、用户 Web 应用服务,云数据存储时采用相应数据切割算法采用并行方式上传和下载大容量数据。

在云计算系统结构模型中,用户可通过前端的用户交互界面(User Interaction Interface)通过服务目录(Services Catalog)来选择所需的服务,当服务请求发送并验证通过后,由系统管理(System Management)调度相应的资源,呼叫服务提供工具(Provisioning Tool)来挖掘服务云中的资源。服务提供工具需要配置正确的服务栈或 Web 应用,通过部署工具分发请求、配置 Web 应用。"云"端为用户提供扩展的、通过互联网即可访问的、运行于大规模服务器集群的各类 Web 应用和服务,系统根据需要动态地提供、配置、再配置和解除提供服务器,用户只需基于实际使用的资源来支付相关的服务费用。

2.3　云计算服务层次结构

云计算的服务层次是根据服务类型即服务集合来划分,与大家熟悉的计算机网络体系结构中层次的划分不同。在计算机网络中每个层次都实现一定的功能,层与层之间有一定关联。而云计算体系结构中的层次是可以分割的,即某一层次可以单独完成一项用户的请求而不需要其他层次为其提供必要的服务和支持。如表 2.1 所示,整个云计算服务集合被划分成五个层次:物理层、核心层、资源架构层、开发平台层、应用层。此外,表中同时列出了五层服务及典型市场产品。

表 2.1　云计算服务层次

架构层次	服务形式	功能（by web）	典型市场产品
应用层	软件即服务	本层在开发平台上开发各种应用程序，提供各种分布式应用服务	Google Apps Sales force CRM System
开发平台层	平台即服务	本层在资源架构之上构建开发平台，提供各种分布式开发服务	Google Apps Engine Sales force Apex System
资源架构层	基础设施即服务	本层在内核之上构建计算资源构架，提供各种分布式计算服务	Amazon EC2 Enomalism Elastic Cloud
	数据即服务	本层在内核之上构建存储资源构架，提供各种分布式存储服务	Amazon S3 EMC Storage Managed Service
	通信即服务	本层在内核之上构建通信资源构架，提供基于局域网或 Internet 的分布式通信服务	Microsoft CSF
核心层	内核即服务	本层在物理资源内核层之上实现基本的分布式资源管理，通过各种抽象服务提供分布式应用的部署环境	Globus Condor
物理层	硬件即服务	本层是构成云骨干的地理分布的局部资源，提供各种局部资源支持	IBM-Morgan Stanley's Computing Sublease IBM's Kitty hawk Project

下面按照层次结构，分别对层次作用进行介绍。

（1）物理层：是指地理位置不同的分布在各地的局部资源，提供局部资源支持。局部资源可以是计算资源、存储资源、传感器、服务器、网络等各种本地资源。物理层是云计算的底层基础设施。物理层提供者负责运行、管理、维护和升级物理资源，提供 HaaS 服务给有巨大 IT 需求的大型企业。

（2）核心层：是指对分布式资源的基本管理功能，通过抽象服务提供分布式应用的部署环境。核心层功能可以通过 OS kernel、超级监督者、虚拟机监视器或集群中间件实现抽象服务。提供 KaaS 给分布式应用的部署者。

（3）资源架构层：是指在核心层之上部署的分布式应用，提供基本的分布式资源服务。本层提供的基本分布式资源服务包括 IaaS、DaaS、CaaS。其中，IaaS 是分布式计算服务，提供灵活、高效、高强度的计算服务，IaaS 主要通过虚拟技术实现。DaaS 是分布式存储服务，提供可靠、安全、大容量、便捷的数据存储服务。CaaS 是网络通信服务，提供可靠、安全的网络通信服务。

（4）开发平台层：是指通过 API 为应用程序开发者提供各种云计算编程环境，同时也为程序开发者提供扩展、负载均衡、授权、E-mail、用户界面等多样服务支持。PaaS 加速了应用服务部署，支持应用服务扩展。

（5）应用层：是指通过开发平台提供的开发环境和市场需求，开发出来的各种应用程序。应用程序提供者负责软件的开发、测试、运行、维护、升级，为用户提供安全、可靠的服务。

这五层服务,均可以将 Web Services 的 UI 接口提供给用户,所有服务具有可靠、安全、可扩展、按需服务、经济等特点。

2.4　云计算技术层次结构

云计算技术层次和云计算服务层次不是一个概念,后者从服务的角度来划分云的层次,主要突出了云服务能带来什么。而云计算的技术层次主要从系统属性和设计思想角度来说明云,是对软硬件资源在云计算技术中所充当角色的说明。从云计算技术角度来分,云计算通常包含四个部分:物理资源、虚拟化资源、中间件管理部分和服务接口,如图 2.2 所示。

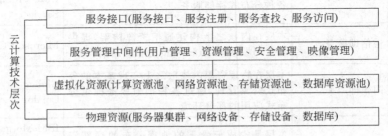

图 2.2　云计算的技术层次

(1) 服务接口:统一规定了在云计算时代使用计算机的各种规范、云计算服务的各种标准等,用户端与云端交互操作的入口,可以完成用户或服务注册,对服务的定制和使用。

(2) 服务管理中间件:在云计算技术中,中间件位于服务和服务器集群之间,提供管理和服务即云计算体系结构中的管理系统。对标识、认证、授权、目录、安全性等服务进行标准化和操作,为应用提供统一的标准化程序接口和协议,隐藏底层硬件、操作系统和网络的异构性,统一管理网络资源。其用户管理包括用户身份验证、用户许可、用户定制管理;资源管理包括负载均衡、资源监控、故障检测等;安全管理包括身份验证、访问授权、安全审计、综合防护等;映像管理包括映像创建、部署、管理等。

(3) 虚拟化资源:指一些可以实现一定操作具有一定功能,但其本身是虚拟而不是真实的资源,如计算池、存储池和网络池、数据库资源等,通过软件技术来实现相关的虚拟化功能包括虚拟环境、虚拟系统、虚拟平台。

(4) 物理资源:主要指能支持计算机正常运行的一些硬件设备及技术,可以是价格低廉的 PC,也可以是价格昂贵的服务器及磁盘阵列等设备,可以通过现有网络技术和并行技术、分布式技术将分散的计算机组成一个能提供超强功能的集群用于计算和存储等云计算操作。在云计算时代,本地计算机可能不再像传统计算机那样需要空间足够的硬盘、大功率的处理器和大容量的内存,只需要一些必要的硬件设备如网络设备和基本的输入输出设备等。

2.5 云计算 SOA 层次结构

面向服务(Service Oriented Architecture,SOA)构架的云计算服务是一种近几年发展起来的新的信息化服务模式。随着互联网技术的迅速发展与普及,SOA 则能带来整个软件系统的互联成本、维护成本、升级成本的大幅降低,并成为支撑云计算的技术标准。

当前企业随时随地面临着各种各样的环境变化,需要实时响应业务的变化、生产流程的变化、人员配置的变化等不可预知的各种可变因素,必须能够用最有效的 IT 架构在最短时间内对变化做出响应,才能够在此多变的环境中长期生存和成长。由此提出使用 SOA 架构的云计算服务,能解决 IT 基础架构和信息化服务应用中遇到的难题,解决企业生产、销售、服务、管理上遇到的各种问题,提高效率,降低投入成本,增强处理的灵活性。SOA 架构的云计算服务将同时具备 SOA 和云计算的众多特点。云计算的 SOA 体系结构如图 2.3 所示。

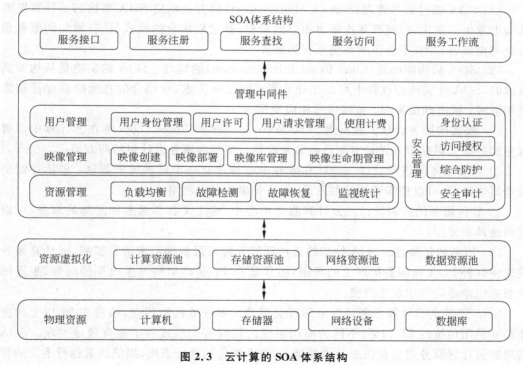

图 2.3 云计算的 SOA 体系结构

云计算的 SOA 层次分为物理资源层、资源池层、管理中间件层和 SOA 构建层(见图 2.3)。

(1) 物理资源层包括计算机、存储器、网络设备、数据库和软件等。

(2) 资源池层是将大量相同类型的资源构成同构或接近同构的资源池,如计算资源池、数据资源池等。构建资源池更多是物理资源的集成和管理工作,例如研究在一个标准集装箱的空间如何装下 2000 个服务器、解决散热和故障节点替换的问题并降低能耗。

（3）管理中间件负责对云计算的资源进行管理，并对众多应用任务进行调度，使资源能够高效、安全地为应用提供服务。

（4）SOA 构建层将云计算能力封装成标准的 Web Services 服务，并纳入 SOA 体系进行管理和使用，包括服务注册、查找、访问和构建服务工作流等。管理中间件和资源池层是云计算技术的关键部分，SOA 构建层的功能更多依靠外部设施提供。

计算的管理中间件负责资源管理、任务管理、用户管理和安全管理等工作。资源管理负责均衡地使用云资源节点，检测节点的故障并试图恢复或屏蔽之，并对资源的使用情况进行监视统计；任务管理负责执行用户或应用提交的任务，包括完成用户任务映像（Image）的部署和管理、任务调度、任务执行、任务生命期管理等；用户管理是实现云计算商业模式的一个必不可少的环节，包括提供用户交互接口、管理和识别用户身份、创建用户程序的执行环境、对用户的使用进行计费等；安全管理保障云计算设施的整体安全，包括身份认证、访问授权、综合防护和安全审计等。

SOA 关注 IT 架构中的服务架构，SOA 架构的云计算服务有如下特点：

（1）SOA 通过服务管理（Service Management）的方式响应 SOA 架构的云计算服务结构中发生的变化，对现有架构做出相应的调整，通过松耦合的模式，让新增加的服务最快地完成部署，并且不会影响系统原有的服务。

（2）SOA 从构架出发（Start From Infrastructure）的理念。SOA 的实施是从构架到技术的，SOA 在实施的过程中可以充分地考虑到实际需求，松耦合的技术能够保证按需使用资源，按需调配资源，按需进行相应变动。

（3）按需的服务设计。亚马逊、The Web Service 和 Force. com 等在云计算中部署服务的一些公司在服务设计方面已经非常成熟。按需的服务设计包括两方面：

① 资源服务的按需设计。云计算服务中心将建立一个巨大的资源池，包括存储资源等其他资源，可以按需调用这些资源，保证资源的有效利用。

② 软件服务的按需设计。云计算服务中心中，将定义和部署多种多样的服务，可以按需选择和使用。

（4）服务的扩展性。SOA 构架的云计算服务将可以根据需求进行扩展，云计算服务模式将弥补 SOA 在服务扩展上的局限性，保证在 IT 基础架构发生改变的时候，想要哪个服务也能适应性地发生改变。

SOA 架构的云计算服务将带来的效益提升。据权威机构调查，当前 90% 以上的企业都在使用传统的 IT 构架，不同的应用系统之间没有关联或者不能有效地关联。SOA 构架的云计算服务建立在信息技术基础上，以系统化的管理思想，提供决策运行手段的管理平台。只有根据实际需要，统一设计、实施完整的 IT 架构，建立一个高效的信息化平台和统一集成的业务平台，才能够支持不同类型业务的产、供、销运作和人、财、物的管理，从而满足业务发展对信息化建设的需求。

SOA 架构的云计算实现了 IT 基础设施的社会共享；SOA 有利于整合技术平台，统一技术标准，推动软件产业价值链中的各成员间的协调配合，充分利用硬件资源共享的有利条件，促使云上的软件系统日趋成熟。

2.6 典型的云计算平台及系统结构

云计算一经提出便受到了产业界和学术界的广泛关注,目前国外已经有多个云计算的科学研究项目,产业界也在投入巨资部署各自的云计算系统。云计算既描述了一种平台,又描述了一类应用。一个云计算平台能够根据需要动态提供、配置、再配置和解除提供服务器。而云计算平台上则是那些经过扩展能够通过互联网访问的各种应用,这些应用运行在那些托管 Web 应用和 Web 服务的大型数据中心及功能强大的服务器上,构建一个超大计算能力平台。

在云计算平台研发上,有 IBM、Google、Yahoo、EMC、Amazon、Dell、Red Hat、CMU、Stanford、Berkeley、Washington、USC 等公司和科研院所。国内关于云计算的研究刚刚起步,并于 2007 年启动了国家 973 重点科研项目——计算系统虚拟化基础理论与方法研究,取得了阶段性成果。下面对几个具有代表性的云计算平台做简要叙述。

1. Google 云计算平台

"云计算"的概念是 Google 公司首先提出的,其拥有一套专属的云计算平台,这个平台先是为网页搜索应用提供服务,现在已经扩展到其他应用程序。作为一种新型的计算方式,Google 云计算平台包含了许多独特的技术,如数据中心节能技术、节点互联技术、可用性技术、容错技术、数据存储技术、数据管理技术、数据切分技术、任务调度技术、编程模型、负载均衡技术、并行计算技术和系统监控技术等。Google 云计算平台是建立在大量的 x86 服务器集群上的,节点是最基本的处理单元,其总体技术架构如图 2.4 所示。在 Google 云计算平台的技术架构中,除了少量负责特定管理功能的节点(如 GFS master、Chubby 和 Scheduler 等),所有的节点都是同构的,即同时运行 BigTable Server、GFS Chunkserver 和 MapReduce Job 等核心功能模块。

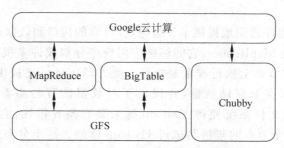

图 2.4 Google 云计算平台的技术架构

Google 公司所构建的 Google 集群系统(Cluster System)是目前最为成功的商用集群系统,它将超过 15 000 台普通的商用 PC 进行组合,通过软件容错,并采用 MapReduce 技术将 Web 搜索引擎并行化,从而实行了目前世界上最大最强的网页搜索引擎系统,其性能价格比能够达到同等性能但由相对处理器个数较少其价格昂贵的高端服务器构建的系统要高许多。

Google 公司的云计算平台是在其搜索引擎平台上搭建的,Google 通过 Google 文件系统(GFS)实现存储,然后采用 BigTable 技术来作为其数据库,实现结构化、半结构化数据存储,通过 MapReduce(Google 开发的编程模型,使用 Sawzall 语言)来处理和产生大量数据集的相关实现,用于大规模数据集(大于 1TB)的并行运算。使用这种技术实现的编程框架,能够使程序员不需要任何并行以及分布式系统的经验,就能够容易地使用大型分布式系统的资源。通过 Chubby(分布式锁服务)技术,来进行云计算的互斥和同步,实现进程锁控制管理。

Google App Engine 是 Google 公司推出的云计算服务,允许用户使用 Python 编程语言编写 Web 应用程序在 Google 的基础架构上运行。另外,Google App Engine 还提供了一组应用程序接口(API),主要包括 datastore API、images API、mail API、memcache API、URL fetch API 和 user API。用户可以在应用程序中使用这些接口来访问 Google 提供的空间、数据库存储、E-mail 和 memcache 等服务,用户可以通过 Google App Engine 提供的管理控制台管理用户 Web 应用程序。简而言之,Google App Engine 是一个由 Python 应用服务器群、BigTable 结构化数据分布存储系统及 GFS 数据储存服务组成的平台,它能为开发者提供一体化的、主机服务器及可自动升级的在线应用服务。Google App Engine 专为开发者设计,开发者可以将自己编写的在线应用运行于 Google 的资源上。开发者不用担心应用运行时所需要的资源,Google 提供应用运行及维护所需要的一切平台资源。这与 Amazon 提供的类似服务(S3、EC2 及 Simple DB)不同,Amazon 上直接提供一系列资源供用户选择使用。目前,Google APP Engine 平台向用户免费提供 500MB 的存储空间,大约每月 500 万次页面访问。当前 Google 只提供了 Python 一种编程语言的支持,其声称将来会支持多种编程语言。

2. Yahoo 云计算平台

Yahoo 公司,一直致力于云计算平台中同 Google 的竞争,其核心技术是 Hadoop 技术,是云计算的初级阶段的实现,是一个用于运行应用程序在大型集群的廉价硬件设备上的框架。

Hadoop 为应用程序透明地提供了一组稳定/可靠的接口和数据运动。在 Hadoop 中实现了类似于 Google MapReduce,它能够把应用程序分割成许多很小的工作单元,每个单元可以在任何集群节点上执行或重复执行。此外,Hadoop 还提供一个分布式文件系统用来在各个计算节点上存储数据,并提供了对数据读写的高吞吐率。由于应用了 MapReduce 和分布式文件系统使得 Hadoop 框架具有高容错性,它会自动处理失败节点。已经在具有 600 个节点的集群测试过 Hadoop 框架。这个分布式框架很有创造性,而且有极大的扩展性,微软公司致力于收购 Yahoo 的原因之一也是想借助 Yahoo 当前在云计算同 Google 的竞争能力来致力于云计算平台的研发。

3. Amazon EC2

Amazon EC2(elastic computing cloud),称为 Amazon 弹性计算云,是美国 Amazon 公司推出的一项提供弹性计算能力的 Web 服务。架构如图 2.5 所示,Amazon EC2 向用户提供一个运行在 Xen 虚拟化平台上的基于 Linux 的虚拟机,从而用户可以在此之上运行基于 Linux 的应用程序。使用 Amazon EC2 之前,用户首先需要创建一个包含用户应用程序、运行库、数据以及相关配置信息的虚拟运行环境映像,称为 AMI(Amazon machine image)或者使用 Amazon 通用的 AMI 映像。Amazon 同时还提供另外一项 Web 服务——简单存储服务 S3(Simple Storage Service),用来向用户提供快速、安全、可靠的存储服务。用户需要将创建好的 AMI 映像上传到 Amazon 提供的简单存储服务 S3,然后可以通过 Amazon 提供的各种 Web 服务接口来启动、停止和监控 AMI 实例的运行。用户只需为自己实际使用的计算能力、存储空间和网络带宽付费。

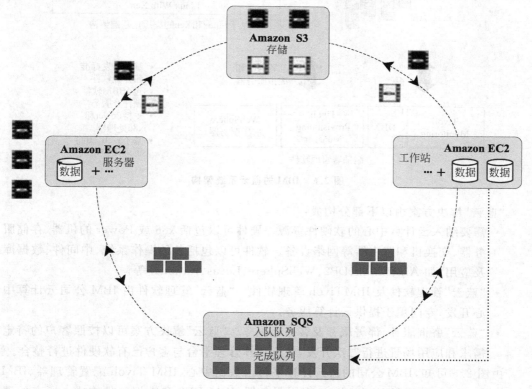

图 2.5　Amazon Web Service(AWS)架构

Amazon 公司宣布,他们会为新客户提供为期一年免费的 AWS 使用方式,所涉及的产品包括 EC2、负载均衡器、EBS 和 S3。SimpleDB、SQS 和 SNS 对新客户以及老客户的提供方式还没有确定。

4. IBM 云计算平台

IBM 公司的云计算计划取名为蓝云(Blue Cloud),与其超级计算机蓝色基因的取名类似,IBM 公司开发蓝云的目的,是帮助用户充分利用云计算,包括云应用的能力,通过基于 SOA 的 Web 服务,与现有的 IT 基础架构集成。蓝云将特别关注 IT 管理简化方面的突破性需求,以保证安全性、隐私性、可靠性、高使用率和高效率。另外,云计算主要针对现有的和即将出现的大规模数据密集型工作负载。

IBM"蓝云"解决方案是一个先进的基础架构管理平台,该方案可以对企业现有的基础架构进行整合,通过虚拟化技术和自动化技术,构建企业自己拥有的云计算中心,实现企业硬件资源和软件资源的统一管理、统一分配、统一部署和统一备份,打破了应用对资源的独占。蓝云系统架构如图 2.6 所示。

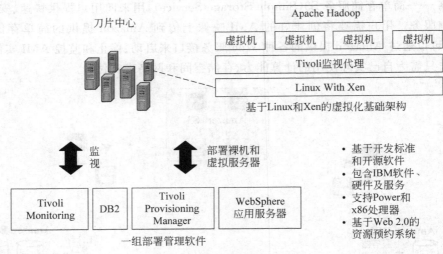

图 2.6　IBM 的蓝云系统架构

"蓝云"解决方案由以下部分构成：

- 需要纳入云计算中心的软硬件资源。硬件可以包括 x86 或 Power 的机器、存储服务器、交换机和路由器等网络设备。软件可以包括各种操作系统、中间件、数据库及应用,如 Aix、Linux、DB2、WebSphere、Lotus、Rational 等。
- "蓝云"管理软件及 IBMTivoli 管理软件。"蓝云"管理软件由 IBM 公司云计算中心开发,专门用于提供云计算服务。
- "蓝云"咨询服务、部署服务及客户化服务。"蓝云"解决方案可以按照客户的特定需求和应用场景进行二次开发,使云计算管理平台与客户已有软硬件进行整合。

由图 2.6 可知,IBM 公司的蓝云计算平台由数据中心、IBM Tivoli 配置管理器、IBM Tivoli Monitoring、IBM Websphere 应用服务器、IBM DB2 和虚拟组件构成。所有的请求都由 Web 2.0 组件来处理。然后转发到 Tivoli 配置管理器,进行服务器的分配或解除分配。为了最大化平台的计算能力,通过 Xen 虚拟平台来扩展蓝云的计算能力。

5. Apache Hadoop 分布式数据存储平台

Apache Hadoop 是一个从 Lucene 中抽取出来的软件框架(平台),它可以分布式地操纵大量数据。它于 2006 年出现,由 Google、Yahoo 和 IBM 等公司支持。可以认为它是一种 PaaS 模型。Apache Hadoop 云平台技术架构如图 2.7 所示。

核心设计思想是 MapReduce 和 HDFS,其中 MapReduce 是 Google 提出的一个软件架构,用于大规模数据集(大于 1TB)的并行运算。如图 2-7 所示,Hadoop 主要包括 Hadoop 分布式文件系统 (HDFS)、MapReduce 实 现 及 HBase（Google BigTable)的实现三部分。HDFS 在存储数据时,

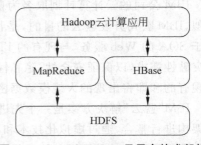

图 2.7　Apache Hadoop 云平台技术架构

将文件按照一定的数据块大小进行切分,各个块在集群中的节点中分布,为了保证可靠性,HDFS 会根据配置为数据块创建多个副本,并放置在集群的计算节点中。MapReduce 将应用分成许多小任务块去执行,每个小任务就对计算节点本地存储的数据块进行处理。

　　Hadoop 的源代码现在已经对外公布,用户可以从它的官方网站上下载源代码并自己编译,从而安装在 Linux 或者 Windows 机器上。

6. Microsoft Azure

　　Azure 是微软公司推出的依托于微软数据中心云服务平台,它实际是由一个公共平台上的多种不同服务组成的,主要包括微软公司的云服务操作系统以及一组为开发人员提供的接口服务,Microsoft Azure 基本架构如图 2.8 所示。Azure 平台提供的服务主要有 Live Services、NET 服务、SQL 服务、SharePoint 服务以及动态 CRM 服务。开发人员可以用这些服务作为基本组件来构建自己的云应用程序,能够很容易地通过微软公司的数据中心创建、托管、管理、扩展自己的 Web 和非 Web 应用。同时 Azure 平台支持多个 Internet 协议,主要包括 HTTP、REST、SOAP 和 XML,从而为用户提供一个开放、标准以及能够互操作的环境。

图 2.8　Microsoft Azure 的基本架构

　　Azure 的不同之处在于：Azure 平台除能够提供其自主的 Azure 托管服务外,它也是为运行于本地工作站和企业服务器而设计的。这使得测试应用变得方便,支持企业应用既可以运行于公司的内部网也可以运行于外部环境。

7. Scientific Cloud：Nimbus

　　Scientific Cloud 是由美国芝加哥大学和佛罗里达大学发起的研究项目,目的是向科研机构提供类似 Amazon EC2 类型的云服务。该平台通过使用 Nimbus 工具对外提供短期的资源租赁服务。Nimbus 工具包原先称为虚拟工作空间服务(Virtual Workspace Service),是一组用来提供 IaaS 云计算方案的开源工具包,实际上是一个基于 Globus Toolkit 4 的虚拟机集群管理系统。Nimbus 工具包主要由以下几部分组成,如图 2.9 所示。

　　(1) Workspace 服务允许远端用户部署和灵活地管理虚拟机 VM,主要由一个 Web 服务前端和基于 VM 的资源管理器组成。目前 Web 服务前端支持两种接口：基于网格的 WSRF(Web service resource framework)和基于 Amazon EC2 的 WSDL(Web service

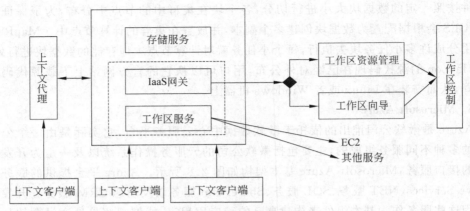

图 2.9 Nimbus 工具包的组成

description language)。

（2）Workspace 资源管理器主要用来完成 VM 的部署。

（3）Workspace pilot 程序扩展了本地资源管理器(LRM)的功能,使得本地配置不用作大的更改就能够部署 VM。当本地节点不分配 Workspace 服务时,节点用于运行正常系统用户的作业。

（4）Workspace 控制工具主要用来完成启动、停止、暂停 VM,实现 VM 的重构和管理,连接 VM 到网络等功能。

（5）IaaS 网关主要用于实现用户持本地 PKI 证书访问其他 IaaS 基础设施的服务。

（6）Context broker 主要用来完成用户提交的虚拟机集群的快速部署功能。使用 Nimbus 工具包,用户可以浏览云系统里的 VM 映像、提交用户定制的 VM 映像、部署虚拟机、查询虚拟机的状态等功能。

8. Open Nebula

Open Nebula 是一个开源的虚拟架构引擎,最初由马德里大学的分布式系统结构研究组开发,后经欧盟发起的 Reservoir 项目开发人员增强和完善了 Open Nebula 的功能。Open Nebula 主要用来在物理资源池上部署、监控和管理虚拟机 VM 的运行,其内部结构主要分为三层。其中,内核层是最关键的部分,主要用来完成虚拟机 VM 的部署、监控和迁移等功能,同时也提供了一组对物理主机的管理和监控接口;工具层主要是利用内核层提供的接口开发各种管理工具;驱动层使 Open Nebula 内核能够在不同的虚拟化环境上运行,Open Nebula 并不与具体的环境绑定,驱动层屏蔽了不同的虚拟环境和存储,向内核层提供了一个统一的功能接口。

9. Eucalyptus

Eucalyptus（Elastic utility computing architecture for linking your programs to useful systems)是由美国加利福尼亚大学开发的一个开源的软件基础架构,用于在 cluster 上实施云计算,旨在为学术研究团体提供一个云计算系统的实验和研究平台。该平台能够提供计算和存储架构的 IaaS 服务,它在接口级与 Amazon EC2 兼容,可以使用 Amazon EC2 的 Command line tools 与 Eucalyptus 交互。目前只支持 Linux 系统,需要安装 Xen 虚拟化平台。Eucalyptus 的结构采用层次化设计,主要包括 CM(cloud manager)、GM(group manager)和 IM(instance manager)三部分。IM 主要用来控制 VM 的执行、停止和状态检查,IM 运行在每个节点,主要用来托管 VM 实例;GM 主要用来调度 VM 实例在特定 IM 上运行,控制实例之间虚拟网络的连接,收集关于 IM 的信息;CM 分为三层,主要提供接口服务、数据服务和资源服务。接口服务是整个云系统用户和管理员的访问入口点,并完成用户授权认证、协议转换等功能。数据服务用于存储用户和系统的数据,资源服务主要用于完成资源分配和监控。

本书所述云平台的差异如表 2.2 所示。

表 2.2　云平台比较

云系统	服务层次	服务类型	SLA&QoS	WebAPI	编程语言
Google App	PaaS	Web app	none	yes	Python
Amazon EC2	IaaS	Compute storage	none	yes	Custom izable
Apache Hadoop	PaaS	Web app	none	yes	Java C++
Microsoft Azure	PaaS	Web& non Web app	none	yes	Visual Studio
Scientific Cloud	IaaS	Compute	none	yes	Custom izable
Open Nebula	IaaS	Compute	none	yes	Custom izable
Eucalyptus	IaaS	Compute	none	yes	Custom izable

不同的云计算提供商都以自己不同方式应用、发展着云计算。表 2.2 为上述云平台的比较。Amazon 公司的弹性计算云(Elastic Compute Cloud,EC2)是基础设施即服务(IaaS)的应用典范;Rackspace 在价格上与 Amazon 展开竞争,它的优势是 Linux 的虚拟服务器价格比 Amazon 低得多,节约成本;Skytap 公司主要从事软件测试和开发,而不是 vanillaWeb 主机;IBM 公司的 Computing on Demand 主要针对高性能计算,诸如汽车和航天工业模拟计算、生命科学领域的染色体组建模等;常规主机提供商 Savvis 和 Unisys 允许用户将物理服务器和虚拟服务器混合起来匹配使用;PropertyRoom 公司使用 Dedicated CloudCompute 运行它的在线拍卖服务;Savvis 公司提供如弹性计算云那样的多承租(multitenant)式 Open CloudCompute,使得大量用户使用共享硬件运行虚拟机成为可能,Rackspace 公司也在尝试同样的方法;Amazon 的新 Virtual Private Cloud 将模式延伸得更远,新 Virtual Private Cloud 允许用户创建一套隔离的弹性计算云资源,再通过一个 VPN 连接到他们公司的设备。

云计算的应用,很大程度上是一些大型 IT 企业不断推进的结果。由于云计算本身需要强大的基础架构设施,许多之前的分散化服务也需要逐步整合,就平台服务和基础架构服务这一层次来说,中小企业无论在财力还是人力上都难以企及。不过从服务角度来看可能并非如此,比如我们看到软件即服务(SaaS)由于业务定制的灵活性,也为众多中小企业预留了一定的生存空间。

通过本章对云计算体系架构以及主要平台的简单介绍,可以看出众多 IT 企业所做的积极倡导和实施都急于推出其自己定义的云存储和计算能力服务,企业在进行尝试,同样,用户可以期待更多基于云计算的企业应用为人们带来便利甚至机遇。

本 章 小 结

本章首先阐述了云计算系统结构的概念,从云计算分层系统结构、服务层次、技术层次、SOA 架构四个不同角度分别描述云计算的系统结构,并结合 Google 云计算平台、Yahoo 云计算平台、Amazon EC2 云平台、IBM 蓝云等多种典型云计算平台,介绍了其系统结构特点。最后对不同云平台的特点进行了分析与比较。

习 题

1. 云计算服务集合可以划分成哪五个层次?
2. 云计算的 SOA 层次分为物理资源层、_____、管理中间件层和 SOA 构建层。
3. Hadoop 主要包括 Hadoop 分布式文件系统(HDFS)、MapReduce 实现及_____的实现三部分。
4. 云计算的技术层次主要从_____和设计思想角度来说明云,是对软硬件资源在云计算技术中所充当角色的说明。

思 考 题

1. 试从服务层次、技术层次角度对典型云计算平台进行结构分析。
2. 试分析云计算的 SOA 层次与技术层次的关系。

第 3 章

云计算的关键技术

本章结构

3.1 资源池技术

资源池(或池)是一种资源配置机制,通过规模适当的资源集合提供云计算应用与服务,可以提高系统的性能、减少不必要的通信量开销,具备一定的容错和容变能力,而且支持不同用户的区分服务。本书定义这个适当规模的资源集合为资源池(resource pool),资源池是一种在分布、自治环境下提高系统服务质量的有效机制。在云计算环境下可针对服务器、存储、网络、应用服务等资源进行整合,由一定规模的相似资源聚合形成资源池,按照协同策略为用户提供服务。

引入资源池的目的是提高性能。资源池运作机制是由资源池管理器提供一定数目的目标资源,当有用户请求该资源时,资源池分配给一个,然后给该资源标识为忙,标识为忙的资源不能再被分配使用。当某一个资源使用完后,资源池把相关的资源的忙标识清除掉,以示该资源可以再被下一个请求使用。资源池常有的参数:初始资源的数目,资源池启动时,一次建立的资源数目,资源池最少要保证在这个数目上;最大资源的数目,当请求的资源超出这个数目就等待。

云计算就是基于资源池实现资源的统一配置管理,通过分布式的算法进行资源的分配,从而消除物理边界,提升资源利用率。云计算区别于单机虚拟化技术的重要特征是通过整合分布式物理资源形成统一的资源池,并通过资源管理层管理中间件实现对资源池中虚拟资源的调度。云计算的资源管理需要负责资源管理、任务管理、用户管理和安全监控等工作实现节点故障的屏蔽、资源状况监视、用户任务调度和用户身份管理等多重功能。

构建云计算资源池需要考虑如下五个问题。

1．底层软硬件平台的可靠性

要搭建虚拟资源池，首先需要具备物理的资源，然后通过虚拟化的方式形成资源池。一个物理服务器可以虚拟出几个甚至是几十个虚拟的服务器，每一个虚拟机都可以运行不同的应用和任务。因此，在搭建资源池的时候，必须要考虑到硬件平台的可靠性。

2．资源粒度的细化

云计算是跨越不同软硬件架构的一种广义上的分布式计算，它把来自任何计算设备所有的运算能力集合在一起，再统一分配到各个需要运算的终端用户。在使用虚拟化搭建资源池的时候，细化资源粒度可以提高云计算系统的灵活性。通过先进的虚拟化软件可以实现对硬件资源的细粒度调用，对底层硬件资源可以进行增加和减少操作，从而实现灵活控制与按需使用，资源的划分粒度越细，就能越灵活地为应用分配资源，也就不会为某一个应用分配多余的计算资源，这对于中小企业的用户来说尤为重要。

3．虚拟机实时迁移

虚拟机的实时迁移是搭建资源池时需要考虑的问题，一方面，为了保证业务正常运行、保证服务供给，减少系统宕机时间，提升服务质量；另一方面，为了更好地动态地调配资源。虚拟机实时迁移主要有两个方面的好处：

一方面，可以平衡物理资源的利用率。比如当某一台服务器的利用率即将超过设定的最大值时，而另一台服务器的利用率比较低时，需要通过自动动态迁移的功能，把利用率超出限定值的物理服务器上的虚拟机迁移到相对较为空闲的物理机上，实现计算资源的合理利用。

另一方面，虚拟机实时迁移对于系统的可靠性和服务水平的提升来说也不可或缺。当某一个物理的服务器出现问题时，需要通过虚拟机动态迁移的功能，将该物理机上的虚拟机迁移到其他服务器上，以确保业务的连续性和服务水平。

4．资源池应能提供对不同平台工作负载的兼容

不同的应用系统要在一个池子里进行数据交换，这要求资源池能够满足不同类型应用系统的运行需求。企业应用类型多样化要求系统平台的多样化，一个企业可能既有基于 Linux 的应用，又有基于 Windows 的应用，甚至是基于 UNIX 的应用，如何使得原有的应用都能够在资源池上运行，而不需要对应用进行重新编写？这是在搭建资源池的时候需要考虑的问题。

5．资源池的扩展性

随着企业业务的增长，应用所需要的 IT 资源不断增加，应用的类型也不断增多，这就要求现有的资源池需要有充分的扩展能力，并根据应用的需求动态添加应用所需要的资源。同时，当现有的资源不足以支撑当前的业务时，资源池需要能够具有充分扩展能力，随时进行 IT 资源的扩容。资源池可扩展不但可以弥补资源池规划时的不足问题，还能满足业务发展的需要以及动态调整的需要。

资源池的构建是云计算基础架构建设的第一步，也是十分重要的一步，我们形象地把资源池理解为云计算基础架构的"地基",只有把地基打好了,云计算基础架构才能更好地为企业服务并带来经济效益。

3.2　数据中心技术

3.2.1　数据中心的概念与发展

数据中心是一整套复杂的信息基础设施,它不仅包括计算机系统和其他与之配套的设备(例如通信和存储系统),还包含冗余的数据通信连接、环境控制设备、监控设备以及各种安全装置。

"数据中心"是以外包方式让许多网上公司存放它们设备或数据的地方,是场地出租概念在互联网领域的延伸。它标志着 IT 应用的规范化和组织化。随着数据中心的发展,尤其是云计算技术的出现,数据中心已经不只是一个简单的服务器统一托管、维护的场所,它已经衍变成一个集大数据量运算和存储为一体的高性能计算机的集中地。各 IT 厂商将之前的单台服务器模式变成多台服务器集群模式,在此基础上开发诸如虚拟化、云计算、云存储等一系列功能,以提高单位数量内服务器的使用效率。目前,新一代数据中心(又称云计算数据中心、集装箱式数据中心或绿色数据中心)的概念仍没有一个标准定义。普遍认为新一代数据中心是:基于标准构建模块,通过模块化软件实现自动化 7×24 小时无人值守计算与管理,并以供应链方式提供共享的基础设施、信息与应用等 IT 服务。

随着科学技术的不断进步,数据中心也在不断地演变和发展。从功能的角度来看,可以将数据中心的演变和发展分为四个阶段。

数据中心经历的第一个阶段称为数据存储中心阶段。在这一阶段,数据中心承担了数据存储和管理的功能。因此,数据中心的主要特征仅仅是有助于数据的集中存放和管理,以及单向存储和应用。由于这一阶段的数据中心功能较为单一,因此其对整体可用性需求也较低。

数据中心发展的第二阶段称为数据处理中心阶段。在这一阶段,由于广域网、局域网技术的不断普及和应用,数据中心已经可以承担核心计算的功能。因此,这一阶段数据中心开始关注计算效率和运营效率,并且安排了专业工作人员维护数据中心。然而,这一阶段的数据中心整体可用性仍然较低。

数据中心发展的第三阶段为数据应用中心阶段,需求的变化和满足成为其主要特征。随着互联网应用的广泛普及,数据中心承担了核心计算和核心业务运营支撑功能。因此,这一阶段的数据中心又称为"信息中心",人们对数据中心的可用性也有了较高的要求。

数据中心的第四阶段称为数据运营服务中心阶段。在这一阶段中,数据中心承担着组织的核心运营支撑、信息资源服务、核心计算,以及数据存储和备份功能等。业务运营对数据中心的要求将不仅仅是支持,而是提供持续可靠的服务。因此,这一阶段的数据中心必须具有高可用性。

新一代数据中心不是单一学科,它应是一个整合的、标准化的、最优化的、虚拟化的、自动化的适应性基础设施(adaptive infrastructure)和高可用计算环境。云计算数据中心涉及数十万、百万规模的服务器或 PC 等,资源数量大,异构性强。

云计算数据中心是支撑云服务要求的数据中心,包括场地、供配电、空调暖通、服务器、存储、网络、管理系统、安全等相关设施,具有高安全性、资源池化、弹性、规模化、模块化、可管理性、高能效、高可用等特征,具有虚拟化、弹性伸缩和管理自动化等技术特点。云计算数据中心是对传统数据中心的改造和升级,如图 3.1 所示。

	传统数据中心	云计算数据中心
服务连续性	• 主要依赖设备的可靠性。物理硬件意外宕机,导致关键业务中断,损失重大	• 支持基础设备的动态伸缩。即使出现物理设备异常,业务可以及时动态迁移,从而确保服务不间断,提高可靠性
业务可扩展性	• 业务可扩展性有限,不适用于大型业务处理	• 高性能、高容错的基础设施支持高性能计算和海量存储业务
资源可扩展性	• 设备更新需要进行重新部署	• 新资源自动纳入资源池,业务自动与新设备匹配
生产总成本	• 按照业务的峰值负载采购设备,而实际应用中负载率低,导致大量资源闲置浪费,导致采购成本和运营成本居高不下	• 实现资源的动态流转和节能管理,根据业务负载,自动按需分配资源

图 3.1 传统数据中心与云计算数据中心对比

新一代绿色数据中心也有的简称为绿色数据中心或者新一代数据中心,也有的称为下一代数据中心,就是通过自动化、资源整合与管理、虚拟化、安全以及能源管理等新技术的采用,解决目前数据中心普遍存在的成本快速增加、资源管理日益复杂、信息安全方面的严峻挑战,以及能源危机等尖锐的问题,从而打造与行业/企业业务动态发展相适应的新一代企业基础设施。倡导"节能、高效、简化管理"也是数据中心建设时的参考标准。

3.2.2 典型的云计算数据中心

1. Google 数据中心

Google 在创立之初,并没有刻意地去追求"云计算"和"网格计算"等概念。但作为一家搜索引擎,Google 在客观上需要拥有这些"云",Google 真正的竞争力就在于有这些"云",它们让 Google 有了无与伦比的存储和计算全球数据的能力。

Google 数据中心服务器采用 2U 结构,支持两颗 CPU、两块硬盘,具有 8 个内存插槽。事实上,从 2005 年开始,Google 的数据中心就开始采用标准的集装箱设计。Goolge 的每个集装箱可以容纳 1160 个服务器,具有 250kW 的功率,每平方英尺最高具有超过 780W 的功率密度。Google 数据中心的设计着重于"电源在上,水在下",机架从集装箱的天花板悬挂下来,冷却设备在机架下面,让冷空气通过机架。冷却风扇速度可变,并可以精确管理,保证风扇在能够冷却机架的前提下运行在最低速度。

2. 微软数据中心

芝加哥数据中心是微软公司最大的数据中心,占地面积 70 万平方英尺,一层停放着几辆拖车,上面放着集装箱。这些集装箱放置着微软云计算产品的重要组件,每个拖车的集装箱都存放了 1800~2500 台服务器,每台服务器都可以用来为微软公司的云计算操作系统 Windows Azure 收发电子邮件、管理即时通信或运行应用程序等。

微软公司在二层布置了 4 个传统的升降板服务器机房,平均每个机房约 1.2 万平方英尺,功率为 3 兆瓦。这个数据中心的总面积为 70 万平方英尺(约合 6.502 万平方米),成为全球最大的数据中心之一。即使只启用半数服务器,这个数据中心的能耗也将达到 30 兆瓦,是普通数据中心的数倍之多。

3. SGI"冰立方"数据中心

SGI 的数据中心称为 Ice Cube(冰立方),有 20 英尺和 40 英尺两种规格。2010 年 5 月,SGI 对"冰立方"进行了改造,除了 SGI 硬件,还可以在集装箱内安装其他公司硬件。"冰立方"采用模块化设计,能够容纳 SGI 所有的服务器和存储设备,包括其 Altix UV 向上扩展超级计算机和 Altix ICE 向外扩展超级计算机,允许客户对数据中心硬件进行混搭,从而增加灵活性。SGI 模块化数据中心可以达到超高密度,每个集装箱可以支持 46 080 个处理器核或 29.8PB 数据存储。这些优势使得 ICE Cube 成为建立新数据中心、改造旧数据中心或取代各种规模传统数据中心的理想选择。

3.3 虚拟化技术

3.3.1 虚拟化的基本概念

虚拟化的概念在 20 世纪 60 年代首次出现,利用它可以对属于稀有而昂贵资源的大型机硬件进行分区。虚拟化技术是指计算元件在虚拟的基础上而不是在真实的基础上运行,虚拟化技术是计算机领域的一项基本技术,其内涵非常广泛。它可以扩大硬件的容量,简化软件的重新配置过程,减少软件虚拟机相关开销和更广泛地支持操作系统。虚拟化技术目前主要应用在 CPU、操作系统、服务器等多个方面,是提高服务效率的最佳解决方案。虚拟化实现了 IT 资源的逻辑抽象和统一表示,在大规模数据中心管理和解决方案交付方面发挥着巨大的作用,是支撑云计算的重要技术基石。在云计算实现方案中,计算系统虚拟化是在云上建立服务与应用的基础。

虚拟化技术很早就在计算机体系结构、操作系统、编译器和编程语言等领域得到了广泛应用。该技术实现了资源的逻辑抽象和统一表示,在服务器、网络及存储管理等方面都有着突出的优势,极大地降低了管理复杂度,提高了资源利用率和运营效率,从而有效地控制了成本。虚拟化技术实现了物理资源的逻辑抽象和统一表示。虚拟化是云计算的核心特征,通过虚拟化技术可以提高资源的利用率,并能够根据用户业务需求的变化,快速、灵活地进行资源部署。虚拟化涉及的范围很广,包括网络虚拟化、存储虚拟化、服务器虚拟化、桌面虚拟化、应用程序虚拟化、表示层虚拟化等。本书所提的虚拟化主要指服务器虚拟化。一般来讲,虚拟化是一个抽象层,它将物理硬件与操作系统分开,从而提供更高的 IT 资源利用率和灵活性。处理器、内存、存储和网络等硬件资源被抽象成标准化的虚拟硬件,与包括操作系统和应用程序在内的完整运行环境一起封装在独立于硬件的虚拟机中,而虚拟机以文件形式保存,因此可以快速对其进行保存、复制和部署。

云计算采用创新的计算模式使用户通过互联网随时获得近乎无限的计算能力和丰富多样的信息服务,它的商业模式使用户对计算和服务可以取用自由、按量付费。目前的云计算融合了以虚拟化、服务管理自动化和标准化为代表的大量革新技术。云计算借助虚拟化技术的伸缩性和灵活性,提高了资源利用率,简化了资源和服务的管理和维护;利用信息服务自动化技术,将资源封装为服务交付给用户,减少了数据中心的运营成本;利用标准化,方便了服务的开发和交付,缩短了客户服务的上线时间。

虚拟化技术与多任务以及超线程技术是完全不同的。多任务是指在一个操作系统中多个程序同时并行运行,而在虚拟化技术中,则可以同时运行多个操作系统,而且每一个操作系统中都有多个程序运行,每一个操作系统都运行在一个虚拟的 CPU 或者是虚拟主机上。由于在大规模数据中心管理和基于互联网的解决方案交付运营方面有着巨大的价值,服务器虚拟化技术受到人们的高度重视,人们普遍相信虚拟化将成为未来数据中心的重要组成部分。

虚拟化架构如图 3.2 所示,通过虚拟化技术,单个服务器可以支持多个虚拟机运行多个操作系统和应用,从而大幅提高服务器的利用率,通过虚拟化为应用提供了灵活可变、可扩展的平台服务。虚拟机技术的核心是 Hypervisor(虚拟机监控程序),Hypervisor 在虚拟机和底层硬件之间建立一个抽象层,它可以拦截操作系统对硬件的调用,为驻留在其上的操作系统提供虚拟的 CPU 和内存。

图 3.2   虚拟化架构

虚拟机有许多不同的类型,但是它们有一个共同的主题就是模拟一个指令集的概念。每个虚拟机都有一个用户可以访问的指令集。虚拟机把这些虚拟指令"映射"到计算机的实际指令集。硬分区、软分区、逻辑分区、Solaris Container、VMware、Xen、微软 Virtual Server 这些虚拟技术都是运用的这个原理,只是虚拟指令集所处的层次位置不同。

虽然虚拟化技术可以有效地简化数据中心管理,但是仍然不能消除企业为了使用 IT 系统而进行的数据中心构建、硬件采购、软件安装、系统维护等环节。早在大型机盛行的 20 世纪五六十年代,就采用"租借"的方式对外提供服务的。IBM 公司当时的首席执行官 Thomas Watson 曾预言道:"全世界只需要五台计算机",过去三十年的 PC 大繁荣似乎正在推翻这个论断,人们常常引用这个例子,来说明信息产业的不可预测性。然而,信息技术变革并不总是直线前进,而是螺旋式上升的,半导体、互联网和虚拟化技术的飞速发展使得业界不得不重新思考这一构想,这些支撑技术的成熟让我们有可能把全世界的数据中心进行适度的集中,从而实现规模化效应,人们只需远程租用这些共享资源而不需要购置和维护。

虚拟化和云计算技术正在快速地发展,业界各大厂商纷纷制定相应的战略,新的概念、观点和产品不断涌现。云计算的技术热点也呈现百花齐放的局面,比如以互联网为平台的虚拟化解决方案的运行平台,基于多租户技术的业务系统在线开发、运行时和运营平台,大规模云存储服务,大规模云通信服务等。云计算的出现为信息技术领域带来了新的挑战,也为信息技术产业带来了新的机遇。

虚拟化技术的应用领域已经从服务器逐渐向存储、网络、应用和桌面等多方面拓展。

服务器虚拟化对服务器资源进行快速划分和动态部署,从而降低系统复杂度,消除了设备无序蔓延,并达到了减少运营成本、提高资产利用率的目的。存储虚拟化将存储资源集中到一个大容量的资源池并进行单点统一管理,实现无须中断应用即可改变存储系统和数据迁移,提高了整个系统的动态适应能力。网络虚拟化通过将一个物理网络节点虚拟成多个节点以及多台交换机整合成一台虚拟的交换机来增加连接数量并降低网络复杂度,实现网络的容量优化。应用虚拟化则通过将资源动态分配到最需要的地方来帮助改进服务交付能力,并提高了应用的可用性和性能。

云计算数据中心跨越 IT 架构实现包括服务器、存储、网络、应用等在内的全系统虚拟化,对所有资源进行统一管理、调配和监控,进而提高整个系统的灵活性并使之产生最大的效益。主要包括:

(1) 网络虚拟化。

(2) 计算资源虚拟化。

(3) 存储虚拟化。

(4) 应用程序和数据库虚拟化。

(5) 设备虚拟化。

3.3.2　虚拟化的平台架构与部署

在云计算环境中,通过在物理主机中同时运行多个虚拟机实现虚拟化。多个虚拟机运行在虚拟化平台上,由虚拟化平台实现对多个虚拟机操作系统的监视和多个虚拟机对物理资源的共享。总的来说,虚拟化平台是三层结构,最下层是虚拟化层,提供基本的虚拟化能力支持;中间层是控制执行层,提供各控制功能的执行能力;最上层是管理层,对执行层进行策略管理、控制,提供对虚拟化平台统一管理的能力。如图 3.3 所示,虚拟化平台应该包含虚拟机监视器 Hypervisor、虚拟资源的管理、虚拟机迁移、故障恢复、策略管

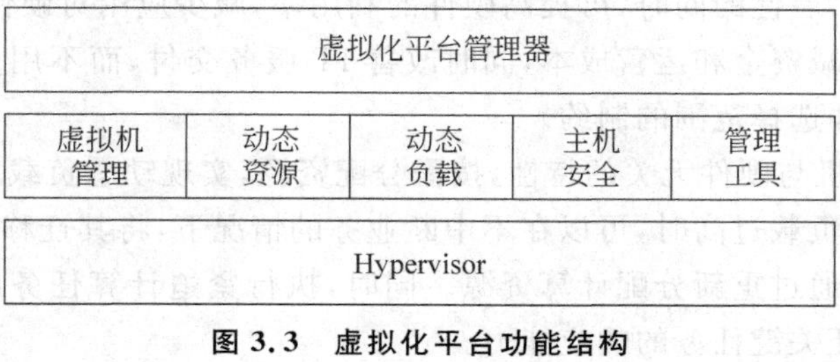

虚拟化平台管理器				
虚拟机管理	动态资源	动态负载	主机安全	管理工具
Hypervisor				

图 3.3　虚拟化平台功能结构

理(如提供虚拟机自动部署和资源调配)等功能实体。各部分具体功能描述如下：

(1) 虚拟机管理：主要保护 VM(虚拟制造技术)的创建、启动、停止、迁移、恢复和删除等能力，虚拟机映像管理，虚拟机运行环境的自动配置和快速部署启动等能力。虚拟机管理可根据主机节点/虚拟机的 CPU、内存、I/O、网络等资源使用情况，自动地在不同主机节点之间迁移 VM，使得 VM 的性能得到保障。也包含主机节点的失效保护，即当一个主机节点失效后，该功能实体能将其上的服务自动转移到其他节点上继续运行。

(2) 高可用 Cluster：用于保证主机节点的失效保护，当一个主机节点失效后，Cluster 自动将其上的服务转移到集群中的其他节点上继续运行。该 Cluster 还可具有负载均衡和存储集群的能力。

(3) 动态资源调配：当一个 VM 的内存、外出或网络资源不足时，可临时借用同节点中其他 VM 暂时不使用的同类资源。

(4) 动态负载均衡：兼顾能源消耗和工作负载的均衡。根据策略需要，可开启/关闭部分主机节点，并迁移关联的 VM。

(5) 管理工具：包含虚拟化平台需要支持的一套工具，如 P2V(Physical to Virtual)、V2P(Virtual to Physical)、VA(Virtual ApplicaTIon)、JEOS(Just enough Operating System)等。

(6) 主机安全：用于保证 VM 运行环境的安全，包含一组软件，如 anti-virus、IDS 等。

在虚拟化平台的实际部署中，如图 3.4 所示，由于 Cluster、动态资源分配、主机安全等与 Hypervisor 关系密切，可以作为独立的软件部署在主机节点之中。其他功能都可以集成在一起，形成 VM 管理器。这样进行功能分配后，整个虚拟化平台可以分为两个软件包：一是 Hypervisor＋Host OS 软件包，驻留在主机节点中；二是 VM 管理器软件包。两者之间的接口将被简化为配置、简单控制、查看和监控几类。

运行 VM 的主机利用 Cluster(集群)功能组成一个高可用的集群系统，当其中的某个节点失效时，可无须 VM 管理器的干涉，自动地将失效节点上的服务迁移到其他节点，并为其重新分配存储和网络资源，使得服务不间断。VM 管理可部署在独立的服务器上，由其负责对虚拟化平台的告警、运行状况监控、负载调整等工作。虚拟化平台部署如图 3.5 所示。

3.3.3　虚拟化的技术优势

(1) 平台虚拟化实现资源最优利用。利用虚拟化技术，在一台物理服务器或一套硬件资源上虚拟出多个虚拟机，让不同的应用服务运行在不同的虚拟机上，在不降低系统鲁棒性、安全性和可扩展性的同时，可提高硬件的利用率，减少应用对硬件平台的依赖性，从而使得企业能够削减资金和运营成本，同时改善 IT 服务交付，而不用受到有限的操作系统、应用程序和硬件选择范围的制约。

(2) 利用虚拟机与硬件无关的特性，按需分配资源，实现动态负载均衡。当 VM 监测到某个计算节点的负载过高时，可以在不中断业务的情况下，将其迁移到其他负载较轻的节点或者在节点内通过重新分配计算资源。同时，执行紧迫计算任务的虚拟机将得到更多的计算资源，保证关键任务的响应能力。

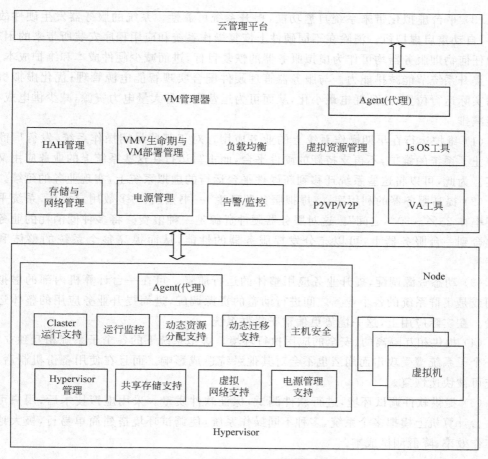

图 3.4　虚拟化平台系统架构图

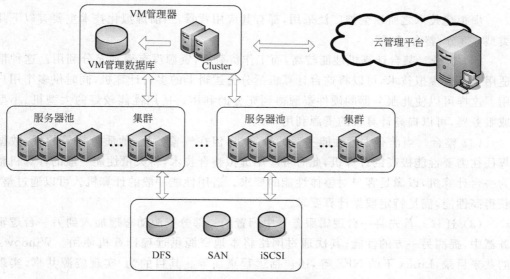

图 3.5　虚拟化平台部署图

（3）平台虚拟化带来系统自愈功能，提升系统可靠性。系统的服务器发生硬件故障时，可自动重启虚拟机。消除在不同硬件上恢复操作系统和应用程序安装所带来的困难，其中任何物理服务器均可作为虚拟服务器的恢复目标，进而减少硬件成本和维护成本。

提升系统节能减排能力。与服务器管理硬件配合实现智能电源管理；优化虚拟机资源的实际运行位置，达到耗电最小化，从而可为运营商节省大量电力资源，减少供电成本，节能减排。

（1）维护运行在早期操作系统上的业务应用。对于某些早期操作系统，发行厂商已经停止了系统的维护，不再支持新的硬件平台，而重写运行在这些系统上的业务应用又不现实。为此，可以将这些系统迁移到新硬件平台运行的虚拟系统上，实现业务的延续。

（2）提高服务器的利用率。《虚拟服务器环境》一书指出："多数用户承认，系统平均利用率在 25%～30%之间"。这对服务器硬件资源是一种浪费。将多种低消耗的业务利用整合到一台服务器上，可以充分发挥服务器的性能，从而提高整个系统的整体利用效率。

（3）动态资源调配，提升业务应用整体的运行质量。可在一台计算机内部的虚拟机之间或是集群系统的各个业务之间进行动态的资源调配，进而提升业务应用的整体运行质量。在实际应用上，这一优势更偏重于集群系统。

（4）提供相互隔离的、安全的应用执行环境。虚拟系统下的各个子系统相互独立，即使一个子系统遭受攻击而崩溃也不会对其他系统造成影响。而且在使用备份机制后，子系统可被快速恢复。

（5）提供软件调试环境，进行软件测试，保证软件质量。采用虚拟技术后，用户可以在一台计算机上模拟多个系统，多种不同操作系统，使调试环境搭建简单易行，极大地提高工作效率，降低测试成本。

3.3.4　虚拟化的技术类型与实现形式

虚拟化技术之所以会被广泛采用，都有其应用背景，当前虚拟化技术主要有以下几种类型：拆分、整合、迁移。

（1）拆分。某台计算机性能较高，而工作负荷小，资源没有得到充分利用。这种情况适用于拆分虚拟技术，可以将这台计算机拆分为逻辑上的多台计算机，同时供多个用户使用。这样可以使此服务器的硬件资源得到充分的利用。适用性能较好的大型机、小型机或服务器，可以提高计算机的资源利用率。

（2）整合。当前有大量性能一般的计算机，但在气象预报、地质分析等领域，数据计算往往需要性能极高的计算机，此时可应用虚拟整合技术，将大量性能一般的计算机整合为一台计算机，以满足客户对整体性能的要求。适用性能一般的计算机。可以通过整合，获得高性能，满足特定数据计算要求。

（3）迁移。首先将一台逻辑服务器中闲置的一部分资源动态地加入到另一台逻辑服务器中，提高另一方的性能；其次通过网络将本地资源供远程计算机使用。Windows 下的共享目录，Linux 下的 NFS 等，还包括远程桌面等。其目的为，实现资源共享，实现跨系统平台应用等。

虚拟化的实现形式包括以下几种：

（1）硬件虚拟化。不需要操作系统支持。可直接实现对硬件资源进行划分,任一分区内的操作系统和硬件故障不影响其他分区,例如 HP nPAR。

（2）逻辑虚拟化。不需要操作系统支持。在系统硬件和操作系统之间以软件和固件的形式存在,任一分区的操作系统故障不影响其他分区。例如 IBM DL PARS、HP vPAR、VMware ESX Server,如图 3.6(a)所示、Xen 如图 3.6(b)所示。相对硬件虚拟模式而言,逻辑虚拟模式会占用一定比例的系统资源。目前大型主机的虚拟效率一般在 95% 以上,虚拟化损耗大约为 2%～3%;AIX 和 HP-UX 上的虚拟效率在 90%以上,虚拟化损耗约为 5%;而 x86 架构上的虚拟效率则在 80%左右,虚拟化损耗大约为 20%。

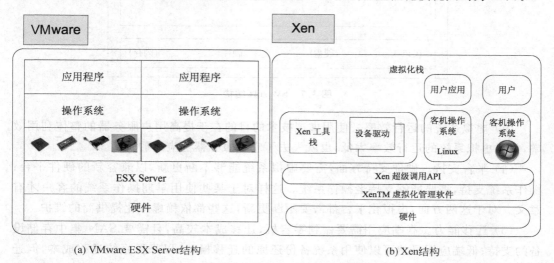

(a) VMware ESX Server结构　　　　　　　　(b) Xen结构

图 3.6　逻辑虚拟化结构

（3）软件虚拟化。需要主操作系统支持。在主操作系统上运行一个虚拟层软件,可以安装多种客户操作系统,任何一个客户系统的故障不影响其他用户的操作系统。例如用 VMware GSX Server 和微软 Virtual Server2005 软件虚拟 SW soft 结构,如图 3.7 所示。

（4）应用虚拟化。需要主操作系统支持。在单一操作系统上使用,在操作系统和应用之间运行虚拟层,任何一个应用包的故障不影响其他软件包。代表有 Solaris Container 和 SW soft Virtuozzo 虚拟化。

3.3.5　虚拟化技术存在的问题

（1）虚拟技术的认知。用户对虚拟技术不了解,不明确虚拟技术在提升用户现有系统效率和降低总体运营成本上的优势,这是阻碍虚拟技术推广的最大障碍。

（2）虚拟系统的可靠性。客户采用服务器,很大程度上是为了保障业务的稳定性。如果用户在一台服务器上运行多个业务,类似于多个鸡蛋放在一只篮子里,一旦出现重大硬件故障,势必会影响到所有的应用,这种威胁很难消除。而对于用户,这种潜在的业务危险往往也是不可接受的。

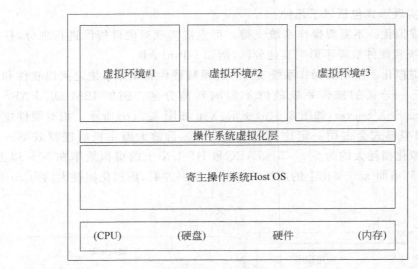

图 3.7　SW soft 结构

（3）虚拟系统的运行效率。使用虚拟技术的目的在于提高用户服务器的整体利用效率，如果虚拟系统的运行效率太低，也就失去了它在服务器上应用的价值。

（4）平台支持。硬件支持方面，需要虚拟系统能够不断更新，以兼容新的硬件平台；操作系统支持，需要能够支持老操作系统。这样对于某些使用早期操作系统的客户才有意义。对于这两方面，虚拟化平台都需要不断更新，这些都依赖虚拟化提供商的维护。

（5）迁移能力。高端应用需要做到零宕机，迁移成本较高，且需要 SAN 集中存储设备的支持；低端应用虽然可以使用系统备份还原的迁移模式，以降低系统迁移成本，但迁移效率低。

（6）部署效率和易用性。当前虚拟化标准尚不统一，移植和管理工具还不够成熟，这也影响到虚拟化的大面积普及。特别是远程管理功能需要配合虚拟化标准工作大力发展，以使得不同的虚拟化平台可以通过网络进行统一管理。

当前的云计算系统如 Scientific Cloud、Amazon EC2 等一般是以虚拟机的形式来满足用户的计算资源需求，但用户需要根据自己的要求将这些虚拟机手动配置成一个工作集群。针对这种情况，通过对虚拟集群所需上下文环境的详细分析，如虚拟机的 IP 地址、安全信息等，提出了一种在多个虚拟机之间自动、快速部署上下文环境的机制（one click virtual clusters）。另外，虚拟专用网络 VPN 的发展为用户在访问计算云的资源时提供了一个可以定制的网络环境。目前对于虚拟资源管理的研究，在满足用户对虚拟资源的 QoS 需求及服务等级协议（Service Level Agreement，SLA）方面还有待进一步研究。

3.4　资源管理技术

资源管理是云计算的核心问题之一，它主要包括资源的描述、动态组织、发现匹配、优化配置和即时监控等活动。与传统的分布式环境和网格环境下的资源管理所不同的是，云计算环境下资源管理是通过虚拟化技术的运用来屏蔽底层资源的异构性和复杂性,把分散的各种资源管理起来,使得分布式资源能够被当作单一资源处理,形成一个统一的巨型资源池而不是分散的资源库,以此确保资源的合理、高效的分配和使用,并且云计算环境下资源管理的各个组成部分之间并不是孤立的,资源的描述、组织、发现与匹配、配置和监控是彼此之间存在紧密联系的系统要素,它们之间的共同作用构成了一个整体。资源的描述和表示形式将影响到它的动态组织方式,而资源的发现与匹配机制又会因上述两者的变化而做出相应的调整,以实现高效资源提取;同样,在制定资源调度策略时,也会考虑底层资源的组织形式、发现与匹配机制;最后,资源动态监控将对系统中的各个要素进行检测和控制,保证系统的安全、稳定和高效运行。

云计算资源管理系统的基本功能是接受来自云计算用户的资源请求,并且把特定的资源分配给资源请求者。合理地调度相应的资源,使请求资源的作业得以运行。为实现上述功能,一般而言,云计算资源管理系统应提供四种基本的服务,即资源发现、资源分发、资源存储和资源调度。资源发现和资源分发提供相互补充的功能。资源分发由资源启动且提供有关机器资源的信息或一个源信息资源的指针并试图去发现能够利用该资源的合适的应用。而资源发现由网络应用启动并在云计算中发现适于本应用的资源。资源分发和资源发现以及资源存储是资源调度的前提条件,资源调度实施把所需资源分配到相应的请求上去,包括通过不同节点资源的协作分配。

云计算资源管理需要达到的目标总体来讲包括五个方面:

(1) 准入控制。即云计算资源管理系统能够及时获取整个云计算系统的运行状态,并根据现有状态信息去决定是否接受新的请求,以避免出现负载高峰而影响到整个系统的稳定性。

(2) 资源合理配置。即需要在单个计算单元动态多变的云计算环境中合理分配每个运行实例所需的资源,以实现多约束条件下的资源全局优化分配。

(3) 实现负载均衡。即通过合理的资源管理避免少量计算单元出现资源负荷尖峰导致服务质量下降甚至服务器瘫痪,确保工作流能够较为平均地分配至正在运行的所有计算单元。

(4) 降低能耗。即通过合理的资源管理策略,结合云计算虚拟化技术及其他硬件节能技术,能够使得云计算数据中心的整体能耗下降。

(5) 保障 QoS。服务质量是云计算能够被用户接受并长期使用的关键所在,这也就需要对云计算系统本身进行更为合理的管理以确保为用户提供高可靠性和可用性的资源。

云环境下资源管理系统框架如图 3.8 所示。

3.4.1　资源监测

云计算不仅仅实现硬件资源、存储资源、网络资源等的虚拟化,还包括在此基础上的各种软件资源的虚拟化,关注于如何实现"软件即服务"。在一个统一的云平台上,注册、管理着互联网上大量不同种类的资源,如何对它们进行有效的动态监测以及管理与控制,是实现高质量的软件即服务的保障。解决大规模分布式环境下的异构资源管理属性的高

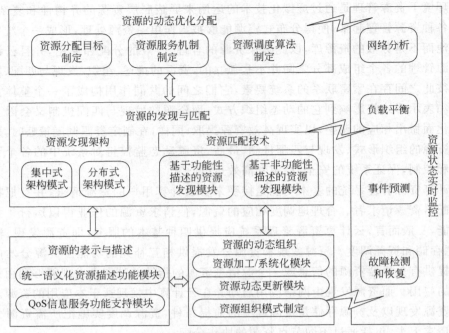

图 3.8　云环境下资源管理系统框架

效的动态监测及其有效管理问题,涉及的关键问题包括:如何满足不同种类的资源管理与监测需求,实现资源类型及其管理属性的动态配制;如何实现可方便扩展的监测架构支持;如何实现高效且灵活的资源监测策略,以尽量少的资源开销实现尽量有效的资源监测与状态预测;基于智能管理事件的资源状态管理技术,如何更加有效地主动监测资源的状态,并及时发现、诊断资源的故障,为提供高质量服务提供基本支撑。国外相关学者提出了一个基于市场机制、服务等级协议(SLA)进行资源分配的云计算架构。而实现按 SLA 进行资源分配的基础之一是如何对多个资源提供者的资源进行监测。

　　云计算的智能管理监控系统具有自动监控、反馈和处理机制,智能管理监控系统结合事件驱动和协同合作机制,实现对大规模计算机集群进行自动化智能的管理。对软件服务提供自动部署、自动升级、自动配置、可视化管理和实时状态监控,还可以根据环境和需求的变化、异常情况,进行动态调度和自动迁移。智慧的数据中心,将数据中心的基础设施资源管理与信息管理有机结合起来,可以根据业务的发展变化,灵活管理数据;也可以对各种突发事件进行快速反应、监控报警并进行灾难备份。对 IT 资产的能耗等,也能进行监控和预警。

　　服务器的智能化:可根据用户的工作负载和使用环境,动态地调整一个或多个处理内核的主频,进一步增强系统性能。可根据实时数据吞吐量调节系统能耗,从而改进处理器功耗管理能力。

　　从整个服务器"智慧"的角度来看,在服务器环境里怎样把感应力做得更加好,使它的适应力做到更好,使它对于周围的环境的洞察力做到更好,使它的互动做到更好。

3.4.2　资源调度

　　云计算资源管理系统的有效性和可接受性在很大程度上依赖于所实现的资源调度系统，云计算的动态性和异构性决定了资源调度系统的复杂性。云计算资源管理调度系统可采用集中式、分布式以及层次式的和计算经济的调度方法。在集中式的环境中，所有的资源由一个中央调度程序调度，所有可用系统的有关信息被聚集在该中心机上。在分布式的系统中，分布式的调度程序交互作用并且提交作业到远程系统中，没有一个中央调度程序负责作业的调度，单个组件的失效将不会影响整个的云计算系统，容错和可靠性更高。但由于一个并行程序的所有部分可能被分配在不同域的资源上，因此不同的调度程序必须同步作业并且保证同时运行，这使得调度系统的优化相当困难。在层次式的调度模型中，有一个集中式的调度程序，作业被提交到该集中的调度程序，而每一个机器资源使用一个独立的调度程序用于本地的调度。此结构的主要优点是不同的策略能够被使用来用于本地和全局的作业调度。基于计算经济的调度模型的优越性是可调节供需矛盾，因为做出资源调度策略决定的过程被分布在所有的用户和资源拥有者身上，使得调度由以系统为中心转向了以用户为中心，用户可以自己做出决定以最小的代价获取最好的性能。

　　用户做仿真试验需要多台机器，但是这些机器不会有很大的负荷，这个时候用户希望这些虚拟的机器全部启动在一个 Hypervisor 上边，这样就可以关闭其他服务器，减少费用，但有时需要在这些虚拟机去完成负载比较大的任务时，用户又希望这些虚拟机能够均衡地启动在云上，将负载平衡，尽可能地使每台机器都能拥有充足的资源。

　　云计算资源管理系统的基本功能是接受来自云计算用户的资源请求，并且把特定的资源分配给资源请求者。合理地调度相应的资源，使请求资源的作业得以运行。为实现上述功能，一般而言，云计算资源管理系统应提供四种基本的服务，即资源发现、资源分发、资源存储和资源的调度。资源发现和资源分发提供相互补充的功能。资源分发由资源启动且提供有关机器资源的信息或一个源信息资源的指针并试图去发现能够利用该资源的合适的应用。而资源发现由网络应用启动并在云计算中发现适于本应用的资源。资源分发和资源发现以及资源存储是资源调度的前提条件，资源调度实施把所需资源分配到相应的请求上去，包括通过不同节点资源的协作分配。

　　云计算的资源存储即云存储，是将一个网络设备、存储设备、服务器、应用软件、公用访问接口、接入网和客户端程序等多个部分组成的复杂系统。各部分以存储设备为核心，通过应用软件来对外提供数据存储和业务访问服务。就如同云状的广域网和互联网一样，云存储对使用者来讲，不是指某一个具体的设备，而是指一个由许许多多个存储设备和服务器所构成的集合体。使用者使用云存储，并不是使用某一个存储设备，而是使用整个云存储系统带来的一种数据访问服务。所以严格来讲，云存储不是存储，而是一种服务。云存储的核心是应用软件与存储设备相结合，通过应用软件来实现存储设备向存储服务的转变。

　　云计算资源管理系统应有几大优势。一是不必为文件存储硬件投入任何前期的费用，却能够租赁服务器硬件和软件，把每个月的费用减少到可以管理的规模。二是云存储会维护用户文件服务器的安全和更新问题。服务提供商会派专人负责管理存储，保持系统处于最新状态。三是有权访问并审计数据。这个权限能够帮助企业发现其数据的任何修改以及做这些改变的人，毫无疑问对于用户的数据安全管理能够起到不小的作用。四是能够选择一定的存储位置存放数据。在某些情况下，知道自己数据存放的具体位置会更加方便用户自身的管理。而且因为一些法规的要求，客户必须知道他们某些数据的确切位置。云计算能够将数据锁定到一些特指的物理位置。最后，云存储的控制功能能够让你仅与你指定的人共享文件，无论这些人是你的员工还是外部人员。你可以控制访问者的权限，允许外部人员访问你的公司网络。

3.4.3　分布式资源管理技术

在多节点并发执行环境，分布式资源管理系统是保证系统状态正确的关键技术。系统状态需要在多节点之间同步，关键节点出现故障时需要迁移服务。分布式资源管理技术通过"锁"机制协调多任务对于资源的使用，从而保证数据操作的一致性。Google 公司的 Chubby 是最著名的分布式资源管理系统。

Chubby 是 Google 公司设计的提供粗粒度锁服务的一个文件系统，它基于松耦合分布式系统，解决了分布的一致性问题。通过使用 Chubby 的锁服务，用户可以确保数据操作过程中的一致性。不过值得注意的是，这种锁只是一种建议性的锁（Advisory Lock）而不是强制性的锁（Mandatory Lock），如此选择的目的是使系统具有更大的灵活性。

GFS 使用 Chubby 来选取一个 GFS 主服务器，BigTable 使用 Chubby 指定一个主服务器并发现、控制与其相关的子表服务器。除了最常用的锁服务之外，Chubby 还可以作为一个稳定的存储系统存储包括元数据在类的小数据。同时 Google 内部还使用 Chubby 进行名字服务（Name Server）。Chubby 被划分成两个部分：客户端和服务器端，客户端和服务器端之间通过远程过程调用（RPC）来连接。在客户这一端每个客户应用程序都有一个 Chubby 程序库（Chubby Library），客户端的所有应用都是通过调用这个库中的相关函数来完成的。服务器一端称为 Chubby 单元，一般是由五个称为副本（Replica）的服务器组成的，这五个副本在配置上完全一致，并且在系统刚开始时处于对等地位。这些副本通过 quorum 机制选举产生一个主服务器（Master），并保证在一定的时间内有且仅有一个主服务器，这个时间就称为主服务器租约期（Master Lease）。如果某个服务器被连续推举为主服务器的话，这个租约期就会不断地被更新。租续期内所有的客户请求都是由主服务器来处理的。客户端如果需要确定主服务器的位置，可以向 DNS 发送一个主服务器定位请求，非主服务器的副本将对该请求做出回应，通过这种方式客户端能够快速、准确地对主服务器做出定位。Chubby 的基本架构如图 3.9 所示。

3.4.4　云计算平台管理技术

云计算资源规模庞大，一个系统的服务器数量可能会高达 10 万台并跨越几个坐落于不同物理地点的数据中心，同时还运行成千上万种应用。如何有效地管理这些服务器，保证这些服务器组成的系统能够提供 7×24 小时不间断服务是一个巨大的挑战。云计算系统管理技术是云计算的"神经网络"。云计算系统管理技术能使大量的服务器协同工作，

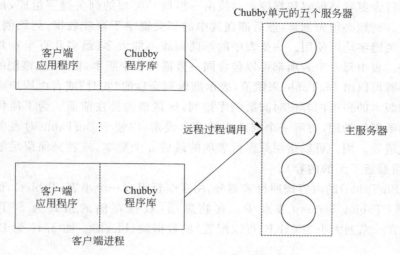

图 3.9 Chubby 的基本架构

方便地进行业务部署和开通,快速地发现和恢复系统故障,使云计算系统通过自动化、智能化的手段实现大规模的可运营、可管理。

3.4.5 数据管理技术

云计算的特点是对海量的数据存储、读取后进行大量的分析,数据的读操作频率远大于数据的更新频率,云中的数据管理是一种读优化的数据管理。因此,云系统的数据管理往往采用数据库领域中列存储的数据管理模式。将表按列划分后存储。

云计算系统对大数据集进行处理、分析,向用户提供高效的服务,因此,数据管理技术必须能够高效地管理大数据集。另外,如何在规模巨大的数据中找到特定的数据,也是云计算数据管理技术所必须解决的问题。云计算系统的数据管理往往采用列存储的数据管理模式,保证海量数据存储和分析性能。由于采用列存储的方式管理数据,如何提高数据的更新速率以及进一步提高随机读速率是未来的数据管理技术必须解决的问题。云计算的数据管理技术最著名的是 Google 公司的 BigTable 数据管理技术,同时 Hadoop 开发团队也开发了类似 BigTable 的开源数据管理模块 HBase。

1. BigTable 数据管理技术

BigTable 数据管理方式设计者——Google 给出了如下定义:"BigTable 是一种为了管理结构化数据而设计的分布式存储系统,这些数据可以扩展到非常大的规模,例如在数千台商用服务器上的达到 PB(Petabytes)规模的数据。"

BigTable 在很多地方与数据库很类似,使用了很多数据库的实现策略。但不支持完全的关系数据模型,而是为客户提供了简单的数据模型。BigTable 对数据读操作进行优化,采用列存储的方式,提高数据读取效率。BigTable 的基本元素包括行(row)、列(column families)和时间戳(Timestamps) 等。其中,行关键字可以是任意字符串(目前支持最多 64KB,多数情况下 10~100 字节足够),在一个行关键字下的每一个读写操作都是原子操作(不管读写这一行里有多少个不同列),这样在对同一行进行并发操作时,用户对于系统行为更容易理解和掌控。列族由一组同一类型的列关键字组成,是访问控制的基本单位。列族必须先创建,然后能在其中的列关键字下存放数据;列族创建后,族中任何一个列关键字均可使用。一张表中的不同列族不能太多(最多几百个),并且在运作中极少改变。表中每一个表项都可以包含同一数据的多个版本,由 64 位整型的时间戳来标识。时间戳可以由 BigTable 来赋值,表示准确到毫秒的"实时"或者由用户应用程序来赋值。不同版本的表项内容按时间戳倒序排列,即最新的排在前面。为了简化对于不同数据版本的数据的管理,对每一个列族支持两个设定,以便于 BigTable 对表项的版本自动进行垃圾清除。用户可以指明只保留表项的最后 n 个版本,或者只保留足够新的版本(比如只保留最近 7 天的内容)。

大表(BigTable)的内容按照行来划分,由多个行组成一个小表(Tablet),保存到某个小表服务器(Tablet Server)节点中。在物理层,数据存储的格式为 SSTable,每个SSTable 包含一系列大小为 64KB(可以配置)的数据块(block)。图 3.10 为 BigTable 的体系结构。

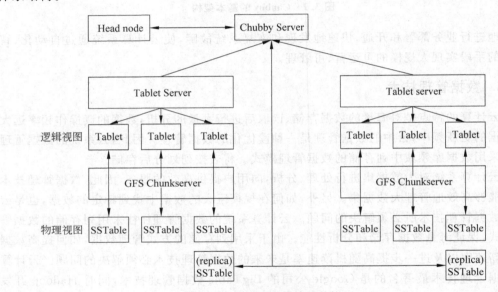

图 3.10　BigTable 的体系结构

如果说 BigTable 是一块布,Tablets 就好像是从这块布上扯下的布条。每个 Tablet所需要的存储空间为 100 200MB,而每台服务器(廉价 PC)存储 100 个左右的 Tablets,同一台机器上的所有 Tablets 共享一个日志。SSTable 提供一个从关键字到值持续有序的映射,关键字和值都可以是任意字符串。块索引(block index)存储在 SSTable 的最后,用来定位数据块。Chubby 是 BigTable 采用的一个高度可用的持续分布式数据锁服务。每个 Chubby 服务由五个活的备份构成,其中一个为主备份并响应服务请求。只有当大多数备份都保持运行并保持互相通信时,相应的服务才是活动的。有备份失效时,Chubby使用 Paxos 算法来保证备份的一致性。Chubby 提供了一个由目录和小文件组成的命名空间(namespace),每个目录或者文件可以当成一个锁来用,读写文件操作都是原子化的。

BigTable 于 2004 年开始研发并投入应用.至今已运行了 5 年,基本上能够满足
Google 数据管理的需求,处理海量数据,实现高速存储与查找。目前,基于 BigTable 的
应用包括 Google Analytics Google Finance Orkut Personalized Search Writely、Google
Each 等 60 多个项目。

2. HBase 云数据库

HBase 是 Hadoop 子项目,是目前比较成熟的云数据管理开源解决方案之一。
HBase 采用与 BigTable 非常相似的数据模型。用户存储数据行(data row)和一个标识
表(label table)中,一个数据行有一个可排序的主键或分类键(sortable key)和任意数量
的列(column)。表是疏松(sparsely)存储的,因此用户可以根据需要给同一表中的不同
行定义各种不同的列。每张 HBase 表的索引是行关键字(row key)、列关键字(column
key)和时间戳(timestamp)。HBase 把同族里面的数据存储在同一个目录下,而 HBase
的写操作是锁行的,每一行都是一个原子元素,都可以加锁。所有数据库的更新都有一个
时间戳标记,每个更新都是一个新的版本,系统会保留一定数量的版本,这个值是可以设
定的,用户可以选择获取距离某个时间最近的版本,或者一次获取所有版本。

Hbase 遵从如图 3.11 所示的简单主从服务器架构,每个 Hbase 集群通常由单个主
服务器(master server)、数百个或更多区域服务器(region server)构成。每个 Region 由
某个表的连续数据行组成,从开始主键到结束主键,而某张表的所有行保存在一组
Region 中。通过用表名和开始/结束主键来区分不同的 Region。区域服务器主要通过三
种方式保存数据:Hmemcache 高速缓存,保留的是最新写入的数据;Hlog 记录文件,保
留的是提交成功,但未被写入文件的数据;Hstores 文件,数据的物理存放形式。

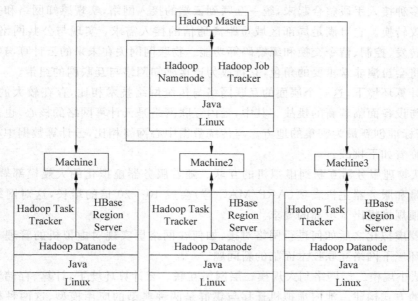

图 3.11　HBase 集群体系结构

主服务器的主要任务是分配每个区域服务器需要维护的 Region,因此每个区域服务器都需要与主服务器通信。主服务器会和每个区域服务器保持一个长连接。如果该连接超时或者断开,会导致区域服务器自动重启,同时主服务器认为该区域服务器已死机而把其负责的 Region 分配给其他区域服务器。

3.5 网络通信技术

网络是云计算的核心承载平台,无论是云服务的构建、云服务的备份,还是云服务的推送均离不开网络。网络健壮与否直接影响租户业务的连续,网络安全与否直接影响租户业务的信息安全,网络传输质量的好坏直接影响到用户的使用效果。

在云计算系统构架内,根据网络互联功能的差异,可以将云计算网络分为以下三个层次。

(1) 云内互联:主要用于云数据中心内服务器、存储基础 IT 资源间的互联,完成计算、存储资源池的构建,满足云运营管理平台通过网络实现各资源的编排、调度与交付。此外还需要根据各租户、各业务系统的不同互访需求,实现网络层的资源隔离与安全访问控制。

(2) 云间互联:主要用于多个云数据中心间的横向互联,实现多个资源池横向整合,云服务、数据的备份,同时满足云运营管理平台实现跨数据中心资源的编排、调度、迁移、集群等。

(3) 云端互联:主要用于云数据中心与用户终端间的纵向互联,实现云服务的推送、呈现,满足用户对云计算资源的使用与管理。例如物联网网关接入技术采用物联网网关设备是将多种接入手段整合起来,统一互联到云端的接入网络,实现感知网络和基础网络之间的协议转换。它可满足局部区域短距离通信的接入需求,实现与公共网络的连接,同时完成转发、控制、信令交换和编解码等功能。物联网网关在未来的云计算与物联网融合过程中将会扮演非常重要的角色,它将成为连接感知网络与互联网的纽带。

在云计算环境下,这三个层面的互联网络与传统网络技术相比,存在较大的差异,传统的技术与设备面临着新的挑战。其中,云内互联网络是云计算网络的核心,也是近年来新技术、新标准创新最为密集的地方。与传统数据中心网络相比,云计算数据中心内部互联网络面临着如下挑战:

(1) 从物理服务器互联到虚拟机的互联。随着服务器虚拟化的大规模部署,网络中的业务流量和服务器主机表项(ARP/MAC 等)会成 10~20 倍的增长,这对网络设备的性能和表项规格提出了更高的要求。

服务器虚拟化之后如何进行网络对接,如何在网络层实现对虚拟机的管理与控制将是云计算环境下网络互联技术面临的新问题。

(2) 从小规模二层网络到大规模二层网络互联。云计算环境下,计算、存储资源通常以资源池的方式构建。池内虚拟机迁移与集群是两种典型的应用模型,这两种模型均需要二层网络的支持。随着云计算资源池的不断扩大,二层网络的范围正在逐步扩大。

(3) 从静态实体安全到动态虚拟安全。云计算将 IT 资源进行虚拟化和池化,这些资

源将以服务的形式动态分配给租户使用。对于云计算网络层的安全防护,需要解决的两个问题:

- 位于同一物理服务器内的多个不同虚拟机之间的流量安全防护,此类流量有部分是直接通过虚拟交换机进行交互的,部署在外部网络层的防火墙策略将无法实现安全防护;
- 随着云计算中心内新租户的上线和业务变更,传统静态的防火墙部署方式已经不能满足,需要将防火墙也进行虚拟化并交付给租户使用。

(4) 从孤立管理到智能联动管理。为保证网络、安全资源能够被云计算运营平台良好的调度与管理,要求网络及安全设备、管理平台提供开放的 API 接口,云计算管理平台能够通过 API 接口实现对网络资源的调度及管理。随着虚拟化技术的应用,网络和服务器的边界变得模糊,还引发了新的问题,即网络及计算资源的协同调度问题。在创建虚拟机或虚拟机迁移时,虚拟主机能否正常运行,不仅需要在服务器上的资源合理调度,网络连接的合理调度也是必需的。打通网络、计算之间的隔阂,实现资源的融合管理和智能调度,将是实现云数据中心基于业务调度,并最终实现自动化的关键。

3.6 编 程 模 型

2004 年,Google 公司在自身的网络搜索业务应用的基础上,提出了一个新的抽象模型 MapReduce,只需执行简单运算,而不必过分关注并行计算、负载均衡、数据分布、容错等复杂细节,由于这些问题都封装在相应的库内,所以对于开发人员而言它们都是透明的。为了使用户能更轻松地享受云计算带来的服务,让用户能利用该编程模型编写简单的程序来实现特定的目的,云计算上的编程模型必须十分简单。必须保证后台复杂的并行执行和任务调度向用户和编程人员透明。MapReduce 这种编程模型并不仅适用于云计算,在多核和多处理器、ceil processor 以及异构机群上同样有良好的性能。该编程模式仅适用于编写任务内部松耦合、能够高度并行化的程序。如何改进该编程模式,使程序员得能够轻松地编写紧耦合的程序,运行时能高效地调度和执行任务,是 MapReduce 编程模型未来的发展方向。MapReduce 是一种处理和产生大规模数据集的编程模型,程序员在 Map 函数中指定对各分块数据的处理过程,在 Reduce 函数中指定如何对分块数据处理的中间结果进行归约。用户只需要指定 Map 和 Reduce 函数来编写分布式的并行程序。当在集群上运行 MapReduce 程序时,程序员不需要关心如何将输入的数据分块、分配和调度,同时系统还将处理集群内节点失败以及节点间通信的管理等。

云计算大部分采用 MapReduce 的编程模式。现在大部分厂商提出的"云"计划中采用的编程模型,都是基于 MapReduce 的思想开发的编程工具。MapReduce 不仅仅是一种编程模型,同时也是一种高效的任务调度模型。MapReduce 程序的具体执行过程如图 3.12 所示。

图 3.12 给出了一个 MapReduce 程序的具体执行过程。从图 3.12 可以看出,执行一个 Map Reduce 程序需要五个步骤:输入文件、将文件分配给多个 worker 并行地执行、写中间文件(本地写)、多个 Reduce worker 同时运行、输出最终结果。本地写中间文件在减

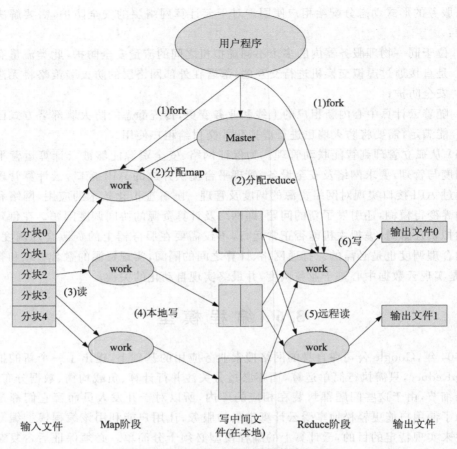

图 3.12   MapReduce 程序的具体执行过程

少了对网络带宽的压力同时减少了写中间文件的时间耗费。执行 Reduce 时,根据从
Master 获得的中间文件位置信息,Reduce 使用远程过程调用,从中间文件所在节点读取
所需的数据。MapReduce 模型具有很强的容错性,当 worker 节点出现错误时,只需要将
该 worker 节点屏蔽在系统外等待修复,并将该 worker 上执行的程序迁移到其他 worker
上重新执行,同时将该迁移信息通过 Master 发送给需要该节点处理结果的节点。
MapReduce 使用检查点的方式来处理 Master 出错失败的问题,当 Master 出现错误时,
可以根据最近的一个检查点重新选择一个节点作为 Master 并由此检查点位置继续运行。
MapReduce 仅为编程模式的一种,微软公司提出的 DryadLINQtl71 是另外一种并行编程
模式。但它局限于.NET 的 LINQ 系统同时并不开源,限制了它的发展前景。
MapReduce 作为一种较为流行的云计算编程模型,在云计算系统中应用广阔。但是基于
它的开发工具 Hadoop 并不完善。特别是其调度算法过于简单,判断需要进行推测执行
的任务的算法造成过多任务需要推测执行,降低了整个系统的性能。改进 MapReduce 的
开发工具,包括任务调度器、底层数据存储系统、输入数据切分、监控“云”系统等方面是将
来一段时间的主要发展方向。另外,将 MapReduce 的思想运用在云计算以外的其他方面

也是一个流行的研究方向。

MapReduce 仅为编程模式的一种,微软公司提出的 DryadLINQ 是另外一种并行编程模式。但它局限于 . NET 的 UNQ 系统同时并不开源,限制了它的发展前景。MapReduce 作为一种较为流行的云计算编程模型,在云计算系统中应用广阔。但是基于它的开发工具 Hadoop 并不完善。特别是其调度算法过于简单,判断需要进行推测执行的任务的算法造成过多任务需要推测执行,降低了整个系统的性能。改进 MapReduce 的开发工具,包括任务调度器、底层数据存储系统、输入数据切分、监控"云"系统等方面是将来一段时间的主要发展方向。另外,将 MapReduce 的思想运用在云计算以外的其他方面也是一个流行的研究方向。

3.7　云存储技术

云存储是在云计算概念上延伸和发展出来的一个新的概念,是指通过集群应用、网格技术或分布式文件系统等功能,将网络中大量各种不同类型的存储设备通过应用软件集合起来协同工作,共同对外提供数据存储和业务访问功能的一个系统。云存储的核心是应用软件与存储设备相结合,通过应用软件来实现存储设备向存储服务的转变。

3.7.1　集群存储技术

在集群里,一组独立的节点或主机可以像一个系统一样步调一致地工作。它们不仅可以共享公用的存储阵列或者存储区域网(Storage Area Network,SAN)也可以拥有只有一个命名空间的公用文件系统。某用户目前使用 Lustre File System,他们通过构建的集群来进行科学仿真和模型建立工作,如今把两个 1000 节点的集群用于生产系统。以前,需要在每一个集群上安装文件系统,而且当有人需要数据时,经常需要把一个文件复制到另一个集群上去,文件系统之间频繁的文件传输任务对整个系统的性能造成了很大的影响。而现在他们能够随时将数据从文件系统中调出来阅读,在不影响正常仿真任务进行的同时查看系统运行结果。

通常,集群存储总是和高性能计算联系在一起,不过事实上,集群存储正快速被主流的商业环境所采用。这些商业领域被集群存储的优点所吸引。集群存储通过采用开放访问方法,如网络文件系统(Network File System,NFS)和微软的通用网络文件系统 Windows CIFS(Common Internet File System),以及使用第三方存储,对现有的技术和协议加以利用,如以太网、光纤卡以及 InfiniBand 协议。

3.7.2　分布式文件系统

分布式文件系统是指在文件系统基础上发展而来的云存储分布式文件系统,可用于大规模集群。主要特性包括:

(1) 高可靠性。云存储系统支持节点间保存多副本功能,以提供数据的可靠性。

(2) 高访问性能。根据数据重要性和访问频率将数据分级多副本存储,热点数据并行读写,提高访问性能。

(3) 在线迁移、复制。存储节点支持在线迁移、复制,扩容不影响上层应用。

　　(4) 自动负载均衡。可以依据当前系统负荷将原有节点上的数据搬移到新增的节点。特有的分片存储,以块为最小单位来存储,存储和查询时所有存储节点并行计算。

　　(5) 元数据与数据分离。采取元数据与数据分离的方式设计分布式文件存储系统。

　　图 3.13 为分布式数据库的系统架构。其中,

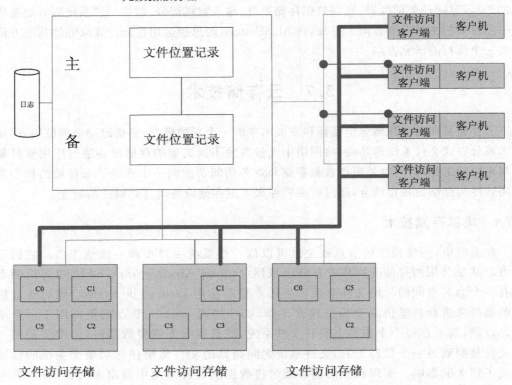

图 3.13　分布式数据库的系统架构

　　文件访问客户端 FAC:负责向用户提供文件访问接口,安装在服务器端(提供给应用以文件操作的 API 接口;实现与 FLR 和 FAS 的交互,完成数据的搬迁)。

　　文件访问服务器 FAS:负责文件的调度和访问,完成对磁阵的读写操作,对 FAC 提供数据读写功能,完成数据的分布式存储。

　　文件位置记录 FLR:负责元数据的管理,保存文件和块的命名空间,文件到块的映射,以及每个块副本的位置。

3.7.3　分布式数据库

　　分布式数据库能实现动态负载均衡、故障节点自动接管,具有高可靠性、高性能、高可用、高可扩展性,在处理 PetaByte 级以上海量结构化数据的业务上具备明显性能优势。图 3.14 为分布式数据库的系统架构。其中,

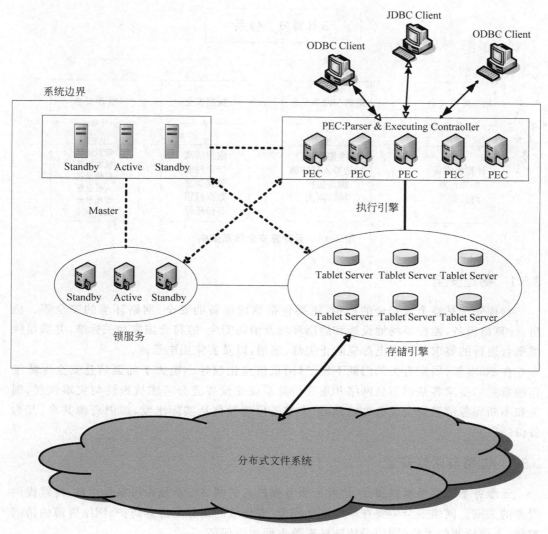

图 3.14　分布式数据库的系统架构

（1）PEC：解析执行服务器（Parsers & ExecuTIng Controllers，PEC），SQL 服务接入点。负责接收客户的 SQL 请求，并定向到特定的 Tablet 服务器上进行数据访问。

（2）Master：主要负责数据库的元数据管理和调度工作。

（3）Tablet Server：负责保存数据库的子表。

（4）Space：分布式文件系统的锁服务功能。主要保证共享访问时对数据的独占性。

3.8　云安全技术

云计算安全技术，通常从物理环境、网络、数据、管理等方面构建层次化的云计算安全体系架构如图 3.15 所示。

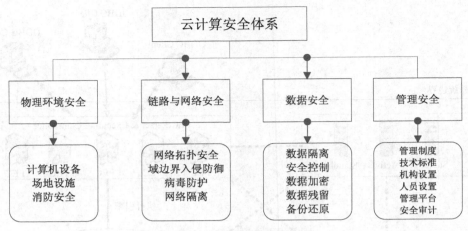

图 3.15　云计算安全体系架构

3.8.1　物理安全

物理安全是整个云安全的前提,主要包括物理设备的安全、网络环境的安全等。机房、计算机设备、监控等场地设施和周围环境及消防安全,应符合国家相关标准,并满足网络平台运行的要求。机房电源应防止尖峰、浪涌,以及实施用电管制。

在 2003 年,国家有关部门就下发了《国家信息化领导小组关于加强信息安全保障工作的意见》,要求各基础信息网络和重要信息系统建设要充分考虑抗毁性与灾难恢复,制定和不断完善信息安全应急处置预案;灾难备份建设要从实际出发,提倡资源共享、互为备份。

3.8.2　链路与网络安全

云服务基于网络提供服务,因此云服务提供商的网络安全是否可靠是正常、持续提供服务的关键。网络安全主要在网络拓扑安全、安全域的划分及边界防护、网络资源的访问控制、入侵检测的手段、网络设施防病毒等方面加以保证。

网络拓扑安全采用新型的网络拓扑结构,如 VL2、Port-Land、DCell 等,使得节点之间的连通性与容错能力更高,易于负载均衡。在云计算平台中,物理的安全边界逐步消失,取而代之的是逻辑的安全边界,应通过采用 VPN(虚拟专用网络)和数据加密等技术,保证用户数据的传输安全性;在云计算数据中心内部,采用 VLAN 以及分布式虚拟交换机等技术实现用户系统和用户网络的隔离。

采用分布式入侵检测和病毒防护系统抵御来自校园外网的攻击;除此之外还可以采取其他的安全措施和技术,如端口绑定、构建虚拟防火墙、提供 Anti-DDos 服务、设计适合于云计算的访问控制机制等,确保每个虚拟服务器上只运行一个网络服务,不能直接访问最敏感的数据,服务器上只开发支撑服务绝对必需的端口,其余一律关闭。网络管理员熟悉路由器、交换机和服务器等各种设备的网络配置,了解网络拓扑结构,在发现问题后迅速定位,还要进行访问流量的统计,识别非正常使用情况并加以封禁。

3.8.3　数据信息安全

在云计算环境中,数据保存在云计算平台中,需要用数据隔离、访问控制、数据加密、数据残留等技术手段来保证数据的安全性、完整性、可用性和私密性。

(1) 数据隔离。虚拟化的资源池是云计算的一个重要特征,虚拟技术是实现云计算的关键核心技术,它意味着不同用户的数据可能存放在一个共享的物理存储中。这种虚拟化的多用户环境可能存在着安全漏洞,因此可根据不同应用需求,采取一定的安全措施将不同用户的数据进行隔离,确保每个用户数据的安全和隐私。

(2) 访问控制。为了维护数据的私密性,在数据的访问控制方面,云计算平台可建立统一、集中的身份管理、安全认证与访问权限控制。用户安全认证与访问权限控制旨在云计算多租户环境下授权合法用户进入系统访问数据。传统的认证技术有数字签名、单点登录认证、双因子登录认证等。

(3) 数据加密。对数据进行加密是保证数据私密性的一个重要办法,通过对重要敏感数据自行进行加密,即使被非法用户窃取,也无须担心数据泄密。成熟的数据加密算法有很多种,应该选择加密性能较高的对称加密算法,对数据进行加密传输,对数据进行加密存储,来保障重要数据网络传输和存储的安全。

除此之外,还可以对文件系统进行加密,但是加密是需要付出代价的,因此需要权衡服务性能需求和数据保护需求,既方便云的管理,又提供更高的安全性。

(4) 数据残留消除。在云计算平台中,数据被存储在共享的基础设备中,数据残留可能会无意中泄露敏感数据,因此存储资源被重新分配前,必须将数据进行多次擦除,以免数据被非法重建。

(5) 数据备份还原。不论数据存放在何处,用户都应该充分考虑数据丢失的风险,为应对突发、极端情况造成的数据丢失和业务停止,云计算平台应迅速执行灾难恢复计划,继续提供服务,所以应该完善云计算平台的容灾备份机制,提高云计算系统的健壮性。

3.8.4　管理安全

三分技术七分管理,虽然这个说法不是很精确,但管理的作用可见一斑。对于一个庞大且复杂的云计算平台,管理尤其需要重视。为了保证数据的安全性、服务的连续性,制定安全管理制度,建立安全审计系统,能够在检测到入侵事件时自动响应,记录和维护好各类日志内容,以提高对违规溯源的事后审查能力。

CSA 发布了《云计算关键领域安全指南》,主要从攻击角度归纳出了云计算环境可能面临的主要威胁。ENISA 将云计算环境的风险分为策略和组织风险、技术风险和法律风险三大类。

3.8.5　环境考虑

环境考虑包括两个方面,一个是指大环境,数据中心所在的外部环境,另一个是指数据中心的内部环境,即小环境。外部环境考虑的因素包括自然因素,例如气候、自然灾害、水资源等,还包括政府政策,以及电力、网络等资源,另外还应考虑人力资源。内部环境需要考虑的因素包括数据中心内部的温度、湿度和污染物等。

本 章 小 结

本章主要介绍云计算的关键技术，从云计算资源池的构建、云数据中心技术，到虚拟化的实现技术、资源管理、网络通信技术，介绍了云计算中常见的 MapReduce 并行编程模式，以及云存储的技术类型和云计算安全的技术体系架构。

习　题

1. 传统数据中心与云计算数据中心的关系是什么？

2. 资源池（或池）是一种资源配置机制，通过规模适当的＿＿＿＿＿提供云计算应用与服务，可以提高系统的性能、减少不必要的通信量开销，具备一定的容错和容变能力，而且支持不同用户的区分服务。

3. 虚拟化技术主要有以下几种类型：拆分、整合、＿＿＿＿＿。

4. 资源管理是云计算的核心问题之一，它主要包括资源的描述、动态组织、发现匹配、＿＿＿＿＿和即时监控等活动。

思　考　题

1. 云计算系统的网络互联有几种形式？

2. 为什么说 Map Reduce 不仅是一种编程模型，同时也是一种高效的任务调度模型？

第4章

云存储技术及应用

本章结构

4.1 云存储概念

随着 Internet 技术的发展,信息量呈爆炸性增长,以高可靠性、高通用性、高扩展性、大容量、低成本为特征的云存储系统以传统数据中心无法比拟的优势特性,正在成为个人和企业提供存储效率、降低成本的重要选择。云存储的兴起使得整个 IT 界处于一个重大的变革期,从以设备/应用程序为中心转向以数据为中心。与传统的存储设备相比,云存储不仅仅是一个硬件,而是一个网络设备、存储设备、服务器、应用软件、公用访问接口、接入网和客户端程序等多个部分组成的系统。

4.1.1 云存储的概念

云存储(Cloud Storage)是指通过集群应用、网格技术或分布式文件系统等功能,将网络中大量各种不同类型的存储设备通过应用软件集合起来协同工作,共同对外提供数据存储和业务访问功能的信息系统。云存储是在云计算(Cloud Computing)概念上延伸和发展出来的一个新的概念。

云存储如同云状的广域网和互联网一样,云存储对使用者来讲,不是指某一个具体的设备,而是指一个由许许多多个存储设备和服务器所构成的集合体。使用者使用云存储,并不是使用某一个存储设备,而是使用整个云存储系统带来的一种数据访问服务。云存储的核心是应用软件与存储设备相结合,通过应用软件来实现存储设备向存储服务的转变。

4.1.2　云存储与云计算的关系

云计算是分布式计算(Distributed Computing)、并行计算(Parallel Computing)和网格计算(Grid Computing)的发展,是透过网络将庞大的计算处理程序自动分拆成无数个较小的子程序,再交由多台服务器所组成的庞大系统经计算分析之后将处理结果回传给用户。云计算系统的建设目标是将运行在 PC 上或单个服务器上的独立的、个人化的运算迁移到一个数量庞大服务器“云”中,由这个云系统来负责处理用户的请求,并输出结果,它是一个以数据运算和处理为核心的系统。

云存储是在云计算(Cloud Computing)概念上延伸和发展出来的一个新的概念。当云计算系统运算和处理的核心是大量数据的存储和管理时,云计算系统中就需要配置大量的存储设备,那么云计算系统就转变成为一个云存储系统,所以云存储是一个以数据存储和管理为核心的云计算系统。与云计算系统相比,云存储可以认为是配置了大容量存储空间的一个云计算系统。从架构模型来看,云存储系统比云计算系统多了一个存储层,同时,在基础管理也多了很多与数据管理和数据安全有关的功能,这两者在访问层和应用接口层则是完全相同的。

4.1.3　云存储与传统存储的关系

相比于传统的集中存储方式,云存储系统具有以下几点优势。

(1) 更容易扩容。云存储的扩容过程将变得简单:新设备仅需安装操作系统及云存储软件后,打开电源接上网络,云存储系统便能自动识别,自动把容量加入存储池中完成扩展。相比传统的存储扩容,云存储架构采用的是并行扩容方式,即当容量不够时,采购新的存储服务器即可,扩容环节无任何限制。

(2) 更易于管理。在传统存储系统管理中,管理人员需要面对不同的存储设备不同的管理界面,要了解每个存储的使用状况,工作复杂而繁重;而云存储没有这个困扰,硬盘坏掉,数据会自动迁移到别的硬盘,不需要立即更换硬盘,极大地减轻了管理人员的工作负担。对云存储来说,管理人员通过一个统一管理界面监控每台存储服务器的使用状况,使得维护变得简单和易操作。

(3) 成本更低廉。传统的存储系统对硬盘的要求近乎苛刻,必须同厂家、同容量、同型号,否则系统很容易出问题。云存储没有这个问题,云存储系统中不同的硬盘可以一起工作,既可以实现原有硬件的利旧保护投入,又可以实现新技术、新设备的快速更新,合理搭配、可持续发展。云存储系统中所采用的存储及服务器设备均是性价比较高的设备,设备商采购的稳定渠道,便于实现对成本及服务质量的控制。

(4) 数据更安全,服务不中断。传统存储系统会因为硬件损坏而导致服务停止,虽然可以设计全冗余的环境,但成本相对太高且工作复杂。云存储系统则不同,它可通过将文件和数据保存在不同的存储节点,避免了单一硬件损坏带来的数据不可用。云存储系统知道文件存放的位置,在硬件发生损坏时,云存储系统会自动将读写指令导向存放在另一台存储服务器上的文件,保持服务的继续。云存储并不单独依赖一台存储服务器,因此存储服务器硬件的更新、升级并不会影响存储服务的提供,系统会将旧存储服务器上的文件迁移到别的存储服务器,等新的存储服务器上线后,文件会再迁移回来。

4.2 云存储系统模型

云存储系统的结构模型由四层组成,如图 4.1 所示。

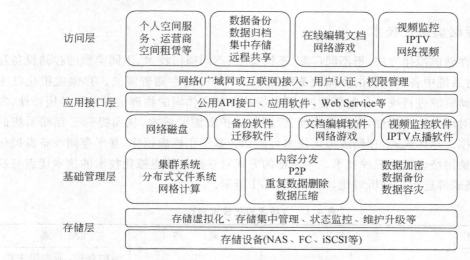

| 访问层 | 个人空间服务、运营商空间租赁等 | 数据备份数据归档集中存储远程共享 | 在线编辑文档网络游戏 | 视频监控IPTV网络视频 |

网络(广域网或互联网)接入、用户认证、权限管理

| 应用接口层 | 公用 API 接口、应用软件、Web Service 等 |

| | 网络磁盘 | 备份软件迁移软件 | 文档编辑软件网络游戏 | 视频监控软件IPTV点播软件 |

| 基础管理层 | 集群系统分布式文件系统网格计算 | 内容分发P2P重复数据删除数据压缩 | 数据加密数据备份数据容灾 |

| 存储层 | 存储虚拟化、存储集中管理、状态监控、维护升级等 |

存储设备(NAS、FC、iSCSI等)

图 4.1 云存储系统架构模型

(1) 存储层。存储层是云存储最基础的部分。数量庞大的云存储设备分布在不同地域,彼此之间通过广域网、互联网或者 FC 光纤通道网络连接。各存储设备上都安装有统一的存储设备管理系统,可以实现存储设备的逻辑虚拟化管理、集中管理、多链路冗余管理以及硬件设备的状态监控和维护升级等。

(2) 基础管理层。基础管理层是云存储最核心的部分,也是云存储中最难以实现的部分。应用接口层通过集群系统、分布式文件系统和网格计算等技术,实现云存储中多个存储设备之间的协同工作,使多个的存储设备可以对外提供同一种服务,并提供更大、更强、更好的数据访问性能。云存储系统通过集群文件操作系统实现后端存储设备的集群工作,并通过系统的控制单元和管理单元实现整个系统的管理,数据的分发、处理,处理结果的反馈。可利用 CDN 内容分发网络系统、P2P 数据传输技术和数据压缩技术等保证云存储中的数据可以更有效地存储,使用和占用更少的空间以及更低的传输带宽,从而对外提供更高效的服务。数据加密技术实现了数据存储和传输过程中的安全性。数据备份和容灾技术可保证云存储中的数据多份保存不会丢失,保证云存储数据自身的安全和稳定。

(3) 应用接口层。应用接口层是云存储最灵活多变的部分。不同的云存储运营单位可以根据实际业务类型,开发不同的应用服务接口,提供不同的应用服务。任何一个授权用户通过网络接入、用户认证和权限管理接口的方式来登录云存储系统,都可以享受云存储服务。

(4) 访问层。云存储运营单位不同,提供的访问类型和访问手段也不同。云存储使用者采用的应用软件客户端不同,享受到的服务类型也不同,比如个人空间租赁服务、运营商空间租赁服务、数据远程容灾和远程备份、视频监控应用平台、IPTV 和视频点播应用平台、网络硬盘引用平台、远程数据备份应用平台等。

4.3　云存储的关键技术

4.3.1　存储虚拟化技术

通过存储虚拟化方法,把不同厂商、不同型号、不同通信技术、不同类型的存储设备互连起来,将系统中各种异构的存储设备映射为一个统一的存储资源池。存储虚拟化技术能够对存储资源进行统一分配管理,又可以屏蔽存储实体间的物理位置以及异构特性,实现了资源对用户的透明性,降低了构建、管理和维护资源的成本,从而提升云存储系统的资源利用率。总体来说,存储虚拟化技术可概括为基于主机虚拟化、基于存储设备虚拟化和基于存储网络虚拟化三种技术。用表格的方式对三种存储虚拟化技术的技术优点与缺点、适应场景等进行了分析对比,结果如表 4.1 所示。

表 4.1　存储虚拟化技术对比

实现层面	主　　机	网　　络	设　　备
优点	支持异构的存储系统;不需要额外的硬件支持,便于部署	不占用主机资源;技术成熟度高,容易实施	架构合理,不占用主机资源;数据管理功能丰富,技术成熟度高
缺点	占用主机资源,降低应用性能;存在越权访问的数据安全隐患;主机数量越多,管理成本越高	消耗存储控制器资源;存储设备兼容性需要严格验证;原有的磁盘阵列的高级存储功能将不能使用	受制于存储控制器接口资源,虚拟化能力较弱;异构厂家存储设备的高级存储功能将不能使用
主要用途	使服务器的存储空间可以跨越多个异构磁盘阵列,常用于在不同磁盘阵列之间做镜像保护	异构存储系统整合和统一数据管理(灾备)	异构存储系统整合和统一数据管理(灾备)
适用场景	主机采用存储基础卷 Storage Foundation(SF)管理,需要新接多台存储设备;存储系统中包含异构阵列设备;业务持续能力与数据吞吐要求较高	系统包括不同品牌和型号的主机和存储设备;对数据无缝迁移及数据格式转换有较高时间性保证	系统中包括自带虚拟化功能的高端存储设备与若干需要利旧的中低端存储
不适用场景	主机数量大,采用 SF 会涉及高昂的费用;待迁入系统数据量过大,如果只能采用存储级迁移方式,数据格式转换将耗费大量时间和人力	对业务持续性能力和稳定性要求苛刻	需要新购机头时,费用较高;存在更高端的存储设备

（1）基于主机的虚拟化。其核心技术是通过增加一个运行在操作系统下的逻辑卷管理软件将磁盘上的物理块号映射成逻辑卷号,并以此实现把多个物理磁盘阵列映射成一

个统一的虚拟逻辑存储空间(逻辑块)实现存储虚拟化的控制和管理。

(2) 基于存储设备虚拟化。该技术依赖于提供相关功能的存储设备的阵列控制器模块,常见于高端存储设备,其主要应用针对异构的 SAN 存储构架。

(3) 基于存储网络虚拟化。该技术的核心是在存储区域网中增加虚拟化引擎实现存储资源的集中管理,其具体实施一般是通过具有虚拟化支持能力的路由器或交换机实现。存储网络虚拟化又可以分为带内虚拟化与带外虚拟化两类,二者主要的区别在于:带内虚拟化使用同一数据通道传送存储数据和控制信号,而带外虚拟化使用不同的通道传送数据和命令信息。

4.3.2 分布式存储技术

分布式存储是通过网络使用服务商提供的各个存储设备上的存储空间,并将这些分散的存储资源构成一个虚拟的存储设备,数据分散的存储在各个存储设备上。先进的分布式存储系统必须具备以下特性:高性能、高可靠性、高可扩展性、透明性以及自治性。目前比较流行的分布式存储技术为分布式块存储、分布式文件系统存储、分布式对象存储和分布式表存储。

(1) 分布式块存储。块存储就是服务器直接通过读写存储空间中的一个或一段地址来存取数据。由于采用直接读写磁盘空间来访问数据,相对于其他数据读取方式,块存储的读取效率最高,一些大型数据库应用只能运行在块存储设备上。分布式块存储系统目前以标准的 Intel/Linux 硬件组件作为基本存储单元,组件之间通过千兆以太网采用任意点对点拓扑技术相互连接,共同工作,构成大型网格存储,网格内采用分布式算法管理存储资源。

(2) 分布式文件系统存储。文件存储系统可提供通用的文件访问接口,如 POSIX 等,实现文件与目录操作、文件访问、文件访问控制等功能。目前的分布式文件系统存储的实现有软硬件一体和软硬件分离两种方式。

(3) 分布式对象存储。对象存储引入对象元数据来描述对象特征,对象元数据具有丰富的语义,支持数据的并发读写,一般不支持数据的随机写操作。对象存储技术相对成熟,对底层硬件要求不高,存储系统可靠性和容错通过软件实现,同时其访问接口简单,适合处理海量、小数据的非结构化数据,如邮箱、网盘、相册、音频视频存储等。

(4) 分布式表存储。表结构存储是一种结构化数据存储,与传统数据库相比,它提供的表空间访问功能受限,但更强调系统的可扩展性。提供表存储的云存储系统的特征就是同时提供高并发的数据访问性能和可伸缩的存储和计算架构。提供表存储的云存储系统有两类接口访问方式:一类是标准的 SQL 数据库接口,一类是 Map-reduce 的数据库应用处理接口。前者目前以开源技术为主,尚未有成熟的商业软件,后者已有商业软件和成功的商业应用案例。

4.3.3 数据备份技术

4.3.3.1 传统的备份策略

典型的用户备份流程是这样的:每天都要在凌晨进行一次增量备份,然后每周末凌晨进行全备份。采用这种方法,一旦出现了数据灾难,用户可以恢复到某天(注意是以天为单位的)的数据,因此在最坏的情况下,可能丢失整整一天的数据。

该备份策略在备份的数据量很大的情况下,备份时间窗口很大,需要繁忙的业务系统停机很长时间才能做到。因此,为了确保数据的更高安全性,用户必须对在线系统实行在线实时复制,尽可能多地采用快照等磁盘管理技术维持数据的高可用性,这样势必需要增加很大一部分投资。

4.3.3.2 副本数据布局

该方法通过集中式的存储目录来定位数据对象的存储位置。这种方法可以利用存储目录中存放的存储节点信息,将数据对象的多个副本放置在不同机架上,这样可大幅提高系统的数据可靠性。然而,它存在以下两个缺陷:

(1) 随着存储目录的增长,查找数据对象所需的开销也会越来越大;

(2) 为提高数据对象的定位速度,一般情况下都会将存储目录存放在服务器内存中,对于 PB 级的云存储系统来说,文件的数量可能达到上亿级,这导致存储目录将会占用上百 GB 的内存。因此,当数据对象数量达到上亿级别时,基于集中式存储目录的数据放置方法在存储开销和数据定位的时间开销上都是难以接受的,此外,还会极大地限制系统的扩展性。

4.3.3.3 连续数据保护

连续数据保护是一种连续捕获和保存数据变化,并将变化后的数据独立于初始数据进行保存的方法,可以实现过去任意一个时间点的数据恢复。连续数据保护系统可能基于块、文件或应用,并且为数量无限的可变恢复点提供精细的可恢复对象。连续数据保护可以提供更快的数据检索、更强的数据保护和更高的业务连续性能力,而与传统的备份解决方案相比,连续数据保护的总体成本和复杂性都要低。

连续数据保护解决方案应当具备以下几个基本特性:数据的改变受到连续的捕获和跟踪;所有的数据改变都存储在一个与主存储地点不同的独立地点中;恢复点目标是任意的,而且不需要在实际恢复之前事先定义。

尽管一些厂商推出了连续数据保护产品,然而从它们的功能上分析,还做不到真正连续的数据保护,比如有的产品备份时间间隔为一小时,那么在这一小时内仍然存在数据丢失的风险,因此,严格地讲,它们还不是完全意义上的连续数据保护产品,目前只能称之为类似连续数据保护产品。

4.3.4 数据缩减技术

数据量的急剧增长为存储技术提出了新的问题和要求——怎样低成本高效快速地解决无限增长的信息的存储和计算。通过云存储技术不仅解决了存储中的高安全性、可靠性、可扩展、易管理等存储的基本要求,同时也利用云存储中的数据缩减技术,满足海量信息爆炸式增长趋势,一定程度上节约企业存储成本,提高效率。

4.3.4.1 自动精简配置

该技术是利用虚拟化方法减少物理存储空间的分配,通过"欺骗"操作系统,造成的好像存储空间有足够大,而实际物理存储空间并没有那么大,会减少已分配但未使用的存储容量的浪费,在分配存储空间时,按需分配,最大限度提升存储空间利用率,利用率超过90%。利用自动精简配置技术,用户不需要了解存储空间分配的细节,能帮助用户在不降低性能的情况下,大幅度提高存储空间利用效率;需求变化时,无须更改存储容量设置,通过虚拟化技术集成存储,减少超量配置,降低总功耗。这项技术已经成为选择存储系统的关键标准之一。

随着自动精简配置的存储越来越多,物理存储的耗尽成为自动精简配置环境中经常出现的风险,因此,告警、通知和存储分析成为必要的功能。

4.3.4.2 自动存储分层

过去数据移动主要依靠手工操作,由管理员来判断数据访问压力,迁移的时候只能一个整卷一起迁移。自动存储分层技术的特点则是其分层的自动化和智能化。一个磁盘阵列能够把活动数据保留在快速、昂贵的存储上,把不活跃的数据迁移到廉价的低速层上,以限制存储的花费总量。数据从一层迁移到另一层的粒度越精细,使用的昂贵存储的效率就越高。自动存储分层的重要性随着固态存储在当前磁盘阵列中的采用而提升,并随着云存储的来临而补充内部部署的存储。自动存储分层使用户数据保留在合适的存储层级,而不需要用户定义的策略,因此减少了存储需求的总量并实质上减少了成本,提升了性能。

4.3.4.3 重复数据删除

该技术通过删除集中重复的数据,只保留其中一份,从而消除冗余数据,可以将数据缩减到原来的2%~5%。按照消重的粒度重复数据删除技术可以分为文件级和数据块级。该技术计算数据指纹,具有相同指纹的数据块即可认为是相同的数据块,存储系统中仅需要保留一份。这样,一个物理文件在存储系统中就只对应一个逻辑表示。由于大幅度减少了物理存储空间的信息量,进而减少传输过程中的网络带宽、节约设备成本、降低能耗。

4.3.4.4 数据压缩

数据压缩就是将收到的数据通过存储算法存储到更小的空间去。随着目前 CPU 处理能力的大幅提高,应用实时压缩技术来节省数据占用空间成为现实,这项新技术就是最新研发出的在线压缩,它与传统压缩技术不同,当数据在首次写入时即被压缩,以帮助系统控制大量数据在主存中杂乱无章地存储的情形,特别是多任务工作时更加明显。该技术还可以在数据写入存储系统前压缩数据,进一步提高了存储系统中的磁盘和缓存的性能和效率。压缩算法分为无损压缩和有损压缩。相对于有损压缩来说,无损压缩的占用空间大,压缩比不高,但是它有效地保存了原始信息,没有任何信号丢失。但是随着限制无损格式的种种因素逐渐被消除,使得无损压缩格式具有广阔的应用前景。

数据压缩中使用的 LZ77 算法,如图 4.2 所示,主要由两部分构成,滑窗(Sliding Window)和自适应编码(Adaptive Coding)。压缩处理时,在滑窗中查找与待处理数据相同的块,并用该块在滑窗中的偏移值及块长度替代待处理数据,从而实现压缩编码。如果滑窗中没有与待处理数据块相同的字段,或偏移值及长度数据超过被替代数据块的长度,则不进行替代处理。该算法的实现非常简洁,处理比较简单,能够适应各种高速应用。数据压缩的应用可以显著降低待处理和存储的数据量,一般情况下可实现 2∶1～3∶1 的压缩比。

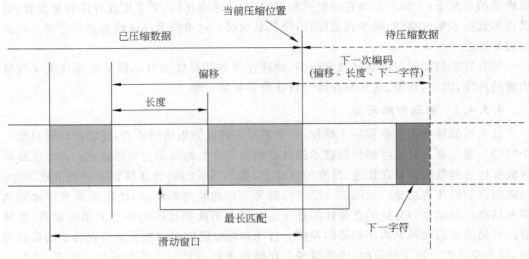

图 4.2　LZ77 算法示意图

压缩和去重是互补性的技术,提供去重的厂商通常也提供压缩。而对于虚拟服务器卷、电子邮件附件、文件和备份环境来说,去重通常更加有效,压缩对于随机数据效果更好,像数据库。换句话说,在数据重复性比较高的地方,去重比压缩有效。

4.3.5　存储安全技术

可扩展和高性能的存储安全技术,是推动云存储最根本的保证,已经成为当前网络存储领域的研究热点。云存储应用中的存储安全包括认证服务、数据加密存储、安全管理、安全日志和审计。

(1) 认证服务:访问控制服务实现用户身份认证、授权,防止非法访问和越权访问。主要功能包括用户只能对经管理员或文件所有者授权的许可文件进行被许可的操作;管理员只能进行必要的管理操作,如用户管理、数据备份、热点对象迁移,而不能访问用户加密的私有数据。

(2) 加密存储:是对指定的目录和文件进行加密后保存,实现敏感数据存储和传送过程中的机密性保护。

(3) 安全管理:主要功能是用户信息和权限的维护,如用户账户注册和注销等,授权用户、紧急情况下对用户权限回收等。

(4) 安全日志和审计:是记录用户和系统与安全相关的主要活动事件,为系统管理员监控系统和活动用户提供必要的审计信息。

随着存储系统和存储设备越来越网络化,存储系统在保证敏感数据机密性的同时,必须提供相应的加密数据共享技术。必须研究适用于网络存储系统的加密存储技术,提供端到端加密存储技术及密钥长期存储和共享机制,以确保用户数据的机密性和隐私性,提高密钥存储的安全性、分发的高效性及加密策略的灵活性。在海量的加密信息存储中,加密检索是实现信息共享的主要手段,是加密存储中必须解决的问题之一。加密检索技术有线性搜索算法、基于关键词的公钥加密搜索、安全索引、引入相关排序的加密搜索算法。

(1)线性搜索算法。首先用对称加密算法对明文信息加密,对于每个关键词对应的密文信息,生成一串长度小于密文信息长度的伪随机序列,并生成一由伪随机序列及密文信息确定的校验序列,伪随机序列的长度与检验序列长度之和等于密文信息的长度,伪随机序列及检验序列对密文信息再次加密。在搜索过程中,用户提交明文信息对应的密文信息序列。在服务器端,密文信息序列被线性地同每一段序列进行模 2 加。如果得到的结果满足校验关系,那么说明密文信息序列出现,否则,说明密文信息不存在。

线性搜索方法是一次一密的加密信息检索算法,因此有极强的抵抗统计分析的能力。但其有一个致命的缺点,即逐次匹配密文信息,这使得这种检索方法在大数据集的情况下难以应用。

(2)基于关键词的公钥加密搜索算法。由 Boneh 等人提出的,其目的是可以在用户端存储、计算资源不足的情况下,通过访问远端数据库获取数据信息。此算法首先生成公钥、私钥,然后对存储的明文关键词用公钥进行加密,生成可搜索的密文信息。此算法可以解决两方面的问题:第一,存储、计算资源分布的不对称性,即用户的计算存储能力不能实时满足其需求;第二,用户在移动情况下对存储、检索数据的需求,比如 E-mail 服务等。

(3)安全索引。由 Park 等人提出,其机制是每次加密所用的密钥是事先生成的一组逆 Hash 序列,加密后的索引被放入布隆过滤器中。当检索的时候,首先用逆 Hash 序列密钥生成多个陷门,然后进行布隆检测。对返回的密文文档解密即可得到所需检索的文档。针对有新用户加入、旧用户退出的多用户加密信息检索,这是一种解决方法。但其存在的缺陷是需要生成大量的密钥序列,随着检索次数的增加,每多进行一次检索,其计算复杂度均线性增加。这在实际应用中很难被接受。

(4)引入相关排序的加密搜索算法。Swaminathan 等人提出了保护隐私的排序搜索算法。在这一算法中,每一文档中关键词的词频都被保序加密算法加密。提交查询给服务器端后,首先计算检索出含有关键词密文的加密文档;然后对用保序算法加密的词频对应的密文信息进行排序处理;最后把评价值高的加密文档返回给用户,由用户对其进行解密。

这一种方法可以在给定多个可能相关文档的情况下对加密文档进行排序,进而把最可能相关的文档返回给用户。但这一种算法首先不适用于一个查询包含多个查询词的情况,其次算法只利用了文档中的词频信息,无法利用词的逆文档频率,进而向量空间模型无法直接应用。

4.3.6 容错技术

数据容错技术一般都是通过增加数据冗余来实现的。冗余提高了容错性,但是也增加了存储资源的消耗。因此,在保证系统容错性的同时,要尽可能地提高存储资源的利用率,以降低成本。目前,常用的容错技术主要有基于复制(replication)的容错技术和基于纠删码(erasure code)的容错技术两种。

(1)基于复制的容错技术。该技术对一个数据对象创建多个相同的数据副本,并把得到的多个副本散布到不同的存储节点上。当若干数据对象失效以后,可以通过访问其他有效的副本获取数据。基于复制的容错技术简单直观,易于实现和部署,但是存储空间开销很大;当数据失效以后,只需要从其他副本下载同样大小的数据即可进行修复。

(2)基于纠删码的容错技术。该技术源于信道传输的编码技术,因为能够容忍多个数据帧的丢失,被引入分布存储领域,使得基于纠删码的容错技术成为能够容忍多个数据块同时失效的、最常用的基于编码的容错技术。基于编码的容错技术通过对多个数据对象进行编码产生编码数据对象,能够把多个数据块的信息融合到较少的冗余信息中,因此能够有效地节省存储空间,但是对数据的读写操作要分别进行编码和解码操作,需要一些计算开销;当数据失效以后,需要下载的数据量一般远大于失效数据大小,修复成本较高。

4.4 云存储的标准化

2009年4月,超过140家公司成立了SNIA云存储技术工作组和一个谷歌新闻组(有超过280名成员)。2009年6月,该工作组发布了第一个工作文档《云存储使用情境和参考模型》。根据该文档,SNIA云存储工作组在2009年夏天提出了云数据管理接口CDMI(Cloud Data Management Interface)标准。2009年9月,工作组发布了0.8版本的CDMI规范草案供公众在SNIA的存储开发者大会上浏览和评价。SNIA云存储工作者的成员企业包括Bycast、思科、日立数据系统、NetApp、QLogic、Sun和Xyratex。这些企业在2009年,CDMI草案发布的过程做出了卓越的贡献。2009年年底,云存储工作组将CDMI的1.0版本规范递交给SNIA审核,最终顺利通过,并得以在2010年的SNW大会上公布。美国网络存储行业协会(SNIA)在2010年4月12日的SNW春节大会上已经公布了第一个云存储标准——云数据管理接口(CDMI)。

SNIA表示,其公布的CDMI是一个直接的规范,能够让大多数旧的非云存储产品访问方式演进成云存储访问。它提供了数据中心利用云存储的方式。数据中心对现有网络存储资源的访问应该可以相当轻松和透明地切换到CDMI云存储资源。

CDMI规范提供了访问云存储和管理云存储数据的方式,同时它还支持块(逻辑单元号或虚拟卷)和文件(通过通用互联网文件系统、网络文件系统或WebDAV访问的文件系统)存储客户端。块和文件的底层存储空间被抽象化为封装器。

不过,CDMI规范也可以抽象化为简单的表存储空间以供数据库操作。这里的重点是可扩展性而不是功能。CDMI并不基于虚拟化的关联表(RDBMS)实例。每个RDBMS都有自己的专有接口,而CDMI甚至都没有在云里面提供访问虚拟RDBMS的方式。SNIA对此的解释是:"由于该领域的创新速度很快,我们最好还是等待这种类型的云存储进一步发展,而不是马上标准化该类存储的功能接口。"

另外,CDMI将对象看作是可以通过URI(统一资源ID)来访问的独一无二的项目。SNIA表示数据对象被看作可以创建、搜索、更新和删除(CRUD——上述操作的首字母缩写)的独立资源。通过对象,封装器可以封装其他封装器。更准确地说,CDMI 定义了应用程序将用于在云中创建、搜索、更新和删除数据组件的功能接口。客户端将可以发现云存储服务的功能,并利用 CDMI 来管理封装器和其中的数据。此外,通过 CDMI 接口还可以在封装器和它们的数据组件上设定元数据。

CDMI 还可以用于行政管理和管理型应用程序,以便管理封装器、账号、安全访问和监视/账单信息,甚至还可以用于其他我们所熟知的协议所访问的存储,比如 SAN(存储局域网)、NAS(网络附加存储)、FTP、WebDAV 和 HTTP/REST。客户端可以看到底层存储和数据服务的功能,因此客户端可以理解这个云服务。

SNIA 存储行业资源域模式(SIRDM)还提供了一个处理云元数据的框架。元数据能够详细表明存储中的数据是如何在云中管理的。CDMI 还定义了云存储的概念,云存储为在网络上随需提供虚拟存储的一种服务方式,也被称为数据存储即服务(DaaS),客户是根据实际存储容量来支付费用的。SNIA 还提醒用户,任何根据固定的容量增加量来提供存储的方式都不是云存储。但是,CDMI 规范略有不足之处是并没有提供通过可靠性和质量来衡量云存储提供商质量的方式,所以它不能绝对防止数据丢失这样风险的存在。

SNIA 表示,云存储标准的受益群体包括云用户、云存储服务提供商、云存储服务开发商和云存储服务经纪人等各个方面。

(1) 对于云用户来说:通过云存储标准的 CDMI 规范,用户可以更好地询问和比较不同云存储服务的安全性、移动性、安全保护、性能和其他关键指标。CDMI 为云存储用户提供了一个简单而通用的接口,帮助他们寻找合适的云存储服务提供商以满足他们自己的专有要求。

(2) 对于云存储服务提供商来说:通过云存储标准的 CDMI 规范来公布云存储服务能力可以确保服务提供商有广泛的市场覆盖。CDMI 为云存储服务提供商提供了一个通用的接口来宣传推广他们的独特功能,并帮助用户发现他们的服务。CDMI 帮助服务提供商尽可能多地向目标用户群体宣传服务功能。对于那些一方面想面向广大市场另一方面又想突出自己独特功能的服务提供商来说,CDMI 也是突出差异点的途径。

(3) 对于云存储服务开发商来说:Windows、Solaris、Linux 和苹果 iPhone 等操作系统已经证明了标准接口对应用程序开发者的价值。云的成功也将依赖于计算、网络和存储上的标准接口。CDMI 为那些希望在云中存储数据的应用程序开发人员提供了唯一的多厂商和基于行业标准的开发接口。CDMI 还确保应用程序开发商可以有兼容的服务提供商,为云应用程序开发商创造了一个潜在的用户市场。

(4) 对于云存储服务经纪人来说:随着云服务用户将越来越多的重要数据托管给云存储服务提供商,在用户和提供商之间"分散风险"的需求越来越突出。大企业和政府部门复杂的云存储要求也可能是单独一家云存储服务提供商所无法满足的。在这种情况下,用户可能需要联合打包在一起的云存储服务。云存储服务经纪人可以在其中发挥作用,并为用户提供"中间人"服务。比如,云经纪人可以通过 CDMI 提供"云保险",将主要的云存储服务提供商和备用云存储服务提供商打包在一起提供给经纪人的客户。

如果主要的云存储服务提供商遭遇故障或中断服务,根据 SLA 的规定,备用云存储服务提供商可以接替主要云存储服务提供商。同样地,经纪人还可以利用 CDMI 的云功能发现接口来设计定制的服务组合。在这个定制的"云套件"中,不同云服务提供商的服务被组合在一起,然后经纪人把它当作单个的云服务提供给客户。

4.5   云存储的安全性

云存储为人们有效地节省了昂贵的设备投资费用,简化了复杂的设置和管理任务,省去了日常监控、维护、升级的麻烦。同时,它的灵活性及便利性,使得只要有网络,用户就可以随时随地通过网络访问"云"中的数据。如同云计算一样,云存储也被吹捧者视为"革命性的存储"。企业与个人用户只需要在服务商那里来购买客户端,租赁"云"存储空间,"把你的计算机当做接入端,一切数据都交给互联网吧"。虽然云存储的优势听起来如此诱人,但对于一种新兴的技术,大多人现在还是抱着观望的态度。这种现象来自于存储最关键的问题,那就是安全性。

云存储意味着数据存储到用户所掌控不到的机器上,而且这些数据也可能不在提供云存储的服务商手中。那么,如何保证这些数据的安全性? 如何能相信服务商不会将数据出卖给商业竞争对手呢? 有没有别人闯进云存储平台盗用账号从而造成数据泄密? 且云存储基于网络,数据在上传和下载的过程中极有可能被别有用心的人盗取、篡改,这些都是云存储用户所关心的问题。已经有用户报告过在云存储服务中丢失过数据。一家大的跨国公司也曾在报告中说过其在云储存服务中丢失了三个星期的客户数据,这足以说明云存储技术仍存在着问题。其实,早在 2009 年 Google 公司和 Amazon 公司都出现过类似的问题。这些问题足以让一些企业用户对云存储产生抵触心理。如果云存储被我们广泛地使用,对数据来说,监控、维护、管理是必需的,既然这些问题已不再由用户来考虑,那势必会抛给运营商,那么运营商能否具备高效的管理软件,来应对如此庞大的集中监控管理,也成为用户所考虑的重要问题。如何提高云存储的安全性,以下几方面势必会非常重要。

(1) 国家相关部门尽快出台法规来规范云存储服务提供商准入机制,约束其行为和技术,强制其采用必要的安全措施。

云存储服务供应商的安全可信度成了当今云存储应用的主要障碍。解决这个问题的根本办法不是依赖云储存服务提供商的自觉性,而是依赖政府部门或相当的权威部门强制要求云计算公司采用必要的措施,保证服务的安全性。即国家政府部门制定相应的准入标准,对云储存服务供应商强制进行准入性检查,检查包括服务条款、服务资质及安全性等,服务条款应审查如供应商对客户承诺的不合理性、信守承诺的程度、在对待客户的数据的审计和监管力度;服务资质应当着重审查供应商是否具备实力提供可用、可靠、持续的云存储服务,避免出现云端失联或云端消失的事故,甚至突然关门大吉,导致不能继续使用云端服务,遭受巨大损失。安全性能上着重应审查云存储平台的用户身份验证、访问控制、入侵防御、反病毒部署、数据的迁移与备份、如何防止内部数据泄密和网络内容与行为监控记录等。通过审查,则国家颁发许可证,允许该供应商提供云存储服务。

(2) 用户应谨慎选择云存储平台,有选择地将数据存储云端。

用户在享受云存储服务之前,要清楚地了解使用云服务的风险所在。用户通过减少对某些数据的控制,来节约经济成本,意味着可能要把企业信息、客户信息等敏感的商业数据存放到云存储服务提供商的手中,对于用户而言,他们必须对这种交易是否值得做出选择。一般地,用户应当选择那些规模大、商业信誉良好的云存储服务提供商。一种基于内容感知的技术可以帮助用户判断和设置什么数据可以上载,什么数据不允许上载,如果发现试图将敏感数据传到云端,系统将及时阻断并报警。

(3) 用户使用云存储应注意保密,增强安全防范意识。

云存储是基于网络的数据存储,网络数据安全的脆弱性有一大部分是人为造成的。日常使用中,一点点安全常识和一些简单的正确计算机操作可以将这类安全性失误的影响降至最低,如避免将你的机密资料放在云端上;避免在网络咖啡厅、学校或图书馆等公共场所内的公用计算机上进行存储操作,确保使用的计算机无病毒、木马及漏洞;避免每个账号都使用同一个密码,就算只更改一个字母也好,同时也应当定期更换密码,保证密码强度。对于存储在云里的数据,要经常在本地备份,以免在云计算服务遭受攻击、数据丢失的情况下,数据得不到恢复。

(4) 采用加密技术来确保数据的传输存储的安全。

目前互联网领域内的安全技术发展很迅猛,不管是基于硬件的还是基于软件的,都已经相当成熟。我们熟悉的与互联网有关的安全技术包括很多,例如,对消息传输时进行加密以及用户认证所用的技术,如使用基于 X.509 标准的 PKI 与 PMI 体系进行数字加密的技术、动态密码技术等;对传输层进行加密的 TLS/SSL 技术;以及各种防病毒、防钓鱼、防 DoS、访问列表控制、防火墙等防止非法入侵和攻击的安全技术。这些技术不但在网银应用中广泛使用,在企业内部 IT 架构中的应用也早已相当成熟,当然,这些技术也可以在云存储中广泛使用。数据在本地计算机加密后上传至云端,以加密的方式存储。需要时再从云端下载至本地计算机解密,这种方式能够较大程度上提高云存储数据的安全性。加密技术可以借鉴目前较为成熟的网银 U 盾数字证书技术或网游的动态密码认证技术。

综上所述,云存储相比传统的存储模式,具有投资少,容量大,方便快捷等众多优势,也是未来计算机存储模式的发展趋势,而其安全性是用户最关心的核心问题,也成为制约云存储发展的最大障碍。通过技术手段、用户安全意识的提高、云服务供应商安全设备和安全措施的部署到位及其可信赖的安全责任心,我们可以最大程度确保云存储的安全性。云存储是可行的,我们有理由相信在不久的未来,云存储将成为最主流最安全、最便捷的存储模式。

4.6 云存储相关产品策略

1. 亚马逊公司的策略

亚马逊公司是最早推出云存储服务的企业。亚马逊公司最早推出的云计算服务是亚马逊网络服务(Amazon Web Services,AWS),该云计算服务由四个核心组件组成:简单排列服务(Simple Queuing Service)、简单存储服务(Simple Storage Service)、弹性计算云(Elastic Compute Cloud,EC2)和 SimpleDB。

　　2008 年 8 月,亚马逊公司为了增强它在云存储战略上的努力,其互联网服务部门将"持续存储"功能添加到弹性计算云(EC2)中。该厂商推出了弹性块存储(Elastic Block Storage,EBS)产品,并声称这个产品可以通过互联网服务形式同时提供存储和计算功能。

2. Nirvanix 和 CDNetworks 的策略

　　著名的云存储平台服务商 Nirvanix 和内容分发网络服务提供商 CDNetworks 双方发布了一项新的合作,并宣布结成战略伙伴关系,以提供业界目前唯一的云存储和内容传送服务集成平台。利用其位于全球各处的 63 个内容分发节点,CDNetworks 的用户能够在互联网上存储无限量的数据,并获得良好的数据保护和数据安全性保证。双方的合作将带给 CDNetworks 在云存储方面与 Nirvanix 相同的能力,不仅能够安全地存储大量的媒体内容,而且依靠 CDNetworks 的数据中心可以向世界任何地方实时交付数据,这两家公司表示,基于这种合作伙伴关系之下的合作,使得 CDNetworks 拥有更好的整体媒体交付能力,也帮助用户节省了 80%～90% 的建设自身的存储基础设施的成本。而 CDNetworks 的内容分发网络所带来的价格和性能上的优势,将帮助用户更快地迁移到 Nirvanix 云存储平台上去。CDNetworks Library Storage Solution 将提供地理意义上的冗余存储节点,并且没有文件大小限制,以及从云存储网络的服务器中 100% 可靠的内容卸载。

3. Google 公司的策略

　　Google 公司在 2010 年的 I/O 开发者技术大会上宣布推出名为 Google Storage 的云计算存储服务,以向亚马逊公司的 S3 云存储服务发起挑战。从功能设计上看,Google Storage 将参考亚马逊公司 S3,以方便现有 S3 用户转用 Google Storage 服务。Google Storage 服务将包括 REST API 协议,以允许开发者通过谷歌公司账号提供验证下载、数据备份服务。此外,谷歌公司还将向外部开发者提供数据管理工具和网络用户界面。

4. 微软公司的策略

　　2007 年 8 月 10 日,微软公司就已经推出了提供网络移动硬盘服务的 Windows Live SkyDrive Beta 测试版。2008 年 2 月 22 日,微软网络硬盘服务 Windows Live SkyDrive 结束 Beta 测试,推出了正式版本,提供 5GB 网络存储空间的同时面向 35 个新的国家和地区开放。

5. EMC 公司的策略

　　EMC 公司推出的 Atmos 的云存储基础架构解决方案是一种基于策略的管理系统,让服务提供了可以建立不同类别云存储的能力,比如说,其可以为非付费用户创建文件的两个副本,并存储在全球不同的地点,并为付费用户创建 5～10 份备份进行存储,并提供了其在全球各地访问文件的更高的可靠性和更快的访问。

　　在软件系统中,Atmos 包括数据服务,如复制、数据压缩、重复数据删除,通过廉价的标准 x86 服务器从而获得数百 TB 的硬盘存储空间。EMC 公司承诺说其拥有自动配置新的存储空间并自适应硬件故障的能力,也允许用户使用 Web 服务协议进行管理和读取。目前 Atmos 有三个版本,系统容量分别为 120TB、240TB 和 360TB,它们全部都基于 x86 服务器并支持千兆或 10GB 以太网连接。

6. IBM 公司的策略

XIV 是 IBM 公司提供的新一代存储产品。它采用网格技术,极大地提高了数据的可靠性、容量的可扩展性、系统的可管理性。XIV 是在传统的存储设备以上的升级,它具有海量存储设备＋大容量文件系统＋高吞吐量互联网数据访问接口＋管理系统的设计特征。XIV 由于其独特的设计,使之天生就具备海量的存储能力与强大的可扩展性,能够满足各种 Web 2.0 应用的需求,是一个理想的实现云存储的产品。

7. 惠普公司的策略

ExDS9100(HP StorageWorks 9100 Extreme Data Storage)是针对文件内容的海量可扩展存储系统,该系统结合了惠普公司 Poly Serve 软件、Blade System 底盘以及刀片服务器以提高性能,还使用了被称为"块"的存储,这些块在同一个容器中包含了 82 个 ITB 的 SAS 驱动器。ExDs9100 专为简化 PB 计数据管理而设计,为 Web 2.0 及数字媒体公司提供全新的商业服务,包括图片共享、流媒体、视频自选节目及社交网络,其所提供的以文档为基础的数据完全可以满足即时存储与管理的需要,同时可满足石油及天然气生产、安全监控及基因研究等大型企业的类似需求。

4.7　云存储服务系统应用

从云存储的结构模型可知,云存储能提供什么样的服务取决于云存储架构的应用接口层中内嵌了什么类型的应用软件和服务。不同类型的云存储服务提供商对外提供的服务也不同,根据服务类型和面向的用户不同,云存储的应用可以分为个人级应用和企业级应用。

4.7.1　个人级云存储应用

1. 网络磁盘

网络磁盘是一种在线存储服务,使用者可通过 Web 访问方式来上传和下载文件,实现个人重要数据的网络化存储和备份。高级的网络磁盘可以提供 Web 页面和客户端软件两种访问方式。网络磁盘的容量空间一般取决于服务商的服务策略,或取决于使用者向服务商支付的费用多少。

2. 在线文档编辑

在线文档编辑不再需要在个人 PC 上安装 Office 等软件,只需要打开 Google docs 网页,通过 Google docs 就可以进行文档编辑和修改(使用云计算系统),并将编辑完成的文档保存在 Google docs 服务所提供的个人存储空间中(使用云存储系统)。无论我们走到哪儿,都可以再次登录 Google docs,打开保存在云存储系统中的文档。通过云存储系统的权限管理功能,还能轻松实现文档的共享、传送以及版权管理。

3. 在线的网络游戏

我们可以通过云计算和云存储系统来构建一个庞大的、超能的游戏服务器群,这个服务器群系统对于游戏玩家来讲,就如同是一台服务器,所有玩家在一起进行竞争。云计算和云存储的应用,可以代替现有的多服务器架构,使所有玩家都能集中在一个游戏服务器组的管理之下。同时,云计算和云存储系统的使用可在最大限度上提升游戏服务器的性能,实现更多的功能。

4.7.2 企业级云存储应用

从目前不同行业的存储应用现状来看,下述系统将很快进入云存储时代。

1. 企业空间租赁服务

信息化的不断发展使得企业的信息数据量呈几何级数增长。通过高性能、大容量云存储系统,数据业务运营商和 IDC 数据中心可以为无法单独购买大容量存储设备的企事业单位提供方便快捷的空间租赁服务,满足企事业单位不断增加的业务数据存储需求。

2. 企业级远程数据备份和容灾

通过高性能、大容量云存储系统和远程数据备份软件,数据业务运营商和数据中心可以为所有需要远程数据备份和容灾的企事业单位提供空间租赁和备份业务租赁服务。普通的企事业单位、中小企业可租用数据中心提供的空间服务和远程数据备份服务功能,建立自己的远程备份和容灾系统,以保证当本地发生重大的灾难时,可通过远程备份或远程容灾系统进行快速恢复。

3. 视频监控系统

建立一个遍布全国的云存储系统,在这个云存储系统中可以内嵌视频监控平台管理软件,建设"全球眼"或"宽视界"系统。系统的建设者只需要安装摄像头和编码器等前端设备,并为每一个编码器、IP 摄像头分配一个带宽足够的接入网链路,通过接入网与云存储系统连接,实时的视频图像就可以很方便地保存到云存储中,并通过视频监控平台管理软件实现图像的管理和调用。

本 章 小 结

本章首先给出了云存储的基本概念,介绍了云存储的系统结构及关键技术,分析了云存储的标准化状况及安全问题,介绍了云存储相关产品及策略;最后,根据云存储的服务类型和面向用户的差异,从个人级应用和企业级应用分别进行了论述。

习 题

1. 试述云存储与云计算的关系。
2. 云存储与传统存储的区别有哪些?
3. 存储虚拟化技术可概括为基于主机虚拟化、基于存储设备虚拟化和基于_____虚拟化三种技术。

思 考 题

1. 如何保障云存储中数据的安全?
2. 如何实现低成本、高效安全的数据缩减?

第 5 章

云安全技术及应用

本章结构

5.1　云计算的安全问题

　　云计算使公司可以把计算处理工作的一部分外包出去,公司可以通过互联网来访问计算基础设施。但同时,数据却是一个公司最重要的财富,云计算中的数据对于数据所有者以外的其他用户是保密的,但是对于提供云计算的商业机构而言确实毫无秘密。随着基于云计算的服务日益发展,云计算服务存在由多家服务商共同承担的现象。这样一来,公司的机密文件将经过层层传递,安全风险巨大。作为一项可以大幅降低成本的新兴技术,云计算正在受到众多企业的追捧。然而,云计算所带来的安全问题也应该引起足够重视。

　　总的说来,由云计算带来的信息安全问题有以下几个方面:

　　(1) 特权用户的接入。在公司外的场所处理敏感信息可能会带来风险,因为这将绕过企业 IT 部门对这些信息"物理、逻辑和人工的控制"。

　　(2) 可审查性。用户对自己数据的完整性和安全性负有最终的责任。传统服务提供商需要通过外部审计和安全认证,但一些云计算提供商却拒绝接受这样的审查。

　　(3) 数据位置。在使用云计算服务时,用户并不清楚自己的数据存储在哪里,用户甚至都不知道数据位于哪个国家。用户应当询问服务提供商数据是否存储在专门管辖的位置,以及他们是否遵循当地的隐私协议。

　　(4) 数据隔离。用户应当了解云计算提供商是否将一些数据与另一些隔离开,以及加密服务是否是由专家设计并测试的。如果加密系统出现问题,那么所有数据都将不能再使用。

（5）数据恢复。就算用户不知道数据存储的位置，云计算提供商也应当告诉用户在发生灾难时，用户数据和服务将会面临什么样的情况。任何没有经过备份的数据和应用程序都将出现问题。用户需要询问服务提供商是否有能力恢复数据，以及需要多长时间。

5.2 云计算的安全属性

5.2.1 可靠性

可靠性是指系统能够安全可靠运行的一种特性，即系统在接收、处理、存储和使用信息的过程中，当受到自然和人为危害时所受到的影响。系统的高可靠性是云计算系统设计时的基本要求。Google 公司的电子邮件服务中断、微软公司的云计算平台 Windows Azure 运作中断、亚马逊公司"简单存储服务"（Simple Storage Service,S3）中断等问题都可归结为是由于云计算系统可靠性设计的不足而发生的。下文从环境、设备、介质三个方面来研究如何提高云计算系统的可靠性。

（1）环境可靠性措施。在设计云系统时，机房要避开各种高危（地震、磁场、闪电、火灾等）区域，当系统遭到危害时，其应具备相应的预报、告警、自动排除危害机制，系统不仅要有完善的容错措施和单点故障修复措施，还要有大景的支撑设备（UPS、备用服务器等），为防止电磁泄漏，系统内部设备应采用屏蔽、抗干扰等技术。

（2）设备可靠性措施。为提高云系统设备的可靠性，我们应运用电源、静电保护技术，防病毒、防电磁、防短路、断路技术等，设备的操作人员应受到相应的教育、培养、训练和管理，并要有合理的人机互通机制，这样可很大程度上避免设备非正常工作并提高设备的效率和寿命。

（3）介质可靠性措施。在考虑云系统的传输介质时，应尽量使用光纤，也可采用美国电话系统开发的加压电缆，它密封于塑料中，置于地下并在线的两端加压，具有带报警的监视器来测试压力，可防止断路、短路和并联窃听等。

5.2.2 可用性

可用性指授权个体可访问并使用其有权使用的信息的特性。安全的云计算系统应允许授权用户使用云计算服务，并在系统部分受损或需要降级使用时，仍能为授权用户提供有效服务。

为保证系统对可用性的需求，云计算系统应引入以下机制：

（1）标识与认证是进行身份识别的重要技术，标识指用户表明身份以确保用户在系统中的可识别性和唯一性。认证指系统对用户身份真实性进行鉴别。传统的认证技术有安全口令、令牌口令、数字签名、单点登录认证、资源认证等，可使用 Kerberos、DCE 和 Secure Shell 等目前比较成熟的分布式安全技术。

（2）访问控制分为自主访问控制（DAC）和强制访问控制（MAC），其特点是系统能够将权限授予系统人员和用户，限制或拒绝非授权的访问。在云系统中，可参考 Bell.

1aPadula 模型和 Biba 模型来设计适用于云系统的访问机制。

（3）数据流控制为防止数据流量过度集中而引起网络阻塞，云计算系统要能够分析服务器的负荷程度，并根据负荷程度对用户的请求进行正确的引导，控制机制应从结构控制、位移寄存器控制、变量控制等方面来解决数据流问题，并能自动选择那些稳定可靠的网络，在服务器之间实现负载均衡。

（4）审计是支持系统安全运行的重要工具，它可准确反映系统运行中与安全相关的事件。审计渗透于系统的每一过程，包括 OS、DBMS 和网络设备等。在云计算系统中，安全审计要能够在检测到侵害事件时自动响应，记录事件的情况并确定审计的级别。日志审计内容应包括时间、事件类型、事件主体和事件结果等重要通信数据和行为。为了便于对大量同志进行有效审计，日志审计系统要具有自己专用的日志格式，审计管理员要定时对日志进行分析。为了有效表示不同日志信息的重要程度，日志审计系统应按照一定的规则进行排序，如按照时间、事件的敏感程度等。

5.2.3　保密性

保密性要求信息不被泄露给非授权的用户、实体或供其利用。为保证云计算系统中数据的安全，首先要加强对相关人员的管理；其次，利用密码技术对数据进行处理是保证云系统中数据安全最简单、有效的方法，常见的密码技术有分组密码系统 DES、公钥密码系统 RSA、椭圆曲线密码系统 ECC 和背包公钥密码系统等；此外，云系统设施要能够防侦收（使外界侦收不到有用的信息）、防辐射（防止有用信息以各种途径辐射出去），并要利用限制、隔离、掩蔽、控制等物理措施保护数据不被泄露。我们可以使用防火墙技术、NAT 技术、SSL、PPTP 或 VPN 等不同的方式来对云系统中传输的信息进行保护。建立"私有云"是人们针对保密性问题所提出的一个解决方法。私有云是居于用户防火墙内的一种更加安全稳定的云计算环境，为内部用户或者外部客户提供云计算服务，用户拥有云计算环境的自主权；"公共云"则是通过云计算提供商自己的基础架构直接向公众用户提供服务的云环境，用户通过互联网访问服务。其中的透明加密技术可以帮助用户强制执行安全策略，保证存储在云里的数据只能是以密文的形式存在，用户自主控制数据安全性，不再被动依赖服务提供商的安全保障措施。采用私有云/公共云机制可让用户自主选择对敏感数据的处理，这也极大地减少了数据泄露的风险。

5.2.4　完整性

完整性指信息在存储或传输过程中不被偶然或蓄意地删除、修改、伪造、乱序、重放、插入等以造成破坏和丢失的特性。保护数据完整性的两种技术是预防与恢复。为保证存储、传输、处理数据的完整性，经常采用分级存储、密码校验、纠错编码（奇偶校验）、协议、镜像、公证等方法。在设计云系统时，由于其复杂性，目前可采用的主要技术有两阶段提交技术和复制服务器技术。

5.2.5　不可抵赖性

不可抵赖性也称为不可否认性，指在信息交互过程中，明确厂商及用户的真实同一性,任何人都能否认或抵赖曾经完成的操作和承诺。由于云计算制度的不完善,云提供厂商和用户之间可能会在非技术层面产生各种纠纷,对此,云计算系统可以增加可信任的第三方机构来办理和协调提供商和用户之间的业务,并可利用信息源证据/递交接收证据来防止发送方/接收方事后否认已发送/接收的信息。

5.2.6　可控性

可控性指系统对其数据应具有控制能力。在云计算系统中,我们可以建立从节点到主干的树状控制体系,使系统可以对数据传播的内容、速率、范围、方式等进行有效控制,这样可以增加系统的扩展、有效性和自动容错能力,有效控制数据的传播,并降低数据系统出现故障时的修复难度。

5.3　云计算的安全架构

通过对目前 IaaS、PaaS、SaaS 三种云计算服务模式中的安全问题的分析,云计算的安全框架如图 5.1 所示。

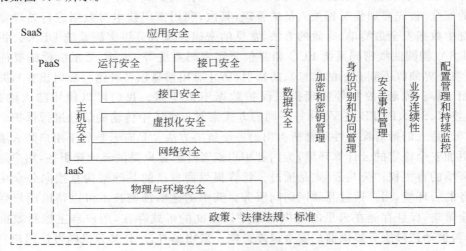

图 5.1　云计算的安全框架

由图 5.1 可知,云计算的安全框架针对云计算各个层次均设置了相应的安全技术来保障其安全特性。

5.3.1　用户认证与授权

身份认证是整个信息安全体系最基础的环节,身份安全是信息安全的基础。

相信大家都还记得一个经典的漫画,一条狗在计算机面前一边打字,一边对另一条狗说:"在互联网上,没有人知道你是一个人还是一条狗!"这个漫画说明了在互联网上很难识别身份。身份认证是指计算机及网络系统确认操作者身份的过程。计算机系统和计算机网络是一个虚拟的数字世界。在这个数字世界中,一切信息包括用户的身份信息都是用一组特定的数据来表示的,计算机只能识别用户的数字身份,所有对用户的授权也是针对用户数字身份的授权。而我们生活的现实世界是一个真实的物理世界,每个人都拥有独一无二的物理身份。如何保证以数字身份进行操作的操作者就是这个数字身份合法拥有者,也就是说保证操作者的物理身份与数字身份相对应,就成为一个很重要的问题。身份认证技术的诞生就是为了解决这个问题。

在真实世界中,验证一个人的身份主要通过三种方式判定,一是根据你所知道的信息来证明你的身份(what you know),假设某些信息只有某个人知道,如暗号等,通过询问这个信息就可以确认这个人的身份;二是根据你所拥有的东西来证明你的身份(what you have),假设某一个东西只有某个人有,如印章等,通过出示这个东西也可以确认这个人的身份;三是直接根据你独一无二的身体特征来证明你的身份(who you are),如指纹、面貌等。

信息系统中,对用户的身份认证手段也大体可以分为这三种,仅通过一个条件的符合来证明一个人的身份称之为单因子认证,由于仅使用一种条件判断用户的身份容易被仿冒,可以通过组合两种不同条件来证明一个人的身份,称之为双因子认证。身份认证技术从是否使用硬件可以分为软件认证和硬件认证;从认证需要验证的条件来看,可以分为单因子认证和双因子认证;从认证信息来看,可以分为静态认证和动态认证。身份认证技术的发展,经历了从软件认证到硬件认证,从单因子认证到双因子认证,从静态认证到动态认证的过程。现在计算机及网络系统中常用的身份认证方式主要有以下几种。

1. 用户名/密码方式

用户名/密码是最简单也是最常用的身份认证方法,它是基于 what you know 的验证手段。每个用户的密码是由这个用户自己设定的,只有他自己才知道,因此只要能够正确输入密码,计算机就认为他就是这个用户。然而实际上,由于许多用户为了防止忘记密码,经常采用诸如自己或家人的生日、电话号码等容易被他人猜测到的有意义的字符串作为密码,或者把密码抄在一个自己认为安全的地方,这都存在着许多安全隐患,极易造成密码泄露。即使能保证用户密码不被泄露,由于密码是静态的数据,并且在验证过程中需要在计算机内存中和网络中传输,而每次验证过程使用的验证信息都是相同的,很容易驻留在计算机内存中的木马程序或网络中的监听设备截获。因此用户名/密码方式一种是极不安全的身份认证方式。

2. IC 卡认证

IC 卡是一种内置集成电路的卡片,卡片中存有与用户身份相关的数据,IC 卡由专门的厂商通过专门的设备生产,可以认为是不可复制的硬件。IC 卡由合法用户随身携带,登录时必须将 IC 卡插入专用的读卡器读取其中的信息,以验证用户的身份。IC 卡认证是基于 what you have 的手段,通过 IC 卡硬件不可复制来保证用户身份不会被仿冒。然而由于每次从 IC 卡中读取的数据还是静态的,通过内存扫描或网络监听等技术还是很容易截取到用户的身份验证信息。因此,静态验证的方式还是存在一定的安全隐患。

3. 动态口令

动态口令技术是一种让用户的密码按照时间或使用次数不断动态变化,每个密码只使用一次的技术。它采用一种称之为动态令牌的专用硬件,内置电源、密码生成芯片和显示屏,密码生成芯片运行专门的密码算法,根据当前时间或使用次数生成当前密码并显示在显示屏上。认证服务器采用相同的算法计算当前的有效密码。用户使用时只需要将动态令牌上显示的当前密码输入客户端计算机,即可实现身份的确认。由于每次使用的密码必须由动态令牌来产生,只有合法用户才持有该硬件,所以只要密码验证通过就可以认为该用户的身份是可靠的。而用户每次使用的密码都不相同,即使黑客截获了一次密码,也无法利用这个密码来仿冒合法用户的身份。

动态口令技术采用一次一密的方法,有效地保证了用户身份的安全性。但是如果客户端硬件与服务器端程序的时间或次数不能保持良好的同步,就可能发生合法用户无法登录的问题。并且用户每次登录时还需要通过键盘输入一长串无规律的密码,一旦看错或输错就要重新来过,用户的使用不方便。

4. 生物特征认证

生物特征认证是指采用每个人独一无二的生物特征来验证用户身份的技术。常见的有指纹识别、虹膜识别等。从理论上说,生物特征认证是最可靠的身份认证方式,因为它直接使用人的物理特征来表示每一个人的数字身份,不同的人具有相同生物特征的可能性可以忽略不计,因此几乎不可能被仿冒。

生物特征认证基于生物特征识别技术,受到现在的生物特征识别技术成熟度的影响,采用生物特征认证还具有较大的局限性。首先,生物特征识别的准确性和稳定性还有待提高,特别是如果用户身体受到伤病或污渍的影响,往往导致无法正常识别,造成合法用户无法登录的情况。其次,由于研发投入较大和产量较小的原因,生物特征认证系统的成本非常高,目前只适合于一些安全性要求非常高的场合如银行、部队等使用,还无法做到大面积推广。

5. USB Key 认证

基于 USB Key 的身份认证方式是近几年发展起来的一种方便、安全、经济的身份认证技术,它采用软硬件相结合一次一密的强双因子认证模式,很好地解决了安全性与易用性之间的矛盾。USB Key 是一种 USB 接口的硬件设备,它内置单片机或智能卡芯片,可以存储用户的密钥或数字证书,利用 USB Key 内置的密码学算法实现对用户身份的认证。基于 USB Key 身份认证系统主要有两种应用模式:一是基于冲击/相应的认证模式,二是基于 PKI 体系的认证模式。由于 USB Key 具有安全可靠,便于携带、使用方便、成本低廉的优点,加上 PKI 体系完善的数据保护机制,使用 USB Key 存储数字证书的认证方式已经成为目前以及未来最具有前景的主要认证模式。

现在信息安全越来越受到人们的重视。建立信息安全体系的目的就是要保证存储在计算机及网络系统中的数据只能够被有权操作的人访问,所有未被授权的人无法访问到这些数据。这里说的是对"人"的权限的控制,即对操作者物理身份的权限控制。不论安全性要求多高的数据,它存在就必然要有相对应的授权人可以访问它,否则,保存一个任何人都无权访问的数据有什么意义?然而,如果没有有效的身份认证手段,这个有权访问者的身份就很容易被伪造,那么,不论投入再大的资金,建立的再坚固安全防范体系都形同虚设。就好像我们建造了一座非常结实的保险库,安装了非常坚固的大门,却没有安装门锁一样。所以身份认证是整个信息安全体系的基础,是信息安全的第一道关隘。

而防火墙、入侵检测、VPN、安全网关、安全目录与身份认证系统有什么区别和联系呢?

防火墙保证了未经授权的用户无法访问相应的端口或使用相应的协议;入侵检测系统能够发现未经授权用户攻击系统的企图;VPN 在公共网络上建立一个经过加密的虚拟的专用通道供经过授权的用户使用;安全网关保证了用户无法进入未经授权的网段,安全目录保证了授权用户能够对存储在系统中的资源迅速定位和访问。这些安全产品实际上都是针对用户数字身份的权限管理,它们解决了哪个数字身份对应能干什么的问题。而身份认证解决了用户的物理身份和数字身份相对应的问题,提供了权限管理的客观依据。

5.3.2　数据隔离

对于 IT 软件服务商来说,他们所提供的传统企业软件系统大多基于多实例架构,即对于每一个客户组织,都有一个单独的软件系统实例为其服务,而搭建于云计算平台的软件系统则广泛地采用了多租户(Multi-tenancy)架构,即单个软件系统实例服务于多个客户组织。在 Multi-instance 架构下,由于每个客户拥有自己的软件实例,故不存在数据隔离的问题,但是在 Multi-tenancy 架构下,由于所有客户数据将被共同保存在唯一一个软件系统实例内,因此需要开发额外的数据隔离机制来保证各个客户之间的数据不可见性并提供相应的灾备方案。

随着云计算技术的成熟,Multi-tenancy 也已不再是新鲜的概念,目前已经有几种相当成熟的架构用来帮助系统实现数据隔离:Shared schema multi-tenancy(下文简称为共享表架构),Shared database,Separated schema(下文简称为分离表架构)以及 Separated database(下文简称为分离数据库架构)。

1. 共享表架构

即所有的软件系统客户共享使用相同的数据库实例以及相同的数据库表。因为共享表架构最大化地利用了单个数据库实例的存储能力,所以这种架构的硬件成本非常低廉,但是其程序开发者来说,却增加了额外的复杂度,由于多个客户的数据共存于相同的数据库表内,因此需要额外的业务逻辑来隔离各个客户的数据。此外,这种架构实现灾难备份的成本也十分高昂,不但需要专门编写代码实现数据备份,而且在恢复数据时,需要对数据库表进行大量的删除和插入操作,一旦数据库表包含大量其他客户的数据,势必对系统性能和其他客户的体验带来巨大的影响。

2. 分离数据库架构

即每个软件系统客户单独拥有自己的数据库实例。相比于共享表架构,由于每个客户拥有单独的数据库实例,这种架构可以非常高效便捷地实现数据安全性和灾难备份,但是随之而来的缺点便是其硬件成本非常高昂。

3. 分离表架构

即软件系统客户共享相同的数据实例,但是每个客户单独拥有自己的由一系列数据库表组成的 schema。分离表架构是一种折中的 Multi-tenancy 方案,在这种架构下,实现数据分离和灾难备份相对共享表架构更加容易一些,另一方面,它的硬件成本也较分离数据库架构为低。

　　无论是分离数据库还是分离表,抑或是共享表,每种架构都有它的优点和不足,在设计云端系统时,系统架构师需要进行全面的分析和考量,综合各方面的因素以选择合适的Multi-tenancy 架构。一般说来,系统服务的客户数量越多,则越适合使用共享表的架构,对数据隔离性和安全性要求越高,则越适合使用分离数据库的架构。在超大型的云系统中,一般都会采用复合型的 Multi-tenancy 架构,以平衡系统成本和性能,这其中Salesforce 便是一个典型的案例。Salesforce.com 最初搭建于共享表架构,但是随着新客户的不断签入,单纯的共享表架构已经很难满足日益增长的性能要求,Salesforce 逐步开始在不同的物理区域搭建分布式系统。在全局上,Salesforce.com 以类似于分离数据库的架构运行,在单个区域内,系统仍然按照共享表架构运行。

5.3.3　数据加密及隐私保护

　　随着云计算技术的逐步成熟,它给 IT 应用带来的商业价值越来越明显地表现出来,相对于传统的软件架构,云计算运营和支持方面的成本更低廉,但同时又能够获得更快速的部署能力,近乎无限的伸缩性等收益。然而,尽管云计算带来的价值是如此巨大,但是仍然有诸多企业在云计算和传统软件架构中选择了后者,其原因很大程度上在于云计算领域中,有关企业数据的安全问题没有得到妥善的解决。一些分析机构的调查结果显示出,数据安全问题是企业应用迁移到云计算过程中的最大障碍之一。

　　数据安全是指通过一些技术或者非技术的方式来保证数据的访问是受到合理控制,并保证数据不被人为或者意外的损坏泄露或更改。从非技术角度上来看,可以通过法律或者一些规章制度来保证数据的安全性;从技术的角度上来看,可以通过防火墙、入侵检测、安全配置、数据加密、访问认证、权限控制、数据备份等手段来保证数据的安全性。由于传统软件和云计算在技术架构上有着非常明显的差异,这就需要我们用不同的思路来思考两种架构下有关数据安全的解决方案。下面笔者从技术角度就云计算中数据安全的某些方面和大家进行简单的探讨,希望能够起到抛砖引玉的作用。

　　数据隐私

　　对于任何一个 IT 系统来说,在运行生命周期过程中使用的以及生产的数据都是整个系统的核心部分,而我们一般把这些系统数据分为公有数据和私有数据两种类型。公有数据代表可以从公共资源获得的数据信息,例如股票信息公开的财务信息等,这类数据可以被任何一个 IT 系统获得并使用。而私有数据则代表这些数据是被 IT 系统所独占并无法和其他 IT 系统所共享的。对于公有数据,使用它们的 IT 系统并不需要处理安全相关的事物,然而对于私有数据特别是一些较为敏感的私有数据,在构建 IT 系统时是需要专门考虑如何保证数据不被盗用甚至修改。传统的 IT 系统通常搭建在客户自身的数据中心内,数据中心的内部防火墙保证了系统数据的安全性。和传统软件相比较,云计算在数据方面的最大不同便是所有的数据将由第三方而非第一方来负责维护,并且由于云计算架构的特点,这些数据可能被存储在非常分散的地方,并且都按照明文的方式进行存储,尽管防火墙能够对恶意的外来攻击提供一定程度的保护,但是这种架构使得一些关键性的数据可以被泄露,无论是偶然还是恶意(例如,由于开发和维护的需要,软件提供商的员工一般都能够访问存储在云平台上的数据,一旦这些员工信息被非法获得,那么黑客便可以在万维网上访问部署在云平台上的程序或者得到关键性的数据)。这对于对安全性有较高要求的企业应用来说是完全不可以接受的。

尽管目前在公有云平台还没有很好的数据隐私解决方案,但是企业仍然可以选择构建私有云或者混合云来实现弹性计算和数据隐私的均衡,同时也为未来在公有云平台上的实施积累经验。从弹性计算的角度来看,私有云和公有云并无太大差别,都是通过自动化的管理虚拟化的 IT 资源来实现弹性计算的目的。然而,由于现有的企业应用基本上都基于传统的 IT 基础架构搭建,几乎所有的 IT 资源都要求 IT 工程师花费大量的时间和精力来手动管理,并没有办法实现敏捷高效的自动化管理,因次无法满足云计算的要求。实施私有云计算的第一步也是最重要的一步便是重新搭建 IT 基础架构:将现有的处理器、存储、网络等 IT 资源高度虚拟化并重新组织整合,构建高度扩展性的 IT 集群架构,辅以强大的管理软件来实现高效自动化的 IT 资源管理。整个 IT 架构可以搭建在企业内或者是第三方的数据中心内,但是无论私有云部署在什么地理位置,企业都拥有完全的 IT 资源控制能力。通过网络控制和独享的防火墙保护,私有云上的企业数据能够得到和传统 IT 架构下企业数据相同级别的安全保障。

在主流的私有云架构之外,Amazon 公司的 Virtual Private Cloud 提供了一套全新的企业级私有云构建方案。主流的私有云解决方案都致力于 IT 资源的虚拟化以及自动化管理,而 Amazon VPC 则将重点放在了如何构建专门针对单个企业的虚拟网络并与企业现有的 IT 架构安全无缝地连接起来。企业可以在 Amazon 公司的公有云平台上创建 VPC 虚拟网络,并通过企业自身的加密 VPN 将 VPC 虚拟网络与企业局域网连接起来,并将整个 VPC 虚拟网络加入到企业现有的安全架构下。在申请创建 EC2 实例时,可以将其指定与相应的 VPC 网络绑定,在 EC2 实例启动之后,该实例也就相当于运行在整个大的企业局域网之内了。虽然 VPC 网络中所有的 EC2 实例仍然位于公有云平台上,但是在这种 IT 架构下,企业内的防火墙能够保证这些公有云上的数据安全。

采用 Amazon VPC 的私有云解决方案无须对企业现有 IT 架构做出大规模的调整,因此无法减少 IT 运营成本,但是相比主流的私有云解决方案,实施成本和风险则减少了很多。混合云则将云平台与 in-house 系统或者是私有云结合起来,将部分子系统搭建在企业内部的数据中心(通常这些子系统中的数据对安全性有非常严格的要求,或是一些 legacy 系统),而把系统的其他部分构建于云计算平台之上(通常这类子系统不带有数据安全性的问题),通过 Service Bus 将 in-house 系统(私有云)与公有云端系统连接起来。

5.3.4 分级安全控制与网络隔离

1. 网络隔离技术

面对新型网络攻击手段的出现和高安全度网络对安全的特殊需求,全新安全防护防范理念的网络安全技术——"网络隔离技术"应运而生。网络隔离技术的目标是确保隔离有害的攻击,在可信网络之外和保证可信网络内部信息不外泄的前提下,完成网间数据的安全交换。网络隔离技术是在原有安全技术的基础上发展起来的,它弥补了原有安全技术的不足,突出了自己的优势。

2. 隔离技术的发展历程

网络隔离,英文名为 Network Isolation,主要是指把两个或两个以上可路由的网络(如 TCP/IP)通过不可路由的协议(如 IPX/SPX、NetBEUI 等)进行数据交换而达到隔离目的。由于其原理主要是采用了不同的协议所以通常也称为协议隔离(Protocol Isolation)。1997 年,信息安全专家 Mark Joseph Edwards 在他编写的 *Understanding Network Security* 一书中,对协议隔离进行了归类。在书中他明确地指出了协议隔离和防火墙不属于同类产品。隔离概念是在为了保护高安全度网络环境的情况下产生的;隔离产品的大量出现,也是经历了五代隔离技术不断的实践和理论相结合后得来的。

第一代隔离技术——完全的隔离。此方法使得网络处于信息孤岛状态,做到了完全的物理隔离,需要至少两套网络和系统,更重要的是信息交流的不便和成本的提高,这样给维护和使用带来了极大的不便。

第二代隔离技术——硬件卡隔离。在客户端增加一块硬件卡,客户端硬盘或其他存储设备首先连接到该卡,然后再转接到主板上,通过该卡能控制客户端硬盘或其他存储设备。而在选择不同的硬盘时,同时选择了该卡上不同的网络接口,连接到不同的网络。但是,这种隔离产品有的仍然需要网络布线为双网线结构,产品存在着较大的安全隐患。

第三代隔离技术——数据转播隔离。利用转播系统分时复制文件的途径来实现隔离,切换时间非常之久,甚至需要手工完成,不仅明显地减缓了访问速度,更不支持常见的网络应用,失去了网络存在的意义。

第四代隔离技术——空气开关隔离。它是通过使用单刀双掷开关,使得内外部网络分时访问临时缓存器来完成数据交换的,但在安全和性能上存在有许多问题。

第五代隔离技术——安全通道隔离。此技术通过专用通信硬件和专有安全协议等安全机制,来实现内外部网络的隔离和数据交换,不仅解决了以前隔离技术存在的问题,并有效地把内外部网络隔离开来,而且高效地实现了内外网数据的安全交换,透明支持多种网络应用,成为当前隔离技术的发展方向。第五代隔离技术的实现原理是通过专用通信设备、专有安全协议和加密验证机制及应用层数据提取和鉴别认证技术,进行不同安全级别网络之间的数据交换,彻底阻断了网络间的直接 TCP/IP 连接,同时对网间通信的双方、内容、过程施以严格的身份认证、内容过滤、安全审计等多种安全防护机制,从而保证了网间数据交换的安全、可控,杜绝了由于操作系统和网络协议自身漏洞带来的安全风险。

3. 隔离技术需具备的安全要点

1) 要具有高度的自身安全性

隔离产品要保证自身具有高度的安全性,至少在理论和实践上要比防火墙高一个安全级别。从技术实现上,除了和防火墙一样对操作系统进行加固优化或采用安全操作系统外,关键在于要把外网接口和内网接口从一套操作系统中分离出来。也就是说至少要由两套主机系统组成,一套控制外网接口,另一套控制内网接口,然后在两套主机系统之间通过不可路由的协议进行数据交换,如此,即便黑客攻破了外网系统,仍然无法控制内网系统,就达到了更高的安全级别。

2) 要确保网络之间是隔离的

保证网间隔离的关键是网络包不可路由到对方网络,无论中间采用了什么转换方法,只要最终使得一方的网络包能够进入到对方的网络中,都无法称之为隔离,即达不到隔离的效果。显然,只是对网间的包进行转发,并且允许建立端到端连接的防火墙,是没有任何隔离效果的。此外,那些只是把网络包转换为文本,交换到对方网络后,再把文本转换为网络包的产品也是没有做到隔离的。

3) 要保证网间交换的只是应用数据

既然要达到网络隔离,就必须做到彻底防范基于网络协议的攻击,即不能够让网络层的攻击包到达要保护的网络中,所以就必须进行协议分析,完成应用层数据的提取,然后进行数据交换,这样就把诸如 TearDrop、Land、Smurf 和 SYN Flood 等网络攻击包,彻底地阻挡在可信网络之外,从而明显地增强了可信网络的安全性。

4) 要对网间的访问进行严格的控制和检查

作为一套适用于高安全度网络的安全设备,要确保每次数据交换都是可信的和可控制的,严格防止非法通道的出现,以确保信息数据的安全和访问的可审计性。所以必须施加一定的技术,保证每一次数据交换过程都是可信的,并且内容是可控制的,可采用基于会话的认证技术和内容分析与控制引擎等技术来实现。

5) 要在坚持隔离的前提下保证网络畅通和应用透明

隔离产品会部署在多种多样的复杂网络环境中,并且往往是数据交换的关键点,因此,产品要具有很高的处理性能,不能成为网络交换的瓶颈,要有很好的稳定性;不能出现时断时续的情况,要有很强的适应性,能够透明接入网络,并且透明支持多种应用。

4. 网络隔离的关键点

网络隔离的关键是在于系统对通信数据的控制,即通过不可路由的协议来完成网间的数据交换。由于通信硬件设备工作在网络七层的最下层,并不能感知到交换数据的机密性、完整性、可用性、可控性、抗抵赖等安全要素,所以这要通过访问控制、身份认证、加密签名等安全机制来实现,而这些机制的实现都是通过软件来实现的。

因此,隔离的关键点就成了要尽量提高网间数据交换的速度,并且对应用能够透明支持,以适应复杂和高带宽需求的网间数据交换。而由于设计原理问题使得第三代和第四代隔离产品在这方面很难突破,即便有所改进也必须付出巨大的成本,和"适度安全"理念相悖。

5.3.5　灾备恢复

随着国内信息化建设的发展以及国家标准《信息系统灾难恢复规范》(GB/T 20988—2007)的颁布,越来越多的企事业机构开始意识到信息系统的灾难备份与恢复的重要性。IDC《中国业务连续性与灾难恢复市场 2008—2012 年预测与分析》报告显示,中国容灾市场经过近几年的探索,已经以快速增长的势头步入实践和发展阶段。

灾备市场在快速发展的同时,也呈现出一些新的趋势。IBM、万国数据等厂商大力宣传"灾备外包",而 H3C 也开始探索"共享灾备"模式,虽然概念各有不同,但这些厂商都试图向用户灌输一个信息,即传统的用户自建灾备中心的模式如今已不再流行了,用户现在可以选择更安全、更经济的方式来备份自己的数据。IBM 公司在美国现有三个很大的灾备中心,这三个中心之间互相备份,并且已经进行过很多次灾备演练,在安全性、可靠性等方面目前没有出现任何问题,已经为很多客户提供了灾备的外包或者托管服务。

对最终用户来说,如何根据数据的重要性以及对业务的影响,来对不同的数据定出不同的优先级,并根据自己的预算决定哪些数据可以进行外包,能容忍外包给自己带来的多大程度的风险。一般而言,这些在服务提供商与用户签署的 SLA(服务水平协议)中都会有所体现。以 Mozy 为例,用户如果选择 Mozy 为其提供的灾备服务,他们可以在需要的时候,随时进行测试,看数据是否能恢复到自己要求的水平。

与国外相比,中国的灾备市场起步较晚,但发展却很迅速。近年来,万国数据、中金数据等厂商也开始提供灾备外包业务。

在有关厂商大力向用户宣扬"灾备外包"的好处的同时,国内存储厂商 H3C 也提出了"共享灾备"的概念。什么是"共享灾备"? 哪些用户适合选择"共享灾备"? 所谓"共享灾备",就是指将多个数据中心的重要数据共享式的备份到灾备中心,所有相关单位共用一套灾备中心,实现了灾备平台的集中管理和基础架构共享。

共享灾备对厂商的技术来说,是一个很大的考验。因为目前来看,适合采用共享灾备的企业包括一些垂直性较强的企业或机构,比如像中石油这样在各地拥有分公司的大型企业,如果由总公司来建立一个灾备中心,为下属各分公司集中提供灾备服务,不失为一个好的选择。但总公司与各分公司之间往往距离遥远,网络的传输就成为一个问题。此外,共享灾备模式中,多对一的备份架构自然会带来兼容性的问题,同时主网环境,网络连路的复杂性等,对厂商来说都提出了很高的要求。H3C 在其 IP 远程复制技术的基础上,将 10G 网络技术、网格技术、虚拟化技术、复制与镜像技术、CDP 持续数据保护技术、WSAN 广域存储技术、存储网络安全技术等技术融为一体,使用户无须对原有网络架构进行大的改造,能最大限度地保护用户的投资。

虽然"共享灾备"与"灾备外包"概念上有一定差异,对最终用户来说,两者本质上是一回事,即都是由第三方通过网络来提供灾备服务,用户无须再购买软硬件设备。某种程度上都可以当作云计算的一种,虽然以前我们较少提及云备份或云灾备的概念,而是以云存储来总而概之,但实际上,灾备是云计算的一个必要的支撑方式。

提到云计算,就不能不提到虚拟化,"共享灾备"、"灾备外包"还有"云灾备",无论哪一种备份方式都离不开虚拟化。因为,这几种方式均要求服务商在技术上能实现对用户业务的弹性反应。比如,一个医院,早上 8 点到下午 5 点之间需要集中对自己的业务数据进行备份,而一个网游公司的备份需求可能集中在晚上 7 点到 12 点之间,这一段时间是他们业务的高峰期。对于服务提供商来说,如何根据前端用户的需求自动地调节硬件与软件资源,动态地、弹性地反映前端业务对灾备的需求,做到负载均衡,保证每一个用户需要的服务水准,这一点主要是通过虚拟化的技术手段来实现。并不是说服务提供商有足够的资源,有很大的容量、很高的性能,就保证每一个用户的需求都能够及时得到响应。

除了云计算与虚拟化,还有其他一些技术,也在影响着灾备市场的发展,比如重复数据删除。"共享灾备"、"灾备外包"还有"云灾备"这几种灾备方式都涉及异地备份,异地备份在把数据调回来的过程中,用到的技术就是 Replication(在线恢复)。以前没有重复数据删除时,不能进行在线恢复,因为占用带宽资源太大。但采用了重复数据删除技术之后,占用的资源比以前少了 99%,使恢复过程大幅度提高,保证了数据的可用性可靠性。

5.4　云计算安全的标准化

安全和标准双翼对于云的起飞至关重要；没有标准，云计算产业的发展就难以得到规范健康的发展，难以形成规模化和产业化集群发展。目前，各国政府、标准组织等正在积极着手标准研究、制定工作，但云计算安全研究尚处于起步阶段。

5.4.1　ISO/IEC JTC 1/SC 27

ISO/IEC JTC1 SC27 是国际标准化组织（ISO）和国际电工委员会（IEC）的信息技术联合技术委员会（JTC1）下专门从事信息安全标准化的分技术委员会（SC27），是信息安全领域中最具代表性的国际标准化组织。SC27 下设五个工作组，工作范围广泛地涵盖了信息安全管理和技术领域，包括信息安全管理体系、密码学与安全机制、安全评价准则、安全控制与服务、身份管理与隐私保护技术，如表 5.1 所示。SC27 于 2010 年 10 月启动了研究项目"云计算安全和隐私"，由 WG1/WG4/WG5 联合开展。目前，SC27 已基本确定了云计算安全和隐私的概念体系架构，明确了 SC27 关于云计算安全和隐私标准研制的三个领域。

表 5.1　云计算安全与隐私研究范围

云计算和隐私的 概念体系架构	标准研制领域	负责工作组	范　　围
概念和定义 安全管理要求 安全管理控制措施 安全技术 身份管理和隐私技术 审计 治理 参考文件	信息安全管理	WG1	标准项目主要涉及要求、控制措施、审计和治理
	安全技术	WG4	主要基于现有的信息安全服务和控制方面的标准成果，以及必要时专门制定相关云计算安全服务和控制标准
	身份管理和隐私技术	WG5	主要基于现有的身份管理和隐私方面的标准成果，以及必要时专门制定相关云计算隐私标准

5.4.2　ITU-T

ITU-T 的中文名称是国际电信联盟远程通信标准化组织（ITU-T for ITU Telecommunication Standardization Sector），它是国际电信联盟管理下的专门制定远程通信相关国际标准的组织。该机构创建于 1993 年，前身是国际电报电话咨询委员会（CCITT），总部设在瑞士日内瓦。

ITU-T 于 2010 年 6 月成立了云计算焦点组 FG Cloud，致力于从电信角度为云计算提供支持，焦点组运行时间截止到 2011 年 12 月，后续云工作已经分散到别的研究组（SG）。云计算焦点组发布了包含《云安全》和《云计算标准制定组织综述》在内的七份技术报告。《云安全》报告旨在确定 ITU-T 与相关标准化制定组织需要合作开展的云安全研究主题。确定的方法是对包括欧洲网络信息安全局（ENISA）、ITU-T 等标准制定组织目前开展的云安全工作进行评价，在评价的基础上确定对云服务用户和云服务供应商的若干安全威胁和安全需求。

《云计算标准制定组织综述》报告主要对美国国家标准与技术研究院（NIST）、分布式管理任务组（DMTF）、云安全联盟（CSA）等标准制定组织在以下七个方面开展的活动及取得的研究成果进行了综述和列表分析，包括云生态系统、使用案例、需求和商业部署场景；功能需求和参考架构；安全、审计和隐私（包括网络和业务的连续性）；云服务和资源管理、平台及中间件；实现云的基础设施和网络；用于多个云资源分配的跨云程序、接口与服务水平协议；用户友好访问、虚拟终端和生态友好的云。报告指出，上述标准化组织都出于各自的目的制定了自己的云计算标准架构，但这些架构并不相同，也没有一个组织能够覆盖云计算标准化的全貌。报告建议 ITU-T 应在功能架构、跨云安全和管理、服务水平协议研究领域发挥引领作用。而 ITU-T 和国际标准化组织/国际电工委员会的第一联合技术委员会（ISO/IEC JTC1）则应采取互补的标准化工作，以提高效率和避免工作重叠。

5.4.3　CSA

云安全联盟（Cloud Security Alliance, CSA）是在 2009 年的 RSA 大会上宣布成立的一个非营利性组织。云安全联盟致力于在云计算环境下提供最佳的安全方案。如今，CSA 获得了业界的广泛认可，其发布了一系列研究报告，对业界有着积极的影响。这些报告从技术、操作、数据等多方面强调了云计算安全的重要性、保证安全性应当考虑的问题以及相应的解决方案，对形成云计算安全行业规范具有重要影响。其中，《云计算关键领域安全指南》最为业界所熟知，在当前尚无一个被业界广泛认可和普遍遵从的国际性云安全标准的形势下，是一份重要的参考文献。

CSA 于 2011 年 11 月发布了指南第三版，从架构、治理和实施三个部分、14 个关键域对云安全进行了深入阐述。另外，开展的云安全威胁、云安全控制矩阵、云安全度量等研究项目在业界得到积极的参与和支持。目前，CSA 已经与国际标准化组织 ISO ITU-T 等建立起定期的技术交流机制，相互通报并吸收各自在云安全方面的成果和进展。2011 年 4 月，CSA 宣布与国际标准化组织（ISO）及国际电工委员会（IEC）一起合作进行云安全标准的开发。CSA 工作组介绍如表 5-2 所示。

表 5.2　CSA 工作组介绍

工作组名称	主　要　职　责
结构及框架工作组	主要负责技术结构和相关框架定义的研究
GRC, Audit, Physical, BCM, DR 工作组	主要负责管理、风险控制、适应性、审计、传统及物理安全性、业务连续性管理和灾难恢复方面的研究
法律及电子发现工作组	主要负责法律指导、合约问题、全球法律、电子发现及相关问题的研究

续表

工作组名称	主要职责
可移植性、互操作性及应用安全工作组	主要负责应用层的安全问题研究并制定促进云服务提供商间互操作性及可移植性发展的指导意见
身份与接入管理、加密与密钥管理工作组	主要负责身份及访问管理、密码及密钥管理问题的研究以及明确企业整合中出现的新问题及解决方案
数据中心运行及事故响应工作组	主要负责事故响应及取证问题的研究，并明确基于云的数据中心在运动中出现的问题
信息生命周期管理及存储工作组	主要负责云数据相关问题的研究
虚拟化及技术分类工作组	主要负责如何对技术进行分类，包括但也不局限于虚拟化技术
安全即服务工作组	主要负责研究如何通过云模式来提供安全解决方案
一致性评估工作组	主要负责研究用于对云服务提供商进行一致性检验的工具和流程

5.4.4　NIST

　　美国国家标准与技术研究院（NIST）直属美国商务部，提供标准、标准参考数据及有关服务，在国际上享有很高的声誉，前身为国家标准局。2009 年 9 月，奥巴马政府宣布实施联邦云计算计划。为了落实和配合美国联邦云计算计划，NIST 牵头制定云计算标准和指南，加快联邦政府安全采用云计算的进程。NIST 在进行云计算及安全标准的研制过程中，定位于为美国联邦政府安全高效使用云计算提供标准支撑服务。迄今为止，NIST 成立了五个云计算工作组，出版了多份研究成果，由其提出的云计算定义、三种服务模式、四种部署模型、五大基础特征被认为是描述云计算的基础性参照。NIST 云计算工作组包括云计算参考架构和分类工作组、旨在促进云计算应用的标准推进工作组、云计算安全工作组、云计算标准路线图工作组、云计算业务用例工作组。NIST 云计算相关出版物如表 5.3 所示。

表 5.3　NIST 云计算相关出版物

名　称	发布日期
SP800-125《完全虚拟化技术安全指南》	2011-1
SP800-144《公有云中的安全和隐私指南》	2011-12
SP800-145《云计算定义》	2011-9
SP800-146《云计算梗概和建议》	2012-5
SP500-291《云计算标准路线图》	2011-8
SP500-292《云计算参考体系架构》	2011-9
SP500-293《美国政府云计算技术路线图》	2011-11

5.4.5 ENISA

2004 年 3 月，为提高欧共体范围内网络与信息安全的级别，提高欧共体、成员国以及业界团体对于网络与信息安全问题的防范、处理和响应能力，培养网络与信息安全文化，欧盟成立了"欧洲网络与信息安全局（European Union Agency for Network and Information Security，ENISA）"。

在 2009 年，欧盟网络与信息安全局就启动了相关研究工作，先后发布了《云计算：优势、风险及信息安全建议》和《云计算信息安全保障框架》。2011 年，ENISA 又发布了《政府云的安全和弹性》报告，为政府机构提供了决策指南。2012 年 4 月，欧盟网络与信息安全局发布了《云计算合同安全服务水平监测指南》，提供了一套持续监测云计算服务提供商服务级别协议运行情况的操作体系，以达到实时核查用户数据安全性的目的。

5.4.6 全国信息安全标准化技术委员会

国内有多个机构从事云计算标准研究制定，其中，专注云计算安全相关标准的管理单位是全国信息安全标准化技术委员会（TC260）。信息安全标准化技术委员会专注于云计算安全标准体系建立及相关标准的研究和制定，信息安全标准化技术委员会成立了多个云计算安全标准研究课题，承担并组织协调政府机构、科研院校、企业等开展云计算安全标准化研究工作。

5.4.7 云服务的制度和法律环境建设

各国通过建立制定标准、规范合同、采购管控、评估认证等制度环境进一步提高云计算服务的安全水平和服务质量，保障政务应用的安全性和可靠性。美国、日本、欧盟等发达国家和地区在数据隐私保护法的基础上，通过政府云计算战略、信息安全管理法规等文件对政府采购云服务的相关规则做出了规定。

政府采购云服务的制度体系包括建立标准、规范合同、评估认证、采购管控、管理制度等多个环节。

（1）建立标准：美国 NIST 编制了标准"800-53 REV3，Information Security"，英国编制了标准"HMG Information Standards No. 1 & 2"，以上标准对云服务的安全和服务质量等方面提出了具体要求。

（2）规范合同：英国建议在与服务提供商的合同中应包括服务器地点等与云计算环境安全相关的条款；日本规定应将云服务的安全特性、服务水平等方面的要求事项等写入协议书。

（3）评估认证：美国联邦信息安全法案（Federal Information Security Management Act，FISMA）规定为政府提供云服务的提供商必须通过测试认证，美国通过联邦风险和授权管理项目（Federal Risk and Authorization Management Program，FedRAMP）为美国联邦部门和机构使用云计算服务提供商的安全服务标准化，美国医疗行业要求第三方机构对云服务提供商进行监督审查。

（4）采购管控：英国建立政府云服务采购机制，所有的公共 ICT 服务的采购和续用都必须经过 G-Cloud 委员会的审查；日本规定云设备采购要通过信息安全委员会的安全审查。

（5）管理制度：美国建立了较为完善的政府采购云管理制度，包括开展周期性评估、SLA 监控、服务质量的管理等。

5.5 云计算和服务保险

近年来，随着云计算的发展，意外事故频发，如 2003 年美国亚马逊、谷歌、苹果等公司先后发生多次宕机事故，2015 年 5 月中国支付宝、携程网等先后发生故障宕机等，给有关各方造成损失和重大影响。云服务的安全问题可能会给用户造成损失，进而引发赔偿问题，因此，云服务提供商和用户都希望能为云服务的潜在风险进行必要的管理并尽量减少损失。云保险正是这样一种针对云服务提供的风险管理方式，即对于云服务提供商可能发生的服务失败做出经济赔偿的承诺。云保险可以被云服务提供商作为服务等级协议（SLA）的一部分，也可以由云服务提供商的合作伙伴——第三方保险公司单独提供。2013 年 5 月，世界两个知名组织达成合作关系：国际管理服务提供商行业协会 MSPAlliance（MSPA）与经纪公司 Lockton Affinity 达成了合作关系，将面向全球云服务提供商推出云计算和管理服务保险，2013 年 6 月，美国保险公司 Liberty Mutual 也开始提供云计算保单。

业内人士表示，随着云计算的普及，大量政府核心数据、社会公共数据、企业运营数据已经接入云计算。越来越集中的云计算和云存储带来了数据安全风险，风险的集中需要保险的风险转移功能，云计算保险就随之诞生。可以说云计算与保险是硬币的两面，云计算的高速发展需要保险服务作为其安全后盾，两者共同发展，互为补充。

5.6 云计算安全实施步骤

当用户把其应用及数据转移到使用云计算时，在云环境中提供一个与传统 IT 环境一样或更好的安全水平至关重要。如果不能提供合适的安全保护，最终将造成更高的运营成本并有可能导致潜在的业务损失，从而影响云计算的收益。

本部分提供了云用户评估和管理其云环境安全应采取的系列规范性步骤，目标是帮助其降低风险并提供适当级别的支持。

1. 确保拥有有效的治理、风险及合规性流程

大多数机构已经为保护其知识产权和公司资产（尤其是在 IT 领域的资产）制定了安全及合规的策略和规程。对云计算环境的安全控制与传统 IT 环境下的安全控制是相似的，然而由于职责部门采用的云服务和运维模型，以及云服务所使用的技术等因素，云计算与传统 IT 解决方案相比会为机构带来不同风险。

依据安全和合规性政策，云服务用户保证其托管应用和数据安全的主要方式是参考相关的服务水平协议，核实用户和供应商之间的合同是否包含用户了解与安全性相关的所有条款，并确保这些条款能满足其需要是至关重要的。如果没有合适的合同和 SLA，不建议继续使用该机构的云服务。

2. 审计运维和业务流程报告

用户至少应保证看到独立审计师编写的关于云服务供应商的运维报告。能够自由获取重要的审计信息是用户与任何云服务供应商签订合同和 SLA 条款时的关键因素。作为条款的一部分,云服务供应商应将与用户相关的特定数据或应用程序审计事项以及日志记录和报告信息及时提供,保证访问能力和自我管理能力。

主要从以下三个领域对云安全进行考虑:

- 了解云服务供应商的内部控制环境,包括其调配云服务时环境的风险、控制及其他治理问题。
- 对企业审计跟踪的访问,包括当审计跟踪涉及云服务时的工作流程和授权。
- 云服务供应商应向用户保证云服务管理和控制的设施是可用的,以及说明该设施是如何保障安全的。

对云服务提供商的安全审计是云用户在安全方面的重要考量,应由用户方或独立审计机构具备适当技能的人员进行操作。安全审计应以一个已发布的安全控制标准为基础,用户应检查安全控制是否符合其安全需求。

3. 管理人员、角色及身份

云用户必须确保其云服务供应商具备相关流程和功能来管理具有访问其数据和应用程序权限的人员,保证对其云环境的访问可控可管理。云服务供应商必须允许用户根据其安全策略为每一个用户分配、管理角色和相关等级的授权。

这些角色和授权以单个资源、服务和应用程序为基础。

云服务供应商应包含一个安全系统来管理其用户和服务的唯一身份标识。

这项身份管理功能必须支持简单的资源访问,以及可靠的用户应用程序和服务工作流。无论是何种角色或权限,供应商管理平台所有的用户访问或互操作行为都应该被监控并予以记录,以便为用户提供其数据和应用程序的所有访问情况的审计报告。

云服务供应商应设立正式流程,管理其员工对任何存储、传输或执行用户数据和应用程序的软硬件的访问情况,并应将管理结果提供给用户。

4. 确保对数据和信息的合理保护

云计算中的数据问题涉及不同形式的风险,包括数据遭窃取或未经授权的披露、数据遭篡改或未经授权的修改、数据损失或不可用。"数据资产"可能包括应用程序或机器镜像等,与数据库中的数据和数据文件一样,这些资产也有可能遇到相同的风险。

我国国家标准《云服务安全指南》(报批稿)和《云计算服务安全能力要求》(报批稿)对保障数据安全性、使用云服务时需要解决的数据安全注意事项等,从不同方面做了详细规定。

用户为确保云计算活动中的数据得到适当保护应注意以下几个方面:

- 创建数据资产目录。
- 将所有数据包含其中。
- 注重隐私。
- 保密性、完整性和可用性。
- 身份和访问管理。

5. 实行隐私策略

在云计算服务合约和云服务水平协议中有必要充分解决隐私权保护问题。如果不明确列明隐私问题,用户应考虑通过其他方式实现其目标,包括寻找其他供应商或不将敏感数据导入云计算环境。例如,如果用户希望在云计算环境中导入 HIPAA 信息,用户必须寻找将与其签订 HIPAA 业务相关协议的供应商,否则用户不应将数据导入云计算环境中。

用户有责任制定策略以处理隐私权保护问题,并在其机构内部提高数据保护意识,同时还应确保其云服务供应商遵守上述隐私权保护策略。用户有义务持续核对其供应商是否遵守了上述策略,包括涵盖隐私权保护策略等所有方面的审计项目(涉及确保供应商是否采取改进措施的方法)。

6. 评估云应用程序的安全规定

制定明确的安全策略和流程,对确保应用程序能够帮助业务正常进行而避免额外风险至关重要。应用程序的安全性对云服务供应商和用户至关重要,与保障物理和基础设施安全性一样,双方机构应尽力保障应用程序的安全性。不同云部署模型下的应用程序的安全策略均不一样,主要区别如下。

1) IaaS

- 用户有责任部署完整的软件栈(包括操作系统、中间件及应用程序等)以及与堆栈相关的所有安全因素。
- 应用程序安全策略应精确模拟用户内部采用的应用程序安全策略。
- 通常情况下,用户有责任给操作系统、中间件及应用程序打补丁。
- 应采用恰当的数据加密标准。

2) PaaS

- 用户有责任进行应用程序部署,并有责任保证应用程序访问的安全性。
- 供应商有责任合理地保障基础设施、操作系统及中间件的安全性。
- 应采用恰当的数据加密标准。
- 在 PaaS 模式下,用户可能了解也可能不了解其数据的格式和位置。但有一点很重要,用户应被告知获得管理访问权限的个人将如何访问其数据。

3) SaaS

- 应用程序领域安全策略的限制通常是供应商的责任并取决于合约及 SLA 中的条款。用户必须确保这些条款满足其在保密性、完整性及可用性方面的要求。
- 了解供应商的修补时间表、恶意软件的控制以及发布周期十分重要。
- 阈值策略有助于确定应用程序用户负载的意外增加和减少,阈值以资源、用户和数据请求为基础。
- 通常情况下,用户只能够修改供应商已公开的应用程序的参数,这些参数可能跟应用程序的安全配置无关,但用户应确保其配置更改不会妨碍供应商的安全模式。
- 用户应了解其数据如何受到供应商管理访问权限的保护。在 Saas 模式下,用户可能并不了解其数据存储的位置和格式。
- 用户必须了解适用于其静态和动态数据的加密标准。

7. 确保云网络和连接的安全性

云网络安全分外部网络和内部网络安全两部分。建议从流量屏蔽、入侵检测防御、日志和通知等方面,来评估云服务提供商的外部网络管理。

内部网络安全与外部网络安全不同,在用户得以访问云服务供应商的部分网络后,维护内部网络安全由云服务提供商负责。用户应关注的主要内部网络攻击类别包括保密性漏洞(敏感数据泄露)、完整性漏洞(未经授权的数据修改)以及可用性漏洞(有意或无意地阻断服务)。用户必须根据其需求和任何现存的安全策略评估云服务供应商的内部网络管理。建议从保护用户不受其他用户攻击、保护供应商网络和检测入侵企图等方面,对云服务供应商的内部网络管理进行评估和选择。

8. 评估物理基础设施和设备的安全管理

云服务供应商应采用的适用于物理基础设施和设备的安全管理包括:

- 物理基础设施和设备应托管在安全区域内。应设置物理安全界限以防止未授权访问,并配合物理准入控制设施以确保只有经授权的人员才能访问包含敏感基础设施的区域。所有安装与调配云服务相关的物理基础设施的办公室、房间或设备都应设置物理安保措施。
- 应针对外部环境威胁提供安保措施,火灾、洪灾、地震、国内动乱及其他潜在威胁都有可能破坏云服务,因此应对上述威胁提供安保措施。
- 应对在安全区域工作的员工进行管理。这类管理目的在于防止恶意行为。
- 应进行设备安全管理,以防止资产丢失、盗窃、损失或破坏。
- 应对配套公共设施进行管理,包括水、电、气的供应等。应防止因服务失败或设备故障(例如,漏水)导致的服务中断。应通过多路线和多个设备供应商保证公共设施正常运作。
- 保障线缆安全,尤其要保障动力电缆和通信线缆的安全,以防止意外或恶意破坏。
- 应进行适当设备维护,以确保服务不会因可预见的设备故障而中断。
- 管理资产搬迁,以防止重要或敏感资产遭盗窃。
- 保障废弃设备或者重用设备中的安全,这一点对可能包含存储媒体等数据的设备尤为重要。
- 保障人力资源安全,应对在云服务供应商的设施内的工作人员进行管理,包括任何临时或合约员工。
- 备份、冗余和持续服务计划。供应商应提供适当的数据备份,设备冗余和持续服务计划以应对可能发生的设备故障。

9. 管理云服务水平协议(SLA)的安全条款

云活动中的安全责任,必须由云服务提供商和用户双方,通过云服务水平协议(SLA)的条款来共同明确和承担,SLA 保障安全的一大特征是,任何 SLA 中对云服务供应商提出的要求,该供应商为提供服务而可能会使用到的其他云服务提供商也必须遵守此 SLA。

10. 了解退出过程的安全需要

用户退出或终止使用云服务的过程需要认真考虑安全事项。从安全性角度出发,当用户完成退出过程,用户具有"可撤销权",云服务供应商不可继续保留用户的数据。供应商必须保证数据副本已经从服务商环境下可能存储的位置(包括备份位置及在线数据库)

彻底清除。同时,除法律层面需保留的用户数据可暂时保留一段时间外,其他与用户相关的数据信息(日志或审计跟踪等),供应商应全部清除。

5.7　阿里云安全策略与方法

阿里云借助自主创新的大规模分布式存储和计算等核心云计算技术,为各行业、小企业、个人和开发者提供云计算(包括云服务器、开放存储服务、关系型数据库、开放数据处理服务、开放结构化数据服务、云盾、云监控等其他产品)产品及服务,这种随时、随地、随需的云计算产品和服务同时需要具备安全方面保障。

本书将介绍阿里云在云安全方面所采用的策略与方法,具体涵盖安全策略、组织安全、合规安全、数据安全、访问控制、人员安全、物理安全、基础设施安全、系统和软件开发及维护、灾难恢复及业务连续性十个方面。

5.7.1　阿里云安全策略

"生产数据不出生产集群",阿里云基于十多年信息安全风险管控经验,以保护数据的保密性、完整性、可用性为目标,制定防范数据泄露、篡改、丢失等安全威胁的控制要求,根据不同类别数据的安全级别(例如,生产数据是指安全级别最高的数据类型,其类别主要包括用户数据、业务数据、系统数据等),设计、执行、复查、改进各项云计算环境下的安全管理和技术控制措施。

5.7.2　组织安全

阿里云安全团队由信息安全、安全审计、物理安全三个团队组成,阿里云通过这些团队的协同工作来给广大用户打造安全的云计算环境。

5.7.3　合规安全

阿里云根据国家信息安全相关法律、法规要求设置并维护和各信息安全监管机构之间的联络员和联络点。应制定并实施程序,以确保所提供云计算平台、云计算产品、云计算服务符合国家关于知识产权相关法律和法规要求。

5.7.4　数据安全

阿里云的数据分类不同于传统 IT 环境下基于数据密级的分类模式,不但在分类对象方面覆盖数据资产和包含数据的对象,而且在数据类型方面也通过明确定义数据处理权限、管理者的区域、前后关系、法律上的约束条件、合同上的限定条件、第三方的义务来防止数据未经授权的披露或滥用。

5.7.5　访问控制

为了保护阿里云客户和自身的数据资产安全,阿里云采用一系列控制措施,以防止未经授权的访问。

（1）认证控制。阿里云密码系统强制策略用于员工的密码或密钥（例如登录工作站）。包括密码定期修改频率、密码长度、密码复杂度、密码过期时间等。阿里云针对生产数据及其附属设施的访问控制除去采用单点登录外，均强制采用双因素认证机制，例如像证书和一次性口令生成器。

（2）授权控制。访问权限及等级是基于员工工作的功能和角色，最小权限和职责分离是所有系统授权设计基本原则，阿里云员工访问公司的资源只授予有限的默认权限。如根据特殊的工作职能，员工需要被授予权限访问某些额外的资源，则依据阿里云安全政策规定进行申请和审批，并得到数据或系统所有者、安全管理员或其他部门批准。

（3）审计。阿里云所有信息系统的日志和权限审批记录均采用碎片化分布式离散存储技术进行长期保存，以供审计人员根据需求进行审计。所有批准的审计记录均记录于工作流平台，平台内的控制权限设置的修改和审批过程的审批政策确保一致。

5.7.6   人员安全

在入职前，阿里云在国家法律法规允许的情况下，通过一系列背景调查手段来确保入职的员工符合公司的行为准则、保密规定、商业道德和信息安全政策。在入职后，所有的员工必须签署保密协议，确认收到并遵守阿里云的安全政策和保密要求，而在这些安全政策和保密要求中关于客户信息和数据的机密性要求将在每一位新员工入职培训过程中被重点强调。

5.7.7   物理和环境安全

阿里云数据中心在地理位置上呈分布式状态，涵盖中国本土内的两地三中心布局。对所有数据中心的所有资产设备、物资配件、耗材和人员，均采用了多种不同的物理安全机制。

5.7.8   基础安全

基础安全包括采用云盾、漏洞管理、网络安全、安全事件管理、传输层安全、操作系统安全等综合措施。

5.7.9   系统和软件开发及维护

阿里云在云服务设计阶段就制定针对其不同的服务特点设计安全基线，阿里云的安全开发流程参照软件安全开发周期（Security Development Lifecycle）建立并实施。

5.7.10   灾难恢复及业务连续性

为了减小由硬件故障、自然灾害或者是其他的灾难带来的服务中断，阿里云提供所有数据中心的灾难恢复计划，该灾难恢复计划包括降低任何单个节点失效风险的多个组件。

本 章 小 结

本章首先分析了云计算的安全问题,从可靠性、可用性、保密性、完整性、不可抵赖性、可控性等方面对云计算的安全属性进行了论述。针对云计算各层的安全问题,通过相应的安全技术构成云计算的安全架构。分析云计算安全标准的国内外发展现状,分析了云计算和服务保险的关系,给出了云计算安全的实施步骤。最后,介绍了阿里云在安全方面所采用的策略与方法。

习　　题

1. 云计算的安全属性有哪些?
2. 如何保障云计算各个层次的安全?
3. 试述云计算安全实施步骤。

思 考 题

1. 国际组织如何联合协作制定云计算安全标准?
2. 为什么阿里云将"生产数据不出生产集群"作为安全策略?

第6章

开源云计算系统

本章结构

6.1 开源软件与云计算

在构建云计算平台的过程中,开源软件技术起到了不可替代的作用。从某种程度上说,云计算的精神在于开源。云计算和开源都是当前信息技术发展的重要方向,开源软件的兴起加速了云计算时代的来临,云计算的发展也推动着开源软件的进步,使越来越多的企业和科研机构投身其中。开源软件的出现,鼓励人们创新,新项目层出不穷。云计算的出现,降低了人们的创新成本,为人们的创新提供了更多的资源,失败的代价比任何时候都低。云计算的最终目的是实现灵活、自由的资源分配和使用,开源技术可以为云计算提供最强有力的支持。特别是对于要求必须开放的公共云计算而言,开源软件的支撑更是必不可少。从某种意义上而言,开源是云计算的灵魂,开源软件的兴起加速了云计算时代的来临,而云计算的发展也推动着开源软件的发展。从目前国内主要云服务企业进行技术研发的实践来看,开源软件已经成为云计算技术的最重要来源,如阿里巴巴基于Hadoop搭建了"云梯"系统集群作为集团及各子公司进行业务数据分析的基础平台,目前"云梯"系统的规模已经达到万台;腾讯公司也基于开源的Hadoop和Hive构建了腾讯分布式数据仓库(TDW),单集群规模达到4400台,CPU总核数达到10万左右,存储容量达到100PB,承担了腾讯公司内部离线数据处理的任务。在开源社区版本的基础上,国内企业也根据自身的业务需求和应用场景进行了多方面的技术革新,如阿里的Hadoop集群实现了跨数据中心的数据分布和共享,腾讯TDW集群则实现了JobTracker分散化和多个NameNode的热备份。

与传统开发方式相比,开源软件通过开源社区实现技术的更新与传播,技术资源丰富,获取相对容易,开发成本较低,也使企业摆脱了对商用软件的依赖。从这一点上来说,充分利用开源软件有利于我国企业形成自有技术体系。但同时,开源软件也有其缺点:首先,一些开源许可证是允许厂商在开源软件中包含技术专利的,如果不仔细鉴别,可能陷入新的知识产权风险;其次,开源软件社区是开发者自发构成的,组织形式不稳定,可能存在技术"断供"的风险;最后,相对于成熟、且有售后保障的商业系统,开源系统的可靠性相对较低。

6.2 主流开源云计算系统

6.2.1 Hadoop

Hadoop 由 Apache Software Foundation 公司于 2005 年秋天作为 Lucene 的子项目 Nutch 的一部分正式引入。它受到最先由 Google Lab 开发的 MapReduce 和 Google File System 的启发。2006 年 3 月份,MapReduce 和 Nutch Distributed File System(NDFS)分别被纳入称为 Hadoop 的项目中。

Hadoop 是一个能够对大量数据进行分布式处理的软件框架。但是 Hadoop 是以一种可靠、高效、可伸缩的方式进行处理的。Hadoop 是可靠的,因为它假设计算元素和存储会失败,因此它维护多个工作数据副本,确保能够针对失败的节点重新分布处理。Hadoop 是高效的,因为它以并行的方式工作,通过并行处理加快处理速度。Hadoop 还是可伸缩的,能够处理 PB 级数据。此外,Hadoop 依赖于社区服务器,因此它的成本比较低,任何人都可以使用。Hadoop 带有用 Java 语言编写的框架,因此运行在 Linux 生产平台上是非常理想的。Hadoop 上的应用程序也可以使用其他语言编写,比如 C++。

Hadoop 是项目的总称,起源于作者儿子的一只玩具大象的名字。Hadoop 最早来自于另外两个开源项目 Lucene 和 Nutch。Hadoop 是一个分布式计算基础架构下的相关子项目的集合。这些项目属于 Apache 软件基金会,后者为开源软件项目社区提供支持。虽然 Hadoop 最出名的是 MapReduce 及其分布式文件系统(HDFS),但还有其他子项目提供配套服务,其他子项目提供补充性服务。这些子项目的简要描述如下,其技术栈如图 6.1 所示。

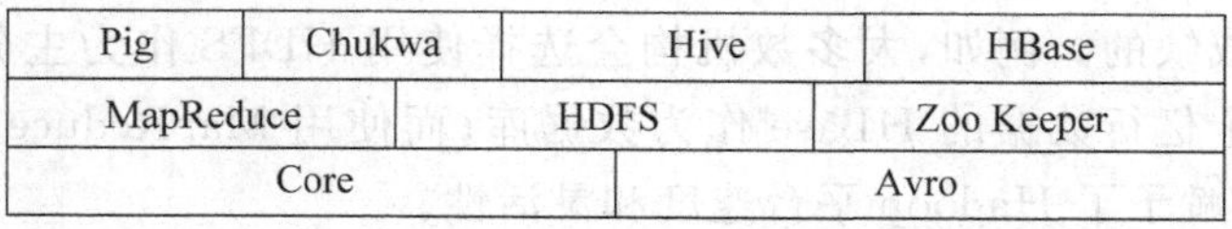

Pig	Chukwa	Hive	HBase
MapReduce		HDFS	Zoo Keeper
Core			Avro

图 6.1 Hadoop 是一个分布式计算架构技术栈

更多关于 Hadoop 的信息见 http://hadoop.apache.org。

Hadoop 是一个能够对大量数据进行分布式处理的软件框架。Hadoop 集群结构图如图 6.2 所示,但是 Hadoop 是以一种可靠、高效、可伸缩的方式进行处理的。Hadoop 是可靠的,因为它假设计算元素和存储会失败,因此它维护多个工作数据副本,确保能够针对失败的节点重新分布处理。Hadoop 是高效的,因为它以并行的方式工作,通过并行处理加快处理速度。Hadoop 还是可伸缩的,能够处理 PB 级数据。此外,Hadoop 依赖于社区服务器,因此它的成本比较低,任何人都可以使用。Hadoop 带有用 Java 语言编写的框架,因此运行在 Linux 生产平台上是非常理想的。Hadoop 上的应用程序也可以使用其他语言编写,比如 C++。

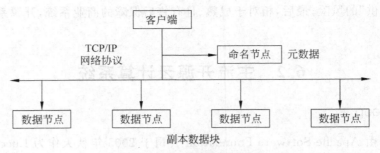

图 6.2　Hadoop 集群结构图

Hadoop 运行在商用独立的服务群集上,你可以随时添加或删除 Hadoop 群集中的服务器。Hadoop 系统会检测和补偿任何服务器上出现的硬件或系统问题。换句话说,Hadoop 是自愈系统。在出现系统变化或故障时,它仍可以运行大规模的高性能处理任务,并提供数据。虽然 Hadoop 提供了数据存储和并行处理平台,但其真正的价值来自于这项技术的添加件、交叉集成和定制实现。为此,Hadoop 还提供向这一平台增加功能性和新能力的子项目,具体如下。

- Hadoop Common:支持其他 Hadoop 子项目的通用工具。
- Chukwa:管理大型分布式系统的数据采集系统。
- HBase:支持大型表格结构化数据存储的可伸缩、分布式数据库。
- HDFS:向应用数据提供高吞吐量访问的分布式文件系统。
- Hive:提供数据汇总和随机查询的数据仓库基础设施。
- MapReduce:用于对计算群集上的大型数据集合进行分布式处理的软件框架。
- Pig:用于并行计算的高级数据流语言和执行框架。
- ZooKeeper:用于分布式应用的高性能协调服务。

Hadoop 平台的多数实现至少包括其中的一些子项目,因为这些子项目常常是利用"大数据"所不可或缺的。例如,大多数机构会选择使用 HDFS 作为主分布式文件系统,选择可以保存几十亿行数据的 HBase 作为数据库;而使用 MapReduce 则几乎是肯定的事情,因为其引擎赋予了 Hadoop 平台速度和灵活性。

1. MapReduce

MapReduce 是 Hadoop 的一种编程模型,用于大规模数据集(大于 1TB)的并行运算。概念"Map(映射)"和"Reduce(化简)"及其主要思想,都是从函数式编程语言里借来的,还有从矢量编程语言里借来的特性。它极大地方便了编程人员在不会分布式并行编程的情况下,将自己的程序运行在分布式系统上。当前的软件实现是指定一个 Map(映射)函数,用来把一组键值对映射成一组新的键值对,指定并发的 Reduce(化简)函数,用来保证所有映射的键值对中的每一个共享相同的键组。运用这种模型,分布式并行程序的编写变得非常简单,用户可以方便地开发出分布式并行程序,完成大量的数据运算。

(1)映射和化简。简单说来,一个映射函数就是对一些独立元素组成的概念上的列表(例如,一个测试成绩的列表)的每一个元素进行指定的操作(比如前面的例子里,有人发现所有学生的成绩都被高估了一分,他可以定义一个"减 1"的映射函数,用来修正这个错误。）。事实上,每个元素都是被独立操作的,而原始列表没有被更改,因为这里创建了一个新的列表来保存新的答案。这就是说,Map 映射操作是可以高度并行的,这对高性能要求的应用以及并行计算领域的需求非常有用。而化简操作指的是对一个列表的元素进行适当的合并,虽然化简操作不如 Map 映射函数那么并行,但是因为化简总是有一个简单的答案,大规模的运算相对独立,所以化简函数在高度并行环境下也很有用。

(2) 分布和可靠性。MapReduce 通过把对数据集的大规模操作分发给网络上的每个节点实现可靠性;每个节点会周期性地把完成的工作和状态的更新报告回来。如果一个节点保持沉默超过一个预设的时间间隔,主节点(类同 Google File System 中的主服务器)记录下这个节点状态为死亡,并把分配给这个节点的数据发到别的节点。每个操作使用命名文件的原子操作不会发生并行线程间的冲突;当文件被改名的时候,系统可能会把它们复制到任务名以外的另一个名字上去。化简操作工作方式很类似,但是由于化简操作在并行能力较差,主节点会尽量把化简操作调度在一个节点上,或者离需要操作的数据尽可能近的节点上了;这个特性可以满足 Google 的需求,因为有足够的带宽,其内部网络没有那么多的机器。

(3) 用途。在 Google,MapReduce 用在非常广泛的应用程序中,包括"分布搜索,分布排序,Web 连接图反转,每台机器的词矢量,Web 访问日志分析,反向索引构建,文档聚类,机器学习,基于统计的机器翻译"。值得注意的是,MapReduce 实现以后,它被用来重新生成 Google 的整个索引,并取代老的程序去更新索引。MapReduce 会生成大量的临时文件,为了提高效率,它利用 Google 文件系统来管理和访问这些文件。

2. HDFS

Hadoop Distributed File System,简称 HDFS,是一个分布式文件系统。HDFS 有着高容错性(fault-tolerent)的特点,并且设计用来部署在低廉的(low-cost)硬件上。而且它提供高传输率(high throughput)来访问应用程序的数据,适合那些有着超大数据集(large data set)的应用程序。HDFS 放宽了(relax)POSIX 的要求(requirements),这样可以实现流的形式访问(streaming access)文件系统中的数据。HDFS 开始是为开源的apache 项目 Nutch 的基础结构而创建,HDFS 是 Hadoop 项目的一部分,而 Hadoop 又是Lucene 的一部分。

硬件故障是计算机常见的问题,整个 HDFS 系统由数百或数千个存储着文件数据片断的服务器组成。实际上它里面有非常巨大的组成部分,每一个组成部分都会频繁出现故障,这就意味着 HDFS 里的一些组成部分总是失效的,因此,故障检测和自动快速恢复是 HDFS 一个核心的目标。HDFS 访问过程如图 6.3 所示。

(1) 流式的数据访问。HDFS 使应用程序流式地访问它们的数据集。HDFS 是设计成适合批量处理的,而不是用户交互式的。所以其重视数据吞吐量,而不是数据访问的反应速度。

(2) 简单一致性模型。大部分的 HDFS 程序对文件操作需要的是一次写入,多次读取的。一个文件一旦创建、写入、关闭之后就不需要修改了。这个假定简化了数据一致的问题和高吞吐量的数据访问。

(3) 通信协议。所有的通信协议都是在 TCP/IP 协议之上的。一个客户端和明确的

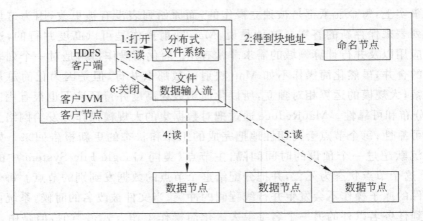

图 6.3　HDFS 访问过程

配置端口的名字节点建立连接之后,它和名字节点的协议是 ClientProtocal。数据节点和名字节点之间用 DatanodeProtocal。

3. HBase

HBase 是一个分布式的、面向列的开源数据库,该技术来源于 Chang et al 所撰写的 Google 论文"Bigtable:一个结构化数据的分布式存储系统"。就像 Bigtable 利用了 Google 文件系统(File System)所提供的分布式数据存储一样,HBase 在 Hadoop 之上提供了类似于 Bigtable 的能力。HBase 是 Apache 的 Hadoop 项目的子项目。HBase 不同于一般的关系数据库,它是一个适合于非结构化数据存储的数据库,另一个不同的是 HBase 基于列的而不是基于行的模式。

HBase 使用和 Bigtable 非常相同的数据模型。用户存储数据行在一个表里。一个数据行拥有一个可选择的键和任意数量的列。表是疏松存储的,因此用户可以给行定义各种不同的列。HBase 主要用于需要随机访问,实时读写用户的大数据(Big Data)。理解 HBase(一个开源的 Google 的 BigTable 实际应用)最大的困难是 HBase 的数据结构概念究竟是什么? 首先 HBase 不同于一般的关系数据库,它是一个适合于非结构化数据存储的数据库;另外,HBase 是基于列的而不是基于行的模式。

HBase 和 BigTable 都是在分布式文件系统上构建的,所以基础的文件存储能够散布在分布式文件系统的机器上。

4. ZooKeeper

ZooKeeper 是一个分布式的,开放源码的分布式应用程序协调服务,它暴露了一个简单的原语集,分布式应用程序可以基于它实现同步服务,配置维护和命名服务等。ZooKeeper 的基本原理如下:ZooKeeper 是以 Fast Paxos 算法为基础的,Fast Paxos 做了一些优化,通过选举产生一个 leader,只有 leader 才能提交 propose,具体算法可见 Fast Paxos。ZooKeeper 主要存在以下两个流程:选举 Leader 和同步数据。

6.2.2　Eucalyptus

Eucalyptus 是加利福利亚大学的 Daniel Nurmi 等人实现的,是一个实现云计算的开源软件基础设施。Eucalyptus 云计算软件,在一个开源的平台上(也可以商业化),提供了对这些资源的抽象,Eucalyptus 的源码是公开的。Eucalyptus 是 Amazon EC2 的一个开源实现,它与 EC2 的商业服务接口兼容。Eucalyptus 是一个面向研究社区的软件架构,它不同于其他的 IaaS 云计算系统,能够在已有的常用资源上进行部署,Eucalyptus 采用模块化的设计,它的组件可以进行替换和升级,为研究人员提供了一个进行云计算研究的很好的平台。Eucalyptus 依赖于 Linux 和 Xen 进行操作系统的虚拟化。目前 Eucalyptus 系统已经提供了下载,并且可以在集群和各种个人计算环境中进行安装使用。相信随着相关研究的发展,Eucalyptus 将有着广阔的前景。

关于 Eucalyptus 的详情参见 http://www.eucalyptus.com/。

Eucalyptus 是一个面向研究社区的软件框架,它不同于其他 IaaS 云计算系统,能够在已有的常用资源上进行部署,Eucalyptus 采用模块化的设计,它的组件可以进行替换和升级,为研究人员提供了一个进行云计算研究的很好的平台。Eucalyptus 的设计目标是容易扩展、安装和维护。目前 Eucalyptus 系统已经提供下载,并且可以在集群和各种个人计算环境中进行安装使用。相信随着研究的深入,Eucalyptus 将引起更多人的关注。

1. 开发目的

Eucalyptus 专门用于支持云计算研究和基础设施的开发。它基于"基础设施即服务(IaaS)"的思想,不同于 Google、Amazon、Salesforce、3Tera 等云计算提供商,它所使用的计算和存储基础设施如集群和工作站可为学术研究组织所用,主要是提供了一个模块化的开放的研究和试验平台,该平台为用户提供了运行和控制部署在各种虚拟物理资源上的整个虚拟机实例的能力。Eucalyptus 的设计强调模块化,以允许研究者对云计算的安全性、可扩展性、资源调度及接口实现进行测试,有利于广大研究社区对云计算的研究探索。

2. 设计原则

虽然云计算系统已经为用户提供了一些可用的服务,但是其软件的封闭性使得云计算爱好者很难找到一个公开的灵活框架来定制自己的实验。Eucalyptus 是一个面向研究的开源云计算系统,为了满足众多研究者的上述需求,采用了独特的设计:

(1) Eucalyptus 必须能够在不受其设计者操控的软硬件环境中进行部署和执行。

(2) Eucalyptus 必须是模块化的,以便不同的研究者进行升级、改造和替换,同时能够实现最大程度的可扩展性。

Eucalyptus 的系统架构设计同时考虑了上述两个原则,并在它们之间做出了权衡。

3. 组织结构

Eucalyptus 的设计主要考虑两个工程目标:可扩展性和非侵入性。Eucalyptus 具有简单的组织结构和模块化的设计,所以扩展起来很方便,且 Eucalyptus 使用开源的 Web 服务技术,其内部结构一目了然。Eucalyptus 的每个组件由若干个 Web 服务组成,具有定义良好的由 WSDL 文档描述的接口,且通过使用 WS-Security 策略支持安全通信。Eucalyptus 依靠符合行业标准的软件包如 Axis2、Apache 和 Rampart 等。这些实现技术的选择还支持设计的第二个目标:非侵入(non-intrusive)或覆盖部署。Eucalyptus 并不要求其使用者将他所有的机器都用于 Eucalyptus,也不要求以一种潜在的破坏性的方式来修改本地软件配置。它只要求使用 Eucalyptus 的节点通过 Xen 支持虚拟化执行和部署 Web 服务，只要满足了上述要求，Eucalyptus 就可在不修改基本基础设施的情况下进行安装和执行。

为了在单一的云计算系统中使用所有的这些资源，Eucalyptus 采用了分层的体系结构，如图 6.4 所示。其中，CLC 代表云控制器（Cloud Controller），CC 代表集群控制器（Cluster Controller），NC 代表节点控制器（Node Controller）。

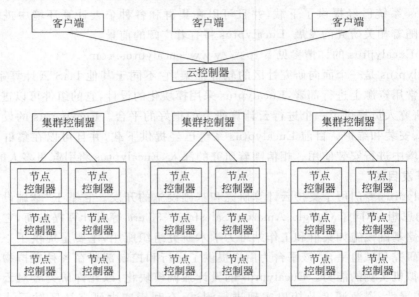

图 6.4　Eucalyptus 的分层拓扑结构

这些分层的组件能够容易地在常见的网络分层结构上进行安装。一个 Eucalyptus 部署的典型例子如图 6.5 所示。

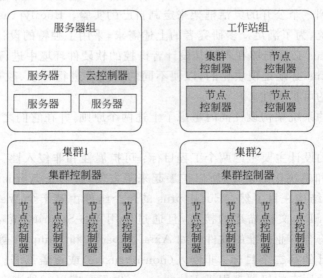

图 6.5　Eucalyptus 部署的典型例子

4. 主要构件

Eucalyptus 的主要构件包括节点控制器、集群控制器和云控制器。

（1）节点控制器。节点控制器负责管理一个物理节点。节点控制器是运行在虚拟机寄宿的物理资源上的一个组件，它负责启动、检查、关闭和清除虚拟机实例等工作。一个典型的 Eucalyptus 安装有多个节点控制器，但一台机器上只需运行一个节点控制器，因为一个节点控制器可以管理该节点上运行的多个虚拟机实例。节点控制器接口由 WSDL 文档来描述，该文档定义了节点控制器所支持的实例数据结构和实例控制操作。这些操作包括 runInstance、describeInstance、terminateInatance、describeResource 和 startNetwork。对于实例的运行、描述和终止操作执行系统的最小配置，并调用当前的管理程序来控制和监测运行的实例。describeRescource 操作为调用者返回当前物理资源的特性，包括处理器资源、内存和磁盘容量等信息。startNetwork 操作用于设置和配置虚拟以太网，有关内容将在下面讨论。

（2）集群控制器。典型的集群控制器运行在集群的头节点或服务器上，它们都可以访问私有或公共网络。一个集群控制器可以管理多个节点控制器。集群控制器负责从其所属的节点控制器收集节点的状态信息，根据这些节点的资源状态信息调度进入的虚拟机实例执行请求到各个节点控制器上，并负责管理公共和私有实例网络的配置。与节点控制器一样，集群控制器接口也是通过 WSDL 文档来描述的，这些操作包括 runInstances、describeInstances、terminateInatances 和 describeResources。描述和终止实例的操作会直接传给相关节点控制器。当集群控制器接收到一个 runInstances 请求后，它执行一个简单的调度任务，该任务通过调用 describeResources 来查询每一个节点控制器，选择第一个具有足够空闲资源的节点控制器来执行实例运行请求。集群控制器还实现了 describeResources 操作，该操作将一个实例需要占据的资源作为输入，并返回可以同时在其所属的节点控制器上执行的实例的个数。

（3）云控制器。每一个 Eucalyptus 安装都包括单一的云控制器。云控制器相当于系统的中枢神经，它是用户的可见入口点和做出全局决定的组件。它负责处理进入的由用户发起的请求或系统管理员发出的管理请求，做出高层的虚拟机实例调度决定。并且处理服务等级协议和维护系统与用户相关的元数据。云控制器由一组服务组成，这些服务用于处理用户请求、验证和维护系统、用户元数据（虚拟机映像和 SSH 密钥对等），并可管理和监视虚拟机实例的运行。这些服务由企业服务总线来配置和管理，通过企业服务总线可以进行服务发布等操作。Eucalyptus 的设计强调透明度和简单以便促进 Eucalyptus 的实验和扩展。

为了达到这一粒度级别的扩展，云控制器的组件包括虚拟机调度器、SLA 引擎、用户接口和管理接口等。它们是模块化的彼此独立的组件，对外提供定义良好的接口，企业服务总线 ESB 负责控制和管理它们之间的交互和有机配合。通过使用 Web 服务和 Amazon 的 EC2 查询接口与 EC2 的客户端工具互操作，云控制器可以像 Amazon 的 EC2 一样进行工作。之所以选择 EC2 是因为它相对成熟，有大量的用户群体且很好地实现了 IaaS。

6.2.3 OpenStack

OpenStack 由 NASA(美国国家航空航天局)和 RackSpace 公司合作研发并发起,以 Apache 许可证授权的自由软件和开放源代码项目。RackSpace 称,美国航空航天局 (NASA)也将把 NASA Nebula 云计算平台的技术整合至 OpenStack。OpenStack 云计算平台,帮助服务商和企业内部实现类似于 Amazon EC2 和 S3 的云基础架构服务 (Infrastructure as a Service,IaaS)。OpenStack 包含两个主要模块:Nova 和 Swift,前者是 NASA 开发的虚拟服务器部署和业务计算模块;后者是 RackSpace 开发的分布式云存储模块,两者可以一起用,也可以分开单独用。

OpenStack 分为云计算和云存储两个项目:

- OpenStack 云计算主要是为虚拟服务器提供自动创建和管理;
- OpenStack 云存储可以创建大量的、可扩展的对象存储软件,主要用于商用的集群服务器上,能够存储 TB 甚至 PB 的数据。

OpenStack 发布了 Austin 产品,它是第一个开源的云计算平台,它是基于 Rackspace 的云服务器加上云服务,以及 NASA 的 Nebula 技术发布的。OpenStack 是一个可以管理整个数据中心里大量资源池的云操作系统,包括计算、存储及网络资源。管理员可以通过管理台管理整个系统,并可以通过 Web 接口为用户划定资源。OpenStack 的主要目标是管理数据中心的资源,简化资源分派。它管理三部分资源,分别是:

(1) 计算资源。OpenStack 可以规划并管理大量虚拟机,从而允许企业或服务提供商按需提供计算资源;开发者可以通过 API 访问计算资源从而创建云应用,管理员与用户则可以通过 Web 访问这些资源。

(2) 存储资源。OpenStack 可以为云服务或云应用提供所需的对象及块存储资源;因对性能及价格有需求,很多组织已经不能满足于传统的企业级存储技术,因此 OpenStack 可以根据用户需要提供可配置的对象存储或块存储功能。

(3) 网络资源。如今的数据中心存在大量的设置,如服务器、网络设备、存储设备、安全设备,而它们还将被划分成更多的虚拟设备或虚拟网络;这会导致 IP 地址的数量、路由配置、安全规则将爆炸式增长;传统的网络管理技术无法真正高扩展、高自动化地管理下一代网络;因而 OpenStack 提供了插件式、可扩展、API 驱动型的网络及 IP 管理。

微软公司会为 Cloud. com 提供架构和技术上的指引,从而 OpenStack 能够在微软的虚拟平台上运行。OpenStack 的每个主版本系列以字母表顺序(A~Z)命名,以年份及当年内的排序做版本号,这些代码会在 OpenStack. org 上提供。

6.2.4 CloudStack

1. CloudStack 平台介绍

CloudStack 最早由 Cloud. com 开发,后来 Citrix 收购 Cloud. com 后将其捐献给 Apache 基金会,已经经过了多年的发展,相对于其他开源云计算平台,CloudStack 最大的优势在于平台更为成熟,并且已有一定数量的大规模部署案例。CloudStack 是一个开源的具有高可用性及扩展性的云计算平台,目前能够支持大部分主流的虚拟化管理软件,如 KVM、Citrix XenServer、VMware ESXi、Xen Cloud Platform(XCP)，在未来的版本中将增加对 hyper-V、LXC 的支持。CloudStack 基础架构如图 6.6 所示。

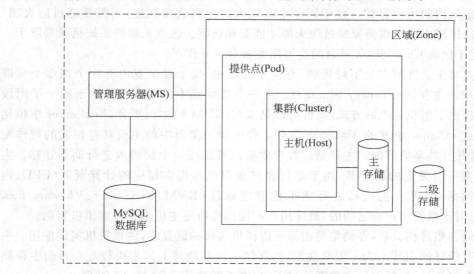

图 6.6　CloudStack 基础架构

CloudStack 同时也是一个云计算解决方案，将计算资源池化来加速高伸缩性的公有云、私有云和混合云的部署、管理和配置。CloudStack 具备大规模可扩展的基础架构管理能力，能够管理安装在多个在地理上分散的数据中心中的成千上万的服务器。CloudStack 管理服务器是线性可扩展的，所以单一组件的失效不会影响整个云计算平台的运行，可以在不影响云中虚拟机的情况下对管理服务器进行定期维护。CloudStack 自动配置每个客户虚拟机的网络和存储设置。CloudStack 大量的使用虚拟应用来简化安装部署及云管理过程，虚拟应用提供控制台访问、DHCP、存储访问等多项服务。CloudStack 提供了一个友好的用户界面，并根据角色的不同，提供了管理员和用户两种不同的 Web 接口。

CloudStack 也提供了 API 接口，开发人员可以通过 API 开发命令行工具或者满足特定要求的新的用户界面。为了能够通过统一的管理接口来管理成千上万的物理服务器，CloudStack 云平台采用了一个分层的结构：客户端、核心引擎以及资源层，并提供了多种访问方式。而资源层则使用区域、提供点、集群和主机的组织结构如图 6.6 所示，CloudStack 云平台通过管理服务器(Management Server)管理一个或者多个区域。管理服务器可以有多个来保证平台的高可用性，防止因某一管理服务器失效而导致平台崩溃。每个区域中包括提供点和二级存储，而每个提供点又包含一个或多个集群。客户虚拟机则运行于集群中的主机上，与主存储相连。管理服务器是 CloudStack 的最重要的组件，用来管理在云中的所有资源。管理服务器通过管理网络控制位于主机上的虚拟化管理软件或者与其合作的方式来管理 IT 基础设施。管理服务器的主要功能包括控制虚拟机部署到指定主机、分配存储和网络地址给虚拟机实例、向管理员以及最终用户提供 Web 用户接口、提供 CloudStackAPI 服务、管理快照、模板、ISO 镜像等。一个区域(Zone)包括一个或者多个提供点(Pod)以及被区域中所有提供点共享的二级存储(Secondary

Storage)。区域对于终端用户是可见的。当用户运行一个客户虚拟机实例时必须选择该实例所属的区域。区域可以设置为公有或私有,公有区域向所有终端用户开放而私有区域则为特定域内的用户保留。位于同一个区域内的主机直接互连,不需要通过防火墙。而位于不同区域内的主机需要穿过防火墙才能互相访问。区域能够将系统错误局限于一个域内,对于保证 CloudStack 平台的高可用性具有重要作用。

提供点对于最终用户是不可见的,它位于区域中,每个提供点内有一个或多个集群(Cluster)以及主存储(Primary Storage)。在一个提供点中的所有主机位于同一子网段内。集群提供了组织主机的方式,集群可以是安装 KVM 的主机集合,XenServer 虚拟化池或者通过 vCenter 创建的 VMware 集群。位于同一集群中的主机具有相同的硬件配置、网络号并且共享集群内的主存储。客户虚拟机可以在一个集群内进行动态迁移。主机(Host)是一台独立的服务器,用于运行客户虚拟机并提供相应的计算资源(CPU、内存、存储、网络)。每台主机都装有虚拟化管理软件(KVM、XenServer、VMware Exsi等)。主机对于最终用户是透明的,最终用户不能选择特定主机来运行虚拟机实例。

主存储和集群相关联,存储集群内所有虚拟机实例的磁盘卷,供虚拟机实例使用。主存储需要有较好的 IOPS,为了提高性能,主存储一般在地理上离主机较近。目前主存储支持多种存储协议,包括网络文件系统(NFS)、本地磁盘、FC-SAN、iSCSI 等。

二级存储用来存放模板、ISO 镜像文件、快照等,这些文件的特点是一次写多次读。二级存储对 IOPS 的要求不如主存储高,但所存储的数据量要大于主存储。目前二级存储支持 NFS 协议,在后面的版本中将完善对 OpenStack Swift、HDFS 等分布式文件系统的支持。

2. CloudStack 网络流量与模式

CloudStack 将平台运行中产生的数据流量分成了管理流量、公共流量、客户流量和存储流量四种。当主机、系统虚拟机和其他 CloudStack 组件与管理服务器相互通信或者主机之间、系统虚拟机之间相互通信都会产生管理流量。当虚拟机实例访问因特网或者外部网络时则会产生公共流量。CloudStack 可以从公共 IP 地址池中取出一个 IP 地址来做 NAT 映射,也可以使用静态 NAT 的方式指定一台客户虚拟机可以访问外网。客户流量是指用户运行虚拟机实例时产生的流量,同时也包括虚拟机之间互相通信的流量。而连接相互通信的虚拟机的网络称为虚拟网络,这种网络可以是隔离的或共享的。当虚拟机模板或快照在二级存储虚拟机和二级存储之间传递时产生存储流量,CloudStack 使用网络接口控制器(Network Interface Controller,NIC)来处理存储流量。

CloudStack 提供了一种类似 AWS 网络设计的扁平网络模式称为基础网络,在这种网络模式下,虚拟机被看成实体机添加到网络中,适合大规模扩展。另一种网络模式是高级网络,提供多种网络服务如负载均衡、端口映射、NAT 和静态 NAT 等。两种网络模式下的管理流量、客户流量和存储流量相同,而公共流量只存在于高级网络模式。

3. CloudStack 系统虚拟机

CloudStack 云平台中使用了三种系统虚拟机,分别是二级存储虚拟机 SSVM(Secondary Storage Virtual Machine)、控制台代理虚拟机 CPVM(Console Proxy Virtual Machine)、虚拟路由器 VRouter(Virtual Router)。这些虚拟机帮助 CloudStack 管理资源,方便配置和建立虚拟机,提供复杂的网络服务等。

SSVM 负责对存放在二级存储中的模板、ISO 镜像、快照等进行上传、下载、查询和删除等操作。这些操作都是在 SSVM 将二级存储挂载到本地之后完成的。SSVM 也处理一些后台任务如下载新的模板到区域中,在区域之间拷贝模板,快照备份等。

CPVM 连接用户浏览器和虚拟化管理软件上可用的虚拟网络控制台(Virtual Network Console)VNC 端口,将控制台呈现给用户。CPVM 工作流程如图 6.7 所示。

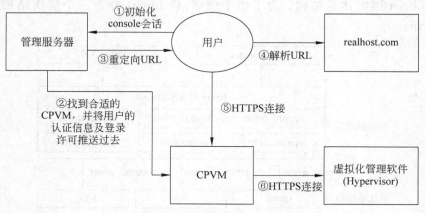

图 6.7 CPVM 工作流程

CloudStack 具有丰富的虚拟网络功能,如 DHCP、DNS、NAT、静态 NAT、防火墙、端口转发、负载均衡、VPN 等,这些都是通过系统虚拟机 VRouter 来实现的。VRouter 在启动一个客户网络中的第一台虚拟机实例时自动创建,一个客户网络中至少存在一个 VRouter。当客户网络中长时间没有运行的虚拟机实例时,VRouter 就自动关闭。为了提高系统性能,CloudStack 也支持用专用硬件设备来提供 VRouter 的网络功能。

4. libvirt 虚拟化管理

libvirt 是一套用来和 Linux 操作系统的虚拟化功能进行交互的开源 API,由 C 语言编写,并支持 Python、C♯、Java 等多种语言绑定。目前支持对 KVM/QEMU、Xen、VMware ESX、Hyper-v 等多种虚拟化管理软件的管理。

(1) libvirt API。不同版本的 API 具体参见 http://libvirt.org/hvsupport.html,主要为不同的虚拟化技术方案对外提供统一的接口,其设计思想为:

- isolation from HV API changes——隔离底层硬件虚拟化接口对上层的影响。
- portable across HV——支持多种 OS,如 Linux、Windows、Solairs 等。
- rapid application development——提供封装的 API,加快软件开发的过程。
- TLS、SASL、SSH、PolicyKit——提供各种加密协议,保证上层应用对下层资源的安全访问。

通过封装最原始的 C 库,实现了多种编程语言的接口:Perl、Python、OCaml、Java、Ruby、C♯、Php,并对目前在应用层编程中常用的协议进行封装,形成不同的协议库,方便在应用层编程中调用。

(2) daemon 进程(libvirtd)。该后台进程主要实现以下功能:

- 远程代理。所有 remote client 发送来的命令,由该进程监测执行。

- 本地环境初始化。libvirt 服务的启停,用户 connection 的响应等。
- 根据环境注册各种 Driver(如 qemu、xen、storage 等)的实现。

不同虚拟化技术以 Driver 的形式实现,由于 libvirt 对外提供的是统一的接口,所以各个 Driver 就是实现这些接口,即将 Driver 注册到 libvirt 中。

(3) virsh 工具集。即将 libvirt API 封装,以 Command Line Interface 提供的对外接口。

(4) libvirt 层次体系结构。为了便于理解,将 libvirt 分为三个层次结构,具体如图 6.8 所示。

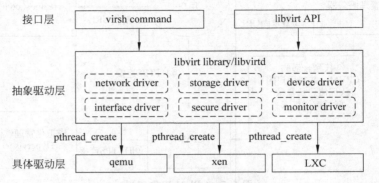

图 6.8 libvirt 的三层架构

由图 6.8 可知通过 virsh 命令或接口创建虚拟机实例的代码执行路径如下。

(1) virsh 命令或 API 接口 c 创建虚拟机——接口层:

```
virsh create vm.xml
```

或者

```
virDomainPtr virDomainCreateXML (virConnectPtr conn, const char * xmlDesc,
                                 unsigned int flags)
```

(2) 调用 libvirt 提供的统一接口——抽象驱动层:

```
conn->driver->domainCreateXML(conn, xmlDesc, flags);
```

此处的 domainCreateXML 即抽象的统一接口,这里并不需要关心底层的 driver 是 kvm 还是 xen。

(3) 调用底层的相应虚拟化技术的接口——具体驱动层:

```
domainCreateXML=qemuDomainCreateXML;
```

如果 driver = qemu,那么此处即调用的 qemu 注册到抽象驱动层上的函数 qemuDomainCreateXML。

(4) 拼装 shell 命令,并执行。

以 qemu 为例,qemuDomainCreateXML 首先会拼装一条创建虚拟机的命令,比如 qemu -hda disk.img,然后创建一个新的线程来执行。

这样 libvirt 通过这四步,将最底层的直接在 shell 中输入命令来完成的操作进行了抽象封装,给应用程序开发人员提供了统一的、易用的接口。

　　libvirt 被广泛地应用于虚拟化管理程序和平台上,如提供图形界面的虚拟化管理软件 virt-manager,控制台程序 virsh,以及 IaaS 平台 OpenStack、Eucalyptus 等。libvirt 是对一般虚拟机管理操作的抽象,用户通过调用 libvirt 提供的 API 来管理运行于宿主机上的虚拟机而无须关注使用的是哪种虚拟化技术。libvirt 运行于 Linux 宿主机上,通过一种特定的方式与所支持的虚拟化管理软件进行通信以完成 API 请求。libvirt 支持的虚拟化技术及软件如图 6.9 所示。

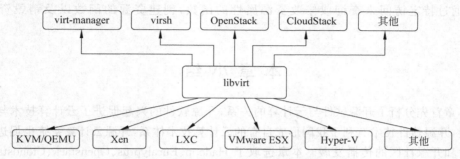

图 6.9　libvirt 支持的虚拟化技术及软件

　　有两种不同的控制方式来使用 libvirt,一种是虚拟化管理软件和宿主操作系统位于同一节点上,虚拟化管理软件通过调用 libvirt API 来控制本地域。另一种是虚拟化管理软件和宿主操作系统位于不同的节点上。libvirtd 允许通过身份验证或者加密连接访问运行于远程节点上的虚拟化管理软件,如图 6.10 所示。

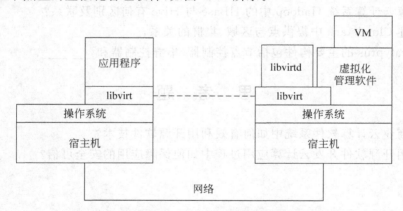

图 6.10　使用 libvirtd 控制远程虚拟机监控程序

　　这种模式首先需要在远程节点上运行一个名为 libvirtd 的特殊守护进程,然后将远程节点的主机名添加到 URI 中传递给 virCommectOpen 函数通知 libvirt 要访问一个远程资源。libvirt 被设计来提供一个通用和稳定的接口层来安全管理节点上的虚拟机,这些操作包括创建、修改、监控、迁移和停止等。libvirtAPI 由五个主要部分组成:

　　(1) 虚拟化管理软件的连接;

　　(2) 域管理;

（3）网络管理；

（4）存储卷管理；

（5）存储池管理。

在 C 语言 API 中，使用 libvirt 首先需要通过 virConnectOpen 调用建立和虚拟化管理软件的连接，该调用返回一个 virConnectPtr 对象，代表到虚拟化管理软件的一个连接，作为其他 API 的参数使用。然后调用相关函数来执行不同操作，包括根据标识、名称等来查询某种资源的函数，用来枚举一个连接中资源的集合的函数，给出资源信息描述的函数，通过特定访问来查询或修改资源属性的函数，创建资源的函数以及销毁资源的函数。

本 章 小 结

本章首先分析了开源软件与云计算的关系，开源软件的兴起促进了云计算技术与应用的发展，开源软件技术有利于我国形成自有的云计算技术体系，开源云计算系统也促进了开源文化和开源社区的传播发展。本章选取了 Hadoop、Eucalyptus、Openstack、Cloudstack 等典型的开源云计算系统，分别从系统组成、关键技术、开发应用等方面进行了综合论述。

习　　题

1. 试述开源软件与云计算的关系。

2. 开源云计算系统 Hadoop 中的 HBase 与 Hive 有何区别及联系？

3. 试述 Cloudstack 中提供点与区域、集群的关系。

4. Eucalyptus 的主要构件包括节点控制器、集群控制器和_____。

思　考　题

1. 在商业云计算软件系统中如何有效利用开源软件技术？

2. 运用开源软件开发云计算应用过程中如何保障应用的安全可信？

第 7 章

云计算应用软件开发及实验

本章结构

现在的应用程序开发商开发的软件有太多的局限,有系统要求、CPU、内存、磁盘等限制,云计算让应用运行在云端,用户只需要有浏览器就行,使得开发商能更深入地考虑软件的人性化,不必考虑其他限制因素,开发商最头痛的盗版问题也很好地得到了解决。开发商只需要转变开发模式,使得开发的程序能够在云里运行就行。因此,现在很多公司开发了自己的云计算应用程序开发平台,使用户可以直接在自己的平台下进行应用程序开发。

Amazon、Google 和微软公司均推出了自己的云计算平台,分别是 Amazon EC2、Google App Engine 以及 Microsoft Azure 平台,除此之外,还有 Intuit 公司的 QuickBase 平台、Cast Iron Systems 公司的 Cast Iron 平台(现已被 IBM 公司收购)、Bungee Labs 提供的 Bungee Connect 平台等。云计算应用程序开发的平台有很多种,分别有不同的方法和功能,本章对一些常见的云计算应用程序开发平台做一些介绍,结合一些应用程序开发的实例和云计算应用程序的管理,讨论一下云计算应用程序开发遇到的问题及解决方法。

7.1   Microsoft Azure Service 应用软件开发

Windows Azure Platform 属于微软公司 Windows 平台即服务(PaaS)产品,它运行在微软数据中心的服务器和网络基础设施上,通过公共互联网对外提供服务,它由高扩展性(弹性)云操作系统,数据存储网络和相关服务组成,服务都是通过物理或逻辑(虚拟的)Windows Server 2008 实例提供。Windows Azure 软件开发包(SDK)提供了一个基于云的服务开发版,以及开发、部署和管理 Windows Azure 中可扩展服务需要的工具和 API,包括适用于标准 Azure 应用程序的 Visual Studio 模板。图 7.1 显示了 Windows Azure

Platform 的主要组成组件。

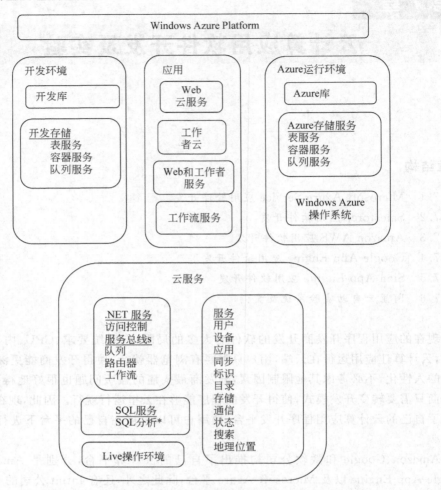

图 7.1 Windows Azure Platform 组成组件

微软公司的 Azure Service Platform 平台是一个为想编写能够部分或完全在远程数据中心运行的应用程序的开发人员提供的工具。下面对这个平台做一些介绍。

1. Windows Azure

Windows Azure 是 Windows Azure Platform 上运行云服务的底层操作系统,微软公司将 Windows Azure 定为云中操作系统的商标,它提供了托管云服务需要的所有功能,包括运行时环境,如 Web 服务器、计算服务、基础存储、队列、管理服务和负载均衡,Windows Azure 也为开发人员提供了本地开发网络,在部署到云之前,可以在本地构建和测试服务,图 7.2 显示了 Windows Azure 的三个核心服务。

Windows Azure 的三个核心服务分别是计算(Compute)、存储(Storage)和管理(Management)。

(1)计算:计算服务在 64 位 Windows Server 2008 平台上由 Hyper-V 支持提供可扩

图 7.2 Windows Azure 核心服务

展的托管服务,这个平台是虚拟化的,可根据需要动态调整。

(2) 存储:Windows Azure 支持三种类型的存储,分别是 Table、Blob 和 Queue。它们支持通过 REST API 直接访问。注意 Windows Azure Table 和传统的关系数据库 Table 有着本质的区别,它有独立的数据模型,Table 通常用来存储 TB 级高可用数据,如电子商务网站的用户配置数据,Blob 通常用来存储大型二进制数据,如视频、图片和音乐,每个 Blob 最大支持存储 50GB 数据,Queue 是连接服务和应用程序的异步通信信道,Queue 可以在一个 Windows Azure 实例内使用,也可以跨多个 Windows Azure 实例使用,Queue 基础设施支持无限数量的消息,但每条消息的大小不能超过 8KB。任何有权访问云存储的账户都可以访问 Table、Blob 和 Queue。

(3) 管理:包括虚拟机授权,在虚拟机上部署服务,配置虚拟交换机和路由器,负载均衡等。

2. SQL Azure

SQL Azure 是 Windows Azure Platform 中的关系数据库,它以服务形式提供核心关系数据库功能,SQL Azure 构建在核心 SQL Server 产品代码基础上,开发人员可以使用 TDS(Tabular Data Stream)访问 SQL Azure。图 7.3 显示了 SQL Azure 的核心组件。

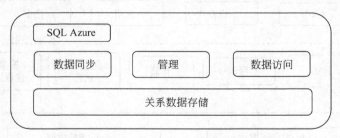

图 7.3 SQL Azure 核心组件

SQL Azure 的核心组件包括管理数据存储(Relational Data Storage)、数据同步(Data Sync)、管理(Management)和数据访问(Data Access)。

- 关系数据存储:它是 SQL Azure 的支柱,它提供传统 SQL Server 的功能,如表、视图、函数、存储过程和触发器等。
- 数据同步:提供数据同步和聚合功能。
- 管理:为 SQL Azure 提供自动配置、计量、计费、负载均衡、容错和安全功能。
- 数据访问:定义访问 SQL Azure 的不同编程方法,目前 SQL Azure 支持 TDS,包括 ADO. NET、实体框架、ADO. NET Data Service、ODBC、JDBC 和 LINQ 客

户端。

3．.NET 服务

.NET 服务是 Windows Azure Platform 的中间件引擎,提供访问控制服务和服务总线。图 7.4 显示了.NET 服务的两个核心服务。

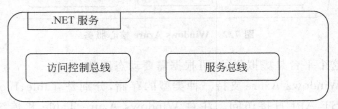

图 7.4　.NET 服务的核心服务

- 访问控制(Access Control):访问控制组件为分布式应用程序提供规则驱动,基于声明的访问控制。
- 服务总线(Service bus):它和企业服务总线(Enterprise Service Bus,ESB)类似,但它是基于互联网的,消息可以跨企业,跨云传输,它也提供发布/订阅、点对点和队列等消息交换机制。

4．Live 服务

Microsoft Live 服务是以消费者为中心的应用程序和框架的集合,包括身份管理、搜索、地理空间应用、通信、存储和同步。图 7.5 显示了 Live 服务的核心组件。

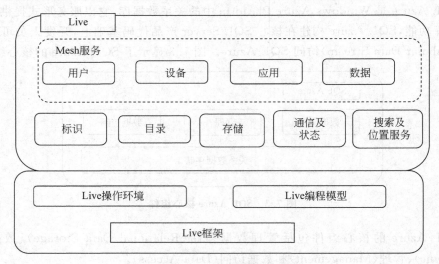

图 7.5　Live 服务的核心组件

- Mesh 服务(Mesh service):向用户、设备、应用程序和数据同步提供编程访问。
- 身份服务(Identity service):提供身份管理和授权认证。
- 目录服务(Directory Service):管理用户、标识、设备、应用程序和它们连接的网络的关系,如 Live Mesh 中用户和设备之间的关系。
- 存储(Storage):管理 Mesh 中用户、设备和应用程序的数据临时性存储和持久化存储,如 Windows Live Skydrive。

- 通信和状态(Communications & Presence):提供设备和应用程序之间的通信基础设施,管理它们之间的连接和显示状态信息,如 Windows Live Messenger 和 Notifications API。
- 搜索(Search):为用户、网站和应用程序提供搜索功能,如 Bing。
- 地理空间(Geospatial):提供丰富的地图、定位、路线、搜索、地理编码和反向地理编码服务,如 Bing 地图。
- Live 框架(Live Framework):Live 框架是跨平台,跨语言,跨设备 Live 服务编程统一模型。

更多关于 Windows Azure 的信息请访问 http://www.microsoft.com/windowsazure/。

Windows Azure 是 Azure Service Platform 的开发、运行时和控制环境。Windows Azure 为开发人员提供按需计算和存储,通过 Microsoft 数据中心在 Internet 上托管、伸缩以及管理 Web 应用程序。

将应用程序或服务部署到 Microsoft 云服务平台 Windows Azure 的原因有很多。例如,只为使用的内容付费从而可降低操作和硬件成本、构建几乎能无限缩放的应用程序、巨大的存储容量、地理位置等。

只有当开发人员实际使用平台时,平台才会引起业界的广泛关注。众所周知,开发人员是任何平台版本的核心和灵魂,Windows Azure 平台真正的成功就是有大量开发人员在该平台上部署应用程序和服务。Microsoft 把 Azure 平台应用程序的开发直接集成在 Visual Studio 中,并且将应用程序发布到 Windows 云。

7.2 Salesforce 应用软件开发

Salesforce 公司是创建于 1999 年 3 月的一家客户关系管理(CRM)软件服务提供商,总部设于美国旧金山,可提供随需应用的客户关系管理平台。Salesforce 允许客户与独立软件供应商定制并整合其产品,同时建立各自所需的应用软件。对于用户而言,则可以避免购买硬件、开发软件等前期投资以及复杂的后台管理问题。Salesforce.com 的客户关系管理(CRM)服务被分成五个大类,包括 Sales Cloud、Service Cloud、Data Cloud(包括 Jigsaw)、Collaboration Cloud(包括 Chatter)和 Custom Cloud(包括 Force.com)。Salesforce.com 的产品和服务,是基于计算技术,为全球企业用户提供云端软件应用及开放平台,最终使得企业与消费者、企业不员工之间的信息交流、分享和软件开发变得更加社会化、移动化和开放化,最终帮助企业升级成为 Social Enterprise,加强整体竞争力。

Salesforce.com 的云计算平台 Force.com 通过消除对前期资本投资的需求,使实施诸如客户关系管理等商业管理软件中存在的风险降低,从而缩短了获得应用软件开发的历程。Salesforce 实施通常会在 1 个月内完成,很少会超过 3 个月,与此相比,传统的客户端/服务器软件通常需要 12 个月或更长时间。根据 Triple Tree 和软件与信息产业协会(SINA)的最新研究数据表明,与传统软件相比,平台即服务(PaaS)部署速度可提高 50%~90%,而总的拥有成本却只是安装软件的 1/10 到 1/5。多租户云计算解决方案的初期费用十分低廉,其原因非常明显。因为无须购买、调整及维护硬件,无须安装操作系统、数据库服务器或应用程序服务器。即使需要支付费用较高的账单,但从长期来看,仍然是省钱之举。Salesforce.com 提供平台即服务(PaaS)Force.com,它不是独立设计的软硬件的简单堆砌,它能通过功能强大但却易于使用的云计算开发模型加快创新步伐。只需单击即可将应用程序、组件和代码组装在一起,然后立即将它们作为一项服务部署到 salesforce.com 平台中。用户不再需要购买任何软件和硬件,只需每年支付一定费用,就可以通过互联网随时获得自己所需要的服务,完全避免了购买、安装、使用等方面的问题。

创建 Salesforce 应用程序有两种方法:用 Salesforce 自带的在线开发模式或在 Eclipse 中安装 Salesforce 的 IDE 插件。

能够通过 Salesforce Mobile Pack 开发出 jQuery Mobile、Angular.js、Backbone.js 或者 Knockout HTML 5 移动应用。而经验丰富的用户也能够从最高难度起步,利用 Salesforce Mobile SDK 将自己的移动平台与其原生 SDK 工具相结合,从而开发出面向 iOS 或者 Android 平台的原生或者混合应用。这些应用通过 Salesforce 中的 Connected App 与后端实现通信。

7.3　Amazon AWS 应用软件开发

Amazon 公司的 Amazon Web Services(AWS)于 2006 年推出,以 Web Services 的形式向企业提供 IT 基础设施服务,现在通常称为云服务。其主要优势之一是能够以根据业务发展来扩展的较低可变成本来替代前期资本基础设施费用。

Amazon 网络服务所提供服务包括 Amazon 弹性计算网云(Amazon EC2)、Amazon 简单储存服务(Amazon S3)、Amazon 简单数据库(Amazon SimpleDB)、Amazon 简单队列服务(Amazon Simple Queue Service)以及 Amazon CloudFront 等。AWS 已经为全球 190 个国家/地区内成百上千家企业提供支持。数据中心位于美国、欧洲、巴西、新加坡和日本。目前国内像阿里巴巴、盛大以及华为都在提供类似云计算服务。Amazon 公司的 Amazon API 应用程序在市场有着广泛的应用。Amazon 旗下云服务部门 Amazon Web Services(以下简称 AWS)于 2014 年年底发布了 AWS Activate 资源包,旨在提升 AWS 云服务对小企业的吸引力。AWS Activate 资源包针对各行业的初创企业而定制,旨在帮助企业快速、轻松地熟悉 AWS 服务,并使用 AWS 平台发展业务。AWS Activate 包括 AWS 的验证、培训、开发支持,以及一个提供建议和第三方特定服务的社区论坛。AWS Activate 资源包包括两种:一种是任何初创企业都可以申请的 Self-Starter;另一种是 Portfolio 资源包,专门提供给那些已进入孵化器的创业公司。

1. Web 服务器日志分析

Web 服务器日志记录了 Web 服务器接受处理请求及运行时错误等各种原始信息。通过对日志进行统计、分析和综合,就能有效地掌握服务器的运行状况、发现和排除错误原因、了解客户访问分布等,更好地加强系统的维护和管理。因为通过日志能够分析出一个网站具有高流量,则广告商愿意为其支付费用。对于所有的公司来说,除了要保证网站稳定正常的运行以外,一个重要的问题就是网站访问量的统计和分析报表,这对于了解和监控网站的运行状态,提高各个网站的服务能力和服务水平是必不可少的。而这些要求都可以通过对 Web 服务器日志文件的统计和分析来实现。下面以 Web 日志分析为例,介绍 Amazon AWS 的配置与开发过程。假设某用户使用 Amazon 托管一个受欢迎的电子商务网站,而且想分析其 Apache Web 日志,以了解人们发现该网站的方式,并希望确定哪一个在线广告活动推动了最多的在线商店流量。但是,Web 服务器日志因过于庞大而无法导入 MySQL 数据库,并且它们未采用关系数据格式。这就需要使用其他方法来分析这些日志。Amazon EMR 将 Hadoop 和 Hive 等开源应用程序与 Amazon Web Services 集成,可为分析 Apache Web 日志等大规模数据提供可扩展的高效架构。在此教程中,将从 Amazon S3 导入数据并创建 Amazon EMR 集群。随后,将连接到集群的主节点,并在其中运行 Hive 以便使用简化的 SQL 语法来查询 Apache 日志。

步骤 1:创建 Amazon EMR 集群

可使用 Amazon EMR 为集群配置软件、引导操作和工作步骤。在此教程中,将运行一个 Hadoop 流式处理程序。在本教程中将按照以下步骤建立集群。

打开 Amazon EMR 控制台,单击 Create cluster(创建集群),如图 7.6 所示。

在 Cluster Configuration(集群配置)下,指定 Cluster name(集群名称),或保留默认值 My cluster。将 Termination protection(终止保护)设置为 No(否),并清除 Logging Enabled(启用日志记录)复选框。

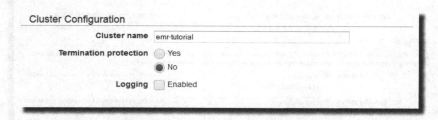

图 7.6 Amazon EMR 的集群配置界面

(1) 在 Software Configuration(软件配置)下,保留默认 Hadoop distribution(Hadoop 分配)设置:Amazon 和最新的 AMI version(AMI 版本)。在 Applications to be installed(要安装的应用程序)下,保留默认 Hive 设置。单击×按钮从列表中移除 Pig,如图 7.7 所示。

图 7.7 Amazon EMR 集群的软件配置

（2）在 Hardware Configuration（硬件配置）下保留默认设置，如图 7.8 所示。

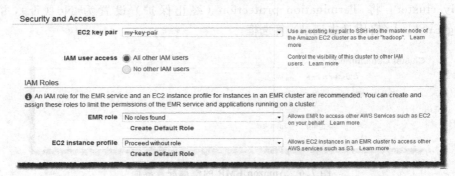

图 7.8　Amazon EMR 集群的硬件配置

在 Security and Access（安全与访问）中，从 EC2 key pair（EC2 密钥对）中选择自己的密钥对。保留默认 IAM 用户访问权限。如果是首次使用 Amazon EMR，请单击 Create Default Role（创建默认角色）按钮创建默认 EMR 角色，然后单击 Create Default Role（创建默认角色）按钮创建默认 EC2 实例配置文件，如图 7.9 所示。

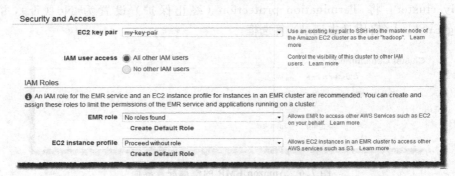

图 7.9　Amazon EMR 集群的安全访问配置

（3）保留默认 Bootstrap Actions（引导操作）和 Steps（步骤）设置。使用引导操作和步骤，可以自定义和配置自己的应用程序。

（4）在页面底部，单击 Create Cluster（创建集群）按钮。

当显示新集群的摘要时，可以看到集群状态为 Starting。Amazon EMR 可能需要几分钟时间来集群配置 Amazon EC2 实例并将状态更改为 Waiting。

步骤 2：连接到主节点

当集群的状态为 Waiting 时，可以连接主节点，如图 7.10 所示。连接的方式取决于所使用的计算机的操作系统。有关各操作系统的分步指示，请单击 SSH 标识。

图 7.10　Amazon EMR 集群的连接配置

成功连接到主节点后,将看到一个与以下内容类似的欢迎消息和提示(见图 7.11)。

```
----------------------------------------------------------------------

Welcome to Amazon Elastic MapReduce running Hadoop and Amazon Linux.

Hadoop is installed in /home/hadoop. Log files are in /mnt/var/log/hadoop. Check
/mnt/var/log/hadoop/steps for diagnosing step failures.

The Hadoop UI can be accessed via the following commands:

  ResourceManager      lynx http://ip-172-16-43-158:9026/
  NameNode             lynx http://ip-172-16-43-158:9101/

----------------------------------------------------------------------
[hadoop@ ip-172-16-43-158 ~]$
```

图 7.11　Amazon EMR 集群的欢迎界面

步骤 3:启动和配置 Hive

Apache Hive 是一种数据仓库应用程序,可以使用类似 SQL 的语言来查询 Amazon EMR 集群数据。要以交互方式使用 Hive 来查询 Web 服务器日志数据,需要加载一些额外的库。这些额外的库包含在主节点上名为 hive_contrib.jar 的 Java 存档文件中。当加载这些库后,Hive 会将这些库与它为处理查询而启动的 map-reduce 作业绑定。

2. 在主节点上启动和配置 Hive

在主节点的终端窗口中的 hadoop 提示符下运行以下命令。

```
[hadoop@ ip-172-16-43-158 ~]$ hive
```

在 hive>命令提示符下,运行以下命令。

```
hive>add jar /home/hadoop/hive/lib/hive_contrib.jar;
```

当命令完成时,将看到类似以下内容的确认消息:

```
Added /home/hadoop/hive/lib/hive_contrib.jar to class path
Added resource: /home/hadoop/hive/lib/hive_contrib.jar
```

步骤 4:创建 Hive 表并向 HDFS 加载数据

要使 Hive 能够与数据进行交互,它必须将数据从其现有格式(就 Apache Web 日志来说,数据为文本文件)转换为可表示为数据库表的格式。Hive 使用串行器/解串器 (SerDe) 来执行此转换。存在适用于各种数据格式的 SerDe。有关如何编写自定义 SerDe 的信息,请参阅 Apache Hive Developer Guide。

在此示例中使用的 SerDe 采用正则表达式来分析日志文件数据。SerDe 来自 Hive 开源社区。使用此 SerDe,可以将日志文件定义为表,在此教程的后面部分中,将使用类似 SQL 的语句来查询该表。Hive 加载数据后,只要 Amazon EMR 集群处于运行状态,数据就会保留在 HDFS 存储中，即使关闭 Hive 会话和 SSH 连接也是如此。

可通过以下操作将 Apache 日志文件数据转换为 Hive 表。

复制下面的多行命令。

```
1.       CREATE TABLE serde_regex(
2.          host STRING,
3.          identity STRING,
4.          user STRING,
5.          time STRING,
6.          request STRING,
7.          status STRING,
8.          size STRING,
9.          referer STRING,
10.         agent STRING)
11.      ROW FORMAT SERDE 'org.apache.hadoop.hive.contrib.serde2.RegexSerDe'
12.      WITH SERDEPROPERTIES (
13.        "input.regex"="([^ ]*) ([^ ]*) ([^ ]*) (-|\\[[^\\]]*\\]) ([^ \"]*|\"
         [^\"]* \") (-|[0-9]*) (-|[0-9]*)(?: ([^ \"]*|\"[^\"]*\") ([^ \"]*|\"[^\"]*
         \"))?",
14.        "output.format.string"="%1$s %2$s %3$s %4$s %5$s %6$s %7$s %8$s %9$s"
15.      )
16.LOCATION 's3://elasticmapreduce/samples/pig-apache/input/';
```

17. 在 hive 命令提示符下，粘贴该命令（在终端窗口中使用 Ctrl+ Shift+ V 键或在 PuTTY 窗口中右击），然后按 Enter 键。

当命令完成时，将看到类似以下内容的消息：

```
OK
Time taken: 12.56 seconds
```

步骤 5：查询 Hive

可以使用 Hive 查询 Apache 日志文件数据。Hive 会将查询转换为 Hadoop MapReduce 作业并在 Amazon EMR 集群上运行该作业。当 Hadoop 作业运行时，将显示状态消息。Hive SQL 是 SQL 的一个子集；如果了解 SQL，就可以轻松创建 Hive 查询。有关查询语法的更多信息，请参阅 Hive Language Manual。

以下是一些示例查询。

示例 1 统计 Apache Web 服务器日志文件中的行数：

```
select count(1) from serde_regex;
```

在查询完成后，会看到类似以下内容的输出：

```
Total MapReduce CPU Time Spent: 13 seconds 860 msec
OK
239344
```

Time taken: 86.92 seconds, Fetched: 1 row(s)

示例 2 返回一行日志文件数据中的所有字段：

```
select * from serde_regex limit 1;
```

在查询完成后,会看到类似以下内容的输出：

```
OK
66.249.67.3    -    -    20/Jul/2009:20:12:22 -0700]    "GET /gallery/main.
php?g2_controller=exif.SwitchDetailMode
&g2_mode=detailed&g2_return=%2Fgallery%2Fmain.php%3Fg2_itemId%3D15741&g2_
returnName=photo HTTP/1.1"    302    5
"-"    "Mozilla/5.0 (compatible; Googlebot/2.1; +http://www.google.com/bot.
html)"
Time taken: 4.444 seconds, Fetched: 1 row(s)
```

示例 3 统计来自 IP 地址为 192.168.1.198 的主机的请求数：

```
select count(1) from serde_regex where host="192.168.1.198";
```

在查询完成后,会看到类似以下内容的输出：

```
Total MapReduce CPU Time Spent: 13 seconds 870 msec
OK
46
Time taken: 73.077 seconds, Fetched: 1 row(s)
```

步骤 6：清除

为了防止账户产生额外费用,请清除为此教程创建的以下 AWS 资源。

(1) 断开与主节点的连接

在终端窗口或 PuTTY 窗口中,按 CTRL＋C 键退出 Hive。

在 SSH 命令提示符下,运行 exit。

关闭终端窗口或 PuTTY 窗口。

(2) 终止集群

打开 Amazon EMR 控制台。

单击 Cluster List (集群列表)。

选择集群名称,然后单击 Terminate (终止)按钮。当系统提示您确认时,单击 Terminate (终止)按钮。

7.4 Google App Engine 应用软件开发

7.4.1 Google App Engine 介绍

Google App Engine 曾经一度是 Python 开发人员的专利。Google Inc. 在 2009 年 4 月向 Java 开发人员开放了其云计算平台。Google 公司于 2008 年 4 月首度发布了 Google App Engine,于 2009 年 4 月发布了 Google App Engine for Java。Google App Engine for Java 为企业 Java 开发提供了一个端到端解决方案:一个易于使用的基于浏览器的 Ajax GUI、Eclipse 工具支持以及后端的 Google App Engine。易于使用和工具支持是 Google App Engine for Java 优于其他云计算解决方案的两大优势。App Engine for Java 中的应用程序开发意味着使用 Google 的资源存储和检索 Java 对象。数据存储的基础是 BigTable,但是使用的是 JDO(Java Data Object)和 JPA(Java Persistence API)接口,这些接口允许用户编写没有直接绑定到 BigTable 的代码。使用 Google App Engine 的重点就是可以将应用程序部署到 Google 提供的可靠基础设施中,使它更易于扩展。Google App Engine 的设计初衷就是为构建可伸缩应用程序提供一个平台,可伸缩应用程序就是指"能够在不触动基础设施的情况下将用户轻松增长到数百万"。GAE 现支持 Java、Python 和 Google 自家开发的 Go 这三种语言开发的应用程序,并为这三种语言提供基本相同的功能和 API。GAE 的免费版提供了一个已部署的应用程序,提供了足够的 CPU、带宽和存储来为 500 万个页面访问次数提供服务。

7.4.2 Google App Engine 的应用与服务

GAE 是一个 Web 应用程序托管服务。"Web 应用程序"指的是通过 Web(通常是利用 Web 浏览器)访问一个应用程序或者服务,例如,带有购物车功能的网上商店、社交网站、多人游戏、移动应用、投票应用、项目管理、协作、出版等。虽然 App Engine 也适合于诸如文档和图片等传统网站内容,但它实际上是专门针对实时动态应用程序而设计的。GAE 主要是针对那些拥有大量并发用户的应用程序而设计的。当某个应用程序在有大量并发用户的情况下性能没有降低,我们则认为其"伸展"了。为 Google App Engine 所编写的应用程序都是可以自动伸缩的。某个应用程序使用的人数越多,Google App Engine 为其分配的资源也就越多,同时它还会对那些资源进行管理。而应用程序本身则无须了解它所使用的那些资源到底是怎么回事。与传统 Web 托管或自管服务不同,使用 GAE 时,只需要为那些使用到的资源付费。可供购买的资源包括 CPU 使用率、每月存储容量、出入口带宽以及其他特定于 Google App Engine 服务的资源。

Google App Engine 可分为运行时环境、数据存储区以及提供的服务三大块。

1. 运行时环境

从应用程序的角度来看,运行时环境在请求处理器启动时出现,并在其结束时消失。App Engine 提供了至少两种用于持久化请求之间存储数据的方式,不过它们都不是在运行时环境内部实现的。由于不会在运行时环境内部保留请求与请求之间的状态,因此 App Engine 可以将流量分配到多个服务器上,这样它就可以同等对待每一个请求,而无须关心到底一次处理多大的流量。Google App Engine 为每个应用程序提供一个安全运行环境(即"沙盒"),该"沙盒"可以保证每个应用程序能够安全地隔离运行。这就使得 App Engine 可以选择能够提供快速响应的服务器中处理请求。即使两个请求来自同一个客户端,而且几乎同时到达,也没有办法保证由相同的服务器硬件来处理它们。

　　"沙盒"还允许 Google App Engine 在同一个服务器上运行多个应用程序,且一个应用程序的运行不会影响到别的应用程序。除了限制对操作系统的访问以外,运行时环境还会限制单个请求所能用到的时钟时间、CPU 使用率以及内存等。Google App Engine 会灵活地使用这些限制,对那些占用太多资源的应用将作出更为严格的限制,以确保共享资源不会被其所累。GAE 为应用程序提供了两种运行环境:一个是 Java 环境,另一个是 Python 环境。具体如何选择得取决于所选择的编程语言,以及在开发应用程序是所希望用到的相关技术。

　　2. 数据存储区

　　Google App Engine 提供强大的分布式数据存储服务。该服务包含查询引擎、事务等功能,并且该数据规模可以随着访问量的上升而扩大。App Engine 数据库和传统的关系数据库不同,该数据库中的数据对象有一个类和一组属性。数据库中的查询可以检索按照属性值过滤的实体,也可以检索按照分类的指定种类的实体,其中属性值可以是任何一种受数据库支持的属性值类型。

　　数据存储区实体"没有架构"。数据实体结构是应用程序代码提供和实施的。Java JDO/JPA 接口和 Python 数据存储区接口包含在应用程序中应用和实施结构的功能。应用程序还可以直接访问数据存储区以应用所需数量的结构。数据存储区保持高度一致并使用开放式并发性控制。如果在事务中更新某个实体,同时其他进程尝试更新该实体,则会重试固定的次数。应用程序可以在一个事务中执行多个数据存储区操作,这些操作要么全部成功,要么全部失败,从而确保了数据的完整性。数据存储区在其分布式网络中使用"实体组"实现事务。事务处理单个组中的实体。同一组中的实体存储在一起以提高事务执行效率。应用程序可以在创建实体时将其分配到组中。

　　3. Google App Engine 服务

　　Google App Engine 提供了多种不同的服务,可以在管理应用程序的同时执行常见的操作,并提供了以下 API 以访问的服务。

　　网址提取:应用程序可以使用 Google App Engine 的网址提取服务访问互联网上的资源,例如,网络服务或其他数据。网址提取服务使用高速 Google 基础架构检索网络资源,很多其他 Google 产品也通过该基础架构检索网页。

　　邮件:应用程序可以使用 Google App Engine 的邮件服务发送电子邮件。邮件服务使用 Google 基础架构发送电子邮件。

　　内存缓存:内存缓存服务为应用程序提供高性能的内存中键值缓存,该缓存可供多个应用程序实例访问。对于不需要数据存储区的持久性和事务功能的数据,内存缓存是很有用的。

　　图片处理:通过使用图片服务,应用程序可以对图片进行处理。通过使用该 API,用户可以裁剪、旋转和翻转 JPEG 和 PNG 格式的图片以及调整图片大小。

7.4.3 Google App Engine 开发流程

App Engine 软件开发套件（SDK）包括可以在本地
计算机上模拟所有 App Engine 服务的网络服务器应用程
序。该 SDK 包括 App Engine 中的所有 API 和库。该网
络服务器还可以模拟安全 Sandbox 环境，包括检查是否
存在禁用模块的导入以及对不允许访问的系统资源的尝
试访问。GAE 平台提供了 Java 语言和 Python 语言两种
开发级的环境，用户通过使用其中的应用服务引擎提供大
量的 API 函数库和网页服务器应用程序，开发类似于
Google 提供的云平台上的应用软件 Java 环境的 GAE 平
台环境的搭建流程如图 7.12 所示。

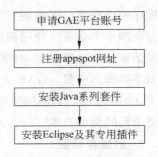

图 7.12　基于 Java 语言的 GAE 平台的搭建流程

7.5　Sina App Engine 应用软件开发

7.5.1 Sina App Engine 简介

Sina App Engine(SAE)是新浪研发中心于 2009 年上半年开始内部开发，并在 2009
年 11 月 3 日正式推出第一个 Alpha 版本的国内首个公有云计算平台(http：//sae.sina.
com.cn)，是新浪云计算（简称浪云）战略的核心组成部分。SAE 作为国内的公有云计算，
借鉴吸纳了 Google、Amazon 等国外公司的公有云计算的成功技术经验，并很快推出具有
自身特色的云计算平台。SAE 选择 PHP 作为首选的支持语言，Web 开发者可以在
Linux/Mac/Windows 上通过 SDK 或者 Web 版在线 SDK 进行开发、部署、调试，团队开
发时还可以进行成员协作，不同的角色将对代码、项目拥有不同的权限。SAE 还提供了
一系列分布式计算、存储服务供开发者使用，包括分布式文件存储、分布式数据库集群、分
布式缓存、分布式定时服务等，这些服务将大幅降低开发者的开发成本。

7.5.2 Sina App Engine 的服务与架构

SAE 从架构设计和代码编写开始，就明确了自身的两个目标：第一，做公有云计算平
台，公有云不同于私有云，更强调安全性和可靠性，这也对整体的架构设计和技术实现
提出了更苛刻的要求；第二，为分布式 Web 服务提供一整套的解决方案，SAE 旨在提供
开发者开发 Web 应用过程中所需要的所有服务。SAE 目前已经提供了十多种服务，整
体上分为计算型和存储型，计算型又包括同步计算和异步计算，而存储型则分为持久化存
储和非持久化存储，如表 7.1 所示。

表 7.1　SAE 提供的服务

服 务 名 称	类 型	说 明
HTTP+PHP	同步计算	带 SAE 沙盒的 Apache 和 Zend 为用户提供 Web 计算服务
Stor	持久化存储	提供分布式文件存储

服 务 名 称	类 型	说 明
Memcache	非持久化存储	提供分布式缓存服务
RDC	持久化存储	分布式数据库集群,提供 MySQL 服务
Taskqueue	异步计算	异步离线轻量级任务队列,HTTP 方式调用
DeferredJob	异步计算	异步离线重量级任务队列,系统方式调用
Cron	异步计算	分布式定时服务
FetchURL	同步计算	分布式抓取服务
Tmpfs	非持久化存储	提供临时文件存储
Appconfig		提供应用配置功能,取代 Apache htaccess
Mail	异步计算	邮件发送服务
Image	同步计算	图像处理服务
SDK		Windows GUI SDK、Linux/Mac command
Online SDK		在线代码编辑器

SAE 从架构上采用分层设计,从上往下分别为第七层反向代理层、服务路由层、Web 计算服务池。而从 Web 计算服务层延伸出 SAE 附属的分布式计算型服务和分布式存储型服务,具体又分成同步计算型服务、异步计算型服务、持久化存储服务、非持久化存储服务。各种服务统一向日志和统计中心汇报如图 7.13 所示。

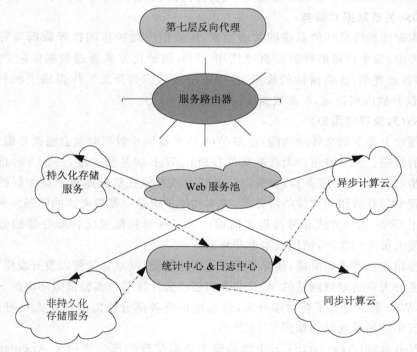

图 7.13 SAE 整体架构

7.6　阿里云自助实验系统及案例

7.6.1　阿里云自助实验系统简介

阿里云的自助实验室学习平台又叫"云中沙箱"。云计算平台在提供云主机服务的同时,也推出了各种其他相应的产品。云中沙箱便是一个为技术人员提供云产品培训,并可以模拟真实云计算平台环境的一个培训平台。此外,云中沙箱本身也是部署在云计算平台上。云中沙箱根据其自身需求,使用了阿里云四大件——弹性计算服务(Elastic Compute Service,ECS)、关系数据库服务(Relational Database Service,RDS)、服务器负载均衡(Server Load Balancer,SLB)、对象存储服务(Object Storage Service,OSS)来部署整个产品。

1. ECS(云主机弹性计算服务)和 SLB(服务器负载均衡)

ECS 的使用方法和普通主机并无太大区别,而在项目部署中,云主机配置的选择需要有一定考量。如今只要是有一定访问量的网站,想必都不会进行单机部署。那么在多服务器部署时,就需要有一个统一入口,将每个请求转发到这些服务器上,在这里 SLB 就承担了这个任务。依靠阿里云控制台的统一管理,将众多 ECS 添加为 SLB 的后端服务器变得异常简单。此外,HTTPS 证书的管理、健康检查、会话保持机制等表明,ECS 应该和 SLB 一起使用,而云中沙箱正是使用了这种方式来部署网站应用。

2. RDS(关系数据库服务)

数据库管理始终是软件系统的关键因素,而数据库维护也困扰着数据库管理员们。出于这种考虑,云中沙箱的数据库直接使用 RDS,图形化方式管理数据库用户,SQL 查询、数据库日志查询、各项指标的检测、自动备份等功能为开发工作提供了便利。同时,RDS 可以仅开放内网访问,提高数据库的安全性。

3. OSS(对象存储服务)

涉及用户上传下载文件的功能,在多 Web 服务器同步数据时就会遇到各服务器之间文件同步的问题。如果将用户上传的文件存放在 Web 服务器本地,一来有容量问题,二来需要同步到其他 Web 服务器;如果以二进制方式存放在数据库也不是个好的选择;如果单独配置专门存放用户文件的服务器,成本和维护也是个需要考虑的问题。所以,云中沙箱选择了 OSS,这种方式非常接近于前面的第三种单独配置文件服务器的方式,但却不需要开发人员专门维护,使用成本也非常低。

云中沙箱在技术选型阶段,便综合考虑了用户体验、网站并发量以及开发维护成本等因素。主要分为负责呈现网站的 Web 部分和创建云计算平台实验模拟环境的 Service 部分。同时,Web 部分进行了前后端分离,以实现负责各部分功能的开发人员可以同步进行开发。云中沙箱系统结构如图 7.14 所示。

(1) Web 前端(AngularJS)云中沙箱整个页面呈现的部分使用了 AngularJS 框架,并以单页应用的模式进行开发。得益于 AngularJS 双向绑定的特性,几乎所有的请求都以 JSON 格式数据通过 AJAX 请求发送至 Web 后端。用户在使用网站时的页面无刷新、

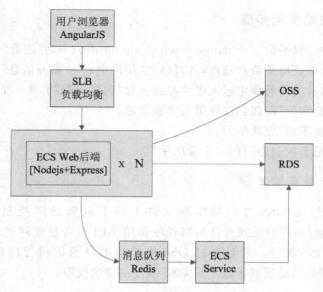

图 7.14 云中沙箱的系统结构

快速的响应,使云中沙箱实现了与传统后端渲染方式呈现页面的网站应用完全不同的用户体验。此外,在开发方面,传统枯燥的表单处理在 Angular 框架下也变得轻松简单。

(2) Web 后端(NodeJS) 由于前后端的完全分离,云中沙箱的 Web 后端实际就是一个 HTTP API 服务器,通过 JSON 格式数据与 Web 前端进行交互。服务器框架使用了 Express4 进行开发。由于 Nodejs 的异步特性,Web 后端可以承受相当大的并发量,并且由于只是 HTTP API,仅仅接受和返回 JSON 格式的数据,而不是完整的页面,通信的数据量也能尽可能做到最少。此外,用户认证方面,云中使用了 Token 的方式而不是传统的 Cookie 保存 SessionID 的方式进行。选用这种模式,使得与第三方合作伙伴对接,内部管理工具开发,以及未来移动端接入方面留有余地。

(3) Service(Python) 云中沙箱除了网站页面呈现本身之外,一个核心价值就在于可以根据培训课程的内容,自动在阿里云平台创建实验环境。网站本身的访问需要考虑高并发,但创建实验环境并不需要那么高并发,此外,创建实验环境需要一定时间,浏览器发来的请求需要立刻返回。所以,与 Web 服务器不同,Service 并没有继续使用 Nodejs。同时,由于创建实验环境属于相对流程化的处理,最终选择了比 Nodejs 更为简单直观的 Python 进行开发,并单独部署在一台 ECS 上。而与 Web 服务器之间的衔接,则是通过 Redis 充当消息队列来实现。比如,当用户在网站上发起一个创建实验的请求后,Web 服务器会首先进行基本的处理。随后,生成一个任务发送至消息队列。Service 从消息队列接收到任务后,按照任务内容去创建所需要的实验环境。创建完成后,再通知 Web 服务器即可。

在考虑维护成本及实现便利的基础上,云中沙箱选用了阿里云四大件(ECS、RDS、SLB、OSS)来部署。Web 前端使用 AngularJS,Web 后端使用 Nodejs 和 Express4,任务处理使用 Python 开发,并从 Redis 充当的消息队列接收 Web 后端生成的任务。

7.6.2 阿里云自助实验步骤

(1) 登录云中沙箱平台——https：//www.aliyunedu.net，并注册"云中沙箱"账号；

(2) 注册用户将获得免费沙箱点，并可以在"用户中心-沙箱券信息"中查看；

(3) 在首页的自助实验课中进入想学习的实验"购买课程"消费一个沙箱点；

(4) 单击"开始实验"按钮创建阿里云实验资源；

(5) 对照"实验手册"完成学习；

(6) 进入"阿里云控制台"打开"实验助手"。

7.6.3 阿里云自助实验案例

本实验案例使用 OSS 客户端实现文件上传下载和访问控制，主要使用 OSS Windows 客户端软件，用户无须自己编写程序调用 API 或者登录阿里云 OSS 管理控制台，就可以使用 OSS 服务。并且通过 OSS 客户端的资源访问管理（Resource Access Management，RAM）功能限制子账户对 OSS 服务的使用权限。

1. 实验介绍

业务场景及架构：对象存储服务（简称 OSS），是阿里云对外提供的海量、安全、低成本、高可靠的云存储服务。用户可以通过调节 API，在任何应用，任何时间，任何地点上传下载数据。也可以通过用户 Web 控制台对数据进行简单的管理。OSS 适合存放任意文件类型，适合各种网站，开发企业和开发者使用。

在本实验中，OSS 服务的相关术语如下：

- Bucket，作为 OSS 的存储空间，是存储文件（object）的容器。
- Object，是 OSS 存储数据的基本单元，也称为 OSS 文件。不同上传方式，对象大小限制不同：分片上传最大支持 48.4TB；其他上传方式最大支持 5GB。
- Region，表示 OSS 的数据中心所在区域、物理位置。一般来说，距离用户更近的 Region 访问速度更快。

资源访问管理 RAM 是阿里云为客户端提供的身份管理与访问控制服务。使用 RAM，企业用户可以创建、管理用户账号，并可以控制这些用户账号，对企业用户名下资源具有操作权限。RAM 允许一个云账号下创建并管理多个用户身份，并允许给单个身份或一组身份分配不同的授权策略，从而实现不同的用户拥有不同的云资源访问权限。

本实验中涉及关于 RAM 的基本概念如下。

- 云账户（主账户），是阿里云资源归属、资源使用计量计费的基本主体。当用户开始使用阿里云服务时，首先需要注册一个云账户。云账户为其名下所有的资源付费，并对其名下所有资源拥有完全权限，从权限管理的角度，云账户就是操作系统的 root 或 Administrator，因此，我们也称其为"根账户"或"主账户"。
- RAM 用户，RAM 允许在一个云账户下创建多个 RAM 用户。RAM 用户属于云账户，RAM 用户不拥有资源，只能在其所属云账户的空间下可见，而不是独立的云账户。RAM 用户必须在获得云账户授权后，才能登录控制台或使用 API 操作云账户下的资源。

- 身份凭证-访问密钥（AccessKey），用户可以使用访问密钥构造一个 API 请求来访问资源。
- 授权策略，描述权限集的一种简单语言规范。

2. 实验目标

本实验会自动创建 1 台 Windows 系统的 ECS 实例。首先，配置 OSS Windows 客户端的用户信息。然后，创建一个 bucket，并上传和下载文件到新建 bucket。最后，结合 RAM 服务，自定义策略，实现对子用户的 OSS 服务使用权限。完成此实验后，可以掌握的能力有：

- 使用 OSS Windows 客户端上传和下载文件；
- 使用 OSS Windows 客户端实现 RAM 授权。

3. 实验步骤

（1）创建本实验所需的 ECS 实例，并分配阿里云账号。

（2）资源创建成功后，可以在"资源信息栏"中查看本次试验使用的 Windows ECS 服务器，以及分配的阿里云账号。

（3）在使用 OSS Windows 客户端之前，首先配置 OSS Windows 客户端的信息。

（4）首先，远程登录到"OSS 客户端"ECS 服务器。远程登录的"外网 IP"和"密码"可从"云产品资源"中获取，如图 7.15 所示。

登录到 ECS 服务器 Windows 系统后，双击 Windows 桌面的 OSS 图标，进入 OSS 客户端，如图 7.16 所示。

（5）在 OSS 客户端的界面中，输入阿里云账号的 AccessID 和 AccessKey Secret。选择"本机是 ECS 云主机"复选项，"地域"选择"OSS 客户端"ECS 实例所在"地域"。完成后单击"登录"按钮。

（6）首先通过 OSS Windows 客户端创建一个新的 Bucket。然后通过客户端实现文件的上传和下载。

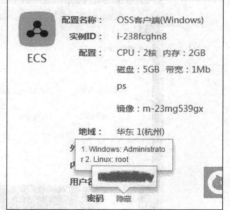

图 7.15　ECS 配置信息

（7）当前 OSS 服务的数据中心选择地域为杭州。在客户端的主界面中，单击"新建"按钮，开始创建一个新的 Bucket。

（8）在弹出的对话框中，输入 Bucket 名称为 sl052-oss-bucket，读写权限设为"公共读写"，完成后单击"确定"按钮，如图 7.17 所示。在 OSS 服务中，新建一个 Bucket，在客户端可以查看到当前的 Bucket 中无任何文件。

（9）访问阿里云 Web 控制台，在 OSS 管理控制台查看新建 Bucket。在"资源信息"中查看本次实验使用的阿里云账号信息。单击"资源信息"右上角的"登录控制台"进入阿里云登录界面。输入本次实验分配的阿里云账号的"登录名"和"密码"，单击"登录"按钮。

（10）进入阿里云管理控制台后，单击页面左上角的"产品与服务"，弹出下拉列表。

图 7.16 OSS 客户端界面

图 7.17 新建 Bucket

单击"存储与 CDN"列表下的"对象存储 OSS"选项,进入 OSS 管理控制台。在 Bucket 的管理页面中,查看通过 OSS 客户端创建的 Bucket:"sl052-oss-bucket",所在地域"杭州"。单击 Bucket 右侧的"管理"选项,可以进入"sl052-oss-bucket"管理页面,查看 Bucket 中的文件信息。

（11）返回 Windows 的 OSS 客户端主界面中，单击顶层"上传"选项，弹出选择上传文件的对话框，如图 7.18 所示。进入"C：\Slab052\上传"目录，并选择 oss_icons。单击"选择"按钮，将 oss_icons 上传到 sl052-oss-bucket Bucket 中。

图 7.18　文件上传界面

在主界面的底部的"上传队列"中，查看上传文件的大小和速度。若文件成功上传到 Bucket，在主界面中，可以查看到已上传文件 oss_icons 的文件大小以及文件的创建时间。

（12）OSS bucket 中的文件也可以通过 OSS 客户端下载到本地。选择刚刚上传的文件 oss_icons，然后，单击顶层栏中的"下载"选项，弹出选择存储路径的对话框，如图 7.19 所示。选择路径为"计算机：\C：\Slab052\下载文件"。完成后，单击"确定"按钮，将 oss_icons 保存到本地的"下载文件"文件夹中。

图 7.19　下载文件界面

双击桌面的"计算机"图标,进入目录"C:\Slab052\下载文件",查看通过 OSS 客户端下载的文件 oss_icons。"上传文件"和"下载文件"中的 oss_icons 文件,两个文件的内容一致。

(13) 使用 OSS 客户端的 RAM 授权功能,为子用户分配最小权限,从而降低企业信息安全风险。在使用 OSS 客户端的 RAM 功能之前,开通 RAM 服务。进入阿里云管理控制台,单击页面左上角的"产品与服务",弹出下拉列表。单击"安全与管理"列表下的"访问控制"选项,进入访问控制服务的管理控制台。

(14) 在主界面中,显示"访问控制未开通",单击"立即开通",开通"访问控制"服务,如图 7.20 所示。在弹出的页面中,单击"立即开通"按钮,页面显示"开通成功",如图 7.21 所示。

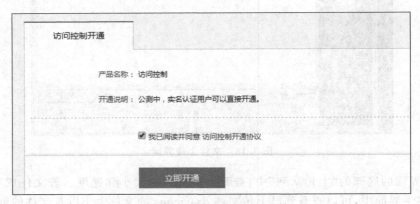

图 7.20 开通访问控制界面

图 7.21 开通成功界面

(15) 在访问控制服务开通成功后,返回 ECS 实例的 OSS Windows 客户端,单击顶层栏中"RAM 授权",弹出 RAM 授权的对话框。在弹出的对话框中,选择"用户授权",当前阿里云账号中没有任何用户。单击"创建用户"按钮,开始创建一个云账户下的子账户,如图 7.22 所示。

进入创建用户页面后,输入用户名为 Tony,请注意用户名命名规则,此字段为必填字段。

(16) 返回阿里云 Web 管理控制台,进入 RAM 管理控制台后,单击左侧栏中的"用户管理"选项,进入用户管理页面。主界面中显示通过 OSS 客户端新建的云账户下的子用户 Tony。单击右侧的"管理"选项可以进入用户 Tony 的管理页面,查看子账户 Tony 的

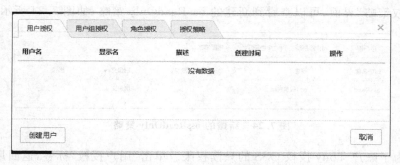

图 7.22 RAM 的用户授权界面

授权信息等。

(17) 创建一条 OSS 的新策略,并授权给子用户 Tony。在"RAM 授权"对话框中,单击"授权策略",查看当前无任何自定义策略。单击"创建授权策略"按钮,创建一条新的自定义策略,如图 7.23 所示。

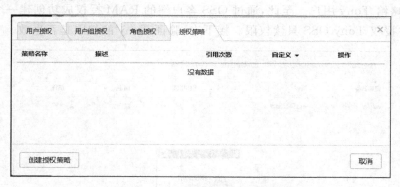

图 7.23 RAM 的授权策略页面

(18) 在弹出的"创建授权策略"页面中,输入如下信息:

① 策略名称:ossReadOnly。

② 策略规则:使用如下策略规则。

```
{
  "Statement": [
    {
      "Action": [
        "oss:Get * ",
        "oss:List * "
      ],
      "Effect": "Allow",
      "Resource": " * "
    }
  ],
  "Version": "1"
}
```

在"授权策略"界面,可以查看到新建的 ossReadOnly 策略,如图 7.24 所示。

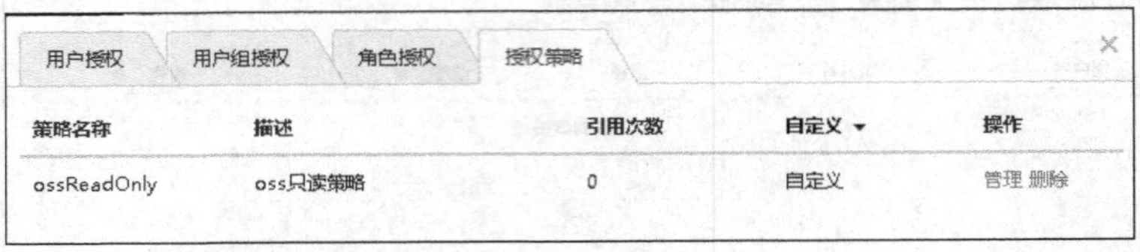

图 7.24　新建的 ossReadOnly 策略

（19）为子账户 Tony 授权 OSS 的只读权限。单击"用户授权"标签,返回用户授权界面,单击 Tony 用户右侧操作栏下的"授权"选项,进入用户授权界面。跳转到"授权策略"页面,当前显示"没有数据",也就是 Tony 用户当前无任何权限,单击左下角的"添加授权",为 Tony 授权。

（20）选择 ossReadOnly 右侧的"授权"操作,弹出对话框"授权成功",如图 7.25 所示。单击"确定"按钮,ossReadOnly 策略右侧的操作栏中显示为"已授权"。证明已授权 oss 制度策略给 Tony 用户。至此,通过 OSS 客户端的 RAM 授权成功创建一个 RAM 用户 Tony,并授权 Tony OSS 只读权限。接下来,验证 Tony 的权限是否生效。

图 7.25　"授权成功"页面

（21）在之后的操作中,需要使用 Tony 的 AccessKey 登录 OSS 客户端。但是,默认情况下,新建 RAM 子账户无 AccessKey ID 和 Access Key Secret 信息,因此,需要通过 OSS 客户端的 RAM 功能为 Tony 创建一个新的 AccessKey。在 Tony 用户管理界面中,单击对话框顶部"AccessKey 管理"标签,进入 AccessKey 的管理页面,页面显示当前"没有数据"。单击左下角的"创建 AccessKey"按钮,为用户新建一个 AccessKey。在弹出的"创建成功"对话框中单击"确定"按钮,如图 7.26 所示。

此时,在 AccessKey 管理页面上可以查看新建的 AccessKey 信息。单击 Secret,查看 Tony 用户的 AccessKey Secret 值。在新建的记事本中,存储 AccessKey ID 以及 AccessKey Secret。选择"开始"→"所有程序"→"附件"→"记事本",打开空白记事本。将 OSS Windows 客户端中的 Tony 的 AccessKey ID 以及 AccessKey Secret 复制到空白

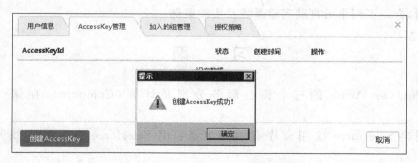

图 7.26　"创建 AccessKey 成功"页面

记事本中。

（22）完成如上操作后，退出 OSS 客户端，双击 OSS 登录软件，重新打开 OSS 客户端。在 OSS 客户端的登录界面中，输入 Tony 的登录信息，使用 Tony 用户访问 OSS 服务。

① AccessKeyID：Tony 用户的 AccessKey ID。

② AccessKey Secret：Tony 用户的 AccessKey Secret。

③ 勾选"本机是 ECS 云主机"。

（23）可以查看到已创建的 Bucket"sl052-oss-bucket"和 Bucket 中的文件"oss_icons"。在 OSS 客户端界面左侧栏中，单击"新建"按钮，为 OSS 服务新建一个 Bucket，输入 Bucket 名称为"sl052-oss-bucket-test"。完成后，单击"确定"按钮。弹出对话框"拒绝访问"，如图 7.27 所示。这是因为在 RAM 授权时，限制了 Tony 使用 OSS 服务的权限。

图 7.27　"拒绝访问"页面

（24）至此，已完成实验全部内容：使用 OSS 客户端上传下载文件，并通过 OSS 客户端的 RAM 授权功能创建用户并授权 OSS 管理权限。

本 章 小 结

本章主要介绍云计算应用软件的开发，讲述了基于 Microsoft Azure Service 的云应用软件开发、Salesforce 云计算平台应用软件开发、基于亚马逊的 Amazon Web Services（AWS）的云服务软件开发实例，Google App Engine 和 Sina App Engine 的应用及开发过程;最后,介绍了阿里云自助实验系统及实验案例。

习　题

1. Windows Azure 的三个核心服务分别是计算(Compute)、存储(Storage)和_____。

2. 创建 Salesforce 应用程序有两种方法:用 Salesforce 自带的在线开发模式或_____。

3. 阿里云自助实验学习平台又称为_____。

思　考　题

1. Hive SQL 与标准 SQL 的关系是什么?

2. Windows Azure 为什么要支持三种类型的存储?

第8章

Hadoop 云计算编程实例

本章结构

8.1 Hadoop 简单编程实例

8.2 Hadoop 数据去重实例

8.3 Hadoop 数据排序实例

8.4 Hadoop 单表关联实例

Hadoop 是基于 Google MapReduce 原理,采用 Java 语言实现的云计算开源软件系统。MapReduce 是一种简化的分布式编程模式,让程序自动分布到一个由普通机器组成的超大集群上并发执行。就如同 Java 程序员可以不考虑内存泄露一样,MapReduce 的 run-time 系统会解决输入数据的分布细节,跨越机器集群的程序执行调度,处理机器的失效,并且管理机器之间的通信请求。这样的模式允许程序员可以不需要有什么并发处理或者分布式系统的经验,就可以处理超大的分布式系统资源。

作为 Hadoop 程序员,要做的事情就是:

(1) 定义 Mapper,处理输入的 Key-Value 对,输出中间结果。

(2) 定义 Reducer,可选,对中间结果进行规约,输出最终结果。

(3) 定义 InputFormat 和 OutputFormat,可选,InputFormat 将每行输入文件的内容转换为可供 Mapper 函数使用的类型,不定义时默认为 String。

(4) 定义 main 函数,在里面定义一个 Job 并运行它。

8.1 Hadoop 简单编程实例

本节首先介绍一个简单的分布式查询实例——HadoopGrep,简单对输入文件进行逐行的正则匹配,如果符合就将该行打印到输出文件。因为是简单的全部输出,所以只要写 Mapper 函数,不用写 Reducer 函数,也不用定义 Input/Output Format。

```
package demo.hadoop
public class  HadoopGrep {
    public static class RegMapper extends MapReduceBase implements Mapper {
        private  Pattern pattern;
        public  void  configure(JobConf job) {
```

```
            pattern  =  Pattern.compile(job.get("mapred.mapper.regex"));
         }
         public  void  map(WritableComparable key, Writable value,
                          OutputCollector output, Reporter reporter)
                             throws  IOException {
            String text  =  ((Text) value).toString();
            Matcher matcher  =  pattern.matcher(text);
          if  (matcher.find()) {
                output.collect(key, value);
            }
         }
      }
      private  HadoopGrep () { }  //singleton
      public static void main(String[] args) throws Exception {
         JobConf grepJob  =   new  JobConf(HadoopGrep. class );
         grepJob.setJobName( " grep-search " );
         grepJob.set( "mapred.mapper.regex ", args[ 2 ]);
         grepJob.setInputPath( new  Path(args[ 0 ]));
         grepJob.setOutputPath( new  Path(args[ 1 ]));
         grepJob.setMapperClass(RegMapper. class );
         grepJob.setReducerClass(IdentityReducer. class );
         JobClient.runJob(grepJob);
      }
   }
```

RegMapper 类的 configure()函数接受由 main 函数传入的查找字符串,map() 函数进行正则匹配,key 是行数,value 是文件行的内容,符合的文件行放入中间结果。main()函数定义由命令行参数传入的输入输出目录和匹配字符串,Mapper 函数为 RegMapper 类,Reduce 函数直接把中间结果输出到最终结果的 IdentityReducer 类,运行 Job。

8.2　Hadoop 数据去重实例

"数据去重"主要是为了掌握和利用并行化思想来对数据进行有意义的筛选。统计大数据集上的数据种类个数、从网站日志中计算访问地等这些看似庞杂的任务都会涉及数据去重。下面就进入这个实例的 MapReduce 程序设计。

8.2.1　需求描述

对数据文件中的数据进行去重。数据文件中的每行都是一个数据。

样例输入如下所示:

(1) file1:

2012-3-1 a

2012-3-2 b

2012-3-3 c
2012-3-4 d
2012-3-5 a
2012-3-6 b
2012-3-7 c
2012-3-3 c

（2）file2：

2012-3-1 b
2012-3-2 a
2012-3-3 b
2012-3-4 d
2012-3-5 a
2012-3-6 c
2012-3-7 d
2012-3-3 c

样例输出如下所示：

2012-3-1 a
2012-3-1 b
2012-3-2 a
2012-3-2 b
2012-3-3 b
2012-3-3 c
2012-3-4 d
2012-3-5 a
2012-3-6 b
2012-3-6 c
2012-3-7 c
2012-3-7 d

8.2.2　设计思路

数据去重的最终目标是让原始数据中出现次数超过一次的数据在输出文件中只出现一次。我们自然而然会想到将同一个数据的所有记录都交给一台 reduce 机器，无论这个数据出现多少次，只要在最终结果中输出一次就可以了。具体就是 reduce 的输入应该以数据作为 key，而对 value-list 则没有要求。当 reduce 接收到一个＜key，value-list＞时就直接将 key 复制到输出的 key 中，并将 value 设置成空值。

在 MapReduce 流程中，map 的输出＜key，value＞经过 shuffle 过程聚集成＜key，value-list＞后会交给 reduce。所以从设计好的 reduce 输入可以反推出 map 的输出 key 应为数据，value 任意。继续反推，map 输出数据的 key 为数据，而在这个实例中每个数据代表输入文件中的一行内容,所以 map 阶段要完成的任务就是在采用 Hadoop 默认的作业输入方式之后,将 value 设置为 key,并直接输出(输出中的 value 任意)。map 中的结果经过 shuffle 过程之后交给 reduce。reduce 阶段不会管每个 key 有多少个 value,它直接将输入的 key 复制为输出的 key,并输出就可以了(输出中的 value 被设置成空)。

8.2.3　编程实现

程序代码如下所示:

```
package com.hebut.mr;
import java.io.IOException;
import org.apache.hadoop.conf.Configuration;
import org.apache.hadoop.fs.Path;
import org.apache.hadoop.io.IntWritable;
import org.apache.hadoop.io.Text;
import org.apache.hadoop.mapreduce.Job;
import org.apache.hadoop.mapreduce.Mapper;
import org.apache.hadoop.mapreduce.Reducer;
import org.apache.hadoop.mapreduce.lib.input.FileInputFormat;
import org.apache.hadoop.mapreduce.lib.output.FileOutputFormat;
import org.apache.hadoop.util.GenericOptionsParser;
public class Dedup {
    //map 将输入中的 value 复制到输出数据的 key 上,并直接输出
    public static class Map extends Mapper<Object,Text,Text,Text>{
        private static Text line=new Text();//每行数据
        //实现 map 函数
        public void map(Object key,Text value,Context context)
                throws IOException,InterruptedException{
            line=value;
            context.write(line, new Text(""));
        }
    }
    //reduce 将输入中的 key 复制到输出数据的 key 上,并直接输出
    public static class Reduce extends Reducer<Text,Text,Text,Text>{
        //实现 reduce 函数
        public void reduce(Text key,Iterable<Text>values,Context context)
                throws IOException,InterruptedException{
            context.write(key, new Text(""));
        }
    }
    public static void main(String[] args) throws Exception{
        Configuration conf=new Configuration();
        //这句话很关键
        conf.set("mapred.job.tracker", "192.168.1.1:9001");
```

```
//192.168.1.1 为 namenode 的 IP 地址
String[] ioArgs=new String[]{"dedup_in","dedup_out"};
String[] otherArgs=new GenericOptionsParser(conf,
                                    ioArgs).getRemainingArgs();
if (otherArgs.length !=2) {
    System.err.println("Usage: Data Deduplication <in><out>");
    System.exit(2);
}
Job job=new Job(conf, "Data Deduplication");
job.setJarByClass(Dedup.class);
//设置 Map、Combine 和 Reduce 处理类
job.setMapperClass(Map.class);
job.setCombinerClass(Reduce.class);
job.setReducerClass(Reduce.class);
//设置输出类型
job.setOutputKeyClass(Text.class);
job.setOutputValueClass(Text.class);
//设置输入和输出目录
FileInputFormat.addInputPath(job, new Path(otherArgs[0]));
FileOutputFormat.setOutputPath(job, new Path(otherArgs[1]));
System.exit(job.waitForCompletion(true) ?0: 1);
    }
}
```

8.2.4   测试运行

1. 准备测试数据

通过 Eclipse 下面的 DFS Locations 在/user/hadoop 目录下创建输入文件 dedup_in 文件夹(注意: dedup_out 不需要创建),如图 8.1 所示,已经成功创建。

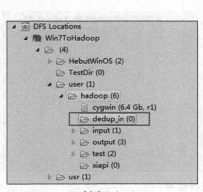

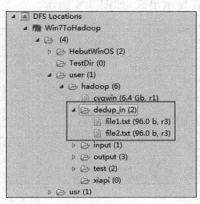

(a) 创建dedup in   (b) 上传file*.txt

图 8.1   创建及上传文件

然后在本地建立两个 txt 文件，通过 Eclipse 上传到/user/hadoop/dedup_in 文件夹中，两个 txt 文件的内容如实例描述那两个文件一样，如图 8.2 所示，成功上传之后，从 SecureCRT 远处查看 Master. Hadoop，也能证实上传的是这两个文件。

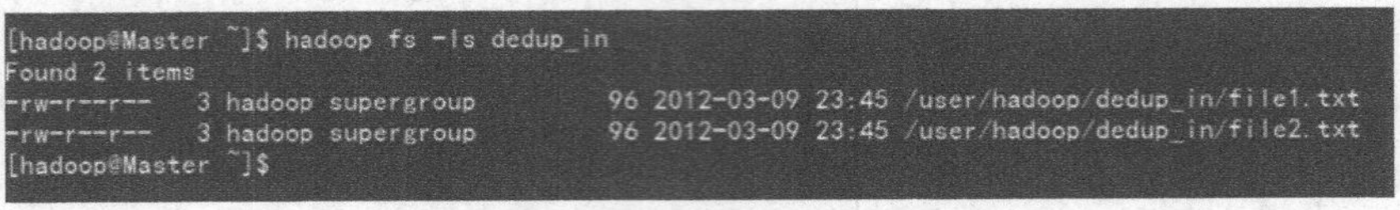

```
[hadoop@Master ~]$ hadoop fs -ls dedup_in
Found 2 items
-rw-r--r--   3 hadoop supergroup         96 2012-03-09 23:45 /user/hadoop/dedup_in/file1.txt
-rw-r--r--   3 hadoop supergroup         96 2012-03-09 23:45 /user/hadoop/dedup_in/file2.txt
[hadoop@Master ~]$
```

图 8.2　查看上传到 Hadoop 的两个文件

查看两个文件的内容如图 8.3 所示。

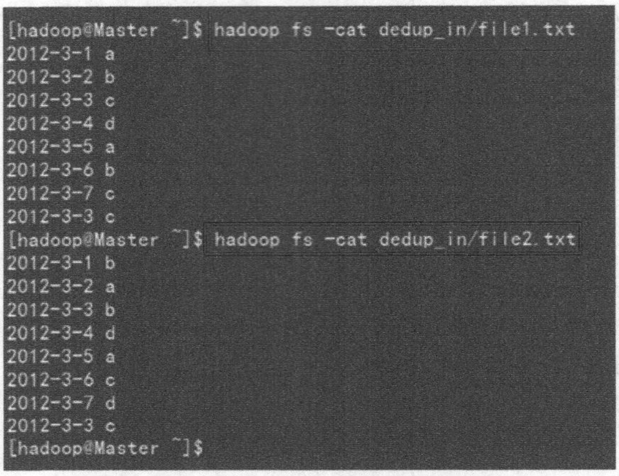

```
[hadoop@Master ~]$ hadoop fs -cat dedup_in/file1.txt
2012-3-1 a
2012-3-2 b
2012-3-3 c
2012-3-4 d
2012-3-5 a
2012-3-6 b
2012-3-7 c
2012-3-3 c
[hadoop@Master ~]$ hadoop fs -cat dedup_in/file2.txt
2012-3-1 b
2012-3-2 a
2012-3-3 b
2012-3-4 d
2012-3-5 a
2012-3-6 c
2012-3-7 d
2012-3-3 c
[hadoop@Master ~]$
```

图 8.3　文件 file＊.txt 内容

2. 查看运行结果

通过右击 Eclipse 的 DFS Locations 中/user/hadoop 文件夹进行刷新，这时会发现多出一个 dedup_out 文件夹，且里面有三个文件，然后打开 part-r-00000 文件，会在 Eclipse 中间把内容显示出来，如图 8.4 所示。

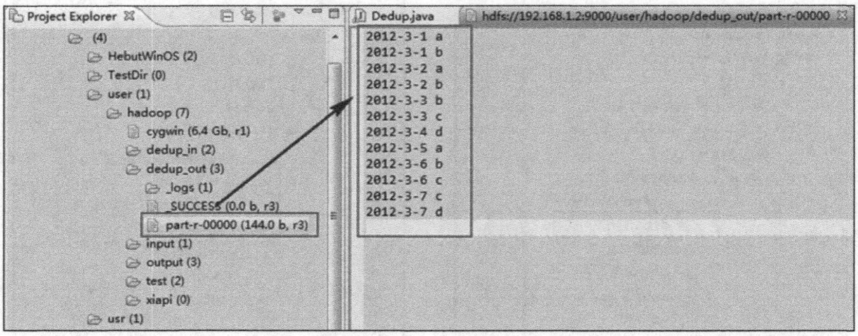

图 8.4　运行结果

此时，可以对比一下运行结果和预期结果是否一致。

8.3　Hadoop 数据排序实例

数据排序是许多实际任务执行时要完成的第一项工作,如学生成绩评比、数据建立索引等。这个实例和数据去重类似,都是先对原始数据进行初步处理,为进一步的数据操作打好基础。下面进入这个示例。

8.3.1　需求描述

对输入文件中数据进行排序。输入文件中的每行内容均为一个数字,即一个数据。要求在输出中每行有两个间隔的数字,其中,第一个代表原始数据在原始数据集中的位次,第二个代表原始数据。

样例输入:

(1) file1:

2

32

654

32

15

756

65223

(2) file2:

5956

22

650

92

(3) file3:

26

54

6

样例输出:

1	2
2	6
3	15
4	22
5	26
6	32
7	32
8	54

```
9      92
10     650
11     654
12     756
13     5956
14     65223
```

8.3.2　设计思路

这个实例仅要求对输入数据进行排序,可以利用 MapReduce 默认的排序,而不需要自己再实现具体的排序,在使用之前首先需要了解它的默认排序规则。它是按照 key 值进行排序的,如果 key 为封装 int 的 IntWritable 类型,那么 MapReduce 按照数字大小对 key 排序,如果 key 是封装为 String 的 Text 类型,那么 MapReduce 按照字典顺序对字符串排序。

了解到这个细节,就知道应该使用封装 int 的 IntWritable 型数据结构了。也就是在 map 中将读入的数据转化成 IntWritable 型,然后作为 key 值输出(value 任意)。reduce 拿到<key,value-list>之后,将输入的 key 作为 value 输出,并根据 value-list 中元素的个数决定输出的次数。输出的 key(即代码中的 linenum)是一个全局变量,它统计当前 key 的位次。需要注意的是这个程序中没有配置 Combiner,也就是在 MapReduce 过程中不使用 Combiner。这主要是因为使用 map 和 reduce 就已经能够完成任务了。

8.3.3　编程实现

程序代码如下所示:

```
package com.hebut.mr;
import java.io.IOException;
import org.apache.hadoop.conf.Configuration;
import org.apache.hadoop.fs.Path;
import org.apache.hadoop.io.IntWritable;
import org.apache.hadoop.io.Text;
import org.apache.hadoop.mapreduce.Job;
import org.apache.hadoop.mapreduce.Mapper;
import org.apache.hadoop.mapreduce.Reducer;
import org.apache.hadoop.mapreduce.lib.input.FileInputFormat;
import org.apache.hadoop.mapreduce.lib.output.FileOutputFormat;
import org.apache.hadoop.util.GenericOptionsParser;
public class Sort {
    //map 将输入中的 value 化成 IntWritable 类型,作为输出的 key
    public static class Map extends Mapper<Object, Text, IntWritable,
                                           IntWritable>{
```

```
        private static IntWritable data=new IntWritable();
         //实现 map 函数
        public void map(Object key,Text value,Context context)
                throws IOException,InterruptedException{
            String line=value.toString();
            data.set(Integer.parseInt(line));
            context.write(data, new IntWritable(1));
        }
    }
//reduce 将输入中的 key 复制到输出数据的 key 上
//然后根据输入的 value-list 中元素的个数决定 key 的输出次数
//用全局 linenum 来代表 key 的位次
    public static class Reduce extends
            Reducer<IntWritable,IntWritable,IntWritable,IntWritable>{
        private static IntWritable linenum=new IntWritable(1);
            //实现 reduce 函数
        public void reduce(IntWritable key,Iterable<IntWritable>values,
                Context context) throws IOException,InterruptedException{
            for(IntWritable val:values){
                context.write(linenum, key);
                linenum=new IntWritable(linenum.get()+1);
            }
        }
    }
    public static void main(String[] args) throws Exception{
        Configuration conf=new Configuration();
        //这句话很关键
        conf.set("mapred.job.tracker", "192.168.1.1:9001");
        //192.168.1.1 为 namenode 的 IP 地址
        String[] ioArgs=new String[]{"sort_in","sort_out"};
        String[] otherArgs=new GenericOptionsParser(conf,
                            ioArgs).getRemainingArgs();
        if (otherArgs.length !=2) {
            System.err.println("Usage: Data Sort <in><out>");
            System.exit(2);
        }
        Job job=new Job(conf, "Data Sort");
        job.setJarByClass(Sort.class);
        //设置 Map 和 Reduce 处理类
        job.setMapperClass(Map.class);
        job.setReducerClass(Reduce.class);
        //设置输出类型
        job.setOutputKeyClass(IntWritable.class);
```

```
        job.setOutputValueClass(IntWritable.class);
        //设置输入和输出目录
        FileInputFormat.addInputPath(job, new Path(otherArgs[0]));
        FileOutputFormat.setOutputPath(job, new Path(otherArgs[1]));
        System.exit(job.waitForCompletion(true) ?0: 1);
    }
}
```

8.3.4 测试运行

1. 准备测试数据

通过 Eclipse 下面的 DFS Locations 在/user/hadoop 目录下创建输入文件 sort_in 文件夹(注意: sort_out 不需要创建),如图 8.5 所示,已经成功创建。

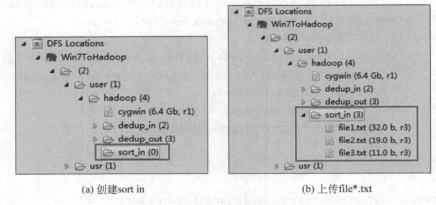

(a) 创建sort in   (b) 上传file*.txt

图 8.5　创建并上传文件

然后在本地建立三个 txt 文件,通过 Eclipse 上传到/user/hadoop/sort_in 文件夹中。

2. 查看运行结果

通过右击 Eclipse 的 DFS Locations 中/user/hadoop 文件夹进行刷新,这时会发现多出一个 sort_out 文件夹,且里面有三个文件,然后打开 part-r-00000 文件,会在 Eclipse 中间把内容显示出来,如图 8.6 所示。

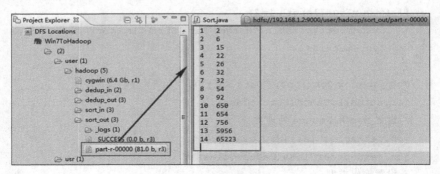

图 8.6　运行结果

8.4 Hadoop 单表关联实例

前面的实例都是在数据上进行一些简单的处理,为进一步的操作打基础。单表关联这个实例要求从给出的数据中寻找所关心的数据,它是对原始数据所包含信息的挖掘。下面进入这个实例。

8.4.1 需求描述

实例中给出 child-parent(孩子-父母)表,要求输出 grandchild-grandparent(孙子-爷奶)表。

样例输入如下所示。

file:

child	parent
Tom	Lucy
Tom	Jack
Jone	Lucy
Jone	Jack
Lucy	Mary
Lucy	Ben
Jack	Alice
Jack	Jesse
Terry	Alice
Terry	Jesse
Philip	Terry
Philip	Alma
Mark	Terry
Mark	Alma

家族谱树状关系如图 8.7 所示。

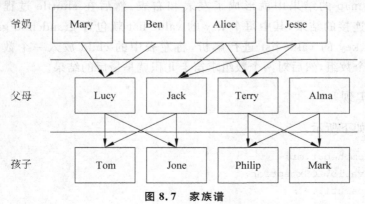

图 8.7 家族谱

样例输出如下所示。

file：

grandchild	grandparent
Tom	Alice
Tom	Jesse
Jone	Alice
Jone	Jesse
Tom	Mary
Tom	Ben
Jone	Mary
Jone	Ben
Philip	Alice
Philip	Jesse
Mark	Alice
Mark	Jesse

8.4.2　设计思路

分析这个实例，显然需要进行单表连接，连接的是左表的 parent 列和右表的 child 列，且左表和右表是同一个表。连接结果中除去连接的两列就是所需要的结果，即 grandchild-grandparent 表。要用 MapReduce 解决这个实例，首先应该考虑如何实现表的自连接；其次就是连接列的设置；最后是结果的整理。考虑到 MapReduce 的 shuffle 过程会将相同的 key 连接在一起，所以可以将 map 结果的 key 设置成待连接的列，然后列中相同的值就自然会连接在一起了。再与最开始的分析联系起来。

要连接的是左表的 parent 列和右表的 child 列，且左表和右表是同一个表，所以在 map 阶段将读入数据分割成 child 和 parent 之后，会将 parent 设置成 key，child 设置成 value 进行输出，并作为左表；再将同一对 child 和 parent 中的 child 设置成 key，parent 设置成 value 进行输出，作为右表。为了区分输出中的左右表，需要在输出的 value 中再加上左右表的信息，比如在 value 的 String 最开始处加上字符 1 表示左表，加上字符 2 表示右表。这样在 map 的结果中就形成了左表和右表，然后在 shuffle 过程中完成连接。reduce 接收到连接的结果，其中每个 key 的 value-list 就包含 grandchild-grandparent 关系。取出每个 key 的 value-list 进行解析，将左表中的 child 放入一个数组，右表中的 parent 放入一个数组，然后对两个数组求笛卡儿积就是最后的结果。

8.4.3　编程实现

程序代码如下所示。

```
package com.hebut.mr;
import java.io.IOException;
import java.util.*;
```

```
import org.apache.hadoop.conf.Configuration;
import org.apache.hadoop.fs.Path;
import org.apache.hadoop.io.IntWritable;
import org.apache.hadoop.io.Text;
import org.apache.hadoop.mapreduce.Job;
import org.apache.hadoop.mapreduce.Mapper;
import org.apache.hadoop.mapreduce.Reducer;
import org.apache.hadoop.mapreduce.lib.input.FileInputFormat;
import org.apache.hadoop.mapreduce.lib.output.FileOutputFormat;
import org.apache.hadoop.util.GenericOptionsParser;
public class STjoin {
    public static int time=0;
    /*
    * map 将输出分割 child 和 parent,然后正序输出一次作为右表
    * 反序输出一次作为左表,需要注意的是在输出的 value 中必须
    * 加上左右表的区别标识。
    */
    public static class Map extends Mapper<Object, Text, Text, Text>{
        //实现 map 函数
        public void map(Object key, Text value, Context context)
                throws IOException, InterruptedException {
            String childname=new String();//孩子名称
            String parentname=new String();//父母名称
            String relationtype=new String();//左右表标识
            //输入的一行预处理文本
            StringTokenizer itr=new StringTokenizer(value.toString());
            String[] values=new String[2];
            int i=0;
            while(itr.hasMoreTokens()){
                values[i]=itr.nextToken();
                i++;
            }
            if (values[0].compareTo("child") !=0) {
                childname=values[0];
                parentname=values[1];
                //输出左表
                relationtype="1";
                context.write(new Text(values[1]), new Text(relationtype+
                        "+"+childname+"+"+parentname));
                //输出右表
                relationtype="2";
                context.write(new Text(values[0]), new Text(relationtype+
                        "+"+childname+"+"+parentname));
            }
```

```
            }
        }
    public static class Reduce extends Reducer<Text, Text, Text, Text>{
        //实现 reduce 函数
        public void reduce(Text key, Iterable<Text>values, Context context)
                throws IOException, InterruptedException {
            //输出表头
            if (0==time) {
                context.write(new Text("grandchild"),
                            new Text("grandparent"));
                time++;
            }
            int grandchildnum=0;
            String[] grandchild=new String[10];
            int grandparentnum=0;
            String[] grandparent=new String[10];
            Iterator ite=values.iterator();
            while (ite.hasNext()) {
                String record=ite.next().toString();
                int len=record.length();
                int i=2;
                if (0==len) {
                    continue;
                }
                //取得左右表标识
                char relationtype=record.charAt(0);
                //定义孩子和父母变量
                String childname=new String();
                String parentname=new String();
                //获取 value-list 中 value 的 child
                while (record.charAt(i) !='+') {
                    childname+=record.charAt(i);
                    i++;
                }
                i=i+1;
                //获取 value-list 中 value 的 parent
                while (i <len) {
                    parentname+=record.charAt(i);
                    i++;
                }
                //左表,取出 child 放入 grandchildren
                if ('1'==relationtype) {
                    grandchild[grandchildnum]=childname;
                    grandchildnum++;
```

```
            }
            //右表,取出 parent 放入 grandparent
            if ('2'==relationtype) {
                grandparent[grandparentnum]=parentname;
                grandparentnum++;
            }
        }
        //grandchild 和 grandparent 数组求笛卡儿积
        if (0 !=grandchildnum && 0 !=grandparentnum) {
            for (int m=0; m <grandchildnum; m++) {
                for (int n=0; n <grandparentnum; n++) {
                    //输出结果
                    context.write(new Text(grandchild[m],
                                    new Text(grandparent[n]));
                }
            }
        }
    }
}
public static void main(String[] args) throws Exception {
    Configuration conf=new Configuration();
    //这句话很关键
    conf.set("mapred.job.tracker", "192.168.1.1:9001");
    //192.168.1.1 为 namenode 的 IP 地址
    String[] ioArgs=new String[] { "STjoin_in", "STjoin_out" };
    String[] otherArgs=new GenericOptionsParser(conf,
                        ioArgs).getRemainingArgs();
    if (otherArgs.length !=2) {
        System.err.println("Usage: Single Table Join <in><out>");
        System.exit(2);
    }
    Job job=new Job(conf, "Single Table Join");
    job.setJarByClass(STjoin.class);
    //设置 Map 和 Reduce 处理类
    job.setMapperClass(Map.class);
    job.setReducerClass(Reduce.class);
    //设置输出类型
    job.setOutputKeyClass(Text.class);
    job.setOutputValueClass(Text.class);
    //设置输入和输出目录
    FileInputFormat.addInputPath(job, new Path(otherArgs[0]));
    FileOutputFormat.setOutputPath(job, new Path(otherArgs[1]));
    System.exit(job.waitForCompletion(true) ?0: 1);
}
}
```

8.4.4 测试运行

1. 准备测试数据

通过 Eclipse 下面的 DFS Locations 在/user/hadoop 目录下创建输入文件 STjoin_in 文件夹（注意：STjoin_out 不需要创建），如图 8.8 所示，已经成功创建。

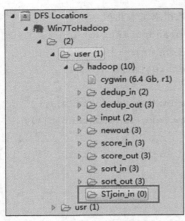 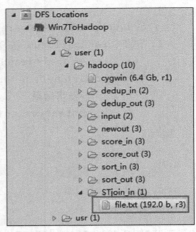

(a) 创建STjoin_in   (b) 上传child-parent表

图 8.8　创建并上传文件

然后在本地建立一个 txt 文件，通过 Eclipse 上传到/user/hadoop/STjoin_in 文件夹中，一个 txt 文件的内容如实例描述那个文件一样，如图 8.9 所示，成功上传之后，从 SecureCRT 远处查看 Master. Hadoop 的也能证实上传的文件，其内容如图 8.9 所示。

```
[hadoop@Master ~]$ hadoop fs -cat STjoin_in/*
child          parent
Tom            Lucy
Tom            Jack
Jone           Lucy
Jone           Jack
Lucy           Mary
Lucy           Ben
Jack           Alice
Jack           Jesse
Terry          Alice
Terry          Jesse
Philip         Terry
Philip         Alma
Mark           Terry
Mark           Alma
[hadoop@Master ~]$
```

图 8.9　表 child-parent 内容

2. 查看运行结果

通过右击 Eclipse 的 DFS Locations 中/user/hadoop 文件夹进行刷新，这时会发现多出一个 STjoin_out 文件夹，且里面有三个文件，然后打开 part-r-00000 文件，会在 Eclipse 中间把内容显示出来，如图 8.10 所示。

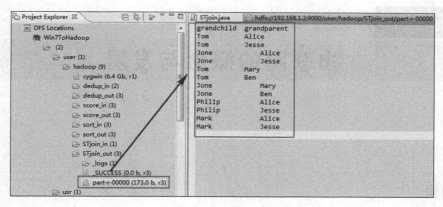

图 8.10　运行结果

本 章 小 结

本章主要介绍基于 Hadoop 的云计算编程模式与实例。从简单的 Hadoop 编程实例正则匹配开始，到数据去重、数据排序，再到单表关联实例，体现对原始数据所包含信息的深度挖掘处理。所述 Hadoop 编程实例从需求描述开始，到设计思路、编程实现，最后给出每个实例的测试运行结果，本章内容对基于 Hadoop 的云计算编程模式的学习有一定借鉴意义。

习　　题

1. 编写一个 Hadoop 云计算实例的基本步骤是什么？
2. 编写 Hadoop 实例时，Configuration 类的作用是什么？

思　考　题

Hadoop 编程中 main 函数与 C 语言编程中 main 函数有哪些区别及联系？

第 9 章

物联网的概念与发展

本章结构

9.1 物联网的产生背景与定义

9.1.1 物联网的产生背景

物联网的实践最早可以追溯到 1990 年施乐公司的网络可乐贩售机——Networked Coke Machine。1995 年,比尔·盖茨在《未来之路》中提出物联网,但由于受限于当时的无线网络、硬件及传感器的发展,当时并没有引起太多关注。1999 年,MIT Auto-ID 中心的 Ashton 教授在研究 RFID 时最早提出了物品编码、RFID 和互联网技术相结合的解决方案。当时基于互联网、RFID 技术、EPC 标准,在计算机互联网的基础上,利用射频识别技术、无线数据通信技术等,构造了一个实现全球物品信息实时共享的实物互联网 Internet of things(简称物联网)。1999 年,在美国召开的移动计算和网络国际会议提出了"传感网是下一个世纪人类面临的又一个发展机遇",传感器的重要性得到了学术界的充分肯定。2003 年,美国《技术评论》提出:传感网络技术将是未来改变人们生活的十大技术之一。

2005 年 11 月 17 日,在突尼斯举行的信息社会世界峰会(WSIS)上,国际电信联盟(ITU)发布《ITU 互联网报告 2005:物联网》,引出了"物联网"的概念,介绍了物联网的特征、相关的技术、面临的挑战和未来的市场机遇。ITU 在报告中指出,我们正站在一个新的通信时代的边缘,信息与通信技术(ICT)的目标已经从满足人与人之间的沟通,发展到实现人与物、物与物之间的连接,无所不在的物联网通信时代即将来临。物联网使我们在信息与通信技术的世界里获得一个新的沟通维度,如图 9.1 所示。

将任何时间、任何地点连接任何人,扩展到连接任何物品,就形成了物联网。2008 年

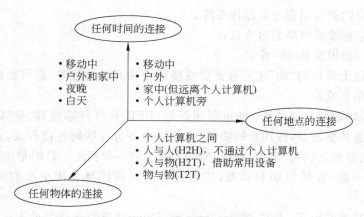

图 9.1　物联网中的连接维度

后,为了促进科技发展,寻找经济新的增长点,各国政府开始重视下一代的技术规划,将目光放在了物联网上。2009 年 1 月 28 日,奥巴马就任美国总统后,与美国工商业领袖举行了一次"圆桌会议",作为仅有的两名代表之一,IBM 公司首席执行官彭明盛首次提出"智慧地球"这一概念,建议新政府投资新一代的智慧型基础设施,随后得到美国各界的高度关注。当年,美国将新能源和物联网列为振兴经济的两大重点。IBM 公司认为,IT 产业下一阶段的任务是把新一代 IT 技术充分运用在各行各业之中,具体地说,就是把感应器嵌入和装备到电网、铁路、桥梁、隧道、公路、建筑、供水系统、大坝、油气管道等各种物体中,并且被普遍连接,形成物联网。在策略发布会上,IBM 公司还提出,如果在基础建设的执行中,植入"智慧"的理念,不仅仅能够在短期内有力地刺激经济、促进就业,而且能够打造一个成熟的智慧基础设施平台。IBM 公司希望"智慧的地球"策略能够在"互联网"浪潮之后掀起又一次科技产业革命。EPOSS 在 *Internet of Things in* 2020 报告中分析预测,未来物联网的发展将经历四个阶段,2010 年之前 RFID 被广泛应用于物流、零售和制药领域,2010—2015 年物体互联,2015—2020 年物体进入半智能化,2020 年之后物体进入全智能化。美国权威咨询机构 FORRESTER 预测,到 2020 年,世界上物物互联的业务,跟人与人通信的业务相比,将达到 30:1。因此,"物联网"被称为是下一个万亿级的通信业务。在国家大力推动工业化与信息化两化融合的大背景下,物联网是工业乃至更多行业信息化过程中,一个比较现实的突破口。

9.1.2　物联网的定义

物联网的英文名 Internet of Things(IOT);也称为 Web of Things。顾名思义,物联网就是"物物相连的互联网"。这有两层意思:第一,物联网的核心和基础仍然是互联网,是在互联网基础上的延伸和扩展的网络;第二,其用户端延伸和扩展到了任何物品与物品之间,进行信息交换和通信。

物联网中"物"要满足以下条件才能够被纳入"物联网"的范围:

(1) 要有数据收发装置和传输通路;

(2) 要有一定的存储和计算功能;

（3）要有专门的应用程序或操作系统；

（4）要遵循标准的网络通信协议；

（5）要有可被识别的唯一编码。

只有满足以上条件的"物"才能够提供或使用物联网相关服务，进行物体之间或者物体与人之间的信息交换。

严格而言，物联网的定义是：通过射频识别（RFID）、红外感应器、全球定位系统、激光扫描器等信息传感设备，按约定的协议，把任何物品与互联网连接起来，进行信息交换和通信，以实现智能化识别、定位、跟踪、监控和管理的一种网络。目的是让所有的物品都与网络连接在一起，方便识别和管理，核心是将互联网扩展应用于我们所生活的各个领域。

国内对物联网的定义：物联网（Internet of Things）指的是将无处不在（Ubiquitous）的末端设备（Devices）和设施（Facilities），包括具备"内在智能"的传感器、移动终端、工业系统、楼控系统、家庭智能设施、视频监控系统等，和"外在使能"（Enabled）的，如贴上RFID的各种资产（Assets）、携带无线终端的个人与车辆等"智能化物件或动物"或"智能尘埃"（Mote），通过各种无线和/或有线的长距离和/或短距离通信网络实现互联互通（M2M）、应用大集成（Grand Integration），以及基于云计算的 SaaS 营运等模式，在内网（Intranet）、专网（Extranet）和/或互联网（Internet）环境下，采用适当的信息安全保障机制，提供安全可控乃至个性化的实时在线监测、定位追溯、报警联动、调度指挥、预案管理、远程控制、安全防范、远程维保、在线升级、统计报表、决策支持、领导桌面（集中展示的 Cockpit Dashboard）等管理和服务功能，实现对"万物"的"高效、节能、安全、环保"的"管、控、营"一体化。

物联网是一个基于互联网、传统电信网等信息承载体，让所有能够被独立寻址的普通物理对象实现互联互通的网络。它具有普通对象设备化、自治终端互联化和普适服务智能化三个重要特征。2009 年 9 月，欧盟委员会信息和社会媒体司 RFID 部门负责人 Lorent Ferderix 博士给出了欧盟对物联网的定义：物联网是一个动态的全球网络基础设施，它具有基于标准和互操作通信协议的自组织能力，其中物理的和虚拟的"物"具有身份标识、物理属性、虚拟的特性和智能的接口，并与信息网络无缝整合。物联网将与媒体互联网、服务互联网和企业互联网一道，构成未来互联网。

EPC 基于"RFID"的物联网定义：物联网是在计算机互联网的基础上，利用 RFID、无线数据通信等技术，构造一个覆盖世界上万事万物的 Internet of Things。在这个网络中，物品（商品）能够彼此进行"交流"，而无须人的干预。其实质是利用射频自动识别（RFID）等通信技术，通过计算机互联网实现物品（商品）的自动识别和信息的互联与共享。

由以上定义可以看出，物联网所涉及的技术众多，是一个新型的交叉学科，涉及计算机、网络信息安全、软件工程、电子通信、人工智能、信息管理、大数据等多项内容。当前，对于物联网的研究已经逐步走出实验室，面向大众化的物联网应用也开始渗透到人们的日常生活中，在各行各业发挥作用。

9.2　物联网的特征

物联网与传统的互联网相比具有鲜明的特征。

首先,它是各种感知技术的广泛应用。物联网底层部署了海量的多种类型传感器,每个传感器都是一个信息源,不同类别的传感器所捕获的信息内容和信息格式不同。传感器获得的数据具有实时性,按一定的频率周期性地采集环境信息,不断更新数据。

其次,它是一种建立在互联网上的泛在网络。物联网技术的重要基础和核心仍旧是互联网,通过各种有线和无线网络与互联网融合,将物体的真实信息实时准确地传递出去。在物联网上的传感器定时采集的信息需要通过网络传输,由于其数量极其庞大,形成了海量信息,在传输过程中,为了保障数据的正确性和及时性,必须适应各种异构网络和协议。

另外,物联网不仅仅提供了传感器的连接,其高层也具有一定的智能处理能力,能够对物体实施智能控制。物联网将传感器和智能处理相结合,利用云计算、模式识别等各种智能技术,扩充其应用领域。从传感器获得的海量信息中分析、加工和处理出有意义的数据,以适应不同用户的不同需求,发现新的应用领域和应用模式。

物联网特征主要体现在以下四个方面。

1. 连通性

连通性是物联网的本质特征之一。ITU 物联网的"连通性"有三个维度:

(1) 任意时间的连通性(Any Time Connection);

(2) 任意地点的连通性(Any Place Connection);

(3) 任意物体的连通性(Any Thing Connection)。

2. 技术性

物联网是技术发展的产物,代表着未来计算与通信技术的融合发展趋势,而其发展又依赖众多技术的支持,尤其是无线射频技术、传感技术、纳米技术、智能嵌入技术。

3. 智能性

物联网使得人们所处的物质世界得以极大程度的数字化、网络化,使得世界中的物体不仅以传感方式也以智能化方式关联起来,网络服务也得以智能化。物联网具有智能化感知性,它可以感知人们所处的环境,最大限度地支持人们更好地观察、利用各种环境资源以便做出正确的决策与判断。

4. 嵌入性

物联网的嵌入性表现在两个方面:

(1) 各种各样的物体本身被嵌入人们所生活的环境中;

(2) 由物联网提供的网络服务将被无缝地嵌入到人们日常工作与生活中。

根据以上分析可知,物联网有四大特性:全面感知、可靠传输、海量存储、智能处理。全面感知也就是利用 RFID、传感器、二维码,甚至其他各种机器,能够随时采集物体动态。感知的信息是需要传出的,通过网络将感知的各种信息进行实时传送,现在无处不在的无线网络已经覆盖了各个地方,在这种情况下,感知信息的可靠传输变得非常现实。海量存储是指把感知的信息通过文件系统、数据库和大数据等技术进行高效存储,提供给相关用户进行分析挖掘和进一步处理。智能处理是指利用云计算等技术及时对海量信息进行处理,挖掘数据潜在价值,真正达到人与人的沟通、物与物的沟通、人与物的沟通。

9.3 物联网的应用案例

物联网应用广泛,遍及智能交通、环境保护、政府工作、公安安全、智能电网、智能家居、智能家居、智能消防、工业检测、环境监测、物流监测、定位跟踪、老人护理、个人健康、花卉栽培、食品溯源、敌情侦查和情报搜索等多个领域。其实是一个为我们服务,让我们去感知物理世界、控制物理世界的网络,它为我们提供了服务以及对物理世界的控制。物联网的应用主要分为监控型(如物流监控和环境监控)、查询型(如智能检索和远程抄表)、控制型(如智能交通和智能家居),扫描性(如手机钱包和动态收费等管理和服务功能),实现对万物的“高效、节能、安全、环保”的“管、控、营”一体化。目前智能电网、智能交通、智能物流、智能家居、环境与安全检测、工业自动化、医疗健康、精细农牧业、金融与服务业、国防军事等各个行业均有物联网应用的尝试。本节重点介绍物联网在智慧城市和智能制造的应用,以及物联网与它们的关系。

9.3.1 物联网与智慧城市

1. 智慧城市的发展背景

我国经过改革开放以来30多年的发展,中国城市化步伐不断加快,每年有1500万人口进入城市。到2025年,中国将会有近三分之二的人口居住在城市,中国已经进入到了一个城市社会。城市化虽然带来了人民生活水平的提高,但城市要保持可持续发展却越来越受到各种因素的制约,需要转方式、调结构、改变生活方式、不断解决突发性事件等问题。城市必须使用新的科技去改善他们的核心系统,从而最大限度地优化和利用有限的能源。在2008年全球性金融危机的影响下,IBM公司首先提出了智慧地球新理念并作为一个智能项目已被世界各国当做应对国际金融危机、振兴经济的重点领域。城市作为地球未来发展的重点,智慧地球的实现离不开智慧城市的支撑。通过智慧城市建设不仅可以提供未来城市发展新模式,而且可以带动新兴产业——物联网产业的发展,因此很快在世界范围内掀起了一股风暴,各主要经济体纷纷将发展智慧城市作为应对金融危机、扩大就业、抢占未来科技制高点的重要战略。

2. 物联网和云计算对智慧城市的支撑作用

智慧城市信息系统是一个面向城市管理、控制与服务的体系,它统一集中各行业数据与信息资源,为跨部门、跨行业建立协同处理和智能控制平台。智慧城市的系统架构如图9.2所示,智慧城市的体系架构自下而上分为感知层、通信层、数据层、应用层;以及完善的标准体系和安全体系。

由图9.2可知,物联网和云计算为构建智慧城市信息系统提供关键技术支撑,它们在网络通信基础设施的支撑下构成智慧城市信息系统的信息感知端和信息处理端。一方面,物联网渗透各行各业,提供全面的城市感知和控制网络。另一方面,云计算数据中心

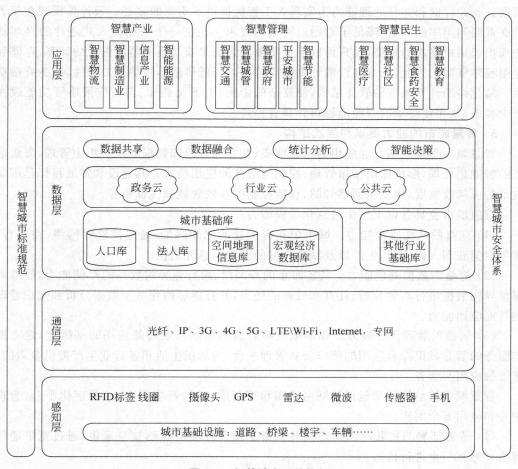

图 9.2   智慧城市系统构架

提供面向各个物联网行业应用的集成,面向用户和终端提供整体的智慧城市应用服务平台。两者之间由普遍覆盖的网络通信基础设施在平台与终端之间提供网络环境支持。通过云计算模式可以支撑具有业务一致性的物联网集约运营。智能城市的核心是以一种智慧的方式通过利用以物联网、云计算等为核心的新一代信息技术来改变政府、企业和人们相互交往的方式,对于包括民生、环保、公共安全、城市服务、工商业活动在内的各种需求做出快速、智能的响应,提高城市运行效率,为居民创造更美好的城市生活。智慧城市基础平台的信息安全防护体系以"适度的信息安全"为指导原则,搭建符合智慧城市实际业务安全运行需求的技术保障体系。在建设智慧城市的过程中,信息安全防护体系是不可或缺的一部分,它是智慧城市基础平台平稳高效运行的有效保障。如何使智慧城市这种新的信息化城市形态中的各类信息资源被合法、安全、有序地采集、传播和利用。

构建智慧城市一体化智能控制服务平台,需要处理对城市各方面的生活、生产活动以及环境的感知数据。运用统计学、机器学习、专家系统和自动规划等多种方法。从原始数据中挖掘相关信息,提炼出信息中蕴涵的知识,发现规律,提供智能的城市管理、控制和服务。对海量信息的快速处理和智能挖掘需要巨大的存储能力和计算能力,云计算的海量数据分布式存储和并行处理能力为实现人工智能提供了重要的途径。云计算模式在显著提高资源利用率的同时,降低了对用户终端的要求。往往一个采用嵌入式芯片的终端就能承担起用户终端的功能,用户可以通过简单的终端来获得服务器端强大的计算、存储和应用程序资源。因此,云端高性能计算的支持可以降低传感器终端的复杂性,减少终端功耗。简化终端计算系统的软件结构,使复杂的协同、上下文感知、自适应策略等功能放在云中实现,从而使终端的智能能够得到显著提高。

3. 智慧城市的能力要求和层次结构

智慧城市是物联网行业应用的综合性集成,并通过感知数据的统一集中管理、海量信息的智能化处理,形成面向城市管理、控制与服务的应用模式。其建设和发展目标是围绕城市的可持续发展,提供全面感知的、有效控制的高效管理和优良服务。

智慧城市应具备以下三个信息化关键能力:

(1) 信息的全面感知能力。城市中布有大量的感知终端,通过传感器网络,在运行、服务中捕获到人们生活、生产以及城市环境的多种信息元数据。

(2) 海量的数据处理能力。具备海量的跨部门、跨行业异构数据的存储能力,能够对海量异构数据进行高效分析、计算和处理的能力,并且能够构建基于数据分析和知识管理的智能应用能力。

(3) 智能的管理服务能力。在形成支撑智慧城市的行业智能应用的基础上,建立面向服务的智慧城市综合应用的统一公共管理平台,为居民生活和各行业生产提供普适的、智能的应用与服务。

智慧城市的总体框架包括物联网感知和控制层、云计算数据中心、数字化平台、管理中心和应用五个层次。

(1) 普遍部署的物联网感知终端对城市系统和环境进行感知与采集,通过宽带通信网络对感知信息进行传送。

(2) 在云计算数据中心对信息进行汇聚、提取和处理。

(3) 在数字化平台实现行业集成的应用接口整合。

(4) 通过业务管理平台实现用户、业务、数据、安全、认证、授权和计费等管理功能。

(5) 实现各行业的应用服务。

另外,标准、法规的完善和全局的统筹规范有利于保障整个信息系统的管理和控制。保证智慧城市的建设和运营,使系统真正具有智能运营、交付和服务能力。

4. 智慧城市信息系统的网络拓扑

智慧城市信息系统是智能的开放的系统,其网络拓以城市数据中心为内部核心,以物联网终端为外部端点,由内而外分为六层。

(1) 城市数据中心包括网络数据中心、业务数据中心和用户数据中心,共同构成城市数据系统。利用云计算、云存储和并行计算技术支撑云数据库、知识库、专家系统、机器学习算法,对数据进行分析和处理,从而构建城市级的智能处理系统,使管理、控制和服务具有智能的特性。

(2) 云存储、云计算和云网络设备构成的云资源系统为城市信息系统提供大规模并发计算的能力。其中,智能网络设备可以支持各种协议,实现网络接入的普适化和智能化。

（3）能力引擎系统提供资源和支撑，通过各类能力引擎对结构化数据和非结构化数据进行综合处理，从海量信息中追寻规律性的知识。

（4）资源控制节点基于分布式架构技术，实现自适应负载均衡能力、带宽汇聚能力、分布式存储能力、动态资源调度能力，实现不同业务与不同能力引擎的适配，并考虑成本效益等因素，动态智能的分配合理的服务资源给访问对象。

（5）智能接入网关。通过智能网关将终端设备接入云端，自动识别和智能适配终端设备，屏蔽各类终端的差异，实现统一接入。

（6）终端。终端指的是感知、控制及服务获取的末端设备，包括计算机、手机、传感器、云终端以及各类具有计算与通信能力的软硬件设备。

9.3.2　物联网与智能制造

1. 智能制造的发展背景

工业革命是现代文明的起点，是人类生产方式的根本性变革。进入 21 世纪，互联网新能源、新材料和生物技术正在以极快的速度形成巨大产业能力和市场，将使整个工业生产体系提升到一个新的水平，推动一场新的工业革命。德国技术科学院（ACDTECH）等机构联合提出第四代工业——Industry 4.0 战略规划，旨在确保德国制造业的未来竞争力和引领世界工业发展潮流。工业 4.0 与前三次工业革命有本质区别，其核心是信息物理系统的深度融合。支撑"工业 4.0"计划的基础就是先进的信息网络通信技术和物联网、云计算等新兴技术。

工业 4.0 高科技战略计划也被称为以智能制造为主导的第四次工业革命。人类社会传统的生产方式正在发生革命性变化，该战略旨在通过充分利用信息通信技术与网络空间虚拟系统（即信息物理系统，Cyber-Physical System，CPS）相结合的手段，将传统的制造业向智能化转型。工业 4.0 提出的智能制造是面向产品全生命周期，实现泛在感知条件下的信息化智能制造过程。智能制造是在现代传感技术、网络技术、自动化技术以及人工智能的基础上，通过感知人机交互决策执行和反馈，实现产品设计过程、制造过程和企业管理及服务的智能化，是信息技术与制造技术的深度融合与集成。智能制造是基于科学而非仅凭经验的制造，科学知识是智能化的基础。智能制造包含物质的和非物质的处理过程，不仅具有完善和快捷响应的物料供应链，还需要有稳定且强有力的知识供应链和产学研联盟，源源不断地提供高素质人才和工业需要的创新成果，发展高附加值的新产品，促进产业不断转型升级的产学研用联盟，源源不断地提供高素质人才和工业需要的创新成果，发展高附加值的新产品，促进产业不断转型升级。

2. 物联网和云计算对智能制造的支撑作用

智能制造借助计算机建模仿真和信息通信技术的巨大潜力，优化产品的设计和制造过程，大幅度减少物质资源和能源的消耗以及各种废弃物的产生，同时实现循环再用，减少排放，保护环境。基于工业 4.0 构思的智能工厂将由物理系统和虚拟的信息系统组成，称之为信息物理生产系统（Cyber Physics Production System，CPPS）。图 9.3 是一工业 4.0 智能工厂通道示意图。

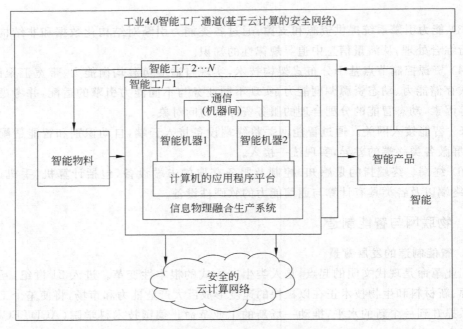

图 9.3　工业 4.0 智能工厂示意图

　　智能工厂的装备将实现高级自动化,主要是由基于自动观察生产过程的 CPS 的生产系统的灵活网络来实现的。通过实时监测与控制的生产系统,能够实现生产过程的综合优化。同时,生产优势不仅仅是在特定生产条件下一次性体现,也可以实现多家工厂、多个生产单元所形成的世界级网络的最优配置与协作。智能工厂的生产环境由智能产品、智能设备、宜人的工作环境、高素质的劳动者和智能能源供应组成,它们相互之间进行企业内的通信,包括生产数据采集、工况分析、制造决策等。若干智能工厂通过中间件、云计算、大数据和云服务连接成庞大的制造网络,借助基于智能物流构建完整的制造体系。因此,生产优势不仅是在特定生产条件下一次性体现,也以实现多家工厂、多个生产单元所形成的全球网络环境下的生产集合体的最优化为目标。智能工厂将改变制造业的工作环境,使操作者远离危险。例如,美国一家汽车公司的车身焊接生产线上,戴着工作手套的工人能够借助平板电脑对远程的机器人进行远距操控,从而避免操作过程中发生危险或受到不必要的伤害。

　　制造业已经进入大数据时代,智能制造需要高性能的计算机和网络基础设施,传统的设备控制和信息处理方式已经不能满足需要,基于云计算的云制造已经指日可待。云计算提供计算资源的共享池(网络服务器应用程序和存储),本地计算机安装 SCADA 数据采集和监控系统后,可将数据发送给云进行处理存储和分配,并在需要时从云端接收指令,执行相应的操作。"互联网+"通过互联网及其他网络形式将传统社会的各行各业相互之间,以及与具有大数据处理能力的云计算信息服务平台相连接,实现人类社会、物理世界与信息网络系统的深度融合。"互联网+"的发展重点应该在于互联网的"末梢效应"及其"边缘价值",其中"末梢效应"是指互联网对与信息网络所连接的其他相关产业所能产生的影响和发挥的作用,而"边缘价值"则是指信息网络自身价值以外服务于其他行业所产生的间接价值和增值服务。"互联网+"利用互联网促使信息社会与现实社会的和谐发展,是物联网的新型表现方式,是将互联网的创新成果深度融合于经济社会各领域之中,提升实体经济的创新力和生产力,形成更广泛的以互联网为基础设施和实现工具的社会经济发展新形态。

工业大数据的监测系统服务于智能制造和工业大数据环境,监测系统对机器运行状况的预测能够减少停机时间。预测系统的信息支持 ERP 系统具有优化生产管理、维修调度以及保证机器安全的功能。监测系统应用于生产线中的信息流和供应链管理,使企业的产业化经营更加自动化、透明化和组织化。此外,监测系统有利于降低劳动力成本,并为操作人员和管理者提供了一个更好的工作环境。监测系统还能够通过节能措施降低成本,实现优化检修计划和供应链管理。

3. 工业 4.0 的主题和大数据应用

"工业 4.0"项目主要包括三大主题:

(1)"智能工厂",重点研究智能化生产系统及过程,以及网络化分布式生产设施的实现。

(2)"智能生产",主要涉及整个企业的生产物流管理、人机互动以及 3D 技术在工业生产过程中的应用等,该计划将特别注重吸引中小企业参与,力图使中小企业成为新一代智能化生产技术的使用者和受益者,同时也成为先进工业生产技术的创造者和供应者。

(3)"智能物流",主要通过互联网整合物流资源,充分发挥现有物流资源供应方的效率,而需求方则能够快速获得服务匹配,得到物流支持。

大数据在工业 4.0 体系中的应用包括三个层面:

(1)定义数据和信息记录格式规范,并且管理来自物理空间收集的信息。

(2)根据获得的大数据及其相关算法,机器能够评估自身健康水平及其在物理世界中的表现,并在智能算法的控制下将学习到的知识应用于机器健康的自我评估。

(3)将健康评估结果反馈至物理空间,并采取相应的行动,实现智能化操作,例如进行智能调度、自我维护、平衡负荷。

4. 智能制造的发展与合作

第四代工业革命工业 4.0 是未来工业的发展方向,在整个产业链内的所有机器通过网络和智能控制形成一个协作团队,相互联系,紧密衔接,实现智能化操作。面对由机器产生的庞大的数据,需要采用预测工具,使得大量杂乱无章的数据被系统地处理成可用的信息,并且可用来解释某些不确定性,从而做出更多智慧决策,实现机器的智能控制。伴随着即将到来的工业 4.0 时代,制造业不仅仅包括单个机械设备或者生产线,还包括制造业服务化,服务化的深入将改变整个制造商的价值。工业大数据的急剧增大使得制造分析的服务业比过去更为重要,另外,自我意识和机器自我维护也是在工业大数据服务业的基础上实施的。CPS 架构包括 Cyber-Physical Systems 和决策支持系统,基于工业大数据的服务业实施的有效手段,CPS 架构策略能够挖掘隐藏的大数据信息,并提炼和挖掘有潜在价值的信息。

德国将推进工业 4.0 项目作为国家战略的一个重要环节,就是在 2020 年让德国成为

CPS 的主要市场。与其他大多数工业发达国家完全不同的是,在推进工业进程的同时,德国一直维持稳定的制造业劳动力。德国是嵌入式系统、移动通信网络等 CPS 相关领域的全球市场领袖。德国教育与研究部(BMBF)委托德国科学技术工程院牵头的 CPS 进程项目的目的是,确立综合的 CPS 研究议程,提升工业技术的国家竞争力,巩固德国作为主要市场及提供商的全球地位,在此基础上实现德国技术革命。

与德国相似的是,我国提出了"中国制造 2025"计划,并于 2015 年召开的"两会"上提出了与"工业 4.0"相似的"互联网+"。基于中德两国签订的合作计划,以及双方共同的发展诉求,中德两国有望在工业制造领域展开深入合作,共同推进物联网、云计算与智能制造的深度融合,促进我国制造产业升级改造,提高技术水平和国际竞争力。

9.4　物联网的发展状况

物联网被看作是继计算机、互联网与移动通信网之后的又一次信息产业浪潮。各国政府和企业纷纷看好其产业前景,包括中国、美国在内的多国将其提升到国家战略层面。美国总统奥巴马就职后,积极回应 IMB 公司提出的"智慧地球"战略;欧盟"物联网行动计划"、日本 U-Japan、韩国 U-Korea 计划等都是利用各种信息技术来突破互联网的物理限制,以实现无处不在的物联网;新加坡、中国台湾等在内的国家和地区都已制定了 U 社会发展计划。在国外,美国加州大学洛杉矶分校、麻省理工大学、奥本大学、俄亥俄州大学等很多大学都在开展相关研究工作,GE、IBM、Google、Intel、西门子、诺基亚、阿尔卡特、霍尼韦尔、博世公司等信息产业龙头和传感器设备巨头等也加入物联网研究与应用行列。

9.4.1　物联网在国外的发展状况

目前世界各国的物联网基本都处于技术研究与试验阶段:美、欧、日、韩等都正投入巨资深入研究探索物联网,并启动了以物联网为基础的"智慧地球"、"物联网行动计划"、U-Japan、U-Korea 等国家性区域战略规划。

1. 物联网在美国的发展

美国政府高度重视物联网的发展。2008 年,IBM 公司提出"智慧地球"理念后,迅速得到了奥巴马政府的响应,《2009 年美国恢复和再投资法案》提出要在电网、教育、医疗卫生等领域加大政府投资力度带动物联网技术的研发应用,发展物联网已经成为美国推动经济复苏和重塑其国家竞争力的重点。美国国家情报委员会(NIC)发表的《2025 年对美国利益潜在影响的关键技术报告》中,把物联网列为六种关键技术之一。此间,国防部的"智能微尘"(SmartDust)、国家科学基金会的"全球网络研究环境"(GENI)等项目也都把物联网作为提升美国创新能力的重要举措。与此同时,以思科、德州仪器(TI)、英特尔、高通、IBM、微软公司等企业为代表的产业界也在强化核心技术,抢占标准建设制高点,纷纷加大投入用于物联网软硬件技术的研发及产业化。

2. 物联网在欧盟的发展

2009 年 6 月,欧盟委员会递交了《欧盟物联网行动计划通告》,以确保欧洲在构建物联网的过程中起主导作用。通告提出了 14 项物联网行动计划,发布了《欧盟物联网战略研究路线图》,提出欧盟到 2010 年、2015 年、2020 年三个阶段物联网研发路线图,并提出物联网在航空航天、汽车、医药、能源等 18 个主要应用领域,以及识别、数据处理、物联网架构等 12 个方面需要突破的关键技术领域。目前,除了进行大规模的研发外,作为欧盟经济刺激计划的一部分,物联网技术已经在智能汽车、智能建筑等领域得到普遍应用。

2009 年 11 月,欧盟委员会以政策文件的形式对外发布了物联网战略,提出要让欧洲在基于互联网的智能基础设施发展上领先全球,除了通过 ICT 研发计划投资 4 亿欧元,启动 90 多个研发项目提高网络智能化水平外,欧盟委员会还将于 2011—2013 年间每年新增 2 亿欧元进一步加强研发力度,同时拿出 3 亿欧元专款,支持物联网相关公司合作短期项目建设。为了加强政府对物联网的管理,消除物联网发展的障碍,欧盟制定了一系列物联网的管理规则,并建立了一个有效的分布式管理架构,使全球管理机构可以公开、公平、尽责地履行管理职能。为了完善隐私和个人数据保护,欧盟提出持续监测隐私和个人数据保护问题,修订相关立法,加强相关方对话等;执委会将针对个人可以随时断开联网环境开展技术、法律层面的辩论。此外,为了提高物联网的可信度、接受度、安全性,欧盟积极推广标准化,执委会将评估现有物联网相关标准并推动制定新的标准,确保物联网标准的制定是在各相关方的积极参与下,以一种开放、透明、协商一致的方式达成。

3. 物联网在日本的发展

日本是世界上第一个提出"泛在网"战略的国家,2004 年日本政府在两期 E-Japan 战略目标均提前完成的基础上,提出了 U-Japan 战略,其战略目标是实现无论何时、何地、何物、何人都可受益于计算机通信技术(ICT)的社会。物联网包含在泛在网的概念之中,并服务于 U-Japan 及后续的信息化战略。通过这些战略,日本开始推广物联网在电网、远程监测、智能家居、汽车联网和灾难应对等方面的应用。2009 年 3 月,日本总务省(MIC)通过了面向未来三年的"数字日本创新计划",物联网广泛应用于"泛在城镇"、"泛在绿色ICT"、"不撞车的下一代智能交通系统"等项目中。2009 年 7 月,日本 IT 战略本部发表了《I-Japan 战略 2015》,作为 U-Japan 战略的后续战略,目标是"实现以国民为中心的数字安心、活力社会",强化了物联网在交通、医疗、教育、环境监测等领域的应用。2012 年全日本总计发展物联网用户(放号量)超过了 317 万,主要分布在交通、监控、远程支付(包括自动贩卖机)、物流辅助、抄表等九个领域。

4. 物联网在韩国的发展

从 1997 年推动互联网普及的 Cyber-Korea21 计划到 2011 年对 RFID、云计算等技术发展的明确部署规划,14 年来,韩国政府先后出台了多达 8 项的国家信息化建设计划,其中,U-Korea 战略是推动物联网普及应用的主要策略。自 2010 年之后,韩国政府从订立综合型的战略计划转向重点扶持特定的物联网技术——致力于通过发展无线射频技术、云计算等,使其成为促进国家经济发展的新推动力。

2004 年,韩国提出为期十年的 U-Korea 战略,目标是"在全球最优的泛在基础设施上,将韩国建设成全球第一个泛在社会"。2006 年,韩国《U-IT839 计划》提出要建设全国性宽带(BcN)和 IPv6 网络,建设泛在的传感器网(USN),打造强大的手机软件公司;把发展包括 RFID/USN 在内的 8 项业务和研发宽带数字家庭、网络等 9 方面的关键设备作为经济增长的驱动力。为推动 USN 在现实世界的应用并进行商业化,韩国在食品和药品管理、航空行李管理、军火管理、道路设施管理等方面进行了试点应用。2009 年,通过了《基于 IP 的泛在传感器网基础设施构建基本规划》,将传感器网确定为新增长动力,确立了到 2012 年"通过构建世界最先进的传感器网基础设施,打造未来广播通信融合领域超一流 ICT 强国"的目标,并确定了构建基础设施、应用、技术研发、营造可扩散环境等四大领域的 12 项课题。韩国通信委员会(KCC)决定促进"未来物体通信网络"建设,实现人与物、物与物之间的智能通信,由首尔市政府、济州岛特别自治省、春川市江原道三地组成试点联盟,建设物体通信基础设施。其中首尔市的建设重点是与日常生活相关的业务,济州岛聚焦于建设基于无线通信技术的环境测量智能基础设施,春川市江原道则致力于打造智能化娱乐化城市。

9.4.2　物联网在国内的发展状况

自 2009 年国家提出物联网计划以来,我国掀起了发展物联网战略产业的热潮。我国在这次信息化浪潮中与世界保持了同步发展,迅速将物联网提升到国家战略地位,国家五大战略性新兴产业中物联网排在第二位。物联网领域的发展重点已经从早期聚焦于网络末梢的传感器、传感网及其连接方式,逐步向系统化、产业化应用方向转移,智慧农业、智慧交通、智慧环保、智慧健康、智能家居等传统产业基于互联网的转型升级和智能服务已经成为社会关注的重点,并在此基础上提出了实现区域性综合服务和管理智慧化的概念,智慧城市由此成为众多城市的标签;云计算、大数据已经成为推动物联网智慧服务产业发展的创新驱动力,利用互联网为传统产业提供智慧化增值服务的物联网产业开始进入了一个更高水平的发展阶段并且面临历史性转折。

现阶段,我国的物联网应用以重点行业内的先导性、示范性应用为主,随着政策推动以及行业的自发性需求增长,部分重点行业和领域的物联网应用得到快速发展,以点带面、以行业带动物联网产业发展的局面逐步呈现。2013 年 9 月 5 日,由国家发改委、工信部等 14 部委联合发出的《专项行动计划》,制定了 10 个物联网发展专项行动计划,其中在应用推广专项行动方面提出到 2015 年在工农业、交通、城市管理、社会事业等方面开展物联网应用示范,部分领域实现规模化推广。专项行动的实施将极大促进物联网与重点领域的应用接轨。

表 9.1　2013—2015 年部分物联网应用推广专项行动目标

重点任务	应用领域	时间进度
工业化与经营管理智能化	煤炭、石化、冶金、汽车、大型装备工业等部门的生产过程、供应链管理与节能减排	2015 年每个工业门类完成四五个应用示范
交通管理与服务智能化	车辆识别、指挥调度、交通控制与信息服务	2014 年完成部分重点应用示范,2015 年逐步扩大示范规模
	客运交通与智能公交系统	
	导航定位、紧急救援、查缉非法车辆、打击涉车犯罪等交通安全服务	

续表

重点任务	应用领域	时间进度
水利信息采集与信息处理应用	防洪抗旱、水资源管理、饮水安全保障	2015 年完成应用示范
	水利信息综合采集与信息处理系统	
	区域性专业化水库设施安全维护应用、水库安全管理突发性事件处理	2015 年实施部分库区的中小型水库安全监管应用示范
公共安全防范与动态监管	国家危化品道路运输监管	2015 年实施部分应用示范
	重大自然灾害预警与防灾减灾能力建设	2014 年完成一两个省市应用示范 2015 年起逐步扩大示范规模
能源管理智能化与精细化应用	加快实施国家智能电网管理物联网应用示范工程,拓展在发电、输变电、配电、用电等领域的应用	2014 年实施 10 个试点应用示范,2015 年全面推广
市政基础设施管理与精细化应用	实现对地下管网、供排水设施、地下空间安全等状态的实时采集、在线监控、集中管理	2014 年年底前完成一两个城市的应用示范,2015 年年底前完成全部 5 个应用示范

　　我国的物联网产业目前在整体上还处在初级向高级发展的阶段,面向物联网智慧服务的核心和关键技术有待突破与提高,物联网智慧服务标准有待建立,相关产业的规模化和国际化水平有待提升;在智慧城市的发展过程中,尽管通过云平台和大数据能够将不同应用集成到平台上,但尚未达到智能调度水平。从产业发展的角度来看,物联网与云计算是大规模信息服务和应用的两个重要支撑,制造业和服务业需要伴随着各类智能应用的发展进行深度融合,唯有两个车轮同时转动,才能承载产业升级、技术革命和社会进步不断前行。

9.5　物联网发展的挑战与建议

9.5.1　物联网发展的挑战

　　当物联网技术在大展身手的同时,也面临着一系列待解的难题。在国内甚至全球,我们尚未看到物联网大规模建设的案例,此外,行业壁垒和地域壁垒也限制着物联网的规模发展。从总体来看,物联网技术的发展主要面临着以下一些挑战:

　　(1) 工业基础。物联网的内容取决于现有产业的发展,国内行业信息基础设施不完善,许多企业与西方发达国家相比仍然落后,所以国内相关产业的信息基础发达程度和水平,短期内很难有新的突破。在现实生活中已可见物联网的具体应用,如远程防盗、高速公路不停车收费、智能图书馆、远程电力抄表等,只不过这些仅是物联网技术的雏形,还尚未形成一个庞大的网络。物联网固然给我们构建了一个十分美好的蓝图,在未来,我们可以想象通过物物相连的庞大网络实现智能交通、智能安防、智能监控、智能物流以及家庭电器的智能化控制。但从目前全球状况来看,物联网的发展仍有众多问题需得到解决。

（2）技术水平。物联网的产业链很长，与正处于发展阶段的核心技术、产业化应用还有很大的距离，特别是在传感器网络没有工业化规模应用条件，传感 90％核心技术主要是在发达国家手中。作为物联网的发源地，西方确实拥有较大的技术优势。

（3）标准化工作。无论在国际还是国内，物联网的核心架构，每一层的技术接口、协议都不规范，与各行业的互联网应用和基本标准化工作相比，缺乏标准化应用所需的普及规模。

（4）安全性问题。在推进物联网产业发展的同时，要特别注意其可靠性、安全性和隐私保护。物联网社会活动，战略资源基础设施和居民居住在整个结构在全程相互联系的网络上，所有的活动和设施的理论透明度，一旦遭到攻击，安全和隐私将面临巨大的威胁。

国内物联网发展环境也具有一定的挑战，通过推广应用促进物联网技术的创新发展；另外，物联网的发展是个庞大的系统工程，不是仅仅靠少数企业就可以完成，更多的是建立一个涉及产学研用产业联盟，共同突破，产业联盟不仅是对物联网技术和概念进行包装，而且还要选择物联网的实际应用与服务为切入点，通过物联网实现价值提升。

9.5.2　物联网发展的建议

物联网在国内受到全社会的极大关注，在技术和应用方面取得一定进展，但同时也应看到国内物联网发展与美欧等发达国家相比还存在差距。针对物联网当前面临的问题与挑战，本节对物联网的发展给出几点建议：

（1）科学认识物联网产业发展的长期性与艰巨性。目前，全球物联网发展尚处于起步阶段。大规模应用条件未完全成熟，因此国内的物联网发展不宜过高估计短期经济效益、过早强调做大产业。而应充分认识到市场培育和产业发展的长期性、艰巨性。加强各行业主管部门的协调与互动、克服各自为政、理顺制度环境，从战略层面加快整体布局。作为当前的主要任务，谋划长远务实推进建立独立自主的物联网标准。

（2）加快物联网标准的顶层设计。确定物联网标准体系，优先制定关键资源标准、物联网架构标准和规模化应用急需的平台标准以及应用标准，积极参与国际标准提案工作，力争主导制定物联网国际标准，以掌握产业发展的主动权，提升国家在物联网领域的国际竞争力与话语权。

（3）加强物联网核心技术的研发。应针对制约国内物联网发展的技术薄弱环节，提升自主创新能力，加强物联网网络通信技术，赶超打造国际一流物联网传输和控制技术体系。重视物联网关键资源网络管理和安全隐私等共性技术的研发，重点发展高端传感器、智能传感器、超高频 RFID 等技术实现以技术创新带动产业发展。

（4）选择重点行业和重点领域推进物联网应用。目前国内的物联网还处在初级的产业启动期谈不上大规模的产业化推广。因此应优先在物联网技术应用比较成熟的行业建立示范工程带动其他行业的发展，重点在工业、农业、物流、电网、交通运输、节能环保、医疗、公共安全等关系民生，具有重大经济社会效益的领域中推进物联网应用。

（5）重视物联网发展中的信息安全问题。加强研究适用于物联网的网络安全体系结构和安全技术，对物联网面临的安全威胁、信息泄露和个人隐私保护威胁进行全面评估。针对影响国家安全的标识频谱解析体系等关键基础资源，制定维护和保障国家权益的系统性对策,并加快实施建立物联网等级保护安全评测和风险评估制度。

当前全球各主要经济体都在积极地推动物联网产业的发展,以期在未来的智能化建设中占据高地。中国作为发展物联网产业的积极响应者,有自己独特的驱动因素与阻碍因素,有自己独有的产业特点,并已经形成一定的细分市场。但在我国物联网发展的过程中,在进行物联网关键技术攻关、创新物联网应用模式、建设自身的标准和规范、打造中国物联网自身的核心能力的同时,仍需注重引进和吸收国外物联网技术发展和社会应用的先进经验,注重与国外厂商合作。只有不断引进、学习、消化、吸收、创新,才能逐渐形成具有中国特色的物联网产业发展道路。

本 章 小 结

本章分析了物联网的产生背景与特征,即全面感知、可靠传输、海量存储、智能处理。以智慧城市和智能制造为例介绍了物联网的应用价值,分析了“互联网+”在智能制造中的应用,论述了物联网在国内外的发展状况,阐述了物联网发展所面临的挑战、机遇与建议。

习　　题

1. 物联网的主要特征有哪些?
2. 物联网中的“物”需要满足哪些条件才能纳入物联网的范围?
3. 物联网就是“物物相连的互联网”。这有两层意思:第一,物联网的核心和基础仍然是互联网,是在互联网基础上的延伸和扩展的网络;第二,其用户端延伸和扩展到了_____之间。
4. 试述物联网和云计算对智能制造的支撑作用。

思　考　题

1. 试结合实际的应用案例分析物联网的作用。
2. 分析当前物联网发展的瓶颈与挑战。

第 10 章

物联网的系统结构

本章结构

10.1　物联网系统结构设计原则

物联网作为一种形式多样的复杂系统聚合概念,几乎涉及了信息技术自下而上的每一个层面,将会对 IT 产业发展起到巨大的推动作用。然而,由于物联网尚处在起步阶段,在物联网系统应用的同时,很多研究人员和组织机构分别从不同角度提出了若干物联网系统结构。例如物品万维网(Web of Things,WoT)的体系结构,它定义了一种面向应用的物联网,把万维网服务嵌入系统中,可以采用简单的万维网服务形式使用物联网。这是一个以用户为中心的物联网体系结构,试图把互联网面向信息获取的万维网结构移植到物联网上,用于物联网的信息发布、检索和获取。

当前,较具代表性的物联网架构有欧美支持的 EPC Global 物联网体系架构和日本的 Ubiquitous ID(UID)物联网系统等。我国也积极参与了物联网体系结构的研究,正在积极制定符合社会发展实际情况的物联网标准和架构。

物联网主要是从应用出发,利用互联网、无线通信技术进行业务数据的传送,是互联网、移动通信网应用的延伸,是自动化控制、智能感知及信息应用技术的综合展现。当物联网概念与短距通信、信息采集、网络技术、用户智能终端设备结合之后,其实用价值逐步得到展现。因此,设计物联网体系结构应该遵循以下几条原则:

(1) 多样性原则。物联网体系结构需要根据物联网的服务类型、应用场景、节点类型的不同,分别灵活设计多种类型的体系结构,没必要建立唯一的物联网体系结构。

(2) 时空性原则。物联网尚在发展之中,其体系结构应该能满足在时间、空间和能源方面的需求。

（3）互联性原则。物联网体系结构需要平滑地与互联网实现互联互通,如果试图另行设计一套互联通信协议及其描述语言,那将是不现实的。

（4）扩展性原则。对于物联网体系结构的架构,应该具有一定的扩展性,以便最大限度地利用现有网络通信基础设施,保护已投资者的利益。

（5）安全性原则。物物互联之后,物联网的安全性将比计算机互联网的安全性更重要,因此物联网的体系结构应能够防御大范围的网络攻击。

（6）健壮性原则。物联网体系结构应具备相当好的健壮性和可靠性。

10.2　物联网的一般体系结构

10.2.1　物联网的三层架构

物联网具备三个特征:一是全面感知,即利用 RFID、传感器、二维码等随时随地获取物体的信息;二是可靠传递,通过各种电信网络与互联网的融合,将物体的信息实时准确地传递出去;三是智能处理,利用云计算、模糊识别等各种智能计算技术,对海量数据和信息进行分析和处理,对物体实施智能化的控制。因此,物联网大致被公认有三个层次:底层是用来感知数据的感知层,第二层是数据传输的网络层,最上层则是面向用户的应用层。物联网的三层架构如图 10.1 所示。

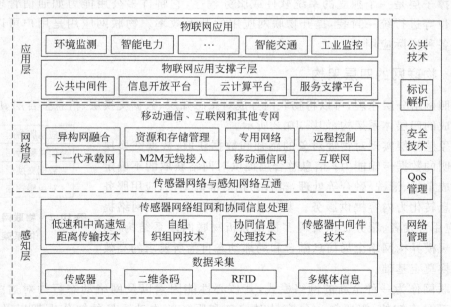

图 10.1　物联网的三层架构

物联网感知层是物联网的感觉器官,主要用于采集物理世界中产生的事件和数据信息,这种采集涉及传感器、二维条码、RFID、多媒体信息等,其关键技术包括终端的数据采集、处理、传输、终端网络的部署和协同等,以无线传感器网络和 RFID 技术为代表。感知层必须解决低功耗、低成本和小型化的问题,并且向更敏感、更全面的感知能力方向发展。感知层由各种类型的采集和控制模块组成,如温度感应器、声音感应器、振动感应器、压力感应器、RFID读写器、二维码识读器等,完成物联网应用的数据采集和设备控制功能,还包括数据接入到网关之前的传感网络。感知层是物联网的重要基础,国内外都十分重视传感器网络的研究。

网络层是物联网的神经系统,可细分为异构的接入网络与基础核心网络,主要进行信息传递,实现更加广泛的互连功能,将感知到的信息以高可靠地、高安全地、无障碍的方式进行传送,需要互联网技术、移动通信网与其他专网的相互融合。其中网络层中的接入网部分作为连接感知层与核心网的重要纽带,主要包括无线局域网、无线个域网、WSNs、WiMax以及下一代无线网络等。网络层是基于现有通信网和互联网建立起来的,主要完成信息的传递,包括接入单元和接入网络两部分。网络层是连接感知层的桥梁,通过该层汇聚从感知层获得的数据,并将数据发送到接入网络。接入网络即现有的通信网络,包括移动通信网、有线电话网、有线宽带网等,通过接入网络人们将数据最终传入互联网。

应用层主要由应用服务子层和应用支撑平台子层构成。其中应用服务子层包括环境监测、智能电力、智能交通、智能物流、工业监控等物联网应用领域示范系统。而应用支撑平台子层主要由中间件、信息开放平台及云计算机平台等构成,实现跨平台、跨系统、跨行业的信息共享、协同及互连互通。应用层主要完成数据的管理和处理并将这些数据与各行业应用相结合。应用层包括物联网应用和物联网应用支撑子层部分,应用支撑子层是一个独立的系统软件或服务程序,它将许多公用能力如通信管理设备控制定位等进行统一封装,提升物联网应用的开发效率。物联网应用是用户可以直接使用的各种实际应用。

10.2.2　物联网的四层架构

按照网络分层原理,可以将物联网分成对象感知层、数据交换层、信息整合层、应用服务层构成的四层体系架构,如图10.2所示。

对象感知层实现对物理对象的感知和数据获取;数据交换层提供透明的数据传输能力;信息整合层提供对网络获取的不确定信息完成重组、清洗、融合等处理,整合为相对准确结论;应用服务层将信息转化为内容提供服务。基于该架构可以从用户、网络提供者、应用开发者、服务提供者等多视角分析物联网体系结构,为支持大规模异构网络全局信息融合和局部动态自治所要求的高效数据交换奠定基础。

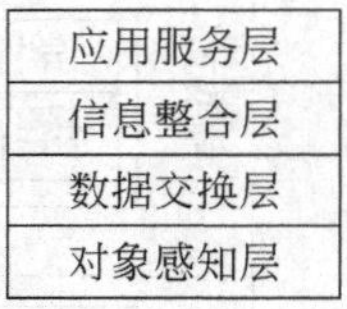

应用服务层
信息整合层
数据交换层
对象感知层

图 10.2　物联网四层体系架构

物联网作为一种全新的网络模式,其核心性能因素以及网络动态行为对这些因素的影响都是未知的,需要深入研究针对信息和服务的主动测量的协作框架以及主、被动测量的数据分析方法,探寻分析网络行为对性能要素影响的一般规律。在认识网络动态行为规律的基础上,研究物联网中适应时变网络快速数据转发的路由策略与数据转移模式。

10.3 物联网的自主体系结构

为了适应异构物联网无线同心环境需要，Guy Pujolle 在 An autonomic-oriented architechture for the Internet of Things 一文中，提出了一种采用自主通信技术的物联网自主体系结构。所谓自主通信是指以自主件(Self Ware)为核心的通信，自主件在端到端层次以及中间节点，执行网络控制面已知的或者新出现的任务，自主件可以确保通信系统的可进化特性。物联网的自主体系结构是为了适应于异构的物联网无线通信环境而设计的体系结构。该自主体系结构采用自主通信技术。自主通信是以自主件(Self Ware)为核心的通信，自主件在端到端层次以及中间节点，执行网络控制面已知的或者新出现的任务，自主件可以确保通信系统的可进化特性。

物联网的自主体系结构如图 10.3 所示，包括数据面、控制面、知识面和管理面，数据面主要用于数据分组的传递；控制面通过向数据面发送配置报文，优化数据面的吞吐量以及可靠性；知识面提供整个网络信息的完整视图，并且提炼成为网络系统的知识，用于指导控制面的适应性控制；管理面协调和管理数据面、控制面和知识面的交互，提供物联网的自主能力。

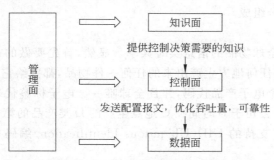

图 10.3 物联网的自主体系结构

这里自主特征主要由 STP/SP 协议栈和智能层取代传统的 TCP/IP 协议栈，如图 10.4 所示。这里的 STP 和 SP 分别表示智能传送协议(Smart Transport Protocol)和智能协议(Smart Protocol)，物联网节点的智能层主要用于协商交互节点之间 STP/SP 的选择，用于优化无线链路之上的通信和数据传送，满足异构物联网设备之间的联网的需求。

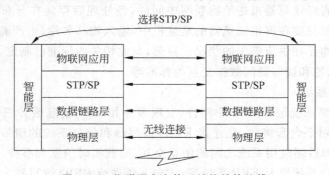

图 10.4 物联网自主体系结构的协议栈

这种面向物联网的自主体系结构涉及的协议栈较为复杂,只能适用于计算资源较为富裕的物联网节点。

10.4　物联网的 EPC 体系结构

随着全球经济一体化和信息网络化进程的加快,为满足对单个物品的标识和高效识别,美国麻省理工学院的自动识别实验室(Auto-ID)在美国统一代码协会(Uniform Code Council,UCC)的支持下,提出要在计算机互联网的基础上,利用 RFID、无线通信技术,构造一个覆盖世界万物的系统;同时还提出了电子产品代码(Electronic Product Code,EPC)的概念,即每个对象都将赋予一个唯一的 EPC,并由采用射频识别技术的信息系统管理,彼此联系,数据传输和数据存储由 EPC 网络来处理。随后,国际物品编码协会(European Article Numbering,EAN)和美国统一代码协会(UCC)于 2003 年 9 月联合成立了非营利性组织 EPC Global,将 EPC 纳入了全球统一标识系统,实现了全球统一标志系统的全球贸易项目代码(Global Trade Item Number,GTIN)编码体系与 EPC 概念的完美结合。

EPC Global 对于物联网的描述是,一个物联网主要由 EPC 编码体系、射频识别系统及信息网络系统三部分组成。

1. EPC 编码体系

物联网实现的是全球物品的信息实时共享。显然,首先要做的是实现全球物品的统一编码,即对在地球上任何地方生产出来的任何一件物品,都要给它打上电子标签。在这种电子标签携带有一个电子产品代码,并且全球唯一。电子标签代表了该物品的基本识别信息,例如,表示"A 公司于 B 时间在 C 地点生产的 D 类产品的第 E 件"。目前,欧美支持的 EPC 编码和日本支持的 UID(Ubiquitous Identification)编码是两种常见的电子产品编码体系。

2. 射频识别系统

射频识别系统包括 EPC 标签和读写器。EPC 标签是编号(每件商品唯一的号码,即牌照)的载体,当 EPC 标签贴在物品上或内嵌在物品中时,该物品与 EPC 标签中的产品电子代码就建立起一对一的映射关系。EPC 标签从本质上来说就是一个电子标签,通过 RFID 读写器可以对 EPC 标签内存信息进行读取。这个内存信息通常就是产品电子代码。产品电子代码经读写器报送给物联网中间件,经处理后存储在分布式数据库中。用户查询物品信息时只要在网络浏览器的地址栏中,输入物品名称、生产商、供货商等数据,就可以实时获悉物品在供应链中的状况。目前,与此相关的标准已制定,包括电子标签的封装标准,电子标签和读写器间数据交互的标准等。

3. 信息网络系统

EPC 信息网络系统包括 EPC 中间件、发现服务和 EPC 信息服务三部分。EPC 中间件通常指一个通用平台和接口,是连接 RFID 读写器和信息系统的纽带。它主要用于实现 RFID 读写器和后端应用系统之间的信息交互、捕获实时信息和事件,或向上传送给后端应用数据库软件系统以及 ERP 系统等,或向下传送给 RFID 读写器。EPC 信息发现服务(Discovery Service)包括对象名解析服务(Object Name Service,ONS)以及配套服务,基于电子产品代码,获取 EPC 数据访问通道信息。目前,根 ONS 系统和配套的发现服务系统由 EPC Global 委托 Verisign 公司进行运维,其接口标准正在形成之中。

EPC 信息服务(EPC Information Service,EPC IS)即 EPC 系统软件支持系统,用以实现最终用户在物联网环境下交互 EPC 信息。关于 EPC IS 的接口和标准也正在制定中。

可见,一个 EPC 物联网体系架构主要由 EPC 编码、EPC 标签及 RFID 读写器、中间件系统、ONS 服务器和 EPC IS 服务器、实体标记语言 (Physical Markup Language)服务器等部分构成,如图 10.5 所示。

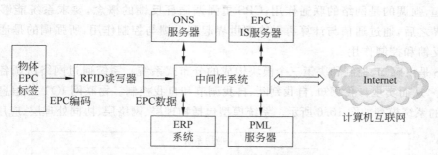

图 10.5　EPC 物联网体系架构示意图

由图 10.5 可以看到一个企业物联网应用系统的基本架构。该应用系统由三大部分组成,即 RFID 识别系统、中间件系统和计算机互联网系统。其中 RFID 识别系统包含 EPC 标签和 RFID 读写器,两者通过 RFID 空中接口通信,EPC 标签贴于每件物品上。中间件系统含有 EPC IS、PML 以及 ONS 及其缓存系统,其后端应用数据库软件系统还包含 ERP 系统等,这些都与计算机互联网相连,故可及时有效地跟踪、查询、修改或增减数据。

RFID 读写器从含有一个 EPC 或一系列 EPC 的标签上读取物品的电子代码,然后将读取的物品电子代码送到中间件系统进行处理。如果读取的数据量较大而中间件系统处理不及时,可应用 ONS 来存储部分读取数据。中间件系统以该 EPC 数据为信息源,在本地 ONS 服务器获取包含该产品信息的 EPC 信息服务器的网络地址。当本地 ONS 不能查阅到 EPC 编码所对应的 EPC 信息服务器地址时,可向远程 ONS 发送解析请求,获取物品的对象名称,继而通过 EPC 信息服务的各种接口获得物品信息的各种相关服务。整个 EPC 网络系统借助计算机互联网系统,利用在互联网基础上发展生产的通信协议和描述语言而运行。因此,也可以说物联网是架构在互联网基础上的关于各种物理产品信息服务的总和。

综上所述,EPC 物联网系统是在计算机互联网基础上,通过中间件系统、对象名解析服务器(ONS)和 EPC 信息服务(EPC IS)来实现物物联网的。

10.5　物联网的 CPS 体系结构

信息物理系统(Cyber-Physical System,CPS)是最近几年出现的一个新概念,它指计算和物理过程紧密结合与协作的系统。CPS 是计算和物理过程的集成系统中嵌入式计算机和网络化监控的物理过程相互影响。CPS 强调计算通信控制与物理过程的集成。它具有应对环境不确定性变化的自适应性动态自组织重构性及网络环境下的大规模系统集成控制。CPS 在物理设备和程序控制下无缝地集成了传感器网络计算单元和控制单元,它作为计算过程和物理过程的统一体是集成计算通信与控制于一体的下一代智能系统。

　　根据其定义可知,IOT 与 CPS 有许多相同点,它们都需要感知技术、计算技术、信息的传递与交互技术;两者的目的都是增加信息世界与物理世界的联系,使计算能力更有效地服务于现实应用。但它们也有明显的区分。IOT 强调物物互联的概念,将世界万物连接在一起,强调的是网络的联通作用;CPS 更强调循环反馈的概念,要求系统能够在感知物理世界之后,通过通信与计算再对物理世界起到反馈与控制作用,所强调的是通过网络实现的反馈和控制作用。

　　CPS 是由感知、控制和决策三个模块构成的分布式系统。系统通过网络协调各模块的操作时序,从而实现自我感知、自我判断、自我调节和自我控制。物联网 IOT 与信息网络系统 CPS 的系统模型如图 10.6 所示。系统模型包括物理层、网络层、协同处理层、应用层。

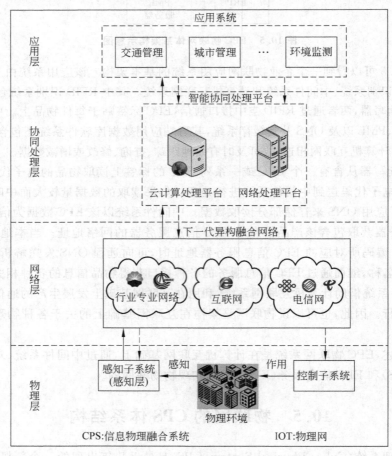

图 10.6　CPS 的系统模型

物理层由感知子系统和控制子系统构成,主要负责从物理世界采集原始信息,并根据系统指令改造物理世界。典型的物理层设备包括 RFID 装置、各类传感器、图像采集装置、执行器单元以及全球定位系统(GPS)。

网络层保证感知数据在异构网络中的可靠传输,其功能相当于 TCP/IP 结构中的网络层和传输层。构成该层的要素包括网络基础设施、通信协议以及通信协议间的协调机制。协同处理层由多个具有不同功能的智能处理平台组成,并采用网格或云的方式组织这些平台的计算能力。协同处理层根据应用需求将原始感知数据处理成不同的格式,从而实现同一感知数据在多个应用系统间的共享,同时根据感知数据和来自应用层的用户命令智能决策、调整控制子系统内部的预设规则,改变控制子系统的运行状态。应用层面向用户提供个性化业务、身份认证、隐私保护和人机交互接口,面向协同处理层提供用户操作指令。通过应用层提供的接口,用户可以使用电视、个人计算机、移动设备等多终端设备访问 IOT/CPS。IOT 和 CPS 将地理分布的异构嵌入式设备通过高速稳定的网络连接起来,实现信息交换、资源共享和协同控制,具有广阔的市场前景和巨大的经济效益,是未来网络演进的必然趋势。CPS 在继承 IOT 无处不在通信模式的基础上,更强调物体间的感知互动,强调物理世界与信息系统间的循环反馈。CPS 在感知物理世界之后,能够通过计算、通信和控制对物理世界做出调整,也能够根据感知信息调节系统自身的状态。IOT 和 CPS 是相容的概念。CPS 是 IOT 的理论核心和技术内涵,而 IOT 是 CPS 初级阶段的外在表现形式。随着技术的进步,IOT 和 CPS 必将趋于统一。

10.6　物联网的 SOA 体系结构

面向服务体系架构(Service-oriented Architecture,SOA)最初由 Gartner 公司于1996 年提出,SOA 被描述为一种通过已发布的、可发现的接口向分布在网络上的用户应用或者其他软件系统提供服务的软件系统构建方法。由于 SOA 本身所具有的特点和优势,使得 SOA 成为一种极度适应物联网中间件特性的解决方案。SOA 本质上是服务的集合,服务间彼此通信,这种通信可能是简单的数据传送,也可能是两个或更多的服务协调进行某些活动。服务间需要某些方法进行连接与通信。所谓服务就是精确定义、封装完善、独立于其他服务所处环境和状态的函数。

将 SOA 整合到物联网的服务应用中,可以对松散耦合的粗粒度应用组件进行分布式部署、组合和使用,完成服务提供和服务具体使用方式的分离,从而实现对各种粗粒度松耦合服务的集成,为处理企业应用中的复杂性问题提供有效的解决方案。随着物联网应用对异构性要求越来越高,面向服务中间件将成为未来物联网中间件研究领域的重要发展方向之一。随着近年来云计算的发展,物联网中间件的一个重要发展趋势将是与云计算相结合,面向设备的云计算,是物联网的典型计算模式。支持云服务的物联网中间件,可以更加有效地降低构件成本,提高资源利用率,同时也能显著提高系统的整体可靠性。

基于 SOA 的物联网中间件软件模型,从应用模式的角度出发,将物联网感知层的各种业务功能包装成独立的标准服务,使各种服务之间能随意组合调用,同时为多个应用程序提供服务功能,以满足企业不断变化的应用需求,极大增强硬件资源和软件利用率,减少开发和维护成本,对物联网更加实用,使网络上层开发人员能更方便快捷高效地使用该中间件系统进行应用程序开发,如图 10.7 所示。

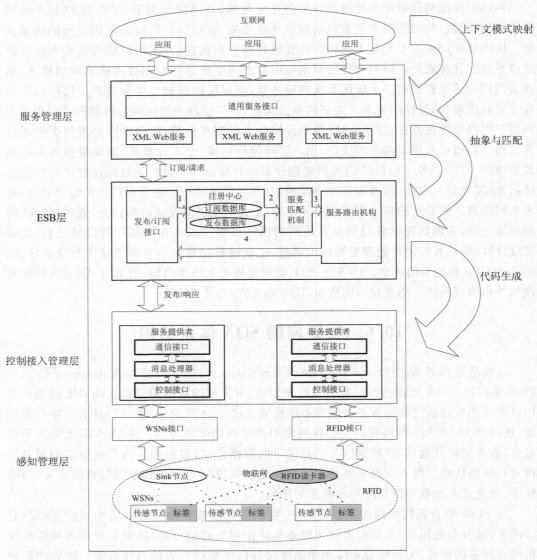

图 10.7　基于 SOA 物联网中间件架构模型

　　该架构模型主要分为四大层次:服务管理层、企业服务总线(ESB)层、控制接入管理层和感知管理层。在基于 SOA 的物联网中间件体系结构中,因特网上层应用可看作是 SOA 体系中的服务请求者,而底层感知网络可看作是服务提供者,而企业服务总线层则作为服务注册中心,通过发布/订阅通信机制实现服务的请求与绑定,利用 Web Service 技术实现面向服务的设计思想。企业服务总线层(Enterprise Service Bus Layer,ESB Layer)在该体系结构中完成的功能有:对不同服务的消息格式进行转换、服务路由、在服务请求者与服务提供者之间转化协议、提供服务到 ESB 的接入适配功能、记录并维护服务信息。企业服务总线层为服务的请求者和服务提供者之间架设了沟通的桥梁,通过与上下两层的联系完成对应用程序进行合理的服务部署,能够集成松散耦合的应用程序,对各种资源进行优化组合、充分利用。

10.7 物联网标准的体系结构

10.7.1 物联网标准体系框架

为了实现无处不在的物联网,要实现和核心网络的融合,大量关键技术尚需突破,标准化将对于实现大规模应用网络所需要的互连互通起到至关重要的作用。根据物联网技术与应用密切相关的特点,按照技术基础标准和应用子集标准两个层次,采取引用现有标准、裁剪现有标准或制定新规范等策略,形成包括总体技术标准、感知层技术标准、网络层技术标准、服务支撑技术标准和应用子集类标准的标准体系框架,以求通过标准体系指导成体系、系统的物联网标准制定工作,同时为今后的物联网产品研发和应用开发中对标准的采用提供重要的支持。物联网的标准体系框架如图 10.8 所示。

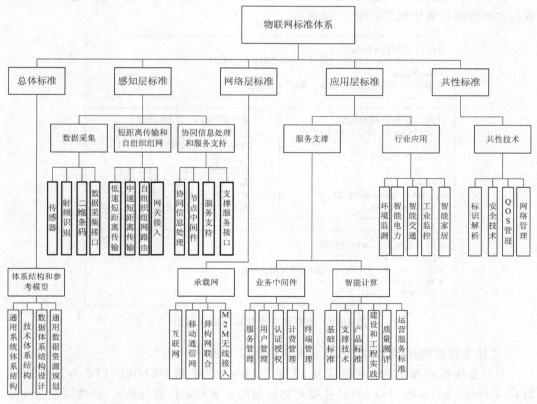

图 10.8 物联网的标准体系框架

物联网的术语、技术需求、参考模型等顶层设计是物联网标准化工作的基础,只有做好这些基础性工作,才能便于下一步标准体系建设过程中统一交流,防止陷入为不同的描述和理解无休止的纠缠,影响标准工作的推进。系统体系架构的研制是一种顶层设计,做好顶层设计,有利于标准整体推进工作的宏观统筹布局和分工,同时也为下一步做好产业界定和统计工作打下坚实基础。

物联网的标准化工作也是长期、渐进性的系统工程,必须分步骤、有计划地开展物联网相关领域的标准研制,按照技术发展和需求现状分解各阶段的标准化任务。应该建立"政、产、学、研、用"密切配合,协调分工的联动机制。ISO、IEC、ITU、IEEE、IETF 等组织已陆续开展了物联网相关技术的标准化工作。国内一些重要标准化组织也在同步开展国家和行业标准的研制工作,并已提出协同信息处理与服务支撑接口等国际标准提案。物联网在许多重点行业、重大基础设施中应用起来后,信息安全的要求会更加突出,没有相应的安全标准做保障,一旦发生重大安全问题,不仅会造成严重的经济损失,甚至可能严重影响人们使用物联网的信心。要及早考虑终端传感设备的身份识别、短距离通信中的保密以及各类数据的应用安全管理问题。

10.7.2　物联网国际标准化状况

物联网涉及的技术广泛,标准化方面形成了多个国际标准和工业标准并存的局面,物联网主要国际标准化组织如图 10.9 所示。

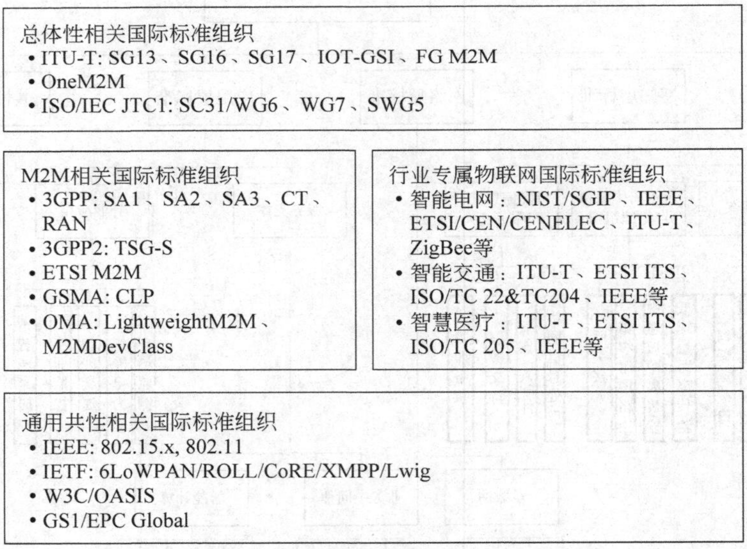

总体性相关国际标准组织
- ITU-T: SG13、SG16、SG17、IOT-GSI、FG M2M
- OneM2M
- ISO/IEC JTC1: SC31/WG6、WG7、SWG5

M2M相关国际标准组织
- 3GPP: SA1、SA2、SA3、CT、RAN
- 3GPP2: TSG-S
- ETSI M2M
- GSMA: CLP
- OMA: LightweightM2M、M2MDevClass

行业专属物联网国际标准组织
- 智能电网:NIST/SGIP、IEEE、ETSI/CEN/CENELEC、ITU-T、ZigBee等
- 智能交通:ITU-T、ETSI ITS、ISO/TC 22&TC204、IEEE等
- 智慧医疗:ITU-T、ETSI ITS、ISO/TC 205、IEEE等

通用共性相关国际标准组织
- IEEE: 802.15.x, 802.11
- IETF: 6LoWPAN/ROLL/CoRE/XMPP/Lwig
- W3C/OASIS
- GS1/EPC Global

图 10.9　物联网主要国际标准化组织

总体上物联网标准化的切入点主要集中在以下四个方面:

(1) 总体性标准方面,主要涉及 ITU-T、One M2M 和 ISO/IEC JTC SC6 SGSN。ITU-T SG13/IoT-GSI/FG M2M 主要对物联网的需求和架构进行研究,后续可能会向应用和接口方向发展;OneM2M 主要专注于物联网业务能力相关的标准化;ISO/IEC JTC SC6SGSN 侧重传感网方面的研究和标准化。

（2）通用共性标准方面，如 IEEE802.15.X 低速近距离无线通信技术标准化，低功耗 802.11a h、802.11P 标准；IETF6LoWPAN/ROLL/CoRE/XMPP/Lwig，主要对基于 IEEE802.15.4 的 IPv6 低功耗有损网络路由进行研究；W3C/OASIS 等主要涉及互联网应用协议；EPCGlobal GS1 主要推进 RFID 标识和解析标准。

（3）公共物联网（M2M）方面，3GPP 主要研究移动通信网络的优化技术；3GPP2 针对 CDMA 网络也启动了相关的需求分析；OMA 在设备 管理（DM）工作组下也成立了 M2M 相关工作组，对轻量级的 M2M 设备管理协议、M2M 设备分类方法等进行研究和标准化工作；GSMA 则集合全球运营商推进通过连接生活项目（Connected Living Programme，CLP）提炼对物联网相关需求。

（4）行业专属物联网标准方面，如智能电网、智能医疗、智能交通、工业控制、家居网络等都分别有不同的国际标准组织和联盟推进。

本 章 小 结

本章首先分析了物联网的系统结构设计原则，从不同角度对物联网的体系结构进行了分类。物联网通常可以分为感知层、网络层、应用层，物联网的自主体系结构包括数据面、控制面、知识面和管理面，物联网也可以从 EPC、CPS、SOA 等角度进行分层描述。最后，给出了物联网的标准体系框架。

习　题

1．物联网体系结构的设计原则是什么？

2．物联网大致被公认为有三个层次：底层是用来感知数据的感知层，第二层是数据传输的网络层，最上层则是面向用户的＿＿＿＿。

3．按照网络分层原理，可以将物联网分成对象感知层、＿＿＿＿、信息整合层、应用服务层构成的四层体系架构。

4．在基于 SOA 的物联网中间件体系结构中，利用 ＿＿＿＿技术实现面向服务的设计思想。

思　考　题

1．标准化将对于实现大规模物联网应用有何作用？

2．试分析信息物理系统 Cyber-Physical System（CPS）与物联网的关系。

第 11 章

物联网的关键技术

本章结构

目前,物联网的关键技术主要包括现代感知与标识技术、嵌入式系统技术、网络与通信技术、数据汇聚与信息融合技术、智能信息处理技术、云计算与信息服务技术、网络安全与管理技术等。本章分别对物联网的关键技术进行介绍。

11.1 现代感知与标识技术

11.1.1 条码技术

1. 一维条形码

1) 一维条码概述

条形码或条码(barcode)是将宽度不等的多个黑条和空白,按照一定的编码规则排列,用于表达一组信息的图形标识符。常见的条形码是由反射率相差很大的黑条(简称条)和白条(简称空)排成的平行线图案。条形码可以标出物品的生产国、制造厂家、商品名称、生产日期、图书分类号、邮件起止地点、类别、日期等许多信息,因而在商品流通、图书管理、邮政管理、银行系统等许多领域都得到了广泛的应用。条码技术起源于 20 世纪 40 年代、研究于 20 世纪 60 年代、应用于 20 世纪 70 年代、普及于 20 世纪 80 年代,条码的各种应用以其输入速度快、可靠性高、信息采集量大、灵活实用、系统成本较低的优点风靡世界。20 世纪 90 年代的国际流通领域将条码誉为商品进入国际市场的"身份证",条码 EDI(Electronic Data Interchange,电子数据交换)系统相联,便形成多元信息网,使商品信息流向世界各地。

随着条形码技术的发展,条形码码制种类不断增加,到目前为止,共有 40 多种条形码码制,相应的自动识别设备和印刷技术也得到了长足的发展。按照信息存取方式,条码可以分为一维条码和二维条码两大类。目前,国际广泛使用的一维条码种类有 EAN 码、UPC 码,Code 39 码、ITF 25 码、Code bar、Code 93 码、Code 128 码等。

目前,国际广泛使用的条码种类有:

EAN、UPC 码——商品条码,用于在世界范围内唯一标识一种商品。我们在超市中最常见的就是 EAN 和 UPC 条码。其中,EAN 码是当今世界上广为使用的商品条码,已成为电子数据交换(EDI)的基础;UPC 码主要为美国和加拿大使用。

Code 39 码——因其可采用数字与字母共同组成的方式而在各行业内部管理上被广泛使用。

ITF 25 码——在物流管理中应用较多。

Codebar 码——多用于血库、医疗、图书馆和照相馆的业务中。

2)一维条码(线形条码)定义

这种条码是由一个接一个的"条"和"空"排列组成的,条码信息靠条和空的不同宽度和位置来传递,信息量的大小是由条码的宽度和印刷的精度来决定的,条码越宽,精度越高包容的条和空越多,信息量越大;条码印刷的单位长度内可以容纳的条和空越多,传递的信息量也就越大。这种条码技术只能在一个方向上通过"条"与"空"的排列组合来存储信息,所以称为一维条码。

3)一维条码的编码方法

条码的编码方法是指条码中条空的编码规则以及二进制的逻辑表示的设置。条码符号作为一种为计算机信息处理而提供的光电扫描信息图形符号,满足计算机二进制的要求。条码的编码方法就是要通过设计条码中条与空的排列组合来表示不同的二进制数据。一般来说,条码的编码方法有两种:模块组合法和宽度调节法。

模块组合法是指条码符号中,条与空是由标准宽度的模块组合而成。一个标准宽度的条表示二进制的 1,而一个标准宽度的空模块表示二进制的 0。例如,EAN 码、UPC 码、(商品条码)模块的标准宽度是 0.33mm,它的一个字符由两个条和两个空构成,每一个条或空由 1~4 个标准宽度模块组成。

宽度调节法是指条码中条与空的宽窄设置不同,用宽单元表示二进制的 1,而用窄单元表示二进制的 0,宽窄单元之比一般控制在 2~3。

4)常见的一维条码

(1)EAN 条码。EAN 码的全名为欧洲商品条码(European Article Number),源于1977 年,由欧洲十二个工业国家所共同发展出来的一种条码。目前已成为一种国际性的条码系统。EAN 码是国际物品编码协会(International Article Numbering Association)全球推广应用的商品条码,是定长的纯数字型条码,它表示的字符集为数字 0~9。在实际应用中,EAN 码有两种版本:标准版和缩短版。标准版是由 13 位数字组成,称为EAN-13 码或长码;缩短版 EAN 码是由 8 位数字组成,称为 EAN-8 码或者短码。EAN码由厂商代码和产品代码两部分组成。EAN 码的编制,须向管理部门申请唯一的厂商代码。我国的通用商品条码与其等效,日常购买的商品包装上所印的条码一般就是 EAN

码,如图 11.1 所示。

EAN-13码

EAN-8码

图 11.1　EAN 条码

EAN 码具有以下特性:

- 只能储存数字。
- 可双向扫描处理,即条码可由左至右或由右至左扫描。
- 必须有一检查码,以防读取资料的错误情形发生,位于 EAN 码中的最右边处。
- 具有左护线、中线及右护线,以分隔条码上的不同部分与撷取适当的安全空间来处理。
- 条码长度一定,较欠缺弹性,但经由适当的渠道,可使其通用于世界各国。

(2) UPC 条码。UPC 码的全名为通用产品码(Universal Product Code),UPC 码是美国统一代码委员会 UCC 制定的商品条码,它是世界上最早出现并投入应用的商品条码,在北美地区得以广泛应用。UPC 码在技术上与 EAN 码完全一致,它的编码方法也是模块组合法,也是定长、纯数字型条码。UPC 码有五种版本,常用的商品条码版本为 UPC-A 码和 UPC-E 码。UPC-A 码是标准的 UPC 通用商品条码版本,UPC-E 码为 UPC-A 的压缩版,我们在美国进口的商品上可以看到,如图 11.2 所示。

UPC-A码

UPC-E码

图 11.2　UPC 条码

UPC 码是最早大规模应用的条码,其特性是一种长度固定、连续性的条码,目前主要在美国和加拿大使用,由于其应用范围广泛,故又被称为万用条码。UPC 码仅可用来表示数字,故其字码集为数字 0~9。UPC 码共有 A、B、C、D、E 五种版本,各版本的 UPC 码格式与应用对象如表 11.1 所示。

表 11.1　UPC 码的各种版本

版　　　本	应 用 对 象	格　　　式
UPC-A	通用商品	SXXXXX XXXXXC
UPC-B	医药卫生	SXXXXX XXXXXC
UPC-C	产业部门	XSXXXXX XXXXXCX
UPC-D	仓库批发	SXXXXX XXXXXCXX

版　本	应 用 对 象	格　　式
UPC-E	商品短码	XXXXXX

注：S—系统码，X—资料码，C—检查码

（3）Industrial 25 码。Industrial 25 码是根据宽度调节法进行编码，只能表示数字，有两种单元宽度。每个条码字符由五个条组成，其中两个宽条，其余为窄条。这种条码的空不表示信息，只用来分隔条，一般取与窄条相同的宽度，如图 11.3 所示。

（4）交叉 25 码。人们在 25 条码的启迪下，将条表示信息，扩展到用空也表示信息，就产生了高密度的交叉 25 条码。EAN、UPC 的物流码采用该码制，第一个数字由条开始，第二个数字由空组成，应用于商品批发、仓库、机场、生产/包装识别。交叉 25 码的字符集包括数字 0~9，如图 11.4 所示。

图 11.3　Industrial 25 条码

图 11.4　交叉 25 条码

（5）39 码。39 码是一种可表示数字、字母等信息的条码，主要用于工业、图书及票证的自动化管理，目前使用极为广泛。39 码是 1974 年发展出来的条形码系统，是一种可供使用者双向扫描的分布式条形码，也就是说相临两数据码之间，必须包含一个不具任何意义的空白（或细白，其逻辑值为 0），目前较主要利用于工业产品、商业数据及医院用的保健资料，它的最大优点是码数没有强制的限定，可用大写英文字母码，且检查码可忽略不计。标准的 39 码是由起始安全空间、起始码、数据码、可忽略不计的检查码、终止安全空间及终止码所构成，以 Z135＋这个资料为例，其所编成的 39 码如图 11.5 所示。

图 11.5　39 码的结构

（6）Code 93 码。Code 93 码与 39 码具有相同的字符集，但它的密度要比 39 码高，所以在面积不足的情况下，可以用 Code 93 码代替 39 码，如图 11.6 所示。

（7）库德巴（Code bar）码。库德巴码可表示数字和字母信息，主要用于医疗卫生、图

图 11.6　Code 93 码

书情报、物资等领域的自动识别,如图 11.7 所示。

图 11.7　库德巴码

　　(8) Code 128 码。Code 128 码于 1981 年推出,是一种长度可变、连续性的字母数字条码。与其他一维条码比较起来,相对较为复杂,支持的字元也相对较多,又有不同的编码方式可供交互运用,因此其应用弹性也较大。

Code 128 特性:

- 具有 A、B、C 三种不同的编码类型,可提供标准 ASCII 中 128 个字元的编码使用;
- 允许双向扫描;
- 可自行决定是否加上检验位;
- 条码长度可调,但包括开始位和结束位在内,不可超过 232 个字元;
- 同一个 128 码,可以由 A、B、C 三种不同编码规则互换,既可扩大字元选择的范围,也可缩短编码的长度。

Code128 码可表示 ASCII 0～ASCII 127 共计 128 个 ASCII 字符,如图 11.8 所示。

图 11.8　Code 128 码

2. 二维条形码

1) 二维条码概述

在水平和垂直方向的二维空间存储信息的条形码,称为二维条形码。二维码也称为二维条码或二维条形码，二维条码/二维码(2—dimen—sional bar code)是用某种特定的几何图形按一定规律在平面(二维方向上)分布的黑白相间的图形记录数据符号信息的：在代码编制上巧妙地利用构成计算机内部逻辑基础的 0、1 比特流的概念，使用若干个与二进制相对应的几何形体来表示文字与数值信息，通过图像输入设备或光电扫描设备自动识读以实现信息自动处理。它具有条码技术的一些共性：每种码制有其特定的字符集；每个字符占有一定的宽度；具有一定的校验功能等；同时还具有对不同行的信息自动识别功能及处理图形旋转变化等特点。

二维条码/二维码能够在横向和纵向两个方位同时表达信息，因此能在很小的面积内表达大量的信息。

2) 二维条码特点

(1) 高密度编码，信息容量大：可容纳多达 1850 个大写字母或 2710 个数字或 1108 字节，或 500 多个汉字，比普通条码信息容量高几十倍。

(2) 编码范围广：该条码可以把图片、声音、文字、签字、指纹等可以数字化的信息进行编码，用条码表示出来；可以表示多种语言文字，可表示图像数据。

(3) 容错能力强，具有纠错功能：这使得二维条码因穿孔、污损等引起局部损坏时，照样可以正确得到识读，损毁面积达 50% 时，仍可恢复信息。

(4) 译码可靠性高它比普通条码译码错误率百万分之二要低得多，误码率不超过千万分之一。

(5) 可引入加密措施保密性、防伪性好。

(6) 成本低，易制作，持久耐用。

(7) 条码符号形状、尺寸大小比例可变。

(8) 二维条码可以使用激光或 CCD 阅读器识读。

3) 二维条码的编码原理

与一维条码一样，二维条码也有许多不同的编码方法或称码制。就这些码制的编码原理而言，通常可分为以下三种类型：

(1) 线性堆叠式(或称层排式)二维码(stacked bar code)：是在一维条码编码原理的基础上将多个一维码在纵向堆叠而产生的。在编码设计、校验原理、识读方式等方面继承了一维条码的特点，识读设备与条码印刷与一维条码技术兼容。这类二维条码有 code 49、PDF417、code 16K 等。

(2) 矩阵式二维码(dot matrix bar code)：是在一个矩形空间里通过黑、白像素在矩阵中的不同分布进行编码。矩阵式二维条码是建立在计算机图像处理技术、组合编码原理等基础之上的一种新型的图像符号自动识别处理码制。代表性的有 code ONE、DATA MATRIX、CP 码等。

(3) 邮政码通过不同长度的"条"进行编码，主要用于邮件编码。

4) 二维条码技术标准

国外对二维条码技术的研究始于 20 世纪 80 年代末，已研制出多种码制。全球现有的二维条码多达 250 种以上，其中常见的有 PDF417、QRCode、Code 49 Code 16K、Code One 等 20 余种。二维条码技术标准在全球范围得到了应用和推广。美国讯宝科技公司

(Symbol)和日本电装公司(Denso)都是二维条码技术的佼佼者。目前得到广泛应用的二维码国际标准有 QR 码、PDF417 码、DM 码和 CM 码。

(1) QR 码。QR 码是由日本 Denso 公司于 1994 年 9 月研制的一种矩阵二维条码符号,其全称为 Quickly Response,意思是快速响应。它除具有二维条码所具有的信息容量大、可靠性高、可表示汉字及图像多种文字信息、保密防伪性强等优点外,还可高效地表示汉字。相同内容,其尺寸小于相同密度的 PDF417 条码。它是目前日本主流的手机二维码技术标准,目前市场上的大部分条码打印机都支持 QR Code 条码。QR Code 码如图11.9 所示。

QR Code 码还具有如下主要特点:

- 高速识读。从 QR Code 码的英文名称 Quick Response Code 可以看出,超高速识读是该二维码的主要特性。由于在用 CCD 识读 QR Code 码时,整个 QR Code 码符号中信息的读取是通过 QR Code 码符号的位置探测图形,用硬件来实现,因此,信息识读过程所需时间很短,它具有超高速识读特点。QR Code 码的超高速识读特性是它能够广泛应用于工业自动化生产线管理等领域。
- 方位识读。QR Code 码具有全方位(360°)识读特点,这是 QR Code 码优于行排式二维条码的另一主要特点。

(2) PDF417 码。PDF417 是一种堆叠式二维条码,PDF417 条码是由美国 SYMBOL公司的留美华人王寅敬(音)博士发明的。PDF 是取英文 Portable Data File 三个单词的首字母的缩写,意为"便携数据文件"。因为组成条形码的每一符号字符都是由 4 个条和4 个空构成,如果将组成条形码的最窄条或空称为一个模块,则上述的 4 个条和 4 个空的总模块数一定为 17,所以称 417 码或 PDF417 码。PDF417 码如图 11.10 所示。

图 11.9　QR Code 码　　　　　图 11.10　PDF417 码

PDF417 的特点:

① 信息容量大。PDF417 码除可以表示字母、数字、ASCII 字符外,还能表达二进制数。为了使编码更加紧凑,提高信息密度,PDF417 在编码时有三种格式:

- 扩展的字母数字压缩格式,可容纳 1850 个字符;
- 二进制/ASCII 格式,可容纳 1108 个字节;
- 数字压缩格式,可容纳 2710 个数字。

② 错误纠正能力。一维条形码通常具有校验功能以防止错读,一旦条形码发生污损将被拒读。而二维条形码不仅能防止错误,而且能纠正错误,即使条形码部分损坏,也能将正确的信息还原出来。

③ 印制要求不高。普通打印设备均可打印,传真件也能阅读。

④ 可用多种阅读设备阅读。PDF417 码可用带光栅的激光阅读器,线性及面扫描的图像式阅读器阅读。

⑤ 尺寸可调以适应不同的打印空间。

⑥ 码制公开已形成国际标准,我国也已制定了 417 码的国标。

PDF417 的纠错功能是通过将部分信息重复表示(冗余)来实现的。比如在 PDF417 码中,某一行除了包含本行的信息外,还有一些反映其他位置上的字符(错误纠正码)的信息。这样,即使当条形码的某部分遭到损坏,也可以通过存在于其他位置的错误纠正码将其信息还原出来。

(3) DM 码。DM 码其全称为 DataMatrix,中文名称为数据矩阵。DM 采用了复杂的纠错码技术.使得该编码具有超强的抗污染能力。主要用于电子行业小零件的标识,如 Intel 的奔腾处理器的背面就印制了这种码。DM 码由于其优秀的纠错能力成为韩国手机二维码的主流技术。

(4) MC(Maxicode)码。MC(Maxicode)码(又称牛眼码),是一种中等容量、尺寸固定的矩阵式二维条码,它由紧密相连的六边形模组和位于符号中央位置的定位图形所组成。Maxicode 是特别为高速扫描而设计,主要应用于包裹搜寻和追踪上。是由美国联合包裹服务(UPS)公司研制的,用于包裹的分拣和跟踪。Maxicode 的基本特征外形近乎正方形,由位于符号中央的同心圆(或称公牛眼)定位图形(Finder Pattern),及其周围六边形蜂巢式结构的资料位元所组成,这种排列方式使得 Maxicode 可从任意方向快速扫描。

3. 条码相关国家标准

目前我国正式颁布的与条码相关的国家标准有:

- GB/T 12904—1998 通用商品条码。
- GB/T 12905—1991 条码系统通用术语条码符号术语。
- GB/T 12906—1991 中国标准书号(ISBN 部分)条码。
- GB/T 12907—1991 库德巴条码。
- GB/T 12908—1991 三九条码。
- GB/T 14257—1993 通用商品条码符号位置。
- GB/T 14258—1993 条码符号印刷质量的检验。
- GB/T 15425—1994 贸易单元 128 条码。
- GB/T 16827—1997 中国标准刊号(ISSN 部分)条码。
- GB/T 16829—1997 交叉二五条码。
- GB/T 16830—1997 储运单元条码。
- GB/T 16986—1997 条码应用标识。
- GB/T 17172—1997 四一七条码。

4. 二维条码与一维条码比较

二维码和一维码都是信息存储、表示的载体。但从应用角度讲,尽管在一些特定场合可以选择其中的一种来满足需要,但他们的应用环境和需求是不同的:一维码用于对物品进行标识,二维码用于对物品进行描述。二维码与一维码的综合对照见图 11.11。

条形码	编码字符集	信息容量	信息密度	纠错能力	可否加密	对数据库和通信网络的依赖	识读设备
一维条码	数字(0~9)与ASCII字符	小(一般仅能表示几十个数字字符)	低	只提供错误校验，无法纠错	不可	高	扫描式识读器进行识读
二维条码	数字、汉字、多媒体等全部数字信息	大(一般能表示几百个字节)	高	提供错误校验和错误纠正	可以	低	行排式二维码可采用扫描式和摄像式识读器识读，矩阵式采用摄像式识读器识读

图 11.11   二维码与一维码的比较

11.1.2   RFID 技术

1. RFID 的基本概念与系统组成

射频识别技术(Radio Frequency Identification，RFID)是通过射频信号自动识别对象并获取相关数据的一种无线数据传输技术。RFID 技术是 20 世纪 90 年代开始兴起的一种自动识别技术，它利用射频信号通过空间电磁耦合实现无接触信息传递并通过所传递的信息实现物体识别。

RFID 基本上由三部分组成：

(1) 标签。由耦合元件及芯片组成，每个标签具有唯一的电子编码，附着在物体上标识目标对象。

(2) 读写器。读取(有时还可以写入)标签信息的设备，可设计为手持式或固定式。

(3) 天线。在标签和读写器间传递射频信号。

完整的 RFID 系统主要由三部分组成：读写器(Reader)、电子标签(TAG)和应用软件系统。其中，电子标签芯片具有数据存储区，用于存储待识别物品的标识信息；读写器是将约定格式的待识别物品的标识信息写入电子标签的存储区中(写入功能)，或在读写器的阅读范围内以无接触的方式将电子标签内保存的信息读取出来(读出功能)；应用软件则负责数据交互和应用业务处理。工作原理为：读写器发送出特定频率的无线电波能量给电子标签，电子标签接收到这个无线电波后，如果是无源标签，则凭借感应电流所获得的能量将芯片中存储的信息通过天线发送给读写器，如果是有源标签，则主动将芯片信息以某一特定频率的信号通过天线发送给读写器。读写器通过天线接收到反馈信号后送至应用软件系统进行处理，如图 11.12 所示。

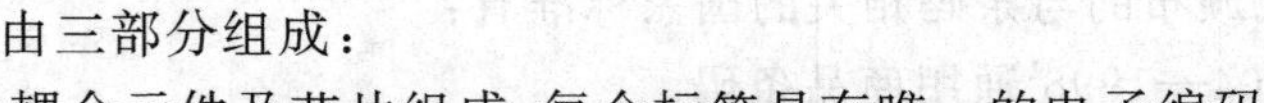

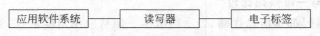

图 11.12   RFID 系统原理图

图 11.12 中读写器与电子标签之间的通信是通过天线的无线方式,两者之间的距离与通信的频率相关。应用软件系统与读写器之间既可以采用有线方式,如 RS485、RS232、以太网等;也可以采用无线方式,如 WiFi、GPRS、蓝牙等。通过这样一个系统,读写器可以快速地读取电子标签的信息,从而达到对这些电子标签所代表的物体进行监控和管理的目的。

RFID 技术的工作原理是:电子标签进入读写器产生的磁场后,读写器发出的射频信号,凭借感应电流所获得的能量发送出存储在芯片中的产品信息(无源标签或被动标签),或者主动发送某一频率的信号(有源标签或主动标签);读写器读取信息并解码后,送至中央信息系统进行有关数据处理。

2. RFID 的分类

(1) 根据标签的供电形式分类。依据射频标签工作所需能量的供给方式,可以将 RFID 系统分为有源、无源和半有源系统。

(2) 根据标签的数据调制方式分类。标签的数据调制方式即标签是通过何种形式方法与读头之间进行数据交换,据此 RFID 可分为主动式、被动式和半主动式。

(3) 根据工作频率分类。RFID 系统的工作频率即为读头发送无线信号时所用的频率,一般可以分为低频(125kHz)、高频(13.54MHz)、超高频(850～910MHz)、微波(2.45GHz)。不同的频率有不同的特点,因此它们的用途也就不同。例如,低频标签比超高频标签便宜,节省能量,穿透废金属物体力强,它们最适合用于含水成分较高的物体,例如水果等。超高频作用范围广,传送数据速度快,但是它们比较耗能,穿透力较弱,作业区域不能有太多干扰,适合用于监测从海港运到仓库的物品。

(4) 根据标签的可读性分类。射频标签内部使用的存储器类型不一样,可以分为可读写卡(RW)、一次写入多次读出卡(WORM)和只读卡(RO)。

(5) 根据 RFID 系统标签和读头之间的通信工作时序分类。时序指的是读头和标签的工作次序问题,即是读头主动唤醒标签(Reader Talk First,RTF)还是标签首先自报家门(Tag Talk First,TTF)的方式。

(6) 根据 RFID 的射频技术标准分类。RFID 的技术标准主要由 ISO 和 IEC (International Electrotechnical Commission,国际电工委员会)制定。目前,可供射频卡使用的几种射频技术标准有 ISO/IEC 10536、ISO/IEC 14443、ISO/IEC 15693 和 ISO/IEC 18000,应用最多的是 ISO/IEC 14443 和 ISO/IEC 15693,这两个标准都由物理特性、射频功率和信号接口、初始化和反碰撞及传输协议四部分组成。

3. RFID 的优点

RFID 物品识别的目标是为每一物理实体提供唯一标识。它与传统条码技术相比有以下几方面的优点:

(1) 唯一标识。条码只能识别一类产品,而无法识别单品,因此条码容易伪造。RFID 却可以为单品提供唯一标识。

(2) 读取方便。条码是可视传播技术。即扫描仪必须"看见"条码才能读取它,这表明人们必须将条码对准扫描仪才有效。相反,无线电识别并不需要可视传输技术,射频标签只要在识读器的读取范围内就可以了,甚至可以穿过外包装进行识别。这极大地减少了人的参与，提高了识别效率。

（3）长寿耐用。纸型条码容易破损和受到污染。而 RFID 电子标签可以应用于粉尘、油污等高污染环境和放射性环境。

（4）动态更改。条码信息一旦需要更改就必须重贴，而 RFID 电子标签中的信息可以编辑，便于更新。

（5）可扩展性。RFID 电子标签存储的是电子数据，在需要的时候可以改变其中的编码结构，便于升级。

（6）RFID 电子标签可以设置密码，保密性强。

4. RFID 的应用领域

RFID 技术已经应用于多个领域，包括物流、交通运输、动物跟踪、供应链管理等。RFID 技术与互联网、通信等技术进行结合，可实现全球范围内的物品跟踪与信息共享。目前，射频识别技术是实现物联网的关键技术之一。随着 RFID 技术在我国的推广应用，到目前为止，我国的 RFID 产业链已经初具规模。整个产业链包括芯片的设计制造，标签与模块封装，读写器设计，软件、中间件和系统集成其中芯片设计与制造处于产业链的高端，而系统集成则占据了整个产业链规模的最大份额。RFID 目前应用的领域非常广泛，典型的应用有：

（1）物流仓储管理。现代物流业是将运输、仓储、装卸、加工、整理、配送等方面有机结合，形成完整的产业链，为用户提供多功能，一体化的综合性服务。要实现对整个产业链的精确的控制与调度，控制系统需要对整个供应链上的各项业务资料进行读写。而 RFID 能够有效地完成这项工作。对供应链上的产品或原料等实物打上电子标签，在物流产业链的关键节点（如仓储中的入库和出库及盘点环节）设置读写器，从而实现对这些实物的有效监控和管理，并可完成实物的整个产业链级的全流程跟踪。

（2）宠物管理。在城市中，每年都有上万条流浪狗流浪到街头，为了控制流浪狗数量和城市内宠物数量，可以采用 RFID 技术给宠物佩戴可识别性标牌，避免宠物的走失。通过各地的流浪宠物救助中心、宠物医院的数据中心和全球定位系统迅速帮助找到走失的宠物，更为便捷的是，甚至可以通过宠物身上的 RFID 标牌信息连接到 Google 网站最新的全球定位频道，宠物主人可以通过卫星影像图来确定丢失宠物的位置。这种系统可以大幅降低流浪宠物的出现，减少了社会压力，同时保护了宠物型小动物的生存权益。

（3）煤矿管理。我国是煤炭生产大国，但相比较发达国家，我国的煤炭生产安全隐患较多，近年来，煤矿事故频频，迫切需要提升安全生产的信息化管理水平。RFID 技术可以实现对井下人员和物品的非接触式的有效识别。在井下坑道、作业面的交叉道口等重要位置安排人员定位分站，这些分站与井上的控制中心保持可靠通信，而井下人员每人都携带人员识别标签，当井下人员靠近人员定位分站时，分站读取该人员信息并传送给控制中心。这样，就可以对井下的人员和物品进行精确定位和跟踪。

（4）智能停车场管理。在高档社区，企业和机构对停车场的管理和安全措施有比较高的要求。可以采用基于 RFID 的智能停车场管理系统来实现车辆的自动识别和信息化管理。该系统给车辆分配电子车卡，给司机分配司机卡，两者都是电子标签。在车辆经过停车场门禁区时，门禁区读写器同时与电子车卡和司机卡通信，读取司机和车辆的信息，并送往车道控制计算机。车道控制计算机判定车卡和司机卡的有效性,只有当车卡和司机卡相匹配时,才能判定为合法,否则都被认为是非法。当判定为合法时,系统才会对车辆放行,而判定为非法时,将拒绝放行,同时系统会报警和抓拍图片。这种方式可以有效提高停车场车辆的通行效率和安全性。

除上述应用外,目前 RFID 技术还被广泛应用其他诸如门禁、铁路、图书馆、快递等领域。

11.1.3　传感器技术

1. 传感器的概念与分类

传感器是信息之源。在未来的物联网中,传感器及其组成的传感器网络将在数据采集前端发挥重要的作用。国家标准 GB 7665—1987 对传感器下的定义是:"能感受规定的被测量并按照一定的规律转换成可用信号的器件或装置,通常由敏感元件和转换元件组成"。传感器是一种检测装置,能感受到被测量的信息,并能将检测感受到的信息,按一定规律变换成为电信号或其他所需形式的信息输出,以满足信息的传输、处理、存储、显示、记录和控制等要求。它是实现自动检测和自动控制的首要环节。

传感器作为感知物质世界的"感觉器官",负责采集物联网工作的信息,是实现物联网服务和应用的基础。传感器通过利用能感受被测量对象的敏感元件或转换元件,按照特定规律,将人类无法直接获取或识别的信息转换成可识别的信息数据,并以电信号或其他所需形式信息输出,从而满足信息的传输、处理、控制等一系列要求。传感器特性包括动态特性和静态特性,其中频率响应、阶跃响应等属于动态特性,重复性、分辨率、灵敏度、精确度等则属于静态特性。一旦外界因素发生改变,将在不同程度上影响传感器自身特性的稳定,对实际应用造成影响。因此,通常情况下,不同场合针对传感器的工作原理和结构有相应的基本要求,从而最大程度上优化传感器的性能参数与指标。随着微电子和微机械加工等技术领域的发展,传感器正朝着微型化、智能化、网络化、多功能化方向发展。在物联网中,传感器可用于 RFID 标签数据读取,或者 GPS 位置信息获取,也可以得到数据信息、环境温湿度等参数信息,并通过一定协议,将这些数据信息传送给物联网终端处理。总之,传感器技术是人类实现物联网感知技术的重要环节。

目前对传感器尚无一个统一的分类方法,但比较常用的可按传感器的物理量、工作原理、输出信号的性质这三种方式来分类。还可以按照是否具有信息处理功能来分类的意义越来越重要,特别是在未来的物联网时代。按照这种分类方式,传感器可分为一般传感器和智能传感器。一般传感器采集的信息需要计算机进行处理;智能传感器带有微处理器,本身具有采集、处理、交换信息的能力,具备数据精度高、高可靠性与高稳定性、高信噪比与高的分辨力、强的自适应性、低的价格性能比等特点。

2. 智能传感器技术

智能传感器的功能是通过模拟人的感官和大脑的协调动作,结合长期以来测试技术的研究和实际经验而提出来的,是一个相对独立的智能单元,它的出现对原来硬件性能苛刻要求有所减轻,而靠软件帮助可以使传感器的性能大幅度提高。

(1)信息存储和传输——随着全智能集散控制系统(SmartDistributedSystem)的飞

速发展,对智能单元要求具备通信功能,用通信网络以数字形式进行双向通信,这也是智能传感器关键标志之一。智能传感器通过测试数据传输或接收指令来实现各项功能,如增益的设置、补偿参数的设置、内检参数设置、测试数据输出等。

(2)自补偿和计算功能——多年来从事传感器研制的工程技术人员一直为传感器的温度漂移和输出非线性作大量的补偿工作,但都没有从根本上解决问题。而智能传感器的自补偿和计算功能为传感器的温度漂移和非线性补偿开辟了新的道路。这样,放宽传感器加工精密度要求,只要能保证传感器的重复性好,利用微处理器对测试的信号通过软件计算,采用多次拟合和差值计算方法对漂移和非线性进行补偿,从而能获得较精确的测量结果。

(3)自检、自校、自诊断功能——普通传感器需要定期检验和标定,以保证它在正常使用时有足够的准确度,这些工作一般要求将传感器从使用现场拆卸送到实验室或检验部门进行。对于在线测量传感器出现异常则不能及时诊断。采用智能传感器情况则大有改观,首先自诊断功能在电源接通时进行自检,诊断测试以确定组件有无故障。其次根据使用时间可以在线进行校正,微处理器利用存在 EPROM 内的计量特性数据进行对比校对。

(4)复合敏感功能——我们观察周围的自然现象,常见的信号有声、光、电、热、力、化学等。敏感元件测量一般通过两种方式:直接和间接的测量。而智能传感器具有复合功能,能够同时测量多种物理量和化学量,给出能够较全面反映物质运动规律的信息。如美国加利福尼亚大学研制的复合液体传感器,可同时测量介质的温度、流速、压力和密度。复合力学传感器,可同时测量物体某一点的三维振动加速度(加速度传感器)、速度(速度传感器)、位移(位移传感器),等等。

(5)智能传感器的集成化——由于大规模集成电路的发展使得传感器与相应的电路都集成到同一芯片上,而这种具有某些智能功能的传感器称为集成智能传感器。集成智能传感器的功能有以下三方面的优点:

① 较高信噪比,传感器的弱信号先经集成电路信号放大后再远距离传送,就可大幅度改进信噪比。

② 改善性能,由于传感器与电路集成于同一芯片上,对于传感器的零漂、温漂和零位可以通过自校单元定期自动校准,又可以采用适当的反馈方式改善传感器的频响。

③ 信号规一化,传感器的模拟信号通过程控放大器进行规一化,又通过模数转换成数字信号,微处理器按数字传输的几种形式进行数字规一化,如串行、并行、频率、相位和脉冲等。

3. 网络传感器

网络通信技术逐步走向成熟并渗透到各行各业,各种高可靠、低功耗、低成本、微体积的网络接口芯片被开发出来,微电子机械加工技术,将网络接口芯片与智能传感器集成起来并使通信协议固化到智能传感器的 ROM 中时,就产生子网络传感器;为了解决智能传感器产品互不兼容的问题,实现在网络条件下智能传感器接口的标准化,IEEE 组织制定了针对网络化智能变送器(传感器)的接口标准 IEEE 1451。

IEEE 1451.2 工作组建立了智能传感器接口模块(STIM)标准,该标准描述了传感器网络适配器或微处理器之间的硬件和软件接口,是 IEEE 1451 网络传感器标准的重要组成部分,为使传感器能与各种网络连接提供了条件和方便。

11.2　嵌入式系统技术

11.2.1　嵌入式系统的概念

在当前数字信息技术和网络技术高速发展的后 PC(Post-PC)时代,嵌入式系统已经广泛地渗透到科学研究、工程设计、军事技术、各类产业和商业文化艺术以及人们的日常生活等方方面面中。随着国内外各种嵌入式产品的进一步开发和推广,嵌入式技术越来越和人们的生活紧密结合。嵌入式系统诞生于微型机时代,嵌入式系统的嵌入性本质是将一个计算机嵌入到一个对象体系中,这些是理解嵌入式系统的基本出发点。

1970 年左右出现了嵌入式系统的概念,此时的嵌入式系统很多都不采用操作系统,它们只是为了实现某个控制功能,使用一个简单的循环控制对外界的控制请求进行处理。当应用系统越来越复杂、利用的范围越来越广泛的时候,每添加一项新的功能,都可能需要从头开始设计。没有操作系统已成为一个最大的缺点了。C 语言的出现使操作系统开发变得简单。从 20 世纪 80 年代开始,出现了各种各样的商用嵌入式操作系统百家争鸣的局面,比较著名的有 VxWorks、pSOS 和 Windows CE 等,这些操作系统大部分是为专有系统而开发的。另外,源代码开放的嵌入式 Linux,由于其强大的网络功能和低成本,近来也得到了越来越多的应用。

由于嵌入式计算机系统要嵌入到对象体系中,实现的是对象的智能化控制,因此,它有着与通用计算机系统完全不同的技术要求与技术发展方向。通用计算机系统的技术要求是高速、海量的数值计算;技术发展方向是总线速度的无限提升,存储容量的无限扩大。而嵌入式计算机系统的技术要求则是对象的智能化控制能力;技术发展方向是与对象系统密切相关的嵌入性能、控制能力与控制的可靠性。

在中国嵌入式系统领域,比较认同的嵌入式系统概念是:嵌入式系统是以应用为中心,以计算机技术为基础,并且软硬件可裁剪,适用于应用系统对功能、可靠性、成本、体积、功耗有严格要求的专用计算机系统。它一般由嵌入式微处理器、外围硬件设备、嵌入式操作系统以及用户的应用程序四部分组成,用于实现对其他设备的控制、监视或管理等功能。

按照历史性、本质性、普遍性要求,嵌入式系统应定义为:"嵌入到对象体系中的专用计算机系统"。"嵌入性"、"专用性"与"计算机系统"是嵌入式系统的三个基本要素。对象系统则是指嵌入式系统所嵌入的宿主系统。

按照上述嵌入式系统的定义,只要满足定义中三要素的计算机系统,都可称为嵌入式系统。嵌入式系统按形态可分为设备级(工控机)、板级(单板、模块)、芯片级(MCU、SoC)。嵌入式系统与对象系统密切相关,其主要技术发展方向是满足嵌入式应用要求,不断扩展对象系统要求的外围电路(如 ADC、DAC、PWM、日历时钟、电源监测、程序运行监测电路等),形成满足对象系统要求的应用系统。因此,嵌入式系统作为一个专用计算机系统,要不断向计算机应用系统发展。

11.2.2 嵌入式系统的组成与分类

一个嵌入式系统装置一般都由嵌入式计算机系统和执行装置组成。嵌入式计算机系统是整个嵌入式系统的核心,由硬件层、中间层、系统软件层和应用软件层组成。执行装置也称为被控对象,它可以接受嵌入式计算机系统发出的控制命令,执行所规定的操作或任务。执行装置可以很简单,如手机上的一个微小型的电机,当手机处于震动接收状态时打开;也可以很复杂,如 SONY 智能机器狗,上面集成了多个微小控制电机和多种传感器,从而可以执行各种复杂的动作和感受多种状态信息。

下面对嵌入式计算机系统的组成进行介绍。

1. 硬件层

硬件层中包含嵌入式微处理器、存储器(SDRAM、ROM、Flash 等)、通用设备接口和 I/O 接口(A/D、D/A、I/O 等)。在一嵌入式处理器基础上添加电源电路、时钟电路和存储器电路,就构成了一个嵌入式核心控制模块。其中操作系统和应用程序都可以固化在 ROM 中。

2. 中间层

硬件层与软件层之间为中间层,也称为硬件抽象层(Hardware Abstract Layer, HAL)或者板级支持包(Board Support Package,BSP),它将系统上层软件与底层硬件分离开来,使系统的底层驱动程序与硬件无关,上层软件开发人员无须关心底层硬件的具体情况,根据 BSP 层提供的接口即可进行开发。该层一般包含相关底层硬件的初始化、数据的输入输出操作和硬件设备的配置功能。

实际上,BSP 是一个介于操作系统和底层硬件之间的软件层次,包括系统中大部分与硬件联系紧密的软件模块。设计一个完整的 BSP 需要完成两部分工作:嵌入式系统的硬件初始化的 BSP 功能,设计硬件相关的设备驱动。

3. 系统软件层

系统软件层由实时多任务操作系统(Real-time Operation System,RTOS)、文件系统、图形用户接口(Graphic User Interface,GUI)、网络系统及通用组件模块组成。RTOS 是嵌入式应用软件的基础和开发平台。

由于嵌入系统由硬件和软件两大部分组成,所以其分类也可以从硬件和软件进行划分。从硬件方面来讲,各式各样的嵌入式处理器是嵌入式系统硬件中的最核心的部分,而目前世界上具有嵌入式功能特点的处理器已经超过 1000 种,流行体系结构包括 MCU、MPU 等 30 多个系列。鉴于嵌入式系统广阔的发展前景,很多半导体制造商都大规模生产嵌入式处理器,并且公司自主设计处理器也已经成为未来嵌入式领域的一大趋势,其中从单片机、DSP 到 FPGA 各式各样的品种上,速度越来越快,性能越来越强,价格也越来越低。

从软件方面划分,主要可以依据操作系统的类型。目前嵌入式系统的软件主要有两大类:实时系统和分时系统。其中实时系统又分为两类:硬实时系统和软实时系统。实时嵌入系统是为执行特定功能而设计的,可以严格地按时序执行功能。其最大的特征就是程序的执行具有确定性。在实时系统中,如果系统在指定的时间内未能实现某个确定的任务,会导致系统的全面失败,则系统被称为硬实时系统。而在软实时系统中,虽然响应时间同样重要,但是超时却不会导致致命错误。一个硬实时系统往往在硬件上需要添加专门用于时间和优先级管理的控制芯片,而软实时系统则主要在软件方面通过编程实现时限的管理。比如 Windows CE 就是一个多任务分时系统,而 Ucos-Ⅱ 则是典型的实时操作系统。

当然,除了上述分类之外,还有许多其他分类方法,如从应用方面分为工业应用和消费电子等。

11.2.3 嵌入式系统的特点

嵌入式系统的特点是由定义中的三个基本要素衍生出来的。不同的嵌入式系统其特点会有所差异。与"嵌入性"的相关特点:由于是嵌入到对象系统中,必须满足对象系统的环境要求,如物理环境(小型)、电气/气氛环境(可靠)、成本(价廉)等要求。与"专用性"的相关特点:软硬件的裁剪性;满足对象要求的最小软硬件配置等。与"计算机系统"的相关特点:嵌入式系统必须是能满足对象系统控制要求的计算机系统。与上两个特点相呼应,这样的计算机必须配置有与对象系统相适应的电路接口及软件接口。

1. 嵌入式系统的特点

嵌入式系统的特点如下:

(1) 系统内核小。由于嵌入式系统一般是应用于小型电子装置的,系统资源相对有限,所以内核较之传统的操作系统要小得多。

(2) 专用性强。嵌入式系统的个性化很强,其中的软件系统和硬件的结合非常紧密,一般要针对硬件进行系统的移植,即使在同一品牌、同一系列的产品中也需要根据系统硬件的变化和增减不断进行修改。

(3) 系统精简。嵌入式系统一般没有系统软件和应用软件的明显区分,不要求其功能设计及实现上过于复杂,这样一方面利于控制系统成本,同时也利于实现系统安全。

(4) 高实时性的系统软件(OS)是嵌入式软件的基本要求。而且软件要求固态存储,以提高速度;软件代码要求高质量和高可靠性。

(5) 嵌入软件开发要想走向标准化,就必须使用多任务的操作系统。嵌入式系统的应用程序可以没有操作系统直接在芯片上运行;但是为了合理地调度多任务、利用系统资源、系统函数,用户必须自行选配多任务的操作系统,这样才能保证程序执行的实时性、可靠性,并减少开发时间,保障软件质量。

(6) 嵌入式系统开发需要开发工具和环境。由于其本身不具备自举开发能力,即使调试设计完成以后用户通常也是不能对其中的程序功能进行修改的,必须有一套开发工具和环境才能进行开发。开发时往往有主机和目标机的概念,主机用于程序的开发,目标机作为最后的执行机,开发时需要交替结合进行。

2. 嵌入式系统的技术特点

嵌入式系统的运行环境和应用场合决定了嵌入式系统具有区别于其他操作系统的一些特点。嵌入式系统的技术特点包括:

(1) 嵌入式处理器。嵌入式处理器可以分为三类:嵌入式微处理器、嵌入式微控制器、嵌入式 DSP(Digital Signal Processor)。嵌入式微处理器就是和通用计算机的微处理器对应的 CPU。在应用中,一般是将微处理器装配在专门设计的电路板上,在母板上只保留和嵌入式相关的功能即可,这样可以满足嵌入式系统体积小和功耗低的要求。目前的嵌入式处理器主要包括 Power PC、Motorola 68000、ARM 系列等。

嵌入式微控制器又称为单片机,它将 CPU、存储器(少量的 RAM、ROM 或两者都有)和其他外设封装在同一片集成电路里。常见的有 8051。嵌入式 DSP 专门用来对离散时间信号进行极快的处理计算,提高编译效率和执行速度。在数字滤波、FFT、谱分析、图像处理的分析等领域,DSP 正在大量进入嵌入式市场。

(2) 微内核结构。大多数操作系统至少被划分为内核层和应用层两个层次。内核只提供基本的功能,如建立和管理进程、提供文件系统、管理设备等,这些功能以系统调用方式提供给用户。一些桌面操作系统,如 Windows、Linux 等,将许多功能引入内核,操作系统的内核变得越来越大。内核变大使得占用的资源增多,剪裁起来很麻烦。大多数嵌入式操作系统采用了微内核结构,内核只提供基本的功能,如任务的调度、任务之间的通信与同步、内存管理、时钟管理等。其他应用组件,如网络功能、文件系统、GUI 系统等均工作在用户态,以系统进程或函数调用的方式工作。因而系统都是可裁减的,用户可以根据自己的需要选用相应的组件。

(3) 任务调度。在嵌入式系统中,任务即线程。大多数的嵌入式操作系统支持多任务。多任务运行的实现实际是靠 CPU 在多个任务之间切换、调度。每个任务都有其优先级,不同的任务优先级可能相同也可能不同。任务的调度有三种方式:可抢占式调度、不可抢占式调度和时间片轮转调度。不可抢占式调度是指,一个任务一旦获得 CPU 就独占 CPU 运行,除非由于某种原因,它决定放弃 CPU 的使用权;可抢占式调度是基于任务优先级的,当前正在运行的任务可以随时让位给优先级更高的处于就绪态的其他任务;当两个或两个以上任务有同样的优先级,不同任务轮转地使用 CPU,直到系统分配的 CPU 时间片用完,这就是时间片轮转调度。

目前,大多数嵌入式操作系统对不同优先级的任务采用基于优先级的抢占式调度法,对相同优先级的任务则采用时间片轮转调度法。

(4) 硬实时和软实时。有些嵌入式系统对时间的要求较高,称之为实时系统。有两种类型的实时系统:硬实时系统和软实时系统。软实时系统并不要求限定某一任务必须在一定的时间内完成,只要求各任务运行得越快越好;硬实时系统对系统响应时间有严格要求,一旦系统响应时间不能满足,就可能会引起系统崩溃或致命的错误,一般在工业控制中应用较多。

(5) 内存管理。针对有内存管理单元(MMU)的处理器设计的一些桌面操作系统,如 Windows、Linux,使用了虚拟存储器的概念。虚拟内存地址被送到 MMU。在这里,虚拟地址被映射为物理地址,实际存储器被分割为相同大小的页面,采用分页的方式载入进程。一个程序在运行之前,没有必要全部装入内存,而是仅将那些当前要运行的部分页面装入内存运行。大多数嵌入式系统针对没有 MMU 的处理器设计,不能使用处理器的虚拟内存管理技术,采用的是实存储器管理策略。因而对于内存的访问是直接的,它对地址的访问不需要经过 MMU,而是直接送到地址线上输出,所有程序中访问的地址都是实际的物理地址；而且，大多数嵌入式操作系统对内存空间没有保护，各个进程实际上共享一个运行空间。一个进程在执行前，系统必须为它分配足够的连续地址空间，然后全部载入主存储器的连续空间。

由此可见，嵌入式系统的开发人员不得不参与系统的内存管理。从编译内核开始，开发人员必须告诉系统这块开发板到底拥有多少内存；在开发应用程序时，必须考虑内存的分配情况并关注应用程序需要运行空间的大小。另外，由于采用实存储器管理策略，用户程序同内核以及其他用户程序在一个地址空间，程序开发时要保证不侵犯其他程序的地址空间，以使得程序不至于破坏系统的正常工作，或导致其他程序的运行异常；因而，嵌入式系统的开发人员对软件中的一些内存操作要格外小心。

(6) 内核加载方式。嵌入式操作系统内核可以在 Flash 上直接运行，也可以加载到内存中运行。Flash 的运行方式，是把内核的可执行映像烧写到 Flash 上，系统启动时从 Flash 的某个地址开始执行。这种方法实际上是很多嵌入式系统所采用的方法。内核加载方式是把内核的压缩文件存放在 Flash 上，系统启动时读取压缩文件在内存里解压，然后开始执行。这种方式相对复杂一些，但是运行速度可能更快，因为 RAM 的存取速率要比 Flash 高。由于嵌入式系统的内存管理机制，嵌入式操作系统对用户程序采用静态链接的形式。在嵌入式系统中，应用程序和操作系统内核代码编译、链接生成一个二进制影像文件来运行。

11.2.4　嵌入式系统开发技术

相对于在 Windows 环境下的开发应用程序，嵌入式系统开发有着很多的不同。不同的硬件平台和操作系统带来了许多附加的开发复杂性。

1. 嵌入式开发过程

在嵌入式开发过程中有宿主机和目标机的角色之分：宿主机是执行编译、链接、定址过程的计算机；目标机指运行嵌入式软件的硬件平台。首先须把应用程序转换成可以在目标机上运行的二进制代码。这一过程包含三个步骤：编译、链接、定址。编译过程由交叉编译器实现。所谓交叉编译器就是运行在一个计算机平台上并为另一个平台产生代码的编译器。常用的交叉编译器有 GNU C/C++（gcc）。编译过程产生的所有目标文件被链接成一个目标文件，称为链接过程。定址过程会把物理存储器地址指定给目标文件的每个相对偏移处。该过程生成的文件就是可以在嵌入式平台上执行的二进制文件。

嵌入式开发过程中另一个重要的步骤是调试目标机上的应用程序。嵌入式调试采用交叉调试器，一般采用宿主机-目标机的调试方式，它们之间由串行口线或以太网或 BDM 线相连。交叉调试有任务级、源码级和汇编级的调试，调试时需将宿主机上的应用程序和操作系统内核下载到目标机的 RAM 中或直接烧录到目标机的 ROM 中。目标监控器是调试器对目标机上运行的应用程序进行控制的代理（Debugger Agent），事先被固化在目标机的 Flash、ROM 中，在目标机上电后自动启动，并等待宿主机方调试器发来的命令，配合调试器完成应用程序的下载、运行和基本的调试功能，将调试信息返回给宿主机。

2. 向嵌入式平台移植软件

大部分嵌入式开发人员选用的软件开发模式是先在 PC 上编写软件，再进行软件的移植工作。在 PC 上编写软件时,要注意软件的可移植性,选用具有较高移植性的编程语言(如 C 语言),尽量少调用操作系统函数,注意屏蔽不同硬件平台带来的字节顺序、字节对齐等问题。

11.2.5　从嵌入式系统视角看物联网

物联网是互联网与嵌入式系统融合发展到高级阶段的产物。物联网涵盖了众多的学科领域,需要从众多学科视角来科学地理解物联网。从嵌入式系统视角有助于深刻地、全面地理解物联网的本质。与物联网相关的学科有微电子学科、计算机学科、软件工程、信息安全、电子科学等学科,以及无限多的对象应用学科。任何一个学科在单独诠释物联网时都会出现片面性。在诠释物联网时需要有综合不同的视角,才能逼近物联网的真实内涵。

嵌入式系统通过嵌入到物理对象中,实现物理对象的智能化应用,嵌入式系统具有四个通道接口,是物联网的物联源头与基础。图 11.13 形象地描述了嵌入式系统物联源头的概念。

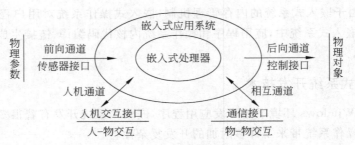

图 11.13　嵌入式系统的物联源头

由图 11.13 可知,物联网的物联源头是嵌入式应用系统的四个通道接口。

1. 传感器接口

物理信息感知:电子标签(RFID、二维码——后 IP 时代)感受对象的物理信息。

物理参数感知:传感器感受对象的静态参数、动态参数信息。

时空信息感知:GPS 给予物理对象进行时空标定。

2. 控制接口

所有对物理对象的控制,都要经过这一端口完成数字化控制信息到对象系统控制信号的转化。

3. 人机接口

人机接口,是嵌入式系统的输入输出端口,是一个归一化的人机交互界面。多元化的人-机交互方式,如各种类型的键盘、显示器、音视频设备的人机交互等,都要归一化成输入输出端口的标准化结构与通信协议。人机通道的基础是嵌入式系统的串行接口,以及由此衍生的各种串行总线,如 I^2C 总线、单总线、SPI 串行接口等多元化的串行输入输出通道。

4. 通信接口

为嵌入式应用系统之间、嵌入式应用系统与互联网之间通信提供标准的通信手段。

通信方式可以有多种有线与无线方式。通常,将满足信息传输要求的硬件电路与通信协议栈内嵌到嵌入式系统中,或制成可在嵌入式系统外部扩展的专用通信芯片。

嵌入式应用系统目前大多具备了局域互联或与互联网的联网功能。嵌入式应用系统的局域网有 RS-485 总线网、CAN 总线网、现场总线网,以及无线传感器网络等。嵌入式应用系统、嵌入式应用系统局域网与互联网的连接,将互联网变革到物联网,并进一步提升到互联网+。

11.3　网络与通信技术

11.3.1　短距离网络通信

1. 无线传感器网络

1) 无线传感器网络的概念与发展

无线传感器网络(Wireless Sensor Network,WSN)是由部署在监测区域内大量的静止或移动的传感器以自组织和多跳的方式构成的无线网络,以协作地感知、采集、处理和传输网络覆盖地理区域内被感知对象的信息,并把这些信息发送给网络的所有者。无线传感器网络是新兴学科与传统学科进行领域间交叉的结果。无线传感器网络经历了智能传感器、无线智能传感器、无线传感器网三个阶段。智能传感器将计算能力嵌入传感器中,使得传感器节点不仅具有数据采集能力,而且具有滤波和信息处理能力;无线智能传感器在智能传感器的基础上增加了无线通信能力,极大地延长了传感器的感知范围,降低了传感器的工程实施成本;无线传感器网络则将网络技术引入无线智能传感器中,使得传感器不再是单个的感知单元,而是能够交换信息协调控制的有机结合体,实现物与物的互联,把感知触角深入世界各个角落,成为物联网的重要组成部分。

1996 年,美国 UCLA 大学的 William J Kaiser 教授向 DARPA 提交的低能耗无线集成微型传感器,揭开了现代 WSN 网络的序幕。1998 年,同是 UCLA 大学的 Gregory J Pottie 教授从网络研究的角度重新阐释了 WSN 的科学意义。在其后的 10 余年里,WSN 网络技术得到学术界、工业界乃至政府的广泛关注,成为在国防军事环境监测和预报、健康护理、智能家居、建筑物结构监控、复杂机械监控、城市交通、空间探索、大型车间和仓库管理以及机场大型工业园区的安全监测等众多领域中最有竞争力的应用技术之一。美国商业周刊将 WSN 网络列为 21 世纪最有影响的技术之一,麻省理工学院(MIT)技术评论则将其列为改变世界的 10 大技术之一。WSN 网络技术一经提出,就迅速在研究界和工业界得到广泛的认可。1998~2003 年,各种与无线通信、Ad Hoc 网络、分布式系统的会议开始大量收录与 WSN 网络技术相关的文章。2001 年,美国计算机学会(ACM)和 IEEE 成立了第一个专门针对传感网技术的会议 International Conference on Information Processing in Sensor Network(IPSN),为 WSN 网络的技术发展开拓了一片新的技术园地。2003~2004 年,一批针对传感网技术的会议相继组建。ACM 在 2005 年还专门创刊 ACM Transaction on Sensor Network,用来出版最优秀的传感器网络技术成果。2006 年 10 月,在中国北京,中国计算机学会传感器网络专委会正式成立,标志着中国 WSN 技术研究开始进入一个新的历史阶段。自 2001 年起,美国国防部远景研究计划局(DARPA)投入资金支持进行 WSN 网络技术研究,并在 C4ISR 基础上提出了 C4KISR 计划,强调战场情报的感知能力信息的综合能力和利用能力,把 WSN 网络作为一个重要研究领域,设立了 Smart Sensor Web 灵巧传感器网络通信无人值守地面传感器群、传感器组网系统、网状传感器系统等一系列的军事传感器网络研究项目。在美国自然科学基金委员会的推动下,美国如麻省理工学院、加州大学伯克利分校、加州大学洛杉矶分校、南加州大学、康奈尔大学、伊利诺斯大学等许多著名高校也进行了大量 WSN 网络的基础理论和关键技术的研究,美国的一些大型 IT 公司(如 Intel、HP、Rockwell、Texas、Instruments 等)通过与高校合作的方式逐渐介入该领域的研究开发工作,并纷纷设立或启动相应的研发计划,在无线传感器节点的微型化、低功耗设计、网络组织、数据处理与管理以及 WSN 网络应用等方面都取得了许多重要的研究成果。

2) 无线传感器网络的结构

本节以 WSN 为例,描述无线传感器网络的结构。WSN 节点的基本组成包括如下几个基本单元,如图 11.14 所示。传感单元(由传感器和 A/D 转换功能模块组成)、处理单元(包括 CPU、存储器、嵌入式操作系统等)、通信单元(由无线通信模块组成)及能量单元。按照分工的不同,传感器网络又可以细分为末梢节点层和装入层。

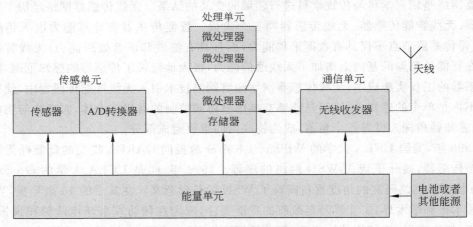

图 11.14 WSN 节点的基本组成

末梢节点层由各种类型的采集和控制模块组成,如温度感应器、声音感应器、震动感应器、压力感应器、RFID 读写器、二维码识读器等,完成物联网应用的数据采集和设备控制功能。

接入层由基站节点(sink 节点)和接入网管组成,完成应用末梢各节点信息的组网控制和信息汇集,或完成向末梢节点上传数据,则将数据发送给基站节点,基站节点收到数据后,通过接入网关完成和承载网络的连接。应用控制层需要下发控制数据时,接入网关接收到承载网络的数据后,由基站节点将数据发送给末梢节点,从而完成末梢节点与承载网络之间的信息转发和交互的功能。

末梢节点与接入层实现了物联网的信息采集和控制功能,其按照接入网络的复杂性不同可分为简单接入方式和多跳接入方式。

简单接入就是在采集设备获取信息后直接通过有线或无线方式将信息直接发送至承载网络,如图 11.15 所示。目前,RFID 读写设备主要采用简单接入方式,此方式可用于终端设备分散、数据量的业务应用。

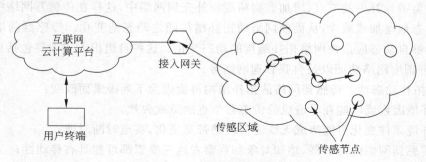

图 11.15　简单接入方式

多跳接入是利用 WSN 技术,将具有无线通信与计算能力的微小传感器节点通过自组织方式,各节点能根据环境的变化,自主地完成网络自适应组织和信息的传递。由于节点间距离较短,一般采用多跳方式进行通信。传感器网络最终将信息通过接入网关传递到承载网络。典型的无线传感器设备有 ZigBee、UWB 等。多跳接入方式是用于终端设备分别集中、终端与网络间传递数据量较小的应用。通过采用多跳接入方式可以降低末梢节点、接入层和承载网络的建设投资和应用成本,以及方便建设实施工作和提升接入网络的健壮性,如图 11.16 所示。

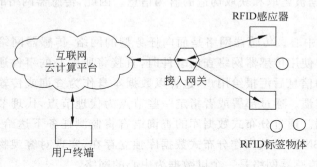

图 11.16　多跳接入方式

3) 无线传感器网络的特点

(1) 大规模。为了获取精确信息,在监测区域通常部署大量传感器节点。传感器网络的大规模性具有如下优点:通过不同空间视角获得的信息具有更大的性价比;通过分布式处理大量的采集信息能够提高监测的精确度,降低对单个节点传感器的精度要求;大量冗余节点的存在,使得系统具有很强的容错性能;大量节点能够增大覆盖的监测区域,减少盲区。

(2) 自组织和自适应。在传感器网络应用中,通常情况下传感器节点被放置在没有基础结构的地方,传感器节点的位置不能预先精确设定,节点之间的相互邻居关系预先也不知道,如通过飞机播撒大量传感器节点到面积广阔的原始森林中,或随意放置到人不可到达或危险的区域。这样就要求传感器节点具有自组织的能力,能够自动进行配置和管理,通过拓扑控制机制和网络协议自动形成转发监测数据的多跳无线网络系统。

在传感器网络使用过程中,部分传感器节点由于能量耗尽或环境因素造成失效,也有一些节点为了弥补失效节点、增加监测精度而补充到网络中,这样在传感器网络中的节点个数就动态地增加或减少,从而使网络的拓扑结构随之动态地变化。传感器网络的自组织性要能够自动适应这种网络拓扑结构的动态变化。这种自组织方式主要包括自组织组网通信、自调度网络功能以及自我管理网络等。

(3) 拓扑动态性。传感器网络的拓扑结构可能因为下列因素而改变:

① 环境因素或电能耗尽造成的传感器节点故障或失效;

② 环境条件变化可能造成无线通信链路带宽变化,甚至时断时通;

③ 传感器网络的传感器、感知对象和观察者这三要素都可能具有移动性;

④ 新节点的加入。这就要求传感器网络系统要能够适应这种变化,具有动态的系统可重构性。

(4) 可靠性。WSN 特别适合部署在恶劣环境或人类不宜到达的区域,节点可能工作在露天环境中,遭受日晒、风吹、雨淋,甚至遭到人或动物的破坏。传感器节点往往采用随机部署,如通过飞机撒播或发射炮弹到指定区域进行部署。这些都要求传感器节点非常坚固,不易损坏,适应各种恶劣环境条件。

由于监测区域环境的限制以及传感器节点数目巨大,不可能人工"照顾"每个传感器节点,网络的维护十分困难甚至不可维护。传感器网络的通信保密性和安全性也十分重要,要防止监测数据被盗取和获取伪造的监测信息。因此,传感器网络的软硬件必须具有鲁棒性和容错性。

(5) 以数据为中心。传感器网络是面向任务型的网络,传感器网络中的节点采用节点编号标识。用户使用传感器网络查询事件时,直接将所关心的事件通告给网络。网络在获得指定事件的信息后汇报给用户,这种以数据本身作为查询或传输的思想更接近于自然语言交流的习惯。通过部署或者指定一些节点为代理节点,代理节点根据监测任务收集感兴趣的数据。通过分布式数据库的查询语言将监测任务下达给目标区域的节点,在整个体系中,WSN 网络被当作分布式数据库独立存在,实现对客观物理世界的实时和动态的监测,所以传感器网络是一个以数据为中心的网络。

(6) 集成化。传感器节点的功耗低,体积小,价格便宜,实现了集成化。其中,微机电系统技术的快速发展为无线传感器网络接点实现上述功能提供了相应的技术条件,在未来,类似"智能灰尘"的传感器节点也将会被研究出来。

(7) 节点密集布置。在安置传感器节点的监测区域内,布置有数量庞大的传感器节点。通过这种布置方式可以对空间抽样信息或者多维信息进行捕获,通过相应的分布式处理,即可实现高精度的目标检测和识别。适当将其中的某些节点进行休眠调整,还可以延长网络的使用寿命。

(8) 协作执行任务。这种方式通常包括协作式采集、处理、存储以及传输信息。通过协作的方式,传感器的节点可以共同实现对对象的感知,得到完整的信息。这种方式可以有效克服计算和存储不足的缺点,共同完成复杂任务的执行。在协作方式下,传感器之间的节点实现远距离通信,可以通过多跳中继转发,也可以通过多节点协作发射的方式进行。

4)无线传感器网络的安全需求

由于 WSN 使用无线通信,其通信链路不像有线网络一样可以做到私密可控。所以在设计传感器网络时,更要充分考虑信息安全问题。无线传感器网络的安全需求主要包括以下几个方面:

(1)数据机密性。数据机密性是重要的网络安全需求,要求所有敏感信息在存储和传输过程中都要保证其机密性,不得向任何非授权用户泄露信息的内容。

(2)数据完整性。有了机密性保证,攻击者可能无法获取信息的真实内容,但接收者并不能保证其收到的数据是正确的,因为恶意的中间节点可以截获、篡改和干扰信息的传输过程。通过数据完整性鉴别,可以确保数据传输过程中没有任何改变。

(3)数据新鲜性。数据新鲜性问题是强调每次接收的数据都是发送方最新发送的数据,以此杜绝接收重复的信息。保证数据新鲜性的主要目的是防止重放(Replay)攻击。

(4)真实性。真实性主要体现在两个方面:点对点的消息认证和广播认证。点对点的消息认证使得某一节点在收到另一节点发送来的消息时能够确认这个消息确实是从该节点发送过来的而不是别人冒充的;广播认证主要解决单个节点向一组节点发送统一通告时的认证安全问题。

(5)可用性。可用性要求传感器网络能够随时按预先设定的工作方式向系统的合法用户提供信息访问服务,但攻击者可以通过伪造和信号干扰等方式使传感器网络处于部分或全部瘫痪状态,破坏系统的可用性,如拒绝服务(Denial of Service,DoS)攻击。

(6)鲁棒性。无线传感器网络具有很强的动态性和不确定性,包括网络拓扑的变化、节点的消失或加入、面临各种威胁等,因此,无线传感器网络对各种安全攻击应具有较强的适应性,即使某次攻击行为得逞,该性能也能保障其影响最小化。

(7)访问控制。访问控制要求能够对访问无线传感器网络的用户身份进行确认,确保其合法性。

5)无线传感器网络的相关标准

WSN 相关的标准有:

(1)IEEE 802.15.4,属于物理层和 MAC 层标准,由于 IEEE 组织在无线领域的影响力,以及 TI、ST、Ember、Freescale、NXP 等著名芯片厂商的推动,已成为 WSN 的事实标准。

(2)ZigBee,该标准在 IEEE 802.15.4 之上,重点制定网络层、安全层、应用层的标准规范,先后推出了 ZigBee 2004、ZigBee 2006、ZigBee 2007/ZigBee PRO 等版本。此外,ZigBee 联盟还制定了针对具体行业应用的规范,如智能家居、智能电网、消费类电子等领域,旨在实现统一的标准,使得不同厂家生产的设备相互之间能够通信。ZigBee 在新版本的智能电网标准 SEP 2.0 已经采用新的基于 IPv6 的 6Lowpan 规范,随着智能电网的建设,ZigBee 将逐渐被 IPv6/6Lowpan 标准所取代。

(3)ISA100.11a,国际自动化协会 ISA 下属的工业无线委员会 ISA100 发起的工业无线标准。

（4）WirelessHART，国际上几个著名的工业控制厂商共同发起的，致力于将 HART 仪表无线化的工业无线标准。

（5）WIA-PA，中国科学院沈阳自动化所参与制定的工业无线国际标准。

6）无线传感器网络的应用

WSN 网络是面向应用的，贴近客观物理世界的网络系统，其产生和发展一直都与应用相联系，多年来经过不同领域研究人员的演绎，WSN 技术在军事领域、精细农业、安全监控、环保监测、建筑领域、医疗监护、工业监控、智能交通、物流管理、自由空间探索、智能家居等领域的应用得到了一定的应用。

2005 年，美国军方成功测试了由美国 Crossbow 产品组建的枪声定位系统，为救护反恐提供有力手段，美国科学应用国际公司采用无线传感器网络，构筑了一个电子周边防御系统，为美国军方提供军事防御和情报信息。在环境监控和精细农业方面，WSN 系统最为广泛，2002 年，英特尔公司率先在俄勒冈建立了世界上第一个无线葡萄园，这是一个典型的精准农业智能耕种的实例。在民用安全监控方面，英国的一家博物馆利用无线传感器网络设计了一个报警系统，他们将节点放在珍贵文物或艺术品的底部或背面，通过侦测灯光的亮度改变和振动情况，来判断展览品的安全状态。在医疗监控方面，美国英特尔公司目前正在研制家庭护理的无线传感器网络系统，作为美国应对老龄化社会技术项目的一项重要内容。另外，在对特殊医院（精神类或残障类）中病人的位置监控方面，WSN 也有巨大应用潜力。在工业监控方面，美国英特尔公司为俄勒冈的一家芯片制造厂安装了200 台无线传感器，用来监控部分工厂设备的振动情况，并在测量结果超出规定时提供监测报告。

2005 年，澳洲的科学家利用 WSN 技术来探测北澳大利亚蟾蜍的分布情况。英特尔也推出了基于 WSN 的家庭护理技术。该技术是作为探讨应对老龄化社会的技术项目 Center for Aging Services Technologies（CAST）的一个环节开发的。该系统通过在鞋、家具以及家用电器等家中道具和设备中嵌入半导体传感器，帮助老龄人士、阿尔茨海默氏病患者以及残障人士的家庭生活。利用无线通信将各传感器联网可高效传递必要的信息从而方便接受护理。

由于无线传感器网络具有密集型、随机分布的特点，使其非常适合应用于恶劣的战场环境中，包括侦察敌情、监控兵力、装备和物资，判断生物化学攻击等多方面用途。美国国防部远景计划研究局已投资几千万美元，帮助美国加州大学伯克利分校进行"智能尘埃"传感器技术的研发。DARPA 支持的 Sensor IT 项目探索如何将 WSN 技术应用于军事领域，实现所谓"超视距"战场监测。UCB 的教授主持的 Sensor Web 是 Sensor IT 的一个子项目。原理性地验证了应用 WSN 进行战场目标跟踪的技术可行性，翼下携带 WSN 节点的无人机（UAV）飞到目标区域后抛下节点，最终随机洒落在被监测区域，利用安装在节点上的地震波传感器可以探测到外部目标，如坦克、装甲车等，并根据信号的强弱估算距离，综合多个节点的观测数据，最终定位目标，并绘制出其移动的轨迹。

WSN 还被应用于一些危险的工业环境如井矿、核电厂、危险化工仓储等，工作人员可以通过它来实施安全监测。也可以用在交通领域作为车辆监控的有力工具。此外还可以在工业自动化生产线等诸多领域,英特尔公司正在对工厂中的一个无线网络进行测试,该网络由 40 台机器上的 210 个传感器组成,这样组成的监控系统可以极大地改善工厂的运作条件。它可以大幅降低检查设备的成本,同时由于可以提前发现问题,因此能够缩短停机时间,提高效率,并延长设备的使用时间。

2. 无线自组网

1) 无线自组网的概念

无线自组织(Ad Hoc)网络是由具有无线通信能力的移动节点组成,其网络拓扑具有多变性,能够实现具有特殊需求的应用。它的前身分组无线网最早是在 1972 年由美国国防部(DAPRA)研究分组无线网(PRNET)项目时提出;随后在高残存性自适应网络(SURAN)项目和全球移动信息系统(GloMo)项目中得到全面深入研究;最终在 1991 年由 IEEE 802.11 标准委员会提出了"Ad Hoc 网络"这一概念,用来描述具有自组织、对等式、多跳等特点的无线移动通信网络。

Ad Hoc 网络的节点或终端可以随时加入或移出网络,通过无线连接构成任意的网络拓扑,同时可以根据应用的特点对网络进行自动重新配置,网络中的所有节点地位平等,不需要预先设置任何中心控制节点,上述这些特点决定了 Ad Hoc 网络具有很强的抗毁性。组成 Ad Hoc 网络的节点为具有转发报文能力的移动终端,即节点具有路由功能。不同于有线网络,两个彼此不在对方通信范围之内的节点如果要实现互相通信,就必须借助它们的中间节点转发报文,其中中间节点可能是一个,也可能是多个共同合作,可以说节点的这一功能是构成无线网络的根本条件之一。这将 Ad Hoc 网络同其他移动通信网络区分开。如图 11.17 为一个典型的 Ad Hoc 网络。

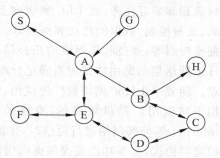

图 11.17 典型的 Ad Hoc 网络

可看出源节点 S 和目的节点 D 无法直接通信,运行路由协议寻找可用的两条路径为 S-A-B-C-D 和 S-A-E-D,最终源节点根据应用需求选择最短路径 S-A-E-D 完成数据包的传递。Ad Hoc 网络不但可以独立工作也可以根据需求接入 Internet 或蜂窝无线网络等其他网络协作完成特定的任务。

大多数无线移动通信技术都是采用集中式控制的,即设立中心控制设备。网络的运行需要有网络基础设施支持,例如,需要由基站和移动交换中心等功能设施提供支持的蜂窝移动通信系统、依赖于接入点和有线骨干网络支持的无线局域网等。但应对某些特殊场合或者特殊应用时,就体现出了集中式控制的移动通信技术的局限性。比如,发生具有突发性的灾害需要营救时、探查人类无法深入到实地的边远危险地形时或者部队实战演习作业部署以及临时组织会议或活动等。这些场合可能存在无法构建基础设施、无法与基础设施进行通信,或者预先架设的网络设施已遭到损毁而无法继续工作的情况,具有临时、快速和自组织性等特点。Ad Hoc 网络的出现很好地解决了上述提到的困难,同时 Ad Hoc 网络对于其他领域如车载网络的发展也是一种必然趋势。

2）无线自组网的结构与协议

Ad Hoc 网络中的节点自组织运行,因此它属于分布式网络。目前对 Ad Hoc 网络的研究从结构上看可以分为两类,分别是平面结构和分层结构。平面结构的 Ad Hoc 网络结构简单,网络中所有节点在结构组成、网络控制、路由选择和流量管理等各方面都是平等的,所以又将其称为对等式结构。Ad Hoc 网络的分层结构中引入了簇的概念,一个簇头(Cluster Header)和多个簇成员(Cluster Member)是每个簇的基本组成元素。Ad Hoc 网络被划分为一个到多个簇(Cluster),每个簇的簇头又形成新一层的平面结构的网络,或者称为更高一级的网络。在新的网络中,可以再次分簇。在分层结构中,簇的划分方法与簇头的选举规则为制约算法的关键点。

Ad Hoc 网络的协议栈的设计是以 OSI 的七层协议栈模型为模板,但又根据 Ad Hoc 网络的自身特点进行了简化、修改和扩充,将协议栈划分为五层,从下至上依次为物理层、数据链路层、网络层、传输层和应用层。Ad Hoc 网络物理层的基本功能是完成接收发报文,Ad Hoc 物理层所面临的首要问题是无线频段的选择、无线信号的监测、调制解调、信道加密解密等。Ad Hoc 数据链路层分为 MAC 层和 LLC 层,MAC 子层负责数据帧的封装和卸装等任务,而 LLC 负责向上层提供服务,如差错控制、数据帧的检测、优先级排队、流量控制、数据的传送和纠错等。Ad Hoc 网络层主要功能包含邻居发现、路由建立、拥塞控制等,通过收集网络的拓扑信息发现和维护到达目的节点的路由。一个好的 Ad Hoc 网络层的路由协议应当满足分布式运行、提供无环路路由和具有可靠的安全性等特点。随着 Ad Hoc 网络被广泛应用,安全问题为目前研究的首要任务。Ad Hoc 传输层用于向应用层提供可靠的、有序的端到端服务,特别是当 Ad Hoc 网络需要与接入 Internet 等外部网络进行通信时,传输层协议的支持尤其重要。Ad Hoc 应用层包含所有的高层协议,主要功能是提供面向用户的各种应用服务,同时要满足应用服务的需求,如严格的端到端时延应用、高吞吐量需求的应用和丢失率限制的应用等。

3）无线自组网的特点

Ad Hoc 网络的优势包括如下几个方面:

（1）不需要管理中心。与传统的集中式无线通信网络不同,Ad Hoc 网络采用无中心结构,网络的布设不需要基本设施支持,所有节点的地位平等,这决定 Ad Hoc 网络是一个对等的分布式网络,同时任何节点可以根据需要随时加入和离开网络,自动组成一个独立的网络,某个节点出现故障不会对整个网络造成影响。因此,Ad Hoc 网络具有很强的抗毁坏性。

（2）自组织性。Ad Hoc 网络由网络本身节点自组织形成网络,不受时间和地点的限制,也不需要硬件基础网络设施的支持,并且可以快速成网,网络中的节点具有自治性,通过分层的网络协议和分布式算法即可协调各自的行为。

（3）通过连续的重新配置进行自我恢复。Ad Hoc 没有网络控制中心,所有节点根据路由协议自组成网、自我控制,当出现某些突发状况,节点可以根据自身的情况进行自我调整,如当节点发现自身剩余能量不多,为了能延长继续工作的时间,可以选择在没有任务的时候进入休眠状态节省能量,从而使整个网络的生存周期延长。

（4）可扩展性。由于节点可以根据需要随意地加入或离开网络、自动组成一个网络,当有节点加入时,网络的覆盖面积增大;当节点移出时,网络的覆盖面积缩小;网络的规模也可以根据应用需求调整,但当网络规模较大时,平面结构无法使用。

（5）灵活性。Ad Hoc 网络可以随时随地成网,从不同的位置访问 Internet,根据应用进行配置,完成某项任务。

Ad Hoc 网络的提出很好地弥补了传统通信网络的不足,但也引入了新的问题。如对节点的要求有所提高,网络中的每个节点必须具备普通节点的收包发包功能,还要具备路由的能力,网络的自组织特性导致网络中的节点要维护整个网络的路由表;随着网络规模的增大,网络的负载也随之增大,占用网络的有效带宽,影响网络的吞吐量;网络的可靠性依赖于有足够多的可用节点,稀疏网络将会存在许多问题,如无法寻找到可用路由传递数据包等,直接导致无法满足应用需求;大规模网络将会带来过高的时间延迟,不能满足某些应用的需求;网络面临安全的威胁,Ad Hoc 网络的灵活性导致其非常容易受到各种攻击。

4) 无线自组网的安全问题

Ad Hoc 网络与传统网络不同,所有节点都是移动的,具有网络拓扑动态变化、无中心控制的特点,节点间通过无线信道相连,由节点本身充当路由器的作用。从上述特点可以看出传统网络中的安全机制在面对 Ad Hoc 网络时其功能有限,甚至完全失效。因此,在设计安全策略时,鉴于 Ad Hoc 网络的独特性需要多方面综合考虑。Ad Hoc 网络使用无线信道,这使 Ad Hoc 网络很容易受到被动窃听、伪造身份、恶意丢包和篡改信息等各种方式的攻击,从而造成信息缺失甚至失去价值。

Ad Hoc 网络的自组织性和灵活性导致其极易受到各种攻击。协议栈中的每一层都可能成为被攻击的对象,几种 Ad Hoc 网络下常见的攻击类型如表 11.2 所示。

表 11.2　几种常见的攻击类型

攻 击 类 型	表 现 形 式
黑洞攻击	攻击者将发往其他节点的信息接收下来,并选择丢弃数据包以发动拒绝服务攻击,或利用自己在路由中的位置,采用中间人攻击,将数据包重定向到伪装的目的节点
欺骗	一个恶意节点试图假冒另一个节点的身份加入网络,进而接收所有发送给该合法节点的数据包、广播虚假路由信息等,甚至能够屏蔽该合法节点
篡改路由包	截获并篡改节点发送的路由信息的某些字段,故意误导其他节点。例如,篡改 AODV 路由协议中的顺序号等,从而产生错误的路由,导致整个网络性能下降。恶意篡改路由消息的节点一般很难探测到
包丢弃	一个节点通过自身向其他节点广播路由消息,然后开始将接收到的数据包丢弃而不是根据路由公告将它们发送下一跳。包丢弃攻击的另一个变化是节点丢弃包含路由消息的数据包
自私节点	节点可能为了保存电池能量而拒绝参与路由。如果很多节点都这样做,那么 Ad Hoc 网络将发生故障并且无法运行
虫洞攻击	恶意节点密谋将路由和其他数据包进行外带传输(使用不同频段)。这将干扰路由协议的正常运行
Rushing 攻击	攻击者短时间内发送大量路由查询信息遍布全网络,使得其他节点正常的路由查询无法提交处理而被抛弃,导致路由发生问题

5）基于信任模型的 Ad Hoc 网络路由算法

Ad Hoc 网络当前的信任模型研究广泛地应用于许多领域，如 P2P 计算、电子商务等。Ad Hoc 网络中数据包的传递是依靠节点间合作完成的，因此设计信任评估机制对提高网络性能具有重要意义。目前的信任模型根据其实现方法可以分为基于信息理论、基于社会网络与群体理论、基于贝叶斯理论、基于图论与博弈理论等。信任模型是信任建立、分配、更新、评估、使用等操作的抽象。

基于信任模型的路由算法一直是 Ad Hoc 领域的研究热点之一，相关信任路由算法主要分为三类：反应式、主动式和混合式。现有的信任路由算法多是扩展 DSR 算法和 AODV 算法、OLSR 算法和 DSDV 算法以及 ACO 算法等传统的 Ad Hoc 路由算法。通过评估来自两方面的信息完成节点间的信任计算：信息一方面来自节点自身对邻居节点的行为观察，称为直接信息；另一方面来自其他节点的报告，称为间接信息。CONFIDANT 协议扩展 DSR 协议，在 Watchdog 和 Pathrater 基础之上增加了信任管理者和评价机制，信任管理者一旦发现恶意节点，立即给源节点和周围的朋友节点发送 ALARM 报告，但是对于 ALARM 本身是否是恶意的，CONFIDANT 只要求满足部分可信节点同样发送 ALARM 或者发送 ALARM 包的源头是可信的，这是不完备的，可能导致较高的误报率。AntTrust 算法基于多 Agent 系统对 ACO 算法增加了信任机制，信任信息源自三方面：有过交互的邻居节点、没有过交互的邻居节点和外部节点。实现这三方面信息的采集需要在每个节点上安装监听蚂蚁，从而会产生过多的额外开销，而且该算法待定参数较多，增加了算法的复杂性。

从加密技术的角度，目前学者们提出的安全和信任路由可以分为加密技术和非加密技术。加密技术主要侧重于传统的安全机制称为硬安全策略。由于 Ad Hoc 网络中的节点有通信带宽、CPU 周期、内存和电池能量的限制，导致传统的安全机制虽然能提供机密性、身份认证和可用性但效率不高。主要源自于加密算法的复杂计算带来的开销、安全信息存储带来的内存消耗、密钥同步对带宽的占用以及分发和撤销证书几个方面。这一类的典型算法包括 SAODV、ARIADNE、SEAD 和 ARAN 等。虽然这个技术能够抵抗很多攻击，但是至今也没有提出一种解决办法能够使网络在分布式环境中抵抗密谋恶意节点的攻击或发现一跳端到端的信任路由。硬安全技术很难阻止节点的恶意或自私的行为，即这种技术不能促进节点的合作行为；另一类非加密技术的路由则侧重利用辅助方法实现软安全。现存的解决方法一般是在路由策略中引入信任模型，如扩展 DSR 算法的 Watchdog 和 Pathrater 两个机制。Watchdog 机制基于在信任模型中假设节点处于混杂监听模式，Pathrater 机制利用 Watchdog 扩展的信息选择一条最可能传递数据包的信任路由。

3. ZigBee 技术

ZigBee 的名字来源于蜂群使用的赖以生存和发展的通信方式，即蜜蜂靠飞翔和"嗡嗡"（Zig）地抖动翅膀与同伴传递新发现的食物源的位置、距离和方向等信息，也就是说蜜蜂依靠这样的方式构成了群体中的通信网络。ZigBee 采用分组交换和跳频技术，并且可使用三个频段，分别是 2.4GHz 的公共通用频段、欧洲的 868MHz 频段和美国的 915MHz 频段。ZigBee 主要应用在短距离范围并且数据传输速率不高的各种电子设备之间。与蓝牙相比,ZigBee 更简单、速率更慢、功率及费用也更低。同时,由于 ZigBee 技术的低速率和通信范围较小的特点,也决定了 ZigBee 技术只适合于承载数据流量较小的业务。ZigBee 技术主要包括以下特点。

(1) 数据传输速率低。只有 10～250Kb/s,专注于低传输应用。

(2) 低功耗。ZigBee 设备只有激活和睡眠两种状态,而且 ZigBee 网络中通信循环次数非常少,工作周期很短,所以一般来说两节普通 5 号干电池可使用 6 个月以上。

(3) 成本低。因为 ZigBee 数据传输速率低,协议简单,所以大幅降低了成本。

(4) 网络容量大。ZigBee 支持星状、簇状和网状网络结构,每个 ZigBee 网络最多可支持 255 个设备,也就是说每个 ZigBee 设备可以与另外 254 台设备相连接。

(5) 有效范围小。有效传输距离 10～75m,具体依据实际发射功率的大小和各种不同的应用模式而定,基本上能够覆盖普通的家庭或办公室环境。

(6) 工作频段灵活。使用的频段分别为 2.4GHz、868MHz(欧洲)及 915MHz(美国),均为免执照频段。

(7) 可靠性高。采用了碰撞避免机制,同时为需要固定带宽的通信业务预留了专用时隙,避免了发送数据时的竞争和冲突;节点模块之间具有自动动态组网的功能,信息在整个 ZigBee 网络中通过自动路由的方式进行传输,从而保证了信息传输的可靠性。

(8) 时延短。ZigBee 技术针对时延敏感的应用做了优化,通信时延和从休眠状态激活的时延都非常短。

(9) 安全性高。ZigBee 技术提供了数据完整性检查和鉴定功能,采用 AES-128 加密算法,同时根据具体应用可以灵活确定其安全属性。

ZigBee 协议是基于 IEEE 802.15.4 标准的低功耗个域网协议,其特点是近距离、低复杂度、自组织、低功耗、低数据速率、低成本。

1) ZigBee 协议栈体系结构

ZigBee 协议栈体系结构如图 11.18 所示,ZigBee 协议从下到上分别为物理层(PHY)、媒体访问控制层(MAC)、网络层(NWK)、应用层(APL),其中物理层和媒体访问控制层遵循 IEEE 802.15.4 标准的规定,应用层还包括应用支持子层(Application Support Sub-Layer,APS)、应用框架(Application Framework,AF)、ZigBee 设备对象(Zigbee Device Objects,ZDO)以及用户定义应用对象(Manufacturer-Defined Application Objects)。

在 ZigBee 协议栈中,其结构包含一系列的层,每一层通过使用下层提供的服务完成自己的功能,同时向上层提供服务。层与层之间通过服务访问点(Service Access Point,SAP)连接,每一层都可以通过本层与其下层相连的 SAP 调用下层为本层提供服务,同时通过本层与上层相连的 SAP 为上层提供服务。这些服务是设备中的实体通过发送服务原语来实现的,其中实体包括数据实体(Data Entity,DE)和管理实体(Menagement Entity,ME)两种:数据实体向上层提供常规的数据服务,而管理实体向上层提供访问数据内部层的参数、配置和管理数据等机制。

ZigBee Alliance 在 IEEE 802.15.4 协议的基础上对网络层进行了标注化,并在网络层的基础上开发了安全层。网络层对于 ZigBee 协议栈非常重要,每一个 ZigBee 节点都

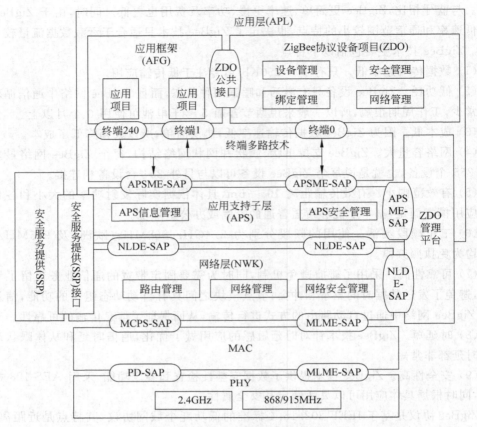

图 11.18　ZigBee 协议栈体系结构

包含网络层,ZigBee 网络层主要实现组建网络,为新加入网络节点分配地址、路由发现、路由维护等。另外网络层还提供一些必要的函数,确保 ZigBee 的 MAC 层正常工作,并且为应用层提供合适的服务接口,这种结构使得网状网络的应用基本能够实现。安全层(Security Service Provider,SSP)是 ZigBee 独立开发出来进行信息安全验证的功能模块,在 OSI 和 TCP/IP 模型中都没有体现。它主要负责实现信息交换的密钥管理、密钥访问等功能。

　　2) ZigBee 网络的节点类型和拓扑结构

　　ZigBee 网络支持两种物理设备:全功能设备(Full Function Device,FFD)和精简功能设备(Reduced Function Device,RFD),其中 FFD 设备可提供全部的 MAC 服务,可充当任何 ZigBee 节点,不仅可以发送和接收数据,还具备路由功能,因此可以接收子节点。而 RFD 设备只提供部分的 MAC 服务,只能充当终端节点,不能充当协调器和路由节点,它只负责将采集的数据信息发送给协调器和路由节点,并不具备路由功能,因此不能接收子节点,并且 RFD 之间的通信必须通过 FFD 才能完成。另外,RFD 仅需要使用较小的存储空间,这样就可以非常容易地组建一个低成本和低功耗的无线通信网络。ZigBee 标准在此基础上定义了三种节点:ZigBee 协调点(Coordinator)、路由节点(Router)和终端节点(End Device)。ZigBee 协议标准中定义了三种网络拓扑形式,分别为星状拓扑、树状拓扑和网状拓扑,如图 11.19 所示。

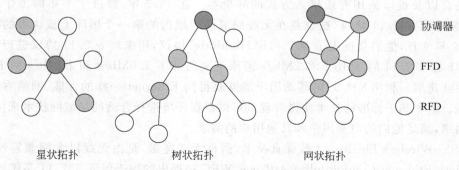

星状拓扑   树状拓扑   网状拓扑

图 11.19 ZigBee 网络的三种拓扑结构

星状网络是三种拓扑结构中最简单的,因为星状网络没用到 ZigBee 协议栈,只要用802.15.4 的层就可以实现。网络由一个协调器和一系列的 FFD 和 RFD 构成,节点之间的数据传输都要通过协调器转发,节点之间的数据路由只有唯一的一个路径,没有可选择的路径,假如发生链路中断时,那么发生链路中断的节点之间的数据通信也将中断,此外协调器很可能成为整个网络的瓶颈。

在树状网络中,FFD 节点都可以包含自己的子节点,而 RFD 则不行,只能作为 FFD的子节点,在树状拓扑结构中,每一个节点都只能和它的父节点和子节点之间通信,也就是说,当从一个节点向另一个节点发送数据时,信息将沿着树的路径向上传递到最近的FFD 节点然后再向下传递到目标节点,这种拓扑方式的缺点就是信息只有唯一的路由通道,信息的路由过程完成是由网络层处理,对于应用层是完全透明的。

网状网络除了允许父节点和子节点之间的通信,也允许通信范围之内具有路由能力的非父子关系的邻居节点之间进行通信,它是在树状网络基础上实现的,与树状网络不同的是,网状网络是一种特殊的按接力方式传输的点对点的网络结构,其路由可自动建立和维护,并且具有强大的自组织、自愈功能,网络可以通过多级跳跃的方式来通信,可以组成极为复杂的网络,具有很大的路由深度和网络节点规模。该拓扑结构的优点是减少了消息延时,增强了可靠性,缺点是需要更多的存储空间的开销。

由于 ZigBee 技术具有成本低、组网灵活等特点,可以嵌入各种设备,在物联网中发挥重要作用。其目标市场主要有 PC 外设(鼠标、键盘、游戏操控杆)、消费类电子设备(电视机、CD、VCD、DVD 等设备上的遥控装置)、家庭内智能控制(照明、煤气计量控制及报警等)、玩具(电子宠物)、医护(监视器和传感器)、工控(监视器、传感器和自动控制设备)等领域。另外整个 ZigBee 网络还可以与现有的其他各种网络连接。例如,可以通过互联网在北京监控云南某地的一个 ZigBee 控制网络,所不同的是 ZigBee 网络主要是为自动化控制数据传输而建立,而移动通信网主要是为语音通信而建立。

3) 无线局域网——WiFi 技术

WLAN 是英文 WirelessLAN 的缩写,就是无线局域网的意思。无线以太网技术是一种基于无线传输的局域网技术,与有线网络技术相比,具有灵活、建网迅速、个人化等特点。将这一技术应用于物联网的接入网领域,能够方便、灵活地为用户提供网络接入,适合于用户流动性较大、有数据业务需求的公共场所、高端的企业及家庭用户、需要临时建网的场合以及难以采用有线接入方式的环境等。在 1997 年,经过了 7 年的工作以后,IEEE 发布了 802.11 协议,这也是在无线局域网领域内的第一个国际上被认可的协议。在 1999 年 9 月,他们又提出了 802.11b"HighRate"协议,用来对 802.11 协议进行补充,802.11b 在 802.11 的 1Mb/s 和 2Mb/s 速率下又增加了 5.5Mb/s 和 11Mb/s 两个新的网络吞吐速率。利用 802.11b,移动用户能够获得同 Ethernet 一样的性能、网络吞吐率、可用性。这个基于标准的技术使得管理员可以根据环境选择合适的局域网技术来构造自己的网络,满足他们的商业用户和其他用户的需求。

　　WiFi-Wireless Fidelity,无线保真技术,俗称无线宽带,是由无线以太网兼容性联盟(Wireless Ethernet ComPatibility Alliance,WECA)提出的用于保证 802.11 系统的互操作性。WiFi 网络由无线接入点 AP 和无线网卡组成。1997 年发表了 WiFi 的第一个版本,其中介质访问接入控制层(MAC 层)和物理层被定义。2.4G 频段上的两种无线调频方式和红外线传输方式在物理层被定义了,传输速率为 2Mb/s。设备间通信可采用直接方式、基站和访问点的协调下进行。IEEE 802.11 被视为 IEEE 802.3 以太网标准的无线版本,它主要解决局域网中移动装置与基站的无线接入问题。802.11 协议的比较如表 11.3 所示。

表 11.3　802.11 协议的比较

标准号	IEEE 802.11b	IEEE 802.11a	IEEE 802.11g	IEEE 802.11n
标准发布时间	1999 年 9 月	1999 年 9 月	2003 年 6 月	2009 年 9 月
工作频率范围	2.4～2.4835GHz	5.150～5.350GHz 5.475～5.725GHz 5.725～5.850GHz	2.4～2.4835GHz	2.4～2.4835GHz 5.150～5.850GHz
非重叠信道数	3	24	3	15
物理速率(Mb/s)	11	54	54	600
实际吞吐量(Mb/s)	6	24	24	100 以上
频宽	20MHz	20MHz	20MHz	20MHz/40MHz
调制方式	CCK/DSSS	OFDM	CCK/DSSS/OFDM	MIMO-OFDM/DSSS/CCK
兼容性	802.11b	802.11a	802.11b/g	802.11a/b/g/n

　　目前,IEEE 802.11b 速率最高可以达到 11Mb/s,是 IEEE 802.11 标准速率的 5 倍,其高速的传输速率扩大了无线局域网的应用领域,并且可根据信号强弱把传输率调整为 5.5Mb/s、2Mb/s 和 1Mb/s 带宽。IEEE 802.11b 使用的是 2.4GHz ISM(Industrial、Scientifica、Medical)频带,无须申请可以免费使用。其原理是采用载波侦测的方式来控制网络中的信息传送,与以太网很相似。但以太网采用的是 CSMA/CD 技术,而 802.11b 采用的是 CSMA/CA 技术,因此避免了网络中封包碰撞的发生,这样可以大幅度地提高

网络效率。802.11 帧主要有三种类型。数据帧负责传输数据,数据帧可能会因为所处的网络环境不同而有所差异。控制帧通常与数据帧搭配使用,负责区域的清空、信道的取得以及载波监听的维护,并于收到数据时予以正面的应答,借此促进工作站间数据传输的可靠性。管理帧负责监督,主要用来加入或退出无线网络,以及处理基站之间连接的转移事宜。IEEE 802.11b 标准的特性如表 11.4 所示。

表 11.4　IEEE 802.11b 的特性

符号速率	11Mb/s	5.5Mb/s	2Mb/s	1Mb/s
符合时间(T_s)	1.375kb/s	687kb/s	250kb/s	125kb/s
时延扩展	1.375μs	1μs	1μs	1μs
最大时延(T_m)	<100μs	≈0.4μs	≈0.8μs	≈0.775μs
相关带宽(F_0)	≈10Mb/s	≈1.5Mb/s	≈1.25Mb/s	≈1.3Mb/s

WiFi 无线带宽接入技术有以下几个特点。

覆盖范围较广:目前 WiFi 的覆盖半径约可达 100m,能够满足移动办公、家庭网络等场合无线网络接入需求。

传输速度较快:虽然有时 WiFi 传输的无线通信质量不是很好,但传输速率比较快,可以达到 11Mb/s,如果无线网卡使用的标准不同,WiFi 的速度也会有所不同。

建网成本较低:只要在机场、车站、咖啡店、图书馆等人员较密集的地方设置热点,并通过高速线路将因特网接入上述场所。

健康安全:IEEE 802.11 实际发射功率为 60～70mW,而手机的发射功率为 200mW～1W,手持式对讲机高达 5W,而且 WiFi 无线网络使用方式并非像手机直接接触人体,对人体的辐射较小,使用起来相对安全。

4. 蓝牙技术

1) 蓝牙的基本概念

蓝牙无线通信技术最初是由爱立信移动公司创制的,始于 1994 年,其创立之初的研发目标就是为电子设备间的通信创造一组标准化的协议,使得系统不能兼容的电子设备之间实现低能耗和低成本的无线通信连接。随着很多著名厂商参与研发项目的合作,蓝牙技术得到发展和推广,并制定了全球统一的标准,工作频段设计在全球统一开发的 2.4GHz 的 ISM 频段蓝牙无线通信技术的应用十分广泛,该技术能够被集成到大致所有涉及各个领域的数字设备中。“蓝牙(Bluetooth)”是一个开放性的、短距离无线通信技术标准,也是目前国际一种公开的无线通信技术规范。它可以在较小的范围内,通过无线连接的方式安全、低成本、低功耗的网络互联,使得近距离内各种通信设备能够实现无缝资源共享,也可以实现在各种数字设备之间的语音和数据通信。由于蓝牙技术可以方便地嵌入到单一的 CMOS 芯片中,因此,特别适用于小型的移动通信设备,使设备去掉了连接电缆的不便,通过无线建立通信。

蓝牙技术以低成本的近距离无线连接为基础,采用高速跳频(Frequency Hopping)和时分多址(Time Division Multi-access,TDMA)等先进技术,为固定与移动设备通信环境建立一个特别连接。蓝牙技术使得一些便于携带的移动通信设备和计算机设备不必借助电缆就能联网,并且能够实现无线连接因特网,其实际应用范围还可以拓展到各种家电产品、消费电子产品和汽车等信息家电,组成一个巨大的无线通信网络。打印机、PDA、桌上型计算机、传真机、键盘、游戏操纵杆以及所有其他数字设备都可以成为蓝牙系统的一部分。目前蓝牙的标准是 IEEE 802.15,工作在 2.4GHz 频带,通道带宽为 1Mb/s,异步非对称连接最高数据速率为 723.2kb/s。随着蓝牙技术的不断演进和发展,2010 年 6 月30 日,蓝牙产业联盟正式发布了蓝牙核心规范 4.0 版本,它融合了传统蓝牙、高速蓝牙和低耗能蓝牙三种技术,其中蓝牙低耗能技术的功耗仅为普通蓝牙技术的十分之一,是 4.0标准的重大突破,也为蓝牙技术在物联网中的应用带来更好的机会。

2) 蓝牙的协议栈与参数指标

蓝牙技术规范由蓝牙特别兴趣小组(SIG)制定,在使用通用无线传输模块和数据通信协议的基础上,开发交互式服务和应用,用于短距离便携式通信设备。蓝牙技术规范的目的是使符合该规范的各种应用之间能够互通,本地设备与远端设备需要使用相同的协议,所有的应用都要用到蓝牙技术规范中的数据链路层和物理层。在某些应用中这种关系是有变化的,如在蓝牙打印机的应用中,仅使用了连接管理协议(Link Manager Protocol,LMP)、逻辑链路控制应用协议(Logical Link Control and Adaptation Protoeol,LLCAP)和硬拷贝电缆替代协议(Hard Copy Cable Replacement Protocol,HCRP)。

完整的蓝牙协议层如图 11.20 所示。

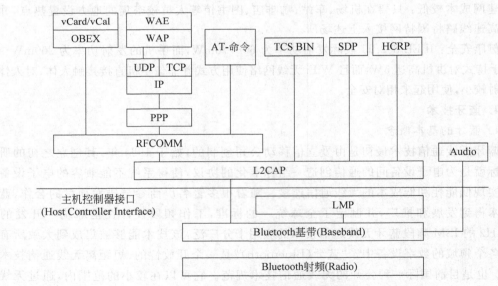

图 11.20   Bluetooth 的协议栈模型

如图 11.20 所示,蓝牙技术规范的体系结构包含核心协议(Core)和应用框架(Profile)两大部分。核心协议是蓝牙技术专有的一个特殊的层次——主机控制接口层(HCI)把核心协议分为硬件和软件两部分,HCI 是蓝牙协议中软硬件之间的接口,它提供了一个调用下层基带、链接管理、状态和控制寄存器等硬件的统一命令接口。通过 HCI

传出的信息可包括命令、事件、数据三类,命令由主机端发给硬件设备,事件由设备提交给主机,数据则是双向的。射频(RF)、基带(BB)和链路管理(LM)这三层通常固化在硬件模块上,构成核心协议的硬件部分。软件部分由逻辑链路控制与适配协议(LZCAP)、服务发现协议(SDP)、串行端口仿真协议(RFCOMM)、电话控制协议(TCS)构成。它们通常运行于主机端,蓝牙系统中,主机与硬件模块之间的连接方式可以有多种选择,如 RS-232、USB、PCMCIA 等。HCI 是对不同连接方式的抽象,它提供了调用下层 BB、LM 以及状态和控制寄存器等硬件的一致的命令接口,使得不同的连接方式对主机端的协议软件而言是透明的。绝大部分蓝牙设备都必须配有核心协议,而其他协议根据应用的需要而定。总之,发现服务协议、电缆替代协议、电话控制协议和被采用的协议在核心协议基础上构成了面向应用的协议。

应用框架规范的制定是考虑到不同蓝牙产品之间的互连性,它所关心的是如何规范地应用蓝牙技术。这其中也包括如何支持既有的协议软件,如 PPP、TCP/IP、WAP、OBEX 等,从而使蓝牙技术尽量地沿用已有的软件资源。每一应用框架规范刻画了蓝牙技术的一类应用模式。其中,不仅定义了蓝牙技术所支持的功能本身,而且进一步把功能分配到网络单元和协议层,代表了协议层的垂直视角。设计协议和协议栈的主要原则是尽可能利用现有的各种高层协议,保证现有协议与蓝牙技术的融合以及各种应用之间的互通性,充分利用兼容蓝牙技术规范的软硬件系统。蓝牙技术规范的开放性保证了设备制造商可自由地选用其专利协议或常用的公共协议,在蓝牙技术规范基础上开发新的应用。蓝牙技术 2.0 规范中公布的技术指标和系统参数如下:

工作频段　ISM 频段,2.402～2.480GHz;

双工方式　全双工,TDD 时分双工;

业务类型　支持电路交换和分组交换业务;

数据速率　1～3Mb/s;

非同步信道速率　非对称连接 721/57.6kb/s,对称连接 432.6kb/s;

同步信道速率　64kb/s;

功率　美国 FCC 要求<0dbm(1mW),其他国家可扩展为 100mW;

跳频频率数　79 个频点/MHz;

跳频速率　1600 跳/秒;

工作模式　PARK/HOLD/SNIFF;

数据连接方式　面向连接业务 SCO,无连接业务 ACL;

纠错方式　1/3FEC,2/3FEC,ARQ;

鉴权　采用反应逻辑算术;

信道加密　采用 0 位、40 位、60 位密钥;

语音编码方式　连续可变斜率调制 CVSD;

通信距离 10～100m,一般情况 10m,增加功率情况下可达 100m。

蓝牙支持点对点和点对多点的通信。蓝牙最基本的网络结构是匹克网(Picnet)。匹克网主要由主设备和从设备构成。主设备负责提供时钟同步信号和跳频序列,而从设备一般是受控同步的主设备,并接受主设备的控制。在同一匹克网中,所有设备均采用同一跳频序列。一个匹克网中一般只有一个主设备,而处于活动状态的从设备目前最多可达7个。

3) 蓝牙技术与物联网之间的关系

由于传统蓝牙、高速蓝牙以及低耗能蓝牙技术有着不同的特点,它们在物联网的实现中相辅相成。图 11.21 给出了蓝牙技术与物联网之间的总体关系。

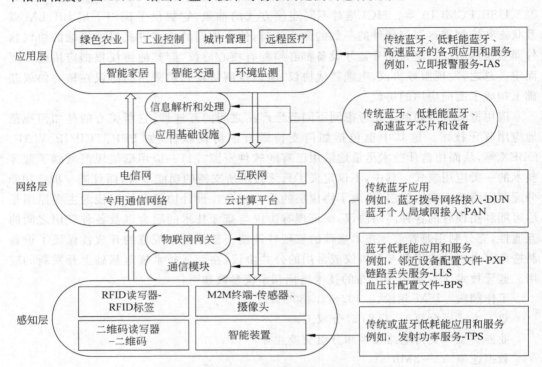

图 11.21　蓝牙技术与物联网之间的总体关系

传统蓝牙在物联网中的主要功能是传感器网络的物联网网关,作为传感器的网络介质实现传感器与网络层之间的通信。高速率蓝牙则主要作为应用层的沟通介质,用于大量数据的传输。相对于其他蓝牙技术,低耗能蓝牙在物联网中有着不可比拟的优势,低耗能蓝牙具有低功率、低能耗、连接方便安全等传感器需要具备的所有特点,使得蓝牙低耗能芯片本身就可以作为物联网中的传感器设备。

4) 蓝牙的应用与特点

蓝牙技术可以使用于任何数据、图像、声音等短距离通信场合。目前主要应用的领域有最新的多功能耳机、汽车内的蓝牙免提通信、条码扫描器等。

蓝牙无线通信技术的广泛应用主要有以下特点:

(1) 适应范围广。蓝牙无线通信技术之所以能够在全球范围内广泛使用就在于其工作频段的范围,由于蓝牙技术研发之时选择在全球统一开发的 2.4GHz 医学工业和科学 ISM 频段,全世界范围内多数国家所使用的 SM 频段是在 2.4～2.4835GHz 之间,SM 频段包含在全球统一的频段之中,各种在使用蓝牙无线通信技术的时候可以不受限于其所在地区的无线电资源部门的许可与否皆可使用。

（2）可同时传输语音和数据。蓝牙采用的是分组交换和电力交换技术,支持异步数据信道三路语音信道或者语音和异步数据同时传输的信道除此之外,蓝牙定义了面向同步链接链路 SCO 以及异步无连接链路 ACL 两种链路类型,其中 ACL 主要负责数据的传输,而 SCO 主要负责语音传输也就是说蓝牙无线通信技术可以同时进行语音和数据的传输。

（3）能实现临时性对等链接。蓝牙设备在进行对等连接的时候,主动发起连接请求的一方为主设备,被发起连接请求的一方为从设备蓝牙的基本网络为由链接通信组成的微微网,当一个微微网形成时有一个主设备和主设备以外的一个或者多个从设备。

（4）抗干扰能力强。蓝牙无线通信技术具备良好的抗干扰能力,主要在于其使用跳频的工作方式来进行频谱的扩展。现在很多生活中使用的电器设备局域网和无线设备等会在 ISM 频段工作,这就和蓝牙设备所在的频段有冲突,这样的情况下,蓝牙设备将 2.402～2.48GHz 的频段分割成 79 个频点,相邻频点之间间隔 1MHz,数据分组在任意频点发出之后继续跳到另一个频点发送,并且频点的选择顺序没有规律性,频率改变为 1600 次/秒,每个频率只持续 625s,由此,蓝牙设备的工作就不会受到其他设备的频段的干扰。

（5）体积小,功耗小。现在电子设备的更新换代越来越快,体积越来越小、越来越薄,所以这些设备中的蓝牙模块的体积也需随之改善,以便更好地集成到各种电子设备中。蓝牙设备的耗能会根据其工作状态的不同有所增减,处于工作状态的蓝牙一般耗能不多,而非工作状态下的呼吸模式(Sniff)、保持模式(Hold)、休眠模式(Park)消耗的能量较之更少。也就是说,蓝牙设备的体积比较小而且使用的时候均为低耗能模式。

（6）开放接口标准,成本低廉。在蓝牙无线通信技术推广的过程中,蓝牙技术联盟(Bluetooth SIG)将该技术各种标准向全世界公开,所以,企业在研发和生产产品的时候要是能够兼容 SIG 的蓝牙产品,那么这样的产品在市场上的适用性就更强,与此同时,蓝牙相关的应用程序也随之得到极大的推广。在这样的背景之下,蓝牙技术得到广泛的普及,制造蓝牙产品所需的投资也很大程度上降低了。

5. 现场总线技术

现场总线出现于 20 世纪 80 年代中后期。从本质上讲,它是一种数字通信协议,是一种应用于生产现场,在智能控制设备之间实现双向、多节点的串行数字通信系统,是一种开放的、数字化的、多点通信的底层控制网络。现场总线具有可靠性高、稳定性好、抗干扰能力强、通信速率快、符合环境保护要求、造价低廉和维护成本低等特点。它的发展带来了自动化领域的重大变革。国际上现有各种现场总线达 40 多种。其中具有一定影响并占有一定市场份额的现场总线主要有 CAN、Profibus、FF、Lonworks、WordFIP、HART、P-NET 等。

CAN(ControlAreaNetwork,控制器局域网络),是德国 Bosch 公司为解决现代汽车内部大量的控制测试仪器与传感器、执行机构之间的数据交换而开发的一种串行数据通信协议。CAN 总线的数据通信具有突出的可靠性、实时性和灵活性等特点,因此其应用范围已由汽车行业向工业过程自动化领域发展,前景广阔。CAN 协议遵循 ISO/OSI 模型,采用了其中的物理层、数据链路层与应用层。CAN 为多主工作方式,网络上任一节点在任何时刻可主动向网络其他节点发送信息而不分主从。CAN 的介质访问控制采用非破坏性的基于优先级的 CSMA/CD（载波监听多路访问/冲突检测）仲裁技术。即在多个节点同时向总线发送信息时,优先级较低的节点主动退出发送,而优先级较高的节点可不受影响地继续传输数据。这样可保证网络在负载重的情况下也不会瘫痪。CAN 是针对相对少量的信息系统设计的串行网络,成本低,系统的开发廉价。CAN 总线技术在变电站自动化和微机保护装置中得到应用,如国电南瑞科技股份有限公司的 NS2000 变电站自动化系统等。

LON(LocalOperatingNetworks)总线是美国 Echolon 公司推出并与 Motorola 和东芝公司共同倡导的局部操作网络,LonWorks 技术为 LON 总线的设计开发提供了一套完整的开发平台。它具有支持多介质的通信,支持低速率的网络,可在重负载情况下保持优良网络性能,支持大型网络等特点。该项技术已广泛应用于楼宇自动化、家庭自动化、保安系统、办公设备、运输设备、工业过程控制等领域。LonWorks 使用的是支持 OSI 的七层 LonTalk 协议。该协议是直接面向对象的网络协议,利用简单的网络变量的互相连接,方便可靠地实现网络各节点间的数据交换。LON 支持大型的网络,同域的网络节点数可达到 32 000 个。LON 具有很强的互操作性及互联性,能通过网关将不同的通信介质、不同的现场总线、异型网连接起来。

Profibus 是 1987 年由德国科技部按照 ISO/OSI 参考模型制定的现场总线的德国国家标准。现在,Profibus 已成为符合德国国家标准 DIN19245 和欧洲标准 EN50179 的现场总线,主要由拥有 400 个公司成员的 Profibus 用户组织(PNO)进行管理。Profibus 是国际上具有较大影响的总线标准之一,其产品已被普遍接受,市场份额占欧洲首位。Profibus 是开放的、与制造商无关的、无知识产权保护的标准,原则上可以在任何微处理器上实现,在微处理器内部或外部安装异步通信接口(UART)即可完成。

FF 总线是由现场总线基金会组织(FF)开发的现场总线标准,被公认为世界最具有发展前途的现场总线。其前身是以美国 Fisher-Rousemount 公司为首,联合 Foxboro、横河、ABB、西门子等 80 家公司制定的 ISP 协议,以及以 Honeywell 公司为首、联合欧洲等地的 150 家公司制定的 WordFIP 协议。屈于用户的压力,这两大集团于 1994 年 9 月合并,成立了现场总线基金会,致力于开发国际上统一的现场总线协议。FF 总线的体系结构是参照国际标准化组织(ISO)的开放系统互连协议(OSI)而制定的。OSI 共有七层,FF 总线提取了其中的物理层、数据链路层和应用层,另外又在应用层上增加了一层即用户层。其中,物理层规定了信号如何发送;数据链路层规定如何在设备间共享网络和调度通信;应用层规定了设备间交换数据、命令、时间信息以及请求应答的信息格式,实现网络和系统管理,为每个对象(包括系统内的各种资源块、功能块、转换块和过程对象)提供标准化的通信服务;用户层则用于组成用户需要的应用程序。FF 总线的突出特点在于设备的互操作性、更早的预测维护及可靠的安全性。

四种现场总线的技术特点比较如表 11.5 所示。现场总线在电厂、变电站和电力系统中有广阔的应用前景。在实际的系统设计中应根据现场要求,结合不同总线的技术特点选择合适的现场总线。

表 11.5 现场总线性能比较

特性	CAN 总线	LON 总线	Profibus	FF 总线
OSI 网络层次	数据链路层与应用层	全部七层	DP/PA：物理层、数据链路层和用户层接口；FMS：物理层、数据链路层和应用层	物理层、数据链路层和应用层，另加用户层
介质访问控制方式	基于优先级的 CSMA/CD 仲裁技术	带预测的 p-坚持 CSMA 技术	主站间的令牌传递方式和主站与从站之间的主从方式	令牌加主从
通信介质	双绞线、同轴电缆、光纤	双绞线、电力线、无线、红外光波、同轴电缆、光纤	双绞线或光纤	双绞线、同轴电缆、光纤和无线电
最高通信速率	1Mb/s	1.5Mb/s	DP/MP 为 12Mb/s，PA 为 31.25kb/s	2.5Mb/s
最大节点数	110	32000	126	124
网络拓扑结构	总线型	自由拓扑、总线状拓扑、环状拓扑、星状拓扑	线状、树状和环状拓扑	H1：点对点连接、总线状、菊花链状、树状；H2：总线型拓扑
开发成本	开发低廉、成本低	开发投资大	协议负责、开发周期长	协议负责、开发周期长
工作方式	多主	主从式、对等式、客户/服务式	主从式、多主	主从式

6. UBW 技术

现代意义上的超宽带 UWB 数据传输技术，又称脉冲无线电(Impulse Radio,IR)技术，出现于 20 世纪 60 年代，当时主要研究受时域脉冲响应控制的微波网络的瞬态动作。通过 Harmuth、Ross 和 Robbins 等先行公司的研究，UWB 技术在 20 世纪 70 年代获得了重要的发展，其中多数集中在雷达系统应用中，包括探地雷达系统。到 20 世纪 80 年代后期，该技术开始被称为"无载波"无线电，或脉冲无线电。美国国防部在 1989 年首次使用了"超带宽"这一术语。为了研究 UWB 在民用领域使用的可行性，自 1998 年起，美国联邦通信委员会(FCC)对于超宽带无线设备对原有窄带无线通信系统的干扰及其相互共容的问题开始广泛征求业界意见，在有美国军方和航空界等众多不同意见的情况下，FCC 仍开放了 UWB 技术在短距离无线通信领域的应用许可。这充分说明此项技术所具有的广阔应用前景和巨大的市场诱惑力。

超宽带的带宽由美国联邦通信委员会(FCC)所定义，比中心频率高 25% 或者大于 1.5GHz。传统的"窄带"和"宽带"都是采用无线电频率(RF)载波来传送信号，频率范围从基带到系统被允许使用的实际载波频率。超宽带的实现方式是能够直接地调制一个大的激增和下降时间的"脉冲"，这样所产生的波形占据了几吉赫兹的带宽。从频域来看，超宽带有别于传统的窄带和宽带,它的频带更宽。窄带是指相对带宽(信号带宽与中心频率之比)小于1‰,相对带宽在1‰~25%之间的被称为宽带,相对带宽大于25%,而且中心频率大于500MHz的被称为超宽带。具体参数如表11.6所示。

表11.6　三种信号带宽的比较

信 号 带 宽	相对带宽/中心频率
窄带	≤1%
宽带	‰1≤…≤25%
超宽带(UWB)	≥25%或带宽≥500Mb/s

UWB具有以下特点:

(1)抗干扰性能强。UWB采用跳时扩频信号,系统具有较大的处理增益,在发射时将微弱的无线电脉冲信号分散在宽阔的频带中,输出功率甚至低于普通设备产生的噪声。接收时将信号能量还原出来,在解扩过程中产生扩频增益。因此,与IEEE 802.11a、IEEE 802.11b和蓝牙相比,在同等码速条件下,UWB具有更强的抗干扰性。

(2)传输速率高。UWB的数据速率可以达到几十兆比每秒到几百兆比每秒,有望高于蓝牙100倍,也可以高于IEEE 802.11a和IEEE 802.11b。

(3)带宽极宽。UWB使用的带宽在1GHz以上,高达几个吉赫兹。超宽带系统容量大,并且可以和目前的窄带通信系统同时工作而互不干扰。这在频率资源日益紧张的今天,开辟了一种新的时域无线电资源。

(4)消耗电能小。通常情况下,无线通信系统在通信时需要连续发射载波,因此,要消耗一定电能。而UWB不使用载波,只是发出瞬间脉冲电波,也就是直接按0和1发送出去,并且在需要时才发送脉冲电波,所以,消耗电能小。

(5)保密性好。UWB保密性表现在两方面:一方面是采用跳时扩频,接收机只有已知发送端扩频码时才能解出发射数据;另一方面是系统的发射功率谱密度极低,用传统的接收机无法接收。

(6)发送功率非常小。UWB系统发射功率非常小,通信设备用小于1mW的发射功率就能实现通信。低发射功率大幅度延长系统电源工作时间。况且,发射功率小,其电磁波辐射对人体的影响也会很小。这样,UWB的应用面就广。

1)UWB技术原理

UWB技术最基本的工作原理是发送和接收脉冲间隔严格受控的高斯单周期超短时脉冲,超短时单周期脉冲决定了信号的带宽很宽,接收机直接用一级前端交叉相关器就把脉冲序列转换成基带信号,省去了传统通信设备中的中频级,极大地降低了设备复杂性。从载波方面看,传统的通信技术是把信号从基带调制到载波上,而UWB技术是通对具有很陡上升和下降时间的冲击脉冲进行直接调制,从而具有吉赫兹量级的带宽。由计算信道容量的Shannon公式可知,信道的容量随带宽线性增加,随信噪比的降低呈对数减小。这种关系说明,无线通信系统的容量可随所占带宽的增加、信噪比的降低而对数降低,见表11.7。

表 11.7　蓝牙与其他短距离无线技术的比较

无线技术 指标	UWB	蓝牙	802.11a	HomeRF
速率	最高达 1Gb/s	<1Mb/s	54Mb/s	1～2Mb/s
距离/m	<10	10	10～100	50
功率	1mW 以下	1～100mW	1W 以上	1W 以下
应用范围	探距离多媒体	家庭或办公室	计算机和 Internet 网关	计算机、电话及移动设备

2）超宽带技术的应用

与当前流行的短距离无线通信技术相比,UWB 具有巨大的数据传输速率优势,最大可以提供高达 1000Mb/s 以上的传输速率。UWB 技术在无线通信方面的创新性、利益性已引起全球业界的关注。根据超宽带无线通信的特点,超宽带无线通信技术的主要功能包括无线通信和定位功能。进行高速无线通信时,传输距离较近,一般在 10～20m;进行较低速率无线通信和定位时,传输距离可以更远。与 GPS 相比,超宽带技术的定位精度更高,可以达到 10～20cm 的精度。超宽带技术在无线通信方面的创新性、利益性具有很大的潜力,在商业多媒体设备、家庭和个人网络方面极大地提高了一般消费者和专业人员的适应性和满意度。所以一些有眼光的工业界人士都在全力建立超宽带技术及其产品。超宽带技术,不仅为低端用户所喜爱,而且在一些高端技术领域,如雷达跟踪、精确定位和无线通信方面具有广阔的前景。根据上述的功能,超宽带技术可以应用于无线多媒体家域网、个域网,雷达定位和成像系统。

7. NFC 技术

1）NFC 技术概述

近场通信(Near Field Communication,NFC)是由 Philips 公司和 Sony 公司在 2002 年共同联合开发的新一代无线通信技术,并被欧洲计算机厂商协会(ECMA)和国际标准化组织与国际电工委员会(ISO/IEC)接收为标准。2004 年,Nokia、Philips 和 Sony 公司成立 NFC 论坛,共同制定了行业应用的相关标准,推广近场通信技术。与蓝牙、UWB 和 802.11 等无线通信协议相比,NFC 的通信距离更短,软硬件实现更简单。各种电子设备间能够以非常简便、快速的方式建立安全的连接进行信息交换,实现移动电子商务的功能。

NFC 由非接触式识别和互连技术发展而来,是一种在十几厘米的范围内实现无线数据传输的技术。在单一芯片上,它集成工作在 13.56MHz 主频段的无线通信模块,实现了非接触式读卡器、非接触式智能卡和设备间点对点通信的功能。

在一对一的通信中,根据设备在建立连接中的角色,把主动发起连接的一方称为发起设备,另一方称为目标设备。发起和目标设备都支持主动和被动两种通信模式。主动通信模式中,发起和目标设备都通过自身产生的射频场进行通信。被动通信模式中,发起设备首先产生射频场激活目标设备,发起通信连接;然后目标设备对发起方的指令产生应答,利用负载调制技术进行数据的传输。在被动通信模式中,设备工作的耗电量很小,可以充分地节省电能。

在实际应用中存在三种主要的 NFC 应用模式：

(1) 读写模式，如图 11.22(a)所示。NFC 设备充当阅读器，对符合 ISO/IEC 14443、ISO/IEC 15693 和 ISO/IEC 18092 规范的智能卡进行读写。

(2) 智能卡模式，如图 11.22(b)所示。NFC 设备模拟智能卡的功能与读写器进行交互。目前只支持 ISO/IEC 18092 规范，暂不支持对 ISO/IEC 14443 和 ISO/IEC 15693 智能卡的模拟。

(3) 点对点模式，如图 11.22(c)所示。支持 NFC 设备间的通信。

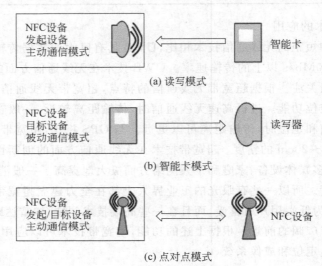

(a) 读写模式

(b) 智能卡模式

(c) 点对点模式

图 11.22 NFC 的应用模式

2) NFC 中的安全问题及解决方案

目前，安全问题日趋显得突出，成为决定一个应用是否成功的重要因素。NFC 应用中的安全问题主要分为链路层安全和应用层安全。

(1) 链路层安全。链路层的安全即为 NFC 设备硬件接口间通信的安全。因 NFC 采用的是无线通信，所以很容易被窃听。实现窃听并不需要特殊的设备，并且标准是开放的，攻击者能够轻松地解码监听到的信号。NFC 设备工作范围在 10cm 以内，因此窃听设备与正在通信的设备之间的距离必须很近。具体的距离多大很难确定，因为它同时受到发起、目标和窃听设备的性能、功率等多方面影响。与其他无线通信一样，攻击者能很容易实施对无线信号的干扰，影响正常通信的进行，达到类似 DoS 攻击的效果。

攻击解决方案通过建立加密的安全信道，可以很好地抵抗窃听、篡改、插入等威胁。由于不存在中间人攻击，Diffie-Hellmann 协议可以很好地工作在 NFC 的通信环境中。

(2) 应用层安全。应用层安全包括除链路层外、所有 NFC 中开发使用的安全问题。

- 数据的保密性。信用卡、票据、个人身份等敏感数据都可能因为 NFC 的应用而存储在移动设备中，应保证关键数据只能被合法的程序、合法的用户访问。

- 认证服务。在应用过程中，移动设备往往还需要与其他设备或在线的服务进行交互,如电信运营商、银行交易支付系统等,应在设备和服务提供者之间进行认证。

采用专用的安全芯片来保证 NFC 使用过程中的安全。安全芯片能够支持复杂的加解密算法,并负责存储密钥。

目前,NFC 技术还只停留在小范围的使用中。一方面,支持 NFC 的硬件产品非常匮乏,且价格还没有进入一个合理的范围。各项规范仍需完善,尤其应用程序的开发,还需要有力的支持。另一方面,NFC 若要实现最大范围内的推广普及,涉及硬件厂商、电信、金融、零售等多个行业的整合,其中的利益分配和业务重组是一个复杂且困难的问题。蓝牙技术与其他物联网相关近距离通信技术共存应用场景如图 11.23 所示。

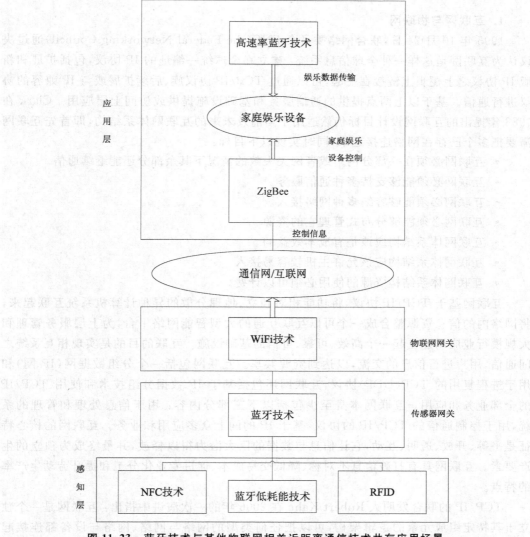

图 11.23　蓝牙技术与其他物联网相关近距离通信技术共存应用场景

图 11.23 是根据几种与蓝牙相关的通信技术在物联网中的技术特点设计的一种多技术共同网的应用场景。蓝牙技术和 802.11 标准都已经广泛应用于移动通信设备中,这

两者结合的解决方案,可成为高效过渡的高速无线传输解决方案。而 NFC 技术、蓝牙低耗能技术以及 RFID 技术都作为感知层的传感器,用于获取特定物品信息。因为三种技术都能够很好地与蓝牙技术进行通信,传感器获得所需的特定信息后,通过作为传感器网关的蓝牙技术通过 WiFi 物联网网关将信息传递到网络层。网络层中的基础设施对信息进行分析,将需要的控制信息传递到 ZigBee 设备,ZigBee 设备根据网络层给出的分析结果,发出控制信息遥控,如智能家居设备。而高速蓝牙则可以作为智能家居等应用环境中的大批量数据传输载体,给用户灵敏流畅的娱乐体验。

11.3.2 广域网通信技术

1. 互联网与物联网

1995 年 10 月 24 日,联合网络委员会 FNC(the Federal Networking Council)通过决议认为互联网是这样一种全球信息系统:建立在全球统一编址的 IP 协议,包括扩展和新版 IP 协议之上逻辑上链接在一起,可以通过 TCP/IP 协议族、后续扩展或与 IP 兼容的协议进行通信。基于以上两点提供的通信服务和基础设施提供或访问上层应用。Clark 在1988 年提出的互联网设计目标仍然适用于当前及未来的互联网体系结构,即首先互联网需要把多个已存在网络连接起来,同时实现以下目标:

- 互联网必须在一部分网络或者网关失效的情况下其余部分还能继续通信。
- 互联网必须能够支持多种通信服务。
- 互联网必须能够容纳多种网络接入。
- 互联网必须能够分布式管理它的资源。
- 互联网体系结构应该是有成本效益的。
- 互联网体系结构应该允许主机较容易接入。
- 互联网体系结构资源的使用必须可以计费。

互联网基于 TCP/IP 协议,将功能相对独立、地理分散的异种计算机系统互联起来,将网络内的信息资源整合成一个可以互联互通的大型智能网络平台,为上层服务管理和大规模行业应用建立起一个高效、可靠、可信的基础设施。互联的目的是实现相互系统之间通信,用户进行信息的交流,以达到资源共享。互联网包括一个分组数据网(IP 网)和用于进程复用的 TCP(UDP)协议,互联网还包括基于 IP 数据分组技术和使用 TCP/IP的全部业务和应用。互联网本身至少包括以下三部分内容:用于信息处理和管理的系统,用于控制通信的 TCP/IP 的协议,基于 IP 的网上众多应用和业务。互联网的核心特征是平等、开放、透明、互动,它让信息与数据的巨大潜力得以释放,并最终成为独立的生产要素。互联网具有打破信息不对称、降低交易成本、促进专业化分工和提升劳动生产率的特点。

TCP/IP 的联合发明人 Robert Kahn 在 2006 年的一次演讲中指出:互联网是一个独立于其特定组成元素的逻辑架构,可以把任何类型的网络与网络、网络与设备都连接起来。因此,互联网具有三个最典型的特征:

(1) 提供尽力而为的包传送服务;

(2) 把不同网络连接起来的网关即路由器不保留任何经过它的包的状态信息;

（3）互联网没有集中式的、全球性的运营控制和管理。

而物联网（Internet of things），是指将各种信息传感设备，如射频识别（RFID）、红外感应器、全球定位系统、激光扫描器等种种装置，按约定的协议，把任何物体与互联网相连接起来而形成的一个巨大的网络。从概念上进行对比分析，不难发现物联网的实质是互联网的具体应用，互联网是物联网的重要基础之一。互联网对物联网的构建和运行起着重要的支撑作用，如果离开互联网，物联网也只能是空中楼阁。在互联网发展的几十年，其主要功能是把通信和信息网络化，在信息网络化完成之后，如何将互联网和物理世界相互联系？使得物理世界中的因素（例如温度、湿度、图像、声音等）能够被存储标记和搜索，并能使得人们通过一种非常便利的方式获取这些信息，这就形成了物联网。

无线网络技术的大量应用，使得覆盖尽可能大的范围已成为可能，"云计算"技术的运用，将使数以亿计的各类物品实现实时动态管理。这些技术与互联网技术一起为物联网的运行创造了基础条件。信息通信技术（ICT）的发展是波浪前行的：计算系统从大型机、小型机、个人计算机到嵌入式设备；互联技术从桌面互联网、移动互联网到物联网。移动互联网一般更面向个人用户，较为侧重于大众消费性和全球性；而物联网则具有感知和数据采集处理能力，主要面向生产服务和社会管理，侧重于行业性和区域性。当移动互联网进入高速普及期时，物联网开始起步，两大产业周期出现交叠、共用技术设施、相互融合碰撞，将构筑未来泛在网应用平台。移动互联网融合物联网能力，将会拓展应用，重塑模式，开拓新的产业空间。其未来的发展方向是基于融合了物联网能力的新型融合终端，包括通用终端可穿戴设备、个人物联网终端，通过基于公共移动网络上的移动应用商店，形成移动互联网融合应用生态。另一方面，物联网应用正加速向各行业各领域渗透扩散，但仍处于起步阶段，主要集中在以政府公共服务为主的公共管理和服务。市场以企业为主的行业应用市场，以及以个人和家庭为主的消费市场。

物联网融合移动互联网，将为其注入新能力、新模式和新的推动力量。具体为与移动互联网巨头合作，凝集产业力量，吸纳移动互联网能力，借助移动互联网商业模式（应用程序商店能力开放运营等），形成融合移动互联网的物联网商务应用模式。互联网＋指的是互联网与传统产业的融合。其中的＋指的是传统的各个行业。"互联网＋"是两化融合的升级版，不仅仅是工业化与信息化的融合，而是将互联网作为当前信息化发展的核心特征提取出来，并与工业、农业、商业、金融业等服务业的全面融合。

物联网和互联网的共同点是：它们都是建立在分组数据技术的基础之上的，它们都采用数据分组网作为它们的承载网；承载网和业务网是相分离的，业务网可以独立于承载网进行设计和独立发展。物联网不一定使用 IP 网，至少是目前这种只能提供"尽力而为"的传送能力的 IP 网，物联网对其承载网（分组数据网）的要求要高于目前的互联网；其二是物联网，尤其是面向智能小物体的物联网，它要求采用轻量级的通信协议，因此像 TCP/IP 那样复杂的协议不可能在智能小物体的物联网中使用。

2. 移动通信技术

移动通信是移动体之间的通信，或移动体与固定体之间的通信。移动体可以是人，也可以是汽车、火车、轮船、收音机等在移动状态中的物体。移动通信是现代综合业务通信网中的重要组成部分，和光纤通信、卫星通信一起被称为三大新兴通信。随着科学技术的不断进步,移动通信技术的每一次变革都会给人们的生产、工作和生活等带来便利,广泛地应用到社会每个方面。中国是世界上移动用户最多的国家,移动通信技术已经形成了完整的产业链。移动通信按照不同的使用要求和工作场合可以分为集群移动通信、蜂窝移动通信、卫星移动通信和无绳电话等。我国移动通信技术先后经历了第一代通信技术、第二代通信技术、第三代通信技术和第四代通信技术,数据传输速度越来越快,通信质量越来越高,在人们的日常生活中应用越来越广泛。

20 世纪 80 年代,研究学者们提出了第一代移动通信系统,并于 20 世纪 90 年代初研制完成。第一代移动通信系统又称为 1G 通信技术,主要是模拟传输,传输速度较低,约为 2.4kbt/s,业务量较小,安全性和质量较差,缺少加密性。20 世纪 90 年代初期,欧洲电信标准协会率先提出第二代移动通信系统。第二代移动通信系统又称为 2G 通信技术,主要包括 GSM900/1800 双频段工作、立即计费、支持最佳路由(SO)、客户化应用移动网络增强逻辑(CMAEL)等内容和增强型语音编解码等技术,提高了语音质量。在移动通信技术中,GSM 是使用人数最多的通信网络系统。按照移动通信的分类,GSM 通信网络系统属于数字蜂窝式移动通信。数字蜂窝式移动通信系统将移动通信范围分成相隔一定距离的若干个小区,当移动用户从一个小区到另一个小区的过程中,通过终端设备对基站的跟踪作用,达到不中断通信的目的。不仅是小区之间,用户还可以从一座城市移动到另一座城市,甚至在其他国家与本国的用户通过终端设备进行通话。数字蜂窝式移动通信系统主要包括移动终端、基地台和控制交换中心三部分,通过控制交换中心进入有线电话公用网,实现固定电话与移动电话、各个移动电话之间的移动通信。

2G 通信技术主要采用比较密集的频率多重复用、多复用、复用结构技术,通过双频段和智能天线技术等,避免产生由于业务量增加造成的系统容量不足现象;通过 GPRS/EDGE 等技术使通信系统与计算机通信互联网系统相结合,使数据传输速度从 1G 技术的 2.4kb/s 提高至 115~384kb/s,增强通信技术的功能性,使 2G 通信技术初步具备支持多媒体各项业务的能力。随着通信网络规模的不断扩大和通信用户的不断增多,2G 通信技术的语音质量满足不了用户的要求,使用频率资源已经接近枯竭。

第三代移动通信系统使用智能信号处理技术,将智能信号处理单元作为基本功能模块,支持多媒体数据和语音通信。第三代移动通信系统又称为 3G 通信技术,与 1G 通信和 2G 通信技术相比,3G 通信技术能提供宽带业务,如电视图像、慢速图像和高速图像等。第三代移动通信系统的通信标准由三个分支组成,分别是 TD-SCDMA、CDMA2000 和 WCDMA,三个分支之间相互兼容,因此第三代移动通信系统能够实现全球通信和个人通信,但 3G 通信技术的频谱利用率较低,用户不能充分利用频谱资源。由于第三代移动通信系统存在诸多缺点,不能适应移动通信技术的未来发展,移动通信科研人员仍需要继续研究新一代移动通信。第四代移动通信技术是继第三代之后的又一次技术演进。第四代移动通信技术又称为 4G 通信技术。4G 通信技术是一种超高速的无线网络,并没有完全脱离传统的通信技术,而是以 1G、2G、3G 的通信技术为基础,通过新兴的通信技术,提高通信功能和网络效率。第四代移动通信技术 4G 是多方面集成的移动通信系统,在频带上、功能上、业务上都和第三代的通信系统不同,将会在不同的固定和无线平台上提供服务,对于无线频率的速度比第三代信息系统快很多,而且对信号的抗衰弱性增强,网速将会比第三代移动通信系统快 50 多倍,个人通信能力加强,能够实现高清图像之间的传输,在线视频的流畅播放。除了对信息的高速传输之外,第四代的通信还包含安全密码技术、移动平台技术、终端间通信技术以及高速移动无线信息存取系统等,有着非常高的安全性。4G 通信技术的数据传输速度达到 100Mb/s,是 3G 通信技术传输速度的 50 倍,由于技术较为先进,极大地减少了投资成本,从而降低了 4G 通信费用。对于 5G 移动通信还未出现较为正式的定义,普遍的定义为传输的速率在 10Gb/s 以上的移动通信技术。5G 是在现有的无线技术基础上不断地发展新技术来构建较为长期稳定的网络社会。5G 与传统智能化网络的区别在于它是以面对用户的体验为中心,更多地满足用户的要求,不再仅仅依靠技术来实现新型的智能化自主网络。对 5G 移动通信的技术要求是能使数据的流量在原有的基础上增长 1000 倍左右,但其关键的技术是为了构建网络社会,满足用户高速的传输需求,保证通信网络的高容量和可靠性等要求。

未来无线移动通信系统将朝着全球化、多媒体化、综合化、智能化和个人化的方向快速发展。移动通信已经成为无线通信的主要应用形式,商业运营也非常成功,有着广泛的应用前景。在未来移动通信系统时代,需要多种多样的接入和组网能力。系统需要新的射频技术,高效的无线接入技术、新的自适应多址和信道编码技术、基于软件无线电的多模终端与基站技术、系统兼容和演进技术与策略、天-地一体化技术、网络智能化技术等。系统容量必须至少 10 倍于 3G 系统,为了按用户需求提供多种多媒体业务,未来无线移动通信系统必须引入 QoS;在 IP 网中还必须支持 IPv6,以便为移动终端提供巨量的 IP 地址。

3. 移动通信与物联网

覆盖地域广泛的移动通信网络系统为人们提供了随时随地进行信息联网传输的手段,物联网则为人们描绘了对实物世界进行更加智能化管理的美好前景,将移动通信技术应用于物联网中的信息接入和传输,实现移动通信网络和物联网的有机融合,无疑既能极大地促进物联网的普及应用,又能为移动通信网络拓宽应用业务范围。

现在的移动运营商已经将移动通信技术和系统应用到物联网之中,利用现有的移动通信网络开展形式多样的物联网业务:如现在各运营商利用移动通信网络开展的移动支付业务、物流行业基于移动通信网络的车辆/货物智能管理系统,以及运营商与汽车制造商合作推出的基于移动通信系统的车载信息网络等,都是将移动通信技术应用到物联网的现实。

由于物联网信息节点的广泛性和移动性,决定了各种无线通信技术将是物联网的主要联网技术。同时随着第三代移动通信的不断发展普及,现代移动通信网络的数据通信功能日益强大,已经开始应用的 4G 通信网络支持的业务范围更加广泛。因此,现代移动通信网络为物联网的实现提供了很好的物质基础,移动通信系统必将在物联网的组网过程中得到广泛应用。

移动通信系统一般由移动终端、传输网络和网络管理维护等部分组成,因此移动通信在物联网的应用主要包括以下几个方面:

(1) 移动通信终端在物联网中的应用。移动通信系统的移动终端作为信息接入的终端设备,可以随网络信息节点移动,并实现信息节点和网络之间随时、随地通信。对比移动通信终端和物联网节点信息感知终端的功能和工作方式可知,移动通信终端完全可以作为物联网信息节点终端的通信部件使用。

(2)移动通信传输网络在物联网中的应用。移动通信系统的传输网络主要实现各移动节点的相互连接和信息的远程传输,而物联网中的信息传输网络也是完成相类似的功能。因此,完全可以将现有的移动通信系统的信息传输网络作为物联网的信息传输网络使用,也即可以将物联网承载在现有的移动通信网络之上。

(3)移动通信网络管理平台在物联网中的应用。移动通信网络的网络管理维护平台主要用来实现对网络设备、性能、用户及业务的管理和维护,以保证网络系统的可靠运行。为了保证信息的安全、可靠传输,物联网同样需要相应的管理维护平台以完成与物联网相关的管理维护功能。因此,完全可以将移动通信网络管理维护的相关思想、架构应用到物联网的网络管理和维护上。

虽然移动通信网络和物联网的结构类似、功能相近,可以将移动通信系统广泛应用到物联网之中,但是现在的移动通信系统毕竟主要是为语音通信设计的,第三代及后继的移动通信系统尽管增强了系统的数据通信功能,但仍然不能将现有的移动通信系统直接作为物联网使用,而必须根据物联网的使用特点加以改进,主要包括:

(1)移动通信终端在物联网中的改进。物联网上有许多网络节点,如智能监控、信息查询等,这些节点放置了智能传感器,实时采集目标物体信息通过网络层进行传输处理,提供给用户需要的信息。对比移动通信终端和物联网节点信息感知终端的功能和工作方式可知,移动通信终端完全可以作为物联网信息节点终端通信部件使用。物联网产业链标识、感知、处理和信息传送四个环节组成,信息传送的主要工具是无线通道,目前无线通道与互联网融合最成熟技术 3G 已在市面应用,现在需要的技术就是如何更好地利用 3G 技术与物联网融合。

(2)网络管理的改进。现在的移动通信网络管理中的用户管理、信息传输管理和业务管理都还不能满足物联网的使用要求,必须加以改进。首先,物联网包含物品-物品、人-物品的海量信息发送、接收,因此形成了与传统的用户具有不同的特点,因此必须改变对现有的用户方式,同时对用户的标识、编码、物理特性都有一定的通信协议规定,按照约定的协议形成任何时间、任何地点,以任何方式提供信息访问人到人、人到机器、机器到机器的互联,进行信息的交换和通信,实现智能化识别、定位、跟踪、监控和管理的一种新型的网络。同时为物联网用户不断发展新的业务,并对新的物联网业务进行高效、安全的管理。

4. 卫星通信技术

卫星通信技术是利用卫星作为中继站,充分利用高空中人造卫星不易受干扰高速运行的特点,从而实现信息在地-空-地中高效率的传输,从而能够较快、较好地完成通信的技术。例如低轨道移动卫星通信网络就是利用卫星在距离地球较近的低轨道中时,利用多颗低轨道卫星进行转发,从而实现远距离实时通信。在卫星通信技术支持下,以卫星作为中继站并在通信过程中转发无线电波,利用数量众多的卫星,实现两个或多个地区之间的信息传递。这一过程就是人们所说的卫星通信网络。从通信的本质上说卫星通信属于微波通信的范畴,因为卫星通信所使用的也是微波,其工作频率在 $1\sim2\text{GHz}$。卫星通信目前还没有发展到可以直接使用手持设备与卫星直接通信的程度,目前的手持式卫星电话首先要与卫星地面站连接,然后由卫星地面站与卫星通信,卫星再与目标卫星地面站建立连接,这样处于同一个或不同的卫星地面站的两人或多人之间就可以在卫星的中继下通信了。由上述可见,一个完整的卫星通信系统必须包括三部分,即卫星、地面站、用户。这三部分之中卫星与地面站所起到的都是中继的作用。卫星的星体包括了两个重要的组成部分,即卫星母体与其星载设备。卫星地面站则是卫星面向地面众多用户的接入点也称为接口,地面站的用户也可以通过卫星形成虚拟通信链路。卫星地面站不仅仅只是服务用户的机构,卫星地面站最重要的任务是对卫星进行控制,对卫星的控制主要包括卫星跟踪、卫星遥测、卫星指令系统更新维护等。

卫星通信技术的特点是覆盖面广,想要覆盖全球只需要三颗卫星,而且卫星通信技术还具有容量巨大的特点,每一颗卫星都可以安装多个转发器以增加其通信容量,并且卫星通信的频带是所有通信手段里最宽的,频段可以为 150MHz～30GHz,相对于上述特点,卫星通信最被人类看好的一个特点就是其稳定性与灵活性,这一点在汶川地震时表现得尤为明显。在某一区域发生巨大自然灾害时,除了卫星通信,其他所有的通信方式均无法使用,而卫星通信,只要那颗卫星还在天上,地面站(一般建在较大的城市的相对安全的秘密区域)还存在就不影响用户在任何位置、任何情况下的通信。汶川地震发生时所有的互联网、手机都无法使用,所有的电力供应全部中断。在这种情况下,只有卫星通信是唯一可以使用的通信手段。

全球导航卫星系统(GNSS)可以为用户提供精确连续的三维位置和速度信息,同时还具有授时功能。代表性的全球导航卫星系统有美国的全球定位系统(GPS)、欧洲的伽利略系统(Galileo)、俄罗斯的格洛纳斯系统(Glonass)以及中国的北斗卫星导航系统等。中国的北斗导航系统除提供位置速度和时间信息外,还可以为用户提供短报文服务,这也是它在物联网中应用的一个重要基础。卫星导航系统具有定位精度高覆盖面广、用户容量大实时性强等特点,既可以作为感知终端,也可以作为传输网络,因此导航系统在物联网中有广阔的应用前景。

我国的北斗卫星导航系统除能提供精确的三维位置速度信息和授时功能外,还可提供短信报文功能。北斗导航系统在物联网中的应用主要是在感知层和网络传输层。在感知层,导航系统的芯片本身可以是一个可精确测量目标位置和速度的传感器,可作为传感器使用,并且物联网中接入的物体绝大多数都需要位置信息,这样就可以不通过 RFID 上传读写器,而是直接用短报文功能上传,这是电信网络所不具备的。另外,在 RFID 中,可以将其读写器与导航芯片融合设计在一起,利用导航终端直接上传网络在网络传输层,由于北斗导航系统独有的短报文功能,可用于上传下行信息,作为支撑网络应用与电信网络相比,该导航系统具有以下优势:

(1) 信号分布广泛。在地理位置偏远和地形复杂地区,电信网络覆盖较差,而导航信号在全部地区都有稳定覆盖。这对于这类地区的物流跟踪、电力监控、管道监测、环境检测等业务有很大的应用价值。

(2) 用户容量大。单星每小时可以提供 200 万次导航服务,每天可以提供近 5000 万次的导航服务,在我国国内可见的卫星有十余颗,也就是每天可提供数亿次的导航服务。

北斗导航系统独有的短报文功能,每次可提供 120 字的短信服务,北斗系统未对短报文功能的用户容量作限制。可以粗略推算一下,以 36Mb/s 卫星转发器为例,每秒可以发送大约 20 000 条报文,一天可以转发约 17 亿条报文,假设每颗卫星只有一个转发器,几十颗卫星每天可以转发几百亿条的报文,这远大于电信运营商的承载能力。

（3）对用户状态切换适应性强。物联网终端通信的业务模式具有频繁状态切换、频繁位置更新等特征。对于电信网络,需要在基站间频繁切换,且对各个基站带宽要求很高,容易造成某一地区基站的通信阻塞。而导航系统单星覆盖范围广,一般的位置切换不会造成影响;并且同一地区可见卫星至少为四颗,单星通信容量巨大,可以通过有效的资源调配,避免通信阻塞。

（4）短报文业务。电信运营商目前的网络主要针对人与人之间的通信模式进行设计,没有考虑物联网连接多、但数据传输量少的业务特点。如果物联网发展迅速,而运营商网络无法有效隔离提供物联网服务和人与人通信的网络,则物联网业务会冲击到现有人与人的通信应用,造成业务中断。而导航系统的短报文业务中人与人日常通信应用很少,大多作为位置信息传递使用,因此导航系统具有一定的专用性,不存在不同业务冲突的问题。

（5）免费服务。北斗导航系统提供免费服务,服务成本较低。相比之下,如果参照现在人与人通信的收费标准,利用电信网络作为物联网支撑网络的成本较高。综上所述,北斗导航系统相对于电信运营商在一些方面具有一定优势。当然电信网络也有其自身的优势,例如网络成熟有物联网市场基础等,所以在今后物联网发展中,北斗卫星导航系统与电信网络应该优势互补,更好地支撑物联网的发展。

11.4　数据汇聚与信息融合

11.4.1　信息融合的定义

信息融合技术作为信息科学的一个新兴领域,起源于军事应用。20 世纪 70 年代,美国海军采用多个独立声纳探测跟踪某海域敌方潜艇时,首次提出数据融合概念。早期的数据融合,其信源为同类多传感器,如多声纳、多雷达、多无源探测目标定位等,其信息形式主要是传感器数据。随着军事应用需求的扩展,信息融合扩大到多类信息源,首先是不同类传感器信息的融合,其次是随着数据融合应用层次的提高,其他侦察手段获取的信息也参与融合,以及经处理过的非侦测情报、中长期情报（预存于数据库中）等参与融合,从而使数据融合迈向信息融合领域。

信息融合技术是指按照一定的规则条件,将传感器获得的大量信息数据按照一定的时序利用计算机信息技术对其进行收集、分析、提炼和处理的过程。通过信息融合技术,获得所需要的精准信息数据。信息融合就是对大量的、不同的信息加以提炼和整合的过程,通过信息融合得到更加精练、更加准确的数据,为某种决策需要或者数据要求提供信息数据的支持。信息融合将通过采集获取的多源的数据信息进行综合分析,保证一定的数据质量的情况下提高对推理和评估结果的可靠性,从而发现某些事物之间的联系。通过整合多源异构信息,从而获取高品质的有用知识,为决策提供服务。信息融合的主要功能在于将信息加以提炼,提高信息的可用性。随着信息融合技术不断向前发展,信息融合也从军事领域的应用逐步扩大到民用领域的应用,在物联网技术飞速发展的今天,信息融合技术更是具有重要的作用。

信息融合能够减少所需要传输的数据量,降低传输过程中数据之间的冲突,减轻物联网中拥塞现象发生次数,合理利用网络资源。因此,信息融合技术已成为物联网的关键技术和研究热点。

11.4.2 信息融合的分层模型

Nakamura 等人将物联网中信息融合技术划分为四个层次,主要包括低等水平融合(数据级融合)、中等水平融合(特征级融合)、高等水平融合(决策级融合)和多级融合。对于物联网,数据级融合主要是消除输入数据中的噪声,而特征级融合和决策级融合则侧重于获取与实际应用相关的有价值信息,如图 11.24 所示。

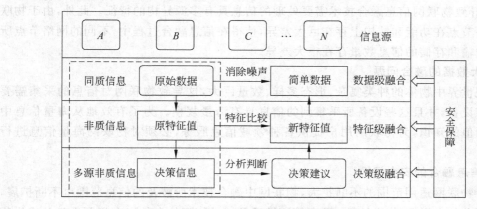

图 11.24 信息融合的分层模型

根据数据信息源之间的关系,可以将信息融合分为:

(1)互补融合。多角度、多方面、多方法的观测所采集到的数据信息进行累加,得到比单一方法或角度更丰富、更完整的数据信息的过程。

(2)冗余融合。当多个数据源提供了相同或相近的数据信息时,融合冗余的数据信息,从而得到较为精练的数据信息的过程。

(3)协同融合。多个独立数据源所提供的数据信息,进行综合的分析,产生出一个更加复杂、更加准确的新的数据信息的过程。

根据数据信息抽象层次关系,可以将信息融合分为数据级融合、特征级融合、决策级融合。对于物联网,数据级融合主要是消除输入数据中的噪声,而特征级融合和决策级融合则侧重于获取与实际应用相关的有价值信息。

数据级融合主要是指在原始数据采集后的融合。该融合的特点是必须在同质信息前提下的融合,不同质信息则不能在此阶段融合。在数据级融合阶段常用的方法多为加权平均法、特征匹配法和金字塔算法等传统方法。

特征级融合主要是在对原始数据进行特征值提取后,运用基于特征值比较的融合方法。其特点是可在不同质信息范围内进行融合,但无法对融合结果进行判别并作出合理决策。在特征级融合技术阶段常使用 K-近邻算法、卡尔曼滤波算法、聚类算法等。

决策级融合是通过对不同质数据进行预处理、特征值提取和识别、分配可信度、作出的最优决策,其特点为能对传感器采集的数据作出融合,并可利用融合结果进行分析和判别,形成决策建议。相比前两个融合,决策级融合是最高层次的信息融合,融合系统不仅容错性能好,而且适用领域广;常见的决策级识别方法有专家系统、Bayes 推理法和证据理论法等。

11.4.3　物联网信息融合的新问题

1. 多源异构信息的融合问题

由于物联网中传感器所采集的信息内容不同,传感器采集信息的时间间隔不同,传感器所输出信息的表示方式不同,传感器所能感知的物体种类不同,以及传感器的数量众多等原因,导致物联网信息融合技术需要处理的信息具有多源异构的特征。此外,由于物联网中网络节点在功能和结构上存在巨大差异,使得在信息融合过程中,不同的网络节点所能处理传输和存储的信息数量存在很大差异。

2. 大数据的融合问题

客观世界中物体的种类复杂、形态多样、数量巨大,这导致物联网对信息的采集需要各种传感设备,并且这些设备所采集到的信息具有海量规模。为了有效地从海量信息中发现有价值的知识,为物联网用户提供各种领域信息服务,必须对物联网海量信息进行处理。

3. 信息融合的安全问题

随着物联网适用范围的不断扩大,物联网中融合技术所涉及的信息范围也不断扩展,相当一部分信息属于政府、金融、军事等高敏感领域,因此,信息的安全问题也日益成为物联网信息融合需要重视的问题。

11.5　智能信息处理技术

智能信息处理技术是物联网架构中的核心技术之一,物联网知识的表达与情景感知等技术均以智能信息处理技术为基础保障。智能信息处理技术的主要目的是实现人工智能信息的分支处理要求,该技术不仅从属于前沿交叉学科领域,更是情报学和计算机领域中的重要内容。物联网智能信息处理技术必须对系统中流传的信息进行收集和处理。智能信息处理技术以数据挖掘手段为依据,对收集后的信息进行有效处理后,交由最终用户检查,如果用户认可处理后的信息数据,系统就可以利用该类数据解决用户遇到的问题。为了满足智能信息整体化处理的实际要求,物联网智能信息处理通常可以划分为多阶段信息收集、表达和量化处理。

智能信息处理必须充分考虑物联网中"物体"的计算能力,只有其计算能力满足实际应用需求,物联网智能信息才能得到快速发展。智能信息处理过程中传感节点位置的计算能力通常在局限性质下完成,很难将复杂的信息转化成简单的数据。通常情况下为了了解实际传输信息,智能系统会将传输信息直接转交给相关媒介,媒介接收到信息后,智能系统会立即采取有效措施处理相关信息,在综合利用网络组件的同时,智能系统还需要对传感节点中的能耗问题进行探讨和研究。如果传输的原始数据多于直接处理的数据,系统会自动完善传感节点中相关数据计算工作,从而实现节约宽带资源、提高智能信息处理准确性的需求。物联网智能信息处理的目标是将 RFID、传感器和执行器信息收集起来,通过数据挖掘等手段从这些原始信息中提取有用信息,为创新性服务提供技术支持。从信息流程来看,物联网智能信息处理分为信息获取、表达、量化、提取和推理等阶段。物联网技术能否得到规模化应用,很大程度上取决于这些问题是否得到了很好的解决。因此,本节将重点介绍与之相关的语义互操作、传感器协同感知和情景感知技术。

语义互操作指在不同的系统之间可以自由地进行信息交互,不存在语义上的障碍。物联网必定是各类异构网络的融合,而本文所讨论的异构包括传输层面的异构和语义层面的异构。传输层面的异构主要是不同硬件系统或者协议栈之间无法进行数据交互的情况。语义层面的异构是指那些在一个网络中,因为不同系统对某些词汇的定义不同而造成彼此无法沟通的情况。当前的物联网应用均是一些小规模的应用,系统间因为定义的语义结构不同而无法进行语义上的通信,从而限制了物联网的规模化应用。而语义表达是语义互操作的基础,只有在定义了统一且恰当的语义表达以后才能从真正意义上实现语义互操作。知识表达的模型较多,通常包括关键值模型、模式识别模型、传统 E-R 模型、面向对象模型和本体模型。随着物联网应用种类的增多,异构协作的研究也必将迈上一个新的台阶。

传感器协同感知指多个相同或者不同的传感器之间协同工作,共同完成某事件的探测或者感知任务。多传感器协同感知有以下两大好处:第一,同时使用多个传感器(比如跟踪物体移动的雷达),感知信息组合以后将在很大程度上提高对目标的位置和速率的估计精度。第二,通过多传感器协作来提高物体的可观察性,如通过多个传感器观察来进行互补,最终确定物体的状态。例如,同时使用多个视频感知器监测某运动目标,因为从不同的角度来观察目标,可以更容易地识别目标。同构协作的相关研究较多,如通过多个声音传感器的协作对声源进行定位以及多个视频传感协作达到运动目标动态跟踪等研究。异构协作需要具体的应用作为牵引,根据具体的需求进行协同感知。随着物联网应用种类的增多,异构协作的研究也必将迈上一个新的台阶。

情景感知又称为上下文感知,该技术在互联网、泛在网和物联网中均受到了广泛的关注。情景感知有很多定义,总结来说是利用人机交互或传感器提供给计算设备关于人和设备环境的情景信息,让计算设备给出相应的反应。事实上,情景感知与多传感器协同感知没有本质的区别,只是情景感知的输入范畴更广。多传感器协同感知强调输入仅为传感器的感知信息。情景感知的输入信息可以是感知信息,也可以是用户的时间表或者用户反馈,甚至是某条数据链路的状态信息。现有研究中,有两种常用的情景感知系统结构:直接访问方法和中间件方法。直接访问传感器的方法经常用于内嵌传感器的设备,应用程序直接从传感器中获取所需信息,传感器与应用程序耦合度高,不易于扩展。基于中间件的方法是在情景感知系统中引入分层结构,它位于下层传感器与上层应用之间,向上屏蔽底层传感器细节,提供统一的情景信息访问接口;向下驱动物理或逻辑传感器采集信息。

11.6　云计算与信息服务技术

云计算强大的计算能力、巨大的存储容量、高速的网络通信能力、优质的信息安全服务等级为信息服务领域带来了前所未有的影响,让信息服务实现"低成本,高品质",也为信息服务模式的优化与创新创造了最优的 IT 环境。云计算的应用潜能成倍放大,信息服务的潜能也得到超值发挥。

1. 云计算促进了信息服务普适化

云计算让计算、存储、应用、维护等都在云端,大幅度降低用户信息软硬件系统的购置成本。在降低用户使用信息服务技术门槛的同时,也节约了使用成本。随着云计算与移动通信的融合,让手机变成了便携式的迷你型计算机系统。让任意地点随时获取信息服务称为云时代信息服务的特点。因为基础设施无所不在,网络无处不在,信息无所不在,信息服务普适化成为现实。信息资源的整合是有效信息资源的"开放",是在"量"上的释放,实现了"增量";信息的创新是新的信息资源的"开发",是在"质"上的突破,实现了"提质";知识服务泛在化是在"时空"上的跨越,促进了"共享"。"增量"是信息服务的基础,"提质"是信息服务的关键,"共享"是信息服务的目标,促使这三大变量产生正面效应的当属云计算。

2. 云计算环境下的信息服务更重视用户体验

云计算环境下的信息服务更重视用户体验,以用户为中心,与用户进行多维互动。在信息爆炸的大环境下,用户想寻觅到与自己需求相匹配的信息并不容易。因此,信息服务要求内容要有针对性,也就是符合用户的信息需求。失去了针对性无异于制造"信息垃圾",云时代所有信息都可以存储在云端,海量存储与超强计算对全面了解用户需求带来了极大的便利,用户需求了解得更全、更准,信息服务的针对性就越强,服务效益就越好。这就需要通过物联网的多种感知设备发现用户的潜在需求,从而为其提供更好的信息服务。

3. 物联网与云计算的结合思路

云计算是一个利用虚拟技术构建的虚拟化数据中心。通过把分布在大量计算机和存储设备上的计算存储资源聚集成一个虚拟的资源集合中心,以实现超大规模、虚拟化、多用户、高可扩展性等特点,从而为互联网用户提供低成本、简便易行的服务。云计算的关键技术包括虚拟化技术、分布式存储技术、分布式计算技术、负载均衡技术等。物联网需要每个物体都有一个唯一的标识,以便在数据库中检索各物体信息,其部署的超大量传感设备,需要持续增长的存储资源和大规模的并行、分布式计算能力,以实现对海量信息的统计、汇总和备份等。云计算不仅可以满足物联网对大规模信息处理的要求,而且可以提供灵活、安全、协同的资源共享平台,以服务方式向物联网提供计算能力。

物联网将成万上亿计的网络传感器嵌入到现实世界的各种设备中,如移动电话、智能电表、汽车和工业机器等,用来感知、创造并交换数据,无处不在的传感网络带来了大量的数据,这些数据正日益成为与实物资本和人力资源同等重要的生产要素。与此同时,云计算为物联网所产生的海量数据提供了很好的存储空间,并使得实时在线处理成为可能。特别是云计算概念衍生出新的概念——云存储,可以通过集群应用、网格技术或分布式文件系统等功能,将网络中大量各种不同类型的存储设备通过应用软件集合起来协同工作,共同对外提供数据存储和业务访问功能的一个系统。

　　物联网和云计算作为目前 IT 产业的两大新秀,物联网将是云计算最大的用户,二者的融合展开了信息时代的无限遐想。云计算是物联网发展的基石,而物联网又促进着云计算的发展,在大数据时代,二者的融合发展必然能推动数据价值进一步显现。云计算是实现物联网的核心,运用云计算模式使得物联网中各类物品的实时动态管理和智能分析变得可能。云计算为物联网提供了可用、便捷、按需的网络访问,如果没有这个工具,物联网产生的海量信息无法传输、处理和应用。另外,云计算促进物联网和互联网的智能融合,有利于构建智慧城市。智慧城市的建设从技术发展视角来看,要求通过以移动技术为代表的物联网、云计算等新一代信息技术应用实现全面感知、互联以及融合应用。例如,医疗、交通、安保等产业均需要后台巨大的数据中心,需要云计算中心的支持,而云计算中心是一个智慧城市很重要的基础设施,数据的分析与处理等工作都将放到后台进行操作,都为打造智慧城市提供了良好的基础。

　　物联网与云计算各自具备很多优势,结合方式可以分为以下几种。

　　(1) 一对多方式。即单一云计算中心,多个物联终端。此类模式中,多个物联网业务终端采用一个云计算中心作为数据处理中心,终端所获得信息、数据统一由云中心处理及存储,云中心提供统一界面给使用者操作或者查看,比较常用的是企业内部的私有云。

　　(2) 多对一方式。即多个云计算中心,单一物联终端。此类模式中,单一物联网业务终端采用多个云计算中心或云服务平台,终端需要多个云计算中心的协同服务。例如,车联网用户在通过车载定位终端使用导航服务、加油服务、保养服务时,需要使用多个不同的云计算及云服务类型。比较常用的是多个共有云为用户提供服务。

　　(3) 多对多方式。即多个云计算中心,多个物联终端。对于很多区域跨度较大的企业、单位而言,多个云中心、大量终端的模式较为适合。例如,一个跨地区或者多国家的企业,因其分公司较多,要对其各公司或工厂的生产流程进行监控与质量跟踪等,需要使用多个不同类型的云计算及云服务,涉及众多类型的物联终端。比较常用的是多个共有云或混合云为多种类型用户提供服务。

11.7　网络安全与管理技术

　　物联网是一把"双刃剑",其特点是无处不在的数据感知、泛在的网络信息传输、智能化的海量信息处理。物联网技术的快速发展,一方面使我们的生活变得越来越智能,另一方面也对整个社会和网络的信息安全提出了更高的要求。无论是云计算还是物联网,都有海量的物、人相关的数据。若安全措施不到位,或者数据管理存在漏洞,它们将使我们面临黑客、病毒、木马的威胁,甚或被恐怖分子轻易跟踪、定位,这势必带来对个人隐私的侵犯和国家、企业机密泄露等问题,破坏了信息的合法有序使用要求,可能导致人们的生活、工作陷入瘫痪,社会秩序混乱。因此,这就要求政府、企业、科研院所等各有关部门运用安全技术、法律、行政等各种管理手段,解决安全问题。

物联网安全威胁存在于各个层面,包括终端安全威胁、网络安全威胁和业务安全威胁。智能终端的出现带来了潜在的威胁,如信息非法篡改和非法访问,通过操作系统修改终端信息,利用病毒和恶意代码进行系统破坏。数据通过无线信道在空中传输,容易被截获或非法篡改。非法的终端可能以假冒的身份进入无线通信网络,进行各种破坏活动;合法身身份的终端在进入网络后,也可能越权访问各种互联网资源。业务层面的安全威胁包括非法访问业务、非法访问数据、拒绝服务攻击、垃圾信息的泛滥和不良信息的传播等。根据物联网网络结构与安全威胁分层分析,得出物联网安全管理框架如图 11.25 所示,分为应用安全、网络安全、终端安全和安全管理四个层次。

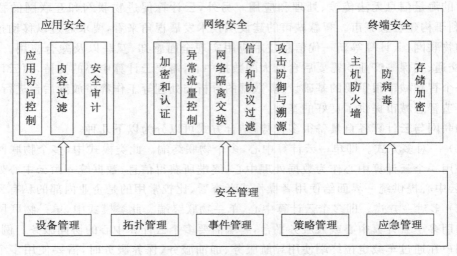

图 11.25   物联网安全管理框架

前三个层次为具体的安全措施,其中应用安全措施包括应用访问控制、内容过滤和安全审计等。网络安全即传输安全,包括加密和认证、异常流量控制、网络隔离交换、信令和协议过滤、攻击防御与溯源等安全措施。终端安全包括主机防火墙、防病毒和存储加密等安全措施。安全管理则覆盖以上三个层次,对所有安全设备进行统一管理和控制。具体来讲,安全管理包括设备管理、拓扑管理、事件管理、策略管理和应急管理。设备管理指对安全设备的统一在线或离线管理,并实现设备间的联动联防。拓扑管理指对安全设备的拓扑结构、工作状态和连接关系进行管理。事件管理指对安全设备上报的安全事件进行统一格式处理、过滤和排序等操作。策略管理指灵活设置安全设备的策略。应急管理指发生重大安全事件时安全设备和管理人员间的应急联动。安全管理能够对全网安全态势进行统一监控,在统一的界面下完成对所有安全设备统一管理,实时反映全网的安全状况,能够对产生的安全态势数据进行汇聚、过滤、标准化、优先级排序和关联分析处理,提高安全事件的应急响应处置能力,还能实现各类安全设备的联防联动,有效抵挡复杂攻击行为。

本 章 小 结

　　本章主要介绍物联网各个层次所涉及的关键技术,从底层的现代感知与标识技术、嵌入式系统技术,到中间的网络与通信技术、数据汇聚与信息融合,再到上层的智能信息处理、云计算与信息服务、网络安全与管理技术,从各个角度分别阐述了物联网涉及的关键技术。物联网是新兴学科,是计算机科学与技术、软件工程、电子科学与技术、信息通信技术、网络信息安全等交叉融合的结果。

习　　　　题

　　1. 物联网有哪些感知技术?

　　2. 嵌入式系统与物联网有哪四个通道接口?

　　3. ZigBee 标准定义了三种节点:_____、路由节点(Router)和终端节点(End Device)。

　　4. 物联网中信息融合技术可分为哪四个层次?

　　5. 从信息流程来看,物联网智能信息处理分为信息获取、表达、量化,提取和_____等阶段。

思　考　题

　　1. 试分析物联网安全管理框架各层次的关系。

　　2. 试分析物联网与云计算的结合思路和结合方式。

第 12 章

物联网安全

本章结构

12.1 物联网安全概述

正如所有新生事物一样,物联网的发展道路也是曲折的,在物联网得到全面和广泛应用之前,其自身还存在着许多的不完善。目前全球物联网状况尚处于发展阶段,许多关键技术、制定标准规范与研发应用等都还处于初级阶段,核心技术有待突破;标准规范有待制定;信息安全有待解决;统一协议有待制定。物联网的推广使用能够给人们的生活带来便利,大大提高工作效率,推动国民经济的大力发展,但是也必须注意到物联网的使用会带来巨大的安全隐患,信息化与网络化带来的风险问题,在物联网中会变得更加迫切与复杂,物联网的信息安全问题是关系物联网产业能否安全可持续发展的核心技术之一,必须引起高度重视。特别是当物联网与工业控制结合时,一个典型的案例是震网病毒(Stuxnet),它是第一个专门攻击工业控制中基础设施(如发电站和工厂)的病毒,震网病毒以蠕虫的形式在互联网扩散,并重点扩散到 U 盘上,一旦移动介质放入工业控制网中,就寻找西门子的 WINCC 系统并加以感染,一旦感染,就可以在可编程控制器(Programmable Logic Controller,PLC)管理员没有察觉的情况下,修改发送至 PLC 或从 PLC 返回的数据。震网病毒攻击了伊朗在纳坦兹的浓缩铀工厂,造成伊朗约 20% 的离心机(1000 多台)失控、报废,导致发电计划推迟。因此在物联网时代,安全问题面临前所未有的挑战,如何建立安全、可靠的物联网是摆在面前的迫切问题。

物联网的安全形态主要体现在其体系结构的各个要素上。第一是物理安全,主要是传感器的安全,包括对传感器的干扰、屏蔽、信号截获等,是物联网安全特殊性的体现;第二是运行安全,存在于各个要素中,涉及传感器、传输系统及处理系统的正常运行,与传统信息系统安全基本相同;第三是数据安全,也是存在于各个要素中,要求在传感器、传输系统、处理系统中的信息不会出现被窃取、被篡改、被伪造、被抵赖等性质。其中传感器与传感网所面临的安全问题比传统的信息安全更为复杂,因为传感器与传感网可能会因为能量受限的问题而不能运行过于复杂的保护体系。因此,物联网除面临一般信息网络所具有的安全问题外,还面临物联网特有的威胁和攻击,相关威胁包括物理俘获、传输威胁、自私性威胁、拒绝服务威胁、感知数据威胁;相关攻击包括阻塞干扰、碰撞攻击、耗尽攻击、非公平攻击、选择转发攻击、陷洞攻击、女巫攻击、洪泛攻击、信息篡改等。相关安全对策包括加密机制和密钥管理、感知层鉴别机制、安全路由机制、访问控制机制、安全数据融合机制、容侵容错机制。

12.2　物联网的安全问题

正如任何一个新的信息系统出现都会伴随着信息安全问题一样,物联网也不可避免地伴随着物联网安全问题;同样,与任何一个信息系统所存在的安全问题均有着自身的安全和对他方的安全的两面性一样,物联网的安全也存在着自身的安全和对他方的安全问题。其中自身的安全就是物联网是否会被攻击而不可信,其重点表现在如果物联网出现被攻击、数据被篡改等,并致使其出现了与所期望的功能不一致的情况。这一点通常称之为物联网自身的安全问题。而对他方的安全则涉及的是通过物联网来获取、处理、传输的用户的隐私数据,如果物联网没有防范措施则会导致用户隐私和关键数据的泄露。物联网是融几个层于一体的大系统,许多安全问题来源于系统整合。

1. 物联网感知节点的安全问题

实现了人与物的连接后,物联网可以通过物联网设备、感知节点来实现对物体,包括机械的控制,因此物联网可以被应用到一些复杂、危险和机械的工作中,来代替人完成这些工作,这些物联网设备、感知节点大多在无人看管的场合中部署。那么,攻击者就可以轻易地接触到这些物联网设备、感知节点,从而对它们造成攻击破坏。物联网感知层中,RFID、GPS、M2M 终端等设备通过无线网络收集信息,这容易被非法监听、干扰和窃取;这些设备大都部署在无人监控的地方,攻击者很容易对其进行非法操控,这就带来了个人位置隐私安全问题,传感网络中可能存在如下攻击。

(1) 直接攻击。在直接攻击中,攻击者直接从用户那里获取信息。如今随着智能手机技术的发展,安装在 Android、iOSWindows Mobile 等设备中的应用程序可以访问用户的个人信息,攻击者可能获得用户的实时位置。因此,通过直接攻击泄露个人信息的威胁、问题必须加以重视。

(2) 感知攻击。物联网中,攻击者可以设定对象来收集有关其环境的各种信息。记录有关环境数据的智能对象构成了用户隐私的风险来源。设想在物联网中,这些对象是相互连接的,并且记录共享于各个对象中,那么个人信息泄露的风险将会增加,这可能会对用户的隐私造成威胁。

概括起来,物联网的感知层安全问题有:

• 物联网的网关节点被敌手控制,安全特性全部丢失。

- 物联网的普通节点被敌手控制,敌手掌握节点密钥。
- 物联网的普通节点被敌手捕获,由于没有得到节点密钥,而没有被控制。
- 物联网的节点(普通节点或网关节点)受来自于网络内部或外部的拒绝服务 DOS 攻击。
- 接入物联网的大量感知节点的标识、识别、认证和访问控制问题。

2. 物联网传输与网络安全问题

这主要包括感知网络的传输安全问题和核心网络的安全问题两个方面。

感知网络的传输与信息安全问题。感知节点通常情况下功能简单(自动温度计、自动压力计),而且一般都是自带电池,小小的感知节点通常无法具有像计算机系统那样严密的保护系统,结构域协议简单使得它们无法拥有严密的安全保护能力,而且各个简单的感知节点通常也没有统一的网络协议,所以,攻击者有时可以利用网络协议的漏洞攻击物联网,对物联网安全构成威胁。

核心网络的传输与信息安全问题。由于物联网中节点数量庞大,各个简单的感知节点通常也没有统一的网络协议,因此在进行网络传输时,会由于大量设备的数据在没有统一协议的状态下发送,产生数据拥挤与堆积,此外,基于互联网的链路层错包重传机制,会在网络传输错误时,重发数据包,节点不断重复发送数据包,导致核心网络的拒绝服务攻击,甚至死机和系统崩溃。

物联网中通常由无线网络将感知层所获取的信息传输至系统,无线网络中的恶意程序为攻击者提供了入口,攻击类型有中继攻击、推理攻击、自动入侵攻击等。

(1)中继攻击。在中继攻击中,用户个人信息在不被告知的情况下被公开。如一些服务提供商在未经用户同意的情况下出售用户的位置信息、购物行为等个人信息给第三方。技术发展得越快,对个人信息的数据挖掘能力越强。在物对物的通信中,有可能提供更多关系到用户信息的控制权。

(2)推理攻击。推理攻击是通过使用其他攻击类型中收集到的数据来建立一个反映社会活动、移动行为和其他实体移动规律的图。例如,不仅可以采用 GPS 踪迹来推断出移动用户的运输模式(汽车、火车、公共汽车等),还能够根据它们的移动历史来预测用户的路线。

(3)自动入侵攻击。在物联网中,收集大量的信息后,自动化系统就可以结合数据并且进行数据挖掘或分析,这将形成一种新的攻击,称为"自动入侵攻击"。收集到的信息如下:

- 从移动行为中收集到的数据。攻击者可能从个人的移动规律中推断出用户的兴趣点。例如,用户孩子学校的所在地,通常接孩子的时间,每周的社会活动地点以及政治和宗教信仰等。
- 从物联网环境的对象中收集到的数据。不管用户是直接与特定的对象进行交互还是间接地使用另一个对象,由这些相互作用所产生的信息构成了信息的可能来源,反映在行为、位置、日期、时间、购物习惯和用户的其他个人信息上。
- 链接对象的记录:如果一个对象与另一对象产生的同一类型的数据连接在一起,可能会导致连接攻击。例如,用户的汽车配备有 GPS 位置跟踪系统,那么在汽车移动的过程中可以推断出用户此时的移动情况。

因此,自动化入侵攻击是推理攻击的一个渐进的过程,通过组合和链接从用户拥有和操作的各种智能对象中收集到的信息,攻击者不断收集有关受害用户生活或社会活动方面更多的资料。

概括起来,物联网的传输及网络层安全问题有:

- 网络层的 DOS 攻击、DDOS 攻击;
- 假冒节点攻击、中间人攻击等;
- 异构网络漏洞导致的攻击;
- 物联网协议漏洞导致的攻击。

3. 物联网处理与应用安全问题

应用层设计的是综合的或有个体特性的具体应用业务,它所涉及的某些安全问题通过前面几个逻辑层的安全解决方案可能仍然无法解决。由于物联网是在现有网络基础上集成了物联网应用,也就是说,处理层与应用层紧密融合。这就给物联网的安全问题带来了新的挑战。

具体而言,物联网处理与应用的安全问题有:

- 来自于超大量终端的海量数据的识别和处理;
- 智能化程度变为低能;
- 自动控制变为失去控制;
- 灾难控制和恢复;
- 非法人为干预;
- 业务应用流程漏洞导致攻击。

12.3　物联网的安全需求

感知层的安全需求可以总结为如下几点。

- 机密性:多数传感网内部不需要认证和密钥管理,如统一部署的共享一个密钥的传感网。
- 密钥协商:部分传感网内部节点进行数据传输前需要预先协商会话密钥。
- 节点认证:个别传感网(特别当传感数据共享时)需要节点认证,确保非法节点不能接入。
- 信誉评估:一些重要传感网需要对可能被敌手控制的节点行为进行评估,以降低敌手入侵后的危害(某种程度上相当于入侵检测)。
- 安全路由:几乎所有传感网内部都需要不同的安全路由技术。

物联网传输层对安全的需求可以概括为以下几点。

- 数据机密性:需要保证数据在传输过程中不泄露其内容。
- 数据完整性:需要保证数据在传输过程中不被非法篡改,或非法篡改的数据容易被检测出。
- 数据流机密性:某些应用场景需要对数据流量信息进行保密,目前只能提供有限的数据流机密性。

- DDOS 攻击的检测与预防：DDOS 攻击是网络中最常见的攻击现象，在物联网中将会更突出。物联网中需要解决的问题还包括如何对脆弱节点的 DDOS 攻击进行防护。
- 移动网中认证与密钥协商（AKA）机制的一致性或兼容性、跨域认证和跨网络认证（基于 IMSI）：不同无线网络所使用的不同 AKA 机制对跨网认证不利。

物联网处理层的安全需求

物联网处理层是信息到达智能处理平台的处理过程，包括如何从网络中接收信息。在从网络中接收信息的过程中，需要判断哪些信息是真正有用的信息，哪些是垃圾信息甚至是恶意信息。在来自于网络的信息中，有些属于一般性数据，用于某些应用过程的输入，而有些可能是操作指令。在这些操作指令中，又有一些可能是多种原因造成的错误指令（如指令发出者的操作失误、网络传输错误、得到恶意修改等），或者是攻击者的恶意指令。如何通过密码技术等手段甄别出真正有用的信息，如何识别并有效防范恶意信息和指令带来的威胁是物联网处理层的重大安全需求及挑战。

物联网应用层对安全的需求可以概括为以下几点：

- 如何根据不同访问权限对同一数据库内容进行筛选；
- 如何提供用户隐私信息保护，同时又能正确认证；如何解决信息泄露追踪问题；
- 如何进行计算机取证；
- 如何销毁计算机数据；
- 如何保护电子产品和软件的知识产权。

12.4　物联网的安全机制

针对物联网存在的安全问题，有以下几种安全机制以供参考：

（1）认证与访问控制。类似于互联网的认证与访问控制，物联网同样也可以对用户的访问进行严格的控制。例如，可以在对节点与节点之间进行身份认证；通过对感知节点软件升级，让每一个节点参与对访问的身份和可发行性进行验证，以提高节点本身的安全性。因此需要广泛采用各种身份识别技术，如数字签名、指纹识别、瞳膜识别等。

（2）数据加密。加密是保护数据安全的重要手段。加密的作用是保障信息被攻击者截获后不能或不易被破译。同时，对传输信息加密可以解决窃听问题，但需要一个灵活、强健的密钥交换和管理方案，密钥管理方案必须容易部署而且适合感知节点资源有限的特点。另外，密钥管理方案还必须保证当部分节点被操纵后不会破坏整个网络的安全性。目前，机密技术很多，但是如何让加密算法适应快速节能的计算需求，并提供更高效和可靠的保护，尤其是在资源受限的情况下，或在人和物体相对运动彼此断裂的情况下，进行安全加密和认证，是物联网发展对加密技术提出的更高挑战和要求。

（3）容侵容错。容侵就是指在网络中存在恶意入侵的情况下，网络仍然能够正常地运行，容错是指在故障存在的情况下系统不失效、仍然能够正常工作，容侵容错机制主要是解决行为异常节点、外部入侵节点带来的安全问题。

（4）构建安全网络构架。由于发展的不充分，技术的不完善，目前物联网网络层关于各节点之间并没有统一的协议，网络协议的不统一给攻击者留下了许多的安全漏洞，给物联网的安全带来了很大的威胁，所以，必须加快网络层统一协议的制定，以保证物联网的应用安全。

（5）规范操作。正如"城堡最容易从内部攻破"这句话所说，即便物联网的体系结构再合理完善，认证手段和加密方法再怎么先进，若是我们从事物联网行业的相关人员不能正确地、合理地运用这些手段，物联网的安全只能是空谈。因此，我们应对物联网从业人员加强规范操作培训，更应制定科学合理的操作手册，并定期做好这方面的思想工作，从根本上消除物联网的安全隐患。

（6）多管齐下，综合保护。物联网是一个新生事物，其发展初期的安全制度必然是不完善的，我们每一个人都必须参与进来，自觉遵守物联网的安全制度，不做危害物联网安全的事情。同时，国家需要从立法角度，在促进物联网发展的同时，积极建立完善的安全保护机制，通过立法保证物联网的安全。物联网是一把"双刃剑"，其特点是无处不在的数据感知、以无线为主的信息传输、智能化的信息处理。物联网技术的快速发展，一方面使我们的生活变得越来越智能，另一方面也对整个社会和网络的信息安全提出了更高的要求。

12.5 物联网的安全技术

本节以物联网的四层架构为基础，讨论物联网的安全技术。物联网的安全技术架构如图 12.1 所示。

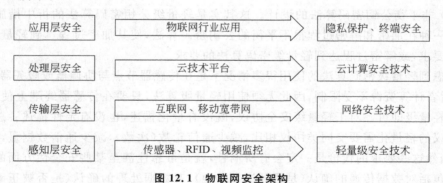

图 12.1 物联网安全架构

12.5.1 物联网感知层安全技术

物联网感知层主要包括传感器节点、传感网路由节点、感知层网关节点（又称为协调器节点或汇聚节点），以及连接这些节点的网络，通常是短距离无线网络，如 ZigBee、蓝牙、WiFi 等。广义上，传感器节点包括 RFID 标签，感知层网关节点包括 RFID 读写器，无线网络也包括 RFID 使用的通信协议，如 EPCglobal。考虑到许多传感器的特点是资源受限，因此处理能力有限，对安全的需求也相对较弱，但完全没有安全保护会面临很大问题,因此需要轻量级安全保护。什么是轻量级? 与物联网的概念一样,对此没有一个标准的定义。但我们可以分别以轻量级密码算法和轻量级安全协议进行描述。由于 RFID 标准中为安全保护预留了 2000 门等价电路的硬件资源,因此如果一个密码算法能使用不多于 2000 门等价电路来实现的话,这种算法就可以称为轻量级密码算法。目前已知的轻量级密码算法包括 PRESENT 和 LBLOCK 等。而对轻量级安全协议,没有一个量化描述,许多安全协议都声称为轻量级协议。虽然轻量级密码算法有一个量化描述,但追求轻量的目标却永无止境。因此我们这里列出几个轻量级密码算法设计的关键技术和挑战。

(1) 超轻量级密码算法的设计。这类密码算法包括流密码和分组密码,设计目标是在硬件实现成本上越小越好,不考虑数据吞吐率和软件实现成本和运行性能,使用对象是 RFID 标签和资源非常有限的传感器节点。

(2) 可硬件并行化的轻量级密码算法的设计。这类密码算法同样包括流密码和分组密码算法,设计目标是考虑不同场景的应用,或通信两端的性能折中,虽然在轻量化实现方面也许不是最优,但当不考虑硬件成本时,可使用并行处理技术实现吞吐率的大幅度提升,适合协调器端使用。

(3) 可软件并行化的轻量级密码算法的设计。这类密码算法的设计目标是满足一般硬件轻量级需求,但软件实现时可以实现较高的吞吐率,适合在一个服务器管理大量终端感知节点情况下在服务器上软件实现。

(4) 轻量级公钥密码算法的设计。在许多应用中,公钥密码具有不可替代的优势,但公钥密码的轻量化到目前为止是一个没有逾越的技术挑战,即公开文献中还没有找到一种公钥密码算法可以使用小于 2000 个等价门电路实现,且在当前计算能力下不可实际破解。

(5) 非平衡公钥密码算法的设计。这其实是轻量级公钥密码算法的折中措施,目标是设计一种在加密和解密过程很不平衡的公钥密码算法,使其加密过程达到轻量级密码算法的要求,或解密过程达到轻量级密码算法的要求。

考虑到轻量级密码算法的使用很多情况下是在传感器节点与协调器或服务器进行通信,而后者计算资源不受限制,因此无须使用轻量级算法,只要在传感器终端上使用的算法具有轻量级即可。对于轻量级安全协议,既没有量化描述,也没有定性描述。总体上,安全协议的轻量化需要交同类协议相比,减少通信轮数(次数),减少通信数据量,减少计算量,当然这些要求的代价是一定会有所牺牲,就是可靠性甚至某些安全性方面的牺牲。可靠性包括对数据传递的确认(是否到达目的地),对数据处理的确认(是否被正确处理)等,而安全性包括前向安全性、后向安全性等,因为这些安全威胁在传感器网络中不太可能发生,攻击成本高而造成的损失小。轻量级安全协议包括如下几种:

(1) 轻量级安全认证协议,即如何认证通信方的身份是否合法。

(2) 轻量级安全认证与密钥协商协议(AKA),即如何在认证成功后建立会话密钥,包括同时建立多个会话密钥的情况。

(3) 轻量级认证加密协议,即无须对通信方的身份进行专门认证,在传递消息时验证消息来源的合法性即可。这种协议适合非连接导向的通信。

(4) 轻量级密钥管理协议,包括轻量级 PKI、轻量级密钥分发(群组情况)、轻量级密钥更新等。注意无论轻量级密码算法还是轻量级安全协议，必须考虑消息的新鲜性，以防止重放攻击和修改重放攻击。这是与传统数据网络有着本质区别的地方。

12.5.2　物联网传输层安全技术

传输层的安全技术可分为端到端机密性和节点对节点机密性。对于端到端机密性，需要建立如下安全机制：端到端认证机制、端到端密钥协商机制、密钥管理机制和机密性算法选取机制等。在这些安全机制中，根据需要可以增加数据完整性服务。对于节点到节点机密性，需要节点间的认证和密钥协商协议，这类协议要重点考虑效率因素。机密性算法的选取和数据完整性服务则可以根据需求选取或省略。考虑到跨网络架构的安全需求，需要建立不同网络环境的认证衔接机制。另外，根据应用层的不同需求，网络传输模式可能区分为单播通信、组播通信和广播通信，针对不同类型的通信模式也应该有相应的认证机制和机密性保护机制。简而言之，传输层的安全技术主要包括如下几个方面：

- 节点认证、数据机密性、完整性、数据流机密性、DDOS 攻击的检测与预防。
- 移动网中 AKA 机制的一致性或兼容性、跨域认证和跨网络认证（基于 IMSI）。
- 相应密码技术。密钥管理（密钥基础设施 PKI 和密钥协商）、端到端加密和节点对节点加密、密码算法和协议等。
- 组播和广播通信的认证性、机密性和完整性安全机制。

12.5.3　物联网处理层安全技术

物联网时代需要处理的信息是海量的，需要处理的平台也是分布式的。当不同性质的数据通过一个处理平台处理时，该平台需要多个功能各异的处理平台协同处理。为了满足物联网智能处理层的基本安全需求，需要如下的安全技术：

- 可靠的认证机制和密钥管理方案；
- 高强度数据机密性和完整性服务；
- 可靠的密钥管理机制，包括 PKI 和对称密钥的有机结合机制；
- 可靠的高智能处理手段；
- 入侵检测和病毒检测；
- 恶意指令分析和预防，访问控制及灾难恢复机制；
- 保密日志跟踪和行为分析，恶意行为模型的建立；
- 密文查询、秘密数据挖掘、安全多方计算、安全云计算技术等；
- 移动设备文件（包括秘密文件）的可备份和恢复；
- 移动设备识别、定位和追踪机制。

12.5.4　物联网应用层安全技术

物联网的应用层严格地说不是一个具有普适性的逻辑层，因为不同的行业应用在数据处理后的应用阶段表现形式相差各异。综合不同的物联网行业应用可能需要的安全需求，物联网应用层安全的关键技术可以包括如下几个方面：

（1）隐私保护技术。隐私保护包括身份隐私和位置隐私。身份隐私就是在传递数据时不泄露发送设备的身份,而位置隐私则是告诉某个数据中心某个设备在正常运行,但不泄露设备的具体位置信息。事实上,隐私保护都是相对的,没有泄露隐私并不意味着没有泄露关于隐私的任何信息,例如位置隐私,通常要泄露(有时是公开或容易猜到的信息)某个区域的信息,要保护的是这个区域内的具体位置,而身份隐私也常泄露某个群体的信息,要保护的是这个群体的具体个体身份。在物联网系统中,隐私保护包括 RFID 的身份隐私保护、移动终端用户的身份和位置隐私保护、大数据下的隐私保护技术等。在智能医疗等行业应用中,传感器采集的数据需要集中处理,但该数据的来源与特定用户身份没有直接关联,这就是身份隐私保护。这种关联的隐藏可以通过第三方管理中心来实现,也可以通过密码技术来实现。隐私保护的另一个种类是位置隐私保护,即用户信息的合法性得到检验,但该信息来源的地理位置不能确定。同样位置隐私的保护方法之一是通过密码学的技术手段。根据经验,在现实世界中稍有不慎,我们的隐私信息就会暴露于网络上,有时甚至处处小心还是会泄露隐私信息。因此如何在物联网应用系统中不泄露隐私信息是物联网应用层的关键技术之一。在物联网行业应用中,如果隐私保护的目标信息没有被泄露,就意味着隐私保护是成功的,但在学术研究中,我们需要对隐私的泄露进行量化描述,即一个系统也许没有完全泄露被保护对象的隐私,但已经泄露的信息让这个被保护的隐私信息非常脆弱,再有一点点信息就可以确定,或者说该隐私信息可以以较大概率被猜测成功。除此之外,大数据下的隐私保护如何进行,是一个值得深入探讨的问题。

(2)移动终端设备安全。智能手机和其他移动通信设备的普及为人们生活带来极大便利的同时,也带来很多安全问题。当移动设备失窃时,设备中数据和信息的价值可能远大于设备本身的价值,因此如何保护这些数据不丢失、不被窃,是移动设备安全的重要问题之一。当移动设备称为物联网系统的控制终端时,移动设备的失窃所带来的损失可能会远大于设备中数据的价值,因为对 A 类终端的恶意的控制所造成的损失不可估量。因此作为物联网 B 类终端的移动设备安全保护是重要的技术挑战。

(3)物联网安全基础设施。应该说,即使保证物联网感知层安全、传输层安全和处理层安全,也保证终端设备不失窃,仍然不能保证整个物联网系统的安全。一个典型的例子是智能家居系统,假设传感器到家庭汇聚网关的数据传输得到安全保护,家庭网关到云端数据库的远程传输得到安全保护,终端设备访问云端也得到安全保护,但对智能家居用户来说还是没有安全感,因为感知数据是在别人控制的云端存储。如何实现端到端安全,即 A 类终端到 B 类终端以及 B 类终端到 A 类终端的安全,需要由合理的安全基础设施完成。对智能家居这一特殊应用来说,安全基础设施可以非常简单,例如通过预置共享密钥的方式完成,但对其他环境,如智能楼宇和智慧社区,预置密钥的方式不能被接受,也不能让用户放心。如何建立物联网安全基础设施的管理平台,是安全物联网实际系统建立中不可或缺的组成部分,也是重要的技术问题。

(4)物联网安全测评体系。安全测评不是一种管理,更重要的是一种技术。首先要确定测评什么,即确定并量化测评安全指标体系,然后给出测评方法,这些测评方法应该不依赖于使用的设备或执行的人,而且具有可重复性。这一问题必须首先解决好,才能推动物联网安全技术落实到具体的行业应用中。

12.6 物联网安全的六大关系

面对物联网的信息安全问题时,必须处理好六个方面的关系。

1. 物联网安全与现实社会的关系

现实社会的人类创造了网络虚拟社会的繁荣,同时也是人类制造了网络虚拟社会的麻烦。现实世界中真善美的东西,网络的虚拟社会都会有。同样,现实社会中丑陋的东西,网络的虚拟社会一般也会有,只是表现形式不一样。互联网上如此多的信息安全问题很多是由人类自身的问题导致的。同样,物联网的安全也是现实社会安全问题的反映。因此在建设物联网的同时,需要应对物联网所面临的更加复杂的信息安全问题。物联网安全是一个系统的社会工程,光靠技术来解决物联网安全问题是不可能的,它必然要涉及技术、政策、道德与法律规范。

2. 物联网安全与计算机、计算机网络安全的关系

物联网应用系统大都建立在互联网环境之中,因此,物联网应用系统的安全与互联网安全密切相关。互联网包括端系统与网络核心交换两个部分。端系统包括计算机硬件、操作系统、数据库系统等,而运行物联网信息系统的大型服务器或服务器集群,及用户的个人计算机都是以固定或移动方式接入互联网中的,它们是保证物联网应用系统正常运行的基础。任何一种物联网功能和服务的实现都需要通过网络核心交换在不同的计算机系统之间进行数据交互。病毒、木马、蠕虫、脚本攻击代码等恶意代码可以利用 E-mail、FTP 与 Web 系统进行传播,网络攻击、网络诱骗、信息窃取可以在互联网环境中进行。那么,它们同样会对物联网应用系统构成威胁。如果互联网核心交换部分不安全了,那么物联网信息安全的问题就无从谈起。因此,保证网络核心交换部分的安全,以及保证计算机系统的安全是保障物联网应用系统安全的基础。

3. 物联网应用系统建设与安全系统建设的关系

网络技术不是在真空之中,物联网是要提供给全世界的用户使用的,网络技术人员在研究和开发一种新的物联网应用技术与系统时,必须面对一个复杂的系统。成功的网络应用技术与成功的应用系统的标志是功能性与安全性的统一。不应该简单地把物联网安全问题看作是从事物联网安全技术工程师的事,而是每位信息技术领域的工程师与管理人员共同面对的问题。在规划一种物联网应用系统时,除了要规划出建设系统所需要的资金,还需要考虑拿出一定比例的经费用于安全系统的建设。这是一个系统设计方案成熟度的标志。物联网的建设涉及更为广阔的领域,因此物联网的安全问题应该引起我们更加高度的重视。

4. 物联网安全与密码学的关系

密码学是信息安全研究的重要工具,在网络安全中有很多重要的应用,物联网在用户身份认证、敏感数据传输的加密上都会使用到密码技术。但是物联网安全涵盖的问题远不止密码学涉及的范围。密码学是数学的一个分支,它涉及数字、公式与逻辑。数学是精确的和遵循逻辑规律的,而计算机网络、互联网、物联网的安全涉及的是人所知道的事、人与人之间的关系、人和物之间的关系,以及物与物之间的关系。物是有价值的,人是有欲望的,是不稳定的,甚至是难于理解的。因此,密码学是研究网络安全所必需的一个重要的工具与方法,但是物联网安全研究所涉及的问题要广泛得多。

5. 物联网安全与国家信息安全战略的关系

物联网在互联网的基础上进一步发展了人与物、物与物之间的交互,它将越来越多地应用于现代社会的政治、经济、文化、教育、科学研究与社会生活的各个领域,物联网安全必然会成为影响社会稳定、国家安全的重要因素之一。因此,网络安全问题已成为信息化社会的一个焦点问题。每个国家只有立足于本国,研究网络安全体系,培养专门人才,发展网络安全产业,才能构筑本国的网络与信息安全防范体系。如果哪个国家不重视网络与信息安全,那么他们必将在未来的国际竞争中处于被动和危险的境地。

6. 物联网安全与信息安全共性技术的关系

对于物联网安全来说,它既包括互联网中存在的安全问题(即传统意义上的网络环境中信息安全共性技术),也有它自身特有的安全问题(即物联网环境中信息安全的个性技术)。物联网信息安全的个性化问题主要包括感知层的安全问题,例如无线传感器网络的安全性与 RFID 安全性问题等。

本 章 小 结

本章讲述了物联网安全的基本概念,论述了物联网的安全形态和安全要素,分析了物联网的安全问题与安全需求,并根据各个层所面临的安全问题,分别从物联网感知层、传输层、处理层、应用层阐述了相应的安全技术;最后,论述了物联网安全与其他安全技术的相互关系。

习 题

1. 除了一般信息网络所具有的安全问题外,物联网面临的特有威胁和攻击有哪些?
2. 试分析物联网的"自动入侵攻击"。
3. 物联网的隐私保护包括身份隐私和_____。
4. 试分析物联网安全与计算机、计算机网络安全的关系。

思 考 题

1. 为什么物联网感知层需要轻量级安全保护?
2. 如何构建物联网的安全测评体系?
3. 如何建立物联网安全基础设施的管理平台?

第 13 章

开源物联网系统

本章结构

13.1　物联网开源平台与创客文化

13.1.1　物联网开源平台

　　"开源"一词最初用于描述开放源代码的软件,用户在使用、修改开源软件的时候不会受到版权的限制。随着开源精神的发展,除了软件行业之外,电子硬件行业也出现了可以供人们自由使用和修改的平台,Arduino 和 Raspberry Pi 便是其中的典型代表。用户通过编写简单的控制程序实现对设备的控制,结合各类传感器和丰富的扩展模块有效地模拟智能产品的特征,从而构建更加智能的产品原型。开源的物联网软件和硬件项目可以帮助企业和物联网爱好者进行物联网软件或硬件实验。开源硬件技术的发展为物联网智能产品的原型设计带来了新的可能,开源精神和开源软硬件工作也正在促进物联网的快速发展。

13.1.2　创客文化

　　什么是"创客"?"创客"一词来源于英文单词 Maker,指的是不以盈利为目标,努力把各种创意转变为现实的人。其实就是热爱生活,愿意亲手创新为生活增加乐趣的一群人。他们精力旺盛,坚信世界会因为自己的创意而改变。创客文化兴起于国外,经过一段时间红红火火的发展,如今已经成为一种潮流。国内也不示弱,一些硬件发烧友了解到国外的创客文化后被其深深吸引,经过圈子中的口口相传,大量的硬件、软件、创意人才聚集在一起。各种社区、空间、论坛的建立使得创客文化在中国真正流行起来。北京、上海、深圳已经发展成为中国创客文化的三大中心。

　　那么,是什么推动创客文化如此迅猛发展呢?众所周知,硬件的学习和开发是有一定的难度的,人人都想通过简单的方式实现自己的创意,于是开源硬件应运而生。而开源硬件平台中知名度较高的应该就是日渐强大的 Arduino 了。Arduino 作为一款开源硬件平台,一开始被设计的目标人群就是非电子专业尤其是艺术家学习使用的,让他们更容易实现自己的创意。当然,这不是说 Arduino 性能不强、有些业余,而是表明 Arduino 很简单,易上手。Arduino 内部封装了很多函数和大量的传感器函数库,即使不懂软件开发和电子设计的人也可以借助 Arduino 很快创作出属于自己的作品。可以说 Arduino 与创客文化是相辅相成的。

一方面,Arduino 简单易上手、成本低廉这两大优势让更多的人都能有条件和能力加入创客大军;另一方面,创客大军的日益扩大也促进了 Arduino 的发展。各种各样的社区、论坛的完善,不同的人、不同的环境、不同的创意每时每刻都在对 Arduino 进行扩展和完善。在 2011 年举行的 Google I/O 开发者大会上,Google 公司发布了基于 Arduino 的 Android Open Accessory 标准和 ADK 工具,这使得大家对 Arduino 的巨大的发展前景十分看好。

13.2　物联网开源硬件系统

13.2.1　开源平台 Arduino

Arduino 是 2005 年 1 月由意大利米兰交互设计学院的两位教师 David Cuartielles 和 Massimo Banzi 联合创建,Arduino 是一块基于开放原始代码的 Simple I/O 平台。该平台由两部分组成:硬件(包括微处理器、电路板等)和软件(编程接口和语言平台)。两部分都是开源的,如果需要可以下载 Arduino 的图表、购买需要的所有独立部件、并制作一个电路板。Arduino 具有类似 Java 和 C 语言的开发环境,可以快速使用 Arduino 语言与 Flash 或 Processing 等软件完成互动作品。如果想安装最新版本的 Arduino IDE,可以通过谷歌浏览器或火狐浏览器打开官方软件下载网站 http://arduino.cc/en/Main/Software。

Arduino 的出现,让人们看到了不仅是软件,硬件的开发也越来越简单和廉价。不必从底层开始学习开发计算机的特性让更多的人从零上手,将自己的灵感用最快的速度转化成现实。以 Arduino 为其中代表的开源硬件,降低了入行的门槛。开源硬件将会使得软件同硬件、互联网产业更好地结合到一起,在未来的一段时间里,开源硬件将会有非常好的发展,最终形成硬件产品普及化的趋势。同时,Arduino 的简单易学也会成为一些电子爱好者进入电子行业的一块基石,随着使用 Arduino 制作电子产品的深入,相应的也会对硬件进行更深层次的探索。在简单易学的前提下,Arduino 开源和自由的设计无疑是全世界电子爱好者的福音,互联网的飞速发展让科技的脚步加快,互联网产品正在变得更简单。利用 Arduino,电子爱好者们可以快速设计出原型,从而根据反馈改进出更加稳定可靠的版本。

Arduino 发展潜力巨大,既可以让创客根据创意改造成为一个小玩具,也可以大规模制作成工业产品。国内外 Arduino 社区良好的运作和维护使得几乎每一个创意都能找到实现的理论和实验基础,相信随着城市的不断发展,人们对生活创新的不断追求,会有越来越多的人听说 Arduino、了解 Arduino、玩转 Arduino(参见图 13.1)。

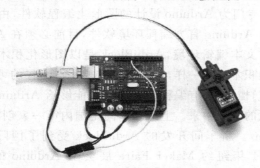

图 13.1 Arduino 与舵机的连接

Arduino 主要特色有:

(1) 开放源代码的电路图设计,程序开发接口免费下载,也可根据需求自己修改。

(2) 使用低价格的微处理控制器(ATMEGA8 或 ATmegal28)。可以采用 USB 接口供电,无须外接电源。也可以使用外部 9VDC 输入。

(3) Arduino 支持 ISP 在线烧,可以将新的 bootloader 固件烧入 ATmega8 或 ATmegal28 芯片。有了 bootloader 之后,可以通过串口或者 USB to RS232 线更新固件。

(4) 可依据官方提供的 Eagle 格式 PCB 和 SCH 电路图,简化 Arduino 模组,完成独立运作的微处理控制。可简单地与传感器、各式各样的电子元件连接(如红外线、超音波、热敏电阻、光敏电阻、伺服马达等)。

(5) 支持多种互动程序,如 Flash、Max/Msp、VVVV、PD、C、Processing 等。

(6) 应用方面,利用 Arduino,突破以往只能使用鼠标、键盘、CCD 等输入的装置的互动内容,可以更简单地达成单人或多人游戏互动。

例如,专门针对可穿戴设备、便于缝入衣物中的 Arduino LilyPad,以及专门针对复杂项目开发,具有更大存储空间和更多 I/O 接口的 Arduino Mega。Arduino Yún 将基于 Arduino 板的易用性和 Linux 系统结合起来。它包括两个处理器:ATmega32u4(支持 Arduino)和 Atheros AR9331(运行 Linux)。其他功能包括 WiFi、以太网支持、USB 接口、micro-SD 卡槽、三个复位按钮等。图 13.2 展示了几种不同型号的 Arduino 开发板。

图 13.2 不同型号的 Arduino 开发板

13.2.2 常用的 Arduino 第三方软件介绍

Arduino 开发环境安装完成之后,一些第三方软件可以帮助读者更好地学习和使用

Arduino 制作电子产品。

1. 图形化编程软件 ArduBlock

ArduBlock 是一款专门为 Arduino 设计的图形化编程软件,由上海新车间创客研制开发。这是一款第三方 Arduino 官方编程环境软件,目前必须在 Arduino IDE 的软件下运行。但是区别于官方文本编辑环境,ArduBlock 是以图形化积木搭建的方式进行编程的。就如同小孩子玩的积木玩具一样,这种编程方式使得编程的可视化和交互性大幅增强,而且降低了编程的门槛,让没有编程经验的人也能够给 Arduino 编写程序,让更多的人投身到新点子新创意的实现中来。上海新车间是国内第一家创客空间,新车间网址为 http://xinchejian.com/。新车间开发的 ArduBlock 受到了国际同道的好评,尤其在 Make 杂志主办的 2011 年纽约 Maker Faire 展会上 Arduino 的核心开发团队成员 Massimo 特别感谢了上海新车间创客开发的图形化编程环境 ArduBlock。ArduBlock 的官方下载网址为 http://blog.ardublock.com/zh/。

ArduBlock 软件界面如图 13.3 所示。

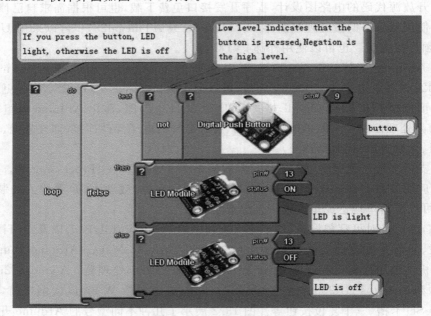

图 13.3　ArduBlock 软件界面

2. Arduino 仿真软件 Virtual breadboard

Virtual breadboard 是一款专门的 Arduino 仿真软件,简称 VBB,中文名为"虚拟面包板"。这款软件主要通过单片机实现嵌入式软件的模拟和开发环境,它不但包括所有 Arduino 的样例电路,可以实现对面包板电路的设计和布置,非常直观地显示出面包板电路,还可实现对程序的仿真调试。VBB 还支持 PIC 系列芯片、Netduino,以及 Java、VB、C++ 等主流的编程环境。Virtual breadboard 软件界面如图 13.4 所示。

VBB 可以模拟 Arduino 连接各种电子模块,例如液晶屏、舵机、逻辑数字电路、各种传感器以及其他的输入输出设备。这些部件都可以直接使用,也可以通过组合,设计出更

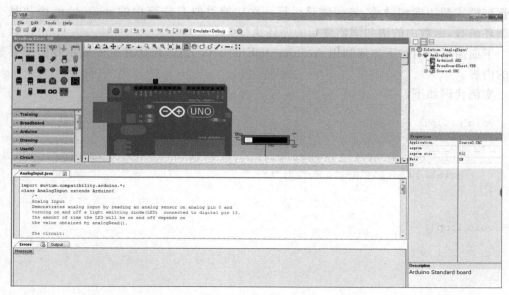

图 13.4 VBB 软件

复杂的电路和模块。使用 VBB 可以更加直观地了解电路设计,能够在设计出原型后快速实现。而且虚拟面板具有的可视性和模拟交互效果,可以实时地在软件上看到 LED、LCD 等可视模块的变化,同时可以确保安全,因为不是实物操作不会引起触电或者烧毁芯片等问题。另外,用 VBB 设计出的作品也可以更快速地分享和整理,使学习和使用更加方便、简单。

VBB 的版本更新很频繁,其官方网站为 http://www.virtualbreadboard.com/。到目前为止,官方版本已经更新到了 4.45。随着用户的增多,VBB 由原来的免费下载变更为收费,想要学习的读者需要购买使用。还有其他不错的第三方软件如 Proteus,既可以进行 Arduino 的仿真,又能画出标准的电路图和 PCB 图样,在国内外使用的人很多。

Arduino 具有类似于 Java 和 C 语言的集成开发环境,其编程语言类似于 C 语言,用户可以通过 USB 接口直接进行编程和通信。Arduino IDE 是 Arduino 的开放源代码的集成开发环境,其界面友好,语法简单以及能方便地下载程序,使得 Arduino 的程序开发变得非常便捷。作为一款开放源代码的软件,Arduino IDE 也是由 Java、Processing、avr-gcc 等开放源码的软件写成,其另一个最大特点是跨平台的兼容性,适用于 Windows、Max OS X 以及 Linux,具体可到 Arduino 官网下载最新版本。Arduino 语言是建立在 C/C++ 基础上的其实也就是基础的 C 语言。Arduino 语言将 AVR 单片机微控制器相关的一些参数设置模块化,包括 EEPROM、以太网、LED 矩阵等不需要用户直接处理底层系统,可以提高应用程序的开发效率。Arduino 并不依赖于某一个操作系统,它只运行当前写入 Arduino 开发板的单个程序。用户可以先在普通计算机上通过 Arduino 提供的编程语言和 Arduino IDE(集成开发环境)编写好控制程序,再通过 USB 数据线将程序写入 Arduino 开发板中,一旦程序写入开发板,Arduino 就可以脱离计算机独立运行。

Arduino 语言是以 setup 开头、loop 作为主体的一个程序构架,setup 用来初始化变量管脚模式调用库函数等，该函数只运行一次功能类似 C 语言中的 main loop 函数是一个循环函数，函数内的语句周而复始的循环执行。

下面简单介绍一下如何利用 Arduino IDE 的串口工具，在计算机中显示我们想要显示的内容。

实例代码如下：

```
void setup()
{
    Serial begin(9600);//opens serial port, sets data rate to 9600 bps
    Serial. println("Hello World!");
}

void loop()
{

}
```

说明：Serial. begin(9600)；这个函数是为串口数据传输设置每秒数据传输速率，每秒多少位数（波特率）。为了能与计算机进行通信，Arduino 控制板与计算机串口的波特率应设为一致。

实验结果与操作：

（1）把代码下载到 Arduino 控制板。

（2）下载成功后，先从选项 tools，选择相应的 Arduino 控制板，和对应的 com 口。打开计算机的串口工具，在新打开的串口工具窗口的"右下角"选择相应的波特率（见图 13.5）。

图 13.5　Arduino 控制板配置

13.2.3　基于 Arduino 的智能原型设计案例

由于物联网智能产品的感知、识别、传输和处理等交互机制更为复杂,用户在使用物联网智能产品的过程中容易产生认知误区,这就需要在智能产品的设计中系统地引入交互设计的思维和方法,而原型作为交互设计过程中不可或缺的组成部分,对物联网智能产品的设计至关重要。

1. Bio Circuit 智能背心

Bio Circuit 是加拿大艾米丽卡尔艺术与设计大学的 Dana Ramler 和 Holly Schmidt 设计的智能背心。它能够探测到穿戴者的心率,并基于心率提供相应的生物反馈,使穿戴者感受到不同类型的声音,这些声音是由人们日常生活中的环境声混合而成。当穿戴者的心率较低的时候,会通过衣领处的扬声器听到诸如流水声、鸟叫声等寂静自然的声音,当心率升高时,声音就会变的尖锐和嘈杂,类似人群谈话和汽车穿行的声音就会出现。

Bio Circuit 的原型设计借助了专为可穿戴设备开发而设计的 Arduino Lilypad,背心样式设计的灵感来自电路图和人体循环系统。设计师在背心的左侧位于心脏的位置缝入了一个小型的心率检测器和小巧轻薄 Arduino Lilypad 开发板,如图 13.6 所示,并通过隐藏在背心内部的导线与一个小型 MP3 播放器相连,心率监测器能够感知穿戴者的心率信息,并将其传递给 Arduino Lilypad 进行识别和处理,继而控制 MP3 播放器切换不同的声音,最终通过衣领环形处的扬声器将声音播放出来。

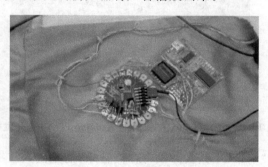

图 13.6　Bio Circuit 智能背心内部构造

Bio Circuit 的原型设计过程有效地利用了 Arduino 平台在体积形态上的灵活性,Arduino Lilypad 开发板提供了若干针孔使其很容易被缝入衣物等柔性材料中,而其小而薄、重量轻的特点也不会引起穿戴者的明显不适,在很大程度上提高了可穿戴智能产品原型的构建效率。

2. Spotify Box 播放器

Spotify Box 是一个智能音乐播放器,通过它用户可以收听全球著名的 P2P 音乐播放软件 Spotify 上的各种音乐,它将传统卡带播放器的交互方式融入网络音乐播放器。

Spotify Box 由一个与网络相连的播放器和若干"卡带"组成,如图 13.7 所示。每个"卡带"都代表的一张专辑、一个艺术家或者是一个搜索结果的列表,用户只需要将"卡带"吸在播放器上带有磁性的白色圆盘上,就可以播放相应的音乐列表。用户还可以自己定

义"卡带"中的内容,以便收藏或者是与朋友分享自己喜欢的音乐。Spotify Box 的设计在
2012 年获得了国际交互设计协会举办的 IxDA Award 奖项。

图 13.7　Spotify Box 播放器

Spotify Box 的设计师 Jordi Parra 在设计产品原型的时候将 Arduino 与另一款开源
软件 Processing 相结合来实现对音乐的控制,并通过 RFID 技术实现对"卡带"信息的读
取。原型主要包括一块 Arduino ProMini 开发板,如图 13.8 所示,一个 RFID 读取器、两
个用于控制播放器的按钮和若干用于显示相关信息的 LED 点阵。

图 13.8　Spotify Box 中使用的 Arduino ProMini 开发板

在实际的工作中,"卡带"中其实并没有存储音乐,而是嵌入了一个存储着 Spotify 播
放链接的 RFID 标签,当"卡带"靠近播放器中的 RFID 读取器时,Arduino 就能识别这个
播放链接,并通过数据线给计算机上的 Processing 程序发送一个指令,Processing 收到指
令后会通过 Spotify 软件播放网络上相应的音乐。在 Spotify Box 的设计概念中,它应该
是一个独立的音乐播放器,并配有 WiFi 连接模块。但设计师在原型构建中为了节省时
间和成本,采用数据线将信息发送给计算机,并借助计算机上的软件和扬声器来播放音
乐,尽管原型与最终产品的内部原理有一些差别,但仍然很好地体现了产品的核心概念和
交互方式。Spotify Box 的原型构建过程体现了 Arduino 良好的兼容性,它不仅能够兼容
RFID 这样的功能模块,还能够和 Processing 软件相结合实现与计算机和互联网的连接,
帮助使用者在原型的构建过程中实现软件与硬件的结合。

3. Arduino 展望未来

Arduino 自诞生以来,简单、廉价的特点使得 Arduino 如同雨后春笋般迅速风靡全
球,在不断发展的同时,Arduino 也在发挥着更重要的作用。下面对 Arduino 发展的特点

和未来发展做一点总结和展望。

纵观计算机语言的发展，从 0 和 1 相间的二进制语言到汇编语言，从 C 语言到现在各式各样的高级语言，计算机语言正在逐渐变成更自由、更易学易懂的大众化语言。硬件的发展已经逐渐降低软件开发的复杂性，编程的门槛正在逐渐降低。曾有人预言：未来的时代，程序员将要消失，编程不再是局限人们思维和灵感的桎梏。在软件行业飞速发展的现在，几乎任何具有良好逻辑思维能力的人只要对某些产品感兴趣，就可以通过互联网获得足够的资源从而成为一名软件开发人员。

而 Arduino 的出现，让人们看到了不仅是软件，硬件的开发也越来越简单和廉价。不必从底层开始学习开发计算机的特性让更多的人从零上手，将自己的灵感用最快的速度转化成现实。以 Arduino 为其中代表的开源硬件，降低了入行的门槛，从而设计电子产品不再是专业领域电子工程师的专利，"自学成才"的电子工程师正在逐渐成为可能。

开源硬件将会使得软件同硬件、互联网产业更好地结合到一起，在未来的一段时间里，开源硬件将会有非常好的发展，最终形成硬件产品少儿化、平民化、普及化的趋势。同时，Arduino 的简单易学也会成为一些电子爱好者进入电子行业的一块基石，随着使用 Arduino 制作电子产品的深入，相应地也会对硬件进行更深层次的探索。在简单易学的前提下，比一开始就学习单片机、汇编入行要简单有趣得多。

Arduino 开源和自由的设计无疑是全世界电子爱好者的福音，大量的资源和资料让很多人快速学习 Arduino，开发一个电子产品开始变得简单。互联网的飞速发展让科技的脚步加快，互联网产品正在变得更简单。利用 Arduino，电子爱好者们可以快速设计出原型，从而根据反馈改进出更加稳定可靠的版本。

13.2.4 开源平台树莓派 Raspbian

树莓派（Raspberry Pi）是基于 ARM11 的开发板，内置 GPU 支持 1080P 高清视频硬解码，创始人埃本·厄普顿（Eben Epton）是英国剑桥大学博士，最初的开发动机是用于教育。Raspbian 是一种基于 Linux 发行版 Debian 的流行树莓派操作系统。树莓派分 A/B 两个版本，价格仅 25/35 美金，面积与信用卡相差无几。它提供了以太网（B 版）、USB、HDMI 接口，基于 Linux 的操作系统、Python 语言开发环境，同时也支持 C、Java 等语言，可用于编程开发或作为网络电视机顶盒。虽然树莓派被认为是教育设备，但许多开发人员已经开始在物联网项目中使用这个信用卡大小的计算机了。虽然完整的硬件规格不是开源的，但是大部分软件和文档是开源的。

CPU 时钟默认为 700MHz，允许超频，实测可以稳定工作在 1GHz 以上。短短几年间全球已售出几百万片，广泛应用于教育、工控、机器人、物联网、智能家居等领域。目前我国嵌入式 Linux 开发的教材与硬件设备大量使用 S3C24x0、S3C6410 开发板，开发与教学难度较大。而无论体积、集成度、性价比、开发环境与效率，树莓派都有明显优势，它的性能足以流畅地支持 Windows 远程桌面，不需要显示屏即可进行开发与学习。

树莓派之所以在全球热销，原因不仅在于支持 Python、Java、C 等丰富的语言开发环境，它提供的 Raspbian 操作系统是历时 5 年多重新测试与移植超过 19 000 个 Linux 软件包的结晶。创始人 Eben 博士目前任树莓派的主芯片设计公司 Broadcom 的 IC 设计主管,可以很好地控制 CPU 及开发板的性价比和质量(Broadcom 是全球领先的通信领域的半导体公司)。因此,树莓派同时拥有 CPU、操作系统、应用开发环境三个方面的背景优势。此外,由于内置 GPU 支持 1080P 视频硬解码,树莓派官方又提供了界面友好的 OpenELEC 和 RASPBMC 操作系统,它可以打造成家庭媒体中心,成为网络电视机顶盒。

全球有数以百万计的开发者在为树莓派进行开发,有丰富的软硬件开发资源可供参考与借鉴。软件巨头 Oracle 公司推出了基于树莓派和 Java Fx 的 DukePad 方案,并开设了互联网免费课程 Develop Java Embedded Applications Using a Raspberry Pi(使用树莓派开发 Java 嵌入式应用)。RaspiRobotBoard 是一个典型的树莓派扩展板,可将树莓派扩展为机器人控制器,它有专门的 Python 库支持,支持对机器人的控制。利用它的 Python 库实现一个简易的"漫步者机器人"只需三十几行代码。可以再添加超声波测距仪、显示器、WiFi 和摄像头等,做成机器人竞赛常用的"探月车"。

树莓派对于全球嵌入式 Linux 开发及教育已经并将继续带来广泛的影响,及早将之引入我国的嵌入式开发与教学环境中必将是有益的。尽管传统的"ARM 开发板硬件设计+Linux 移植裁剪+虚拟机环境+交叉编译+驱动编程+应用层编程"开发链可以深入理解和控制嵌入式 Linux 系统,但因其复杂性而更适合需要定制 Linux 内核与驱动的精英开发、精英教育或研究者。树莓派的应用开发模式更为易学易用,适合快速推出产品的市场需求和普及性的教育。

由于树莓派的 Broadcom 和剑桥背景,而 ARM 也同样源自剑桥,树莓派所构造的软硬件平台并不是一个简单的玩具,它有深远的优势所在,战略上看,相似的开发平台要与树莓派竞争,需要有重量级的资源支持。树莓派的成功对于我国高校与企业的合作具有启发意义,期待将来自主芯片与操作系统的"中国派"出现。

13.3 物联网开源操作系统

13.3.1 Contiki 操作系统介绍

Contiki 是一个开源的、高度可移植的多任务操作系统,适用于物联网嵌入式系统和无线传感器网络,由瑞典计算机科学学院(Swedish Institute of Computer Science)的 Adam Dunkels 和他的团队开发。Contiki 完全采用 C 语言开发,可移植性非常好,对硬件的要求极低,能够运行在各种类型的微处理器及计算机上,目前已经移植到 8051 单片机、MSP430、AVR、ARM、PC 等硬件平台上。Contiki 适用于存储器资源十分受限的嵌入式单片机系统,典型的配置下 Contiki 只占用约 2KB 的 RAM 以及 40KB 的 Flash 存储器。Contiki 是开源的操作系统,适用于 BSD 协议,即可以任意修改和发布,无须任何版权费用,因此已经应用在许多项目中,可将低功耗微控制器连接到互联网,并支持如 IPv6、6LoWPAN、RPL 和 COAP 协议。其他主要功能包括高效的内存分配、全 IP 网络、极低的功耗、动态模块加载等。支持的硬件平台包括 Redwire Econotags 平台、Zolertia Z1 motes 平台、意法半导体开发套件和德州仪器芯片和电路板。与同为物联网设计的操作系统 TinyOS 相比,Contiki 更侧重于 IP 功能,TinyOS 在低功耗方面比较突出。

Contiki 操作系统是基于事件驱动(Event-driven)内核的操作系统,在此内核上,应用程序可以在运行时动态加载,非常灵活。在事件驱动内核基础上,Contiki 实现了一种轻量级的名为 protothread 的线程模型,来实现线性的、类似于线程的编程风格。该模型类似于 Linux 和 Windows 中线程的概念,多个线程共享同一个任务栈,从而减少 RAM 占用。Contiki 还提供一种可选的任务抢占机制、基于事件和消息传递的进程间通信机制。Contiki 中还包括一个可选的 GUI 子系统,可以提供对本地串口终端、基于 VNC 的网络化虚拟显示或者 Telnet 的图形化支持。

Contiki 系统内部集成了两种类型的无线传感器网络协议栈:uIP 和 Rime。uIP 是一个小型的符合 RFC 规范的 TCP/IP 协议栈,使得 Contiki 可以直接和 Internet 通信。uIP 包含 IPv4 和 IPv6 两种协议栈版本,支持 TCP、UDP、ICMP 等协议,但是编译时只能二选一,不可以同时使用。Rime 是一个轻量级为低功耗无线传感器网络设计的协议栈,该协议栈提供了大量的通信原语,能够实现从简单的一跳广播通信,到复杂的可靠多跳数据传输等通信功能。

13.3.2 Contiki 操作系统特点

1. 事件驱动(Event-driven)的多任务内核

Contiki 基于事件驱动模型,即多个任务共享同一个栈(stack),而不是每个任务分别占用独立的栈(如 μCOS、FreeRTOS、Linux 等)。Contiki 每个任务只占用几个字节的 RAM,可以大幅节省 RAM 空间,更适合节点资源十分受限的无线传感器网络应用。

2. 低功耗无线传感器网络协议栈

Contiki 提供完整的 IP 网络和低功耗无线网络协议栈。对于 IP 协议栈,支持 IPv4 和 IPv6 两个版本,IPv6 还包括 6Lowpan 帧头压缩适配器,ROLL RPL 无线网络组网路由协议、CoRE/CoAP 应用层协议,还包括一些简化的 Web 工具,包括 Telnet、HTTP 和 Web 服务等。Contiki 还实现了无线传感器网络领域知名的 MAC 和路由层协议,其中 MAC 层包括 X-MAC、CX-MAC、ContikiMAC、CSMA-CA、LPP 等,路由层包括 AODV、RPL 等。

3. 集成无线传感器网络仿真工具

Contiki 提供了 Cooja 无线传感器网络仿真工具,能够多对协议在计算机上进行仿真,仿真通过后才下载到节点上进行实际测试,有利于发现问题,减少调试工作量。除此之外,Contiki 还提供 MSPsim 仿真工具,能够对 MSP430 微处理器进行指令级模拟和仿真。仿真工具对于科研、算法和协议验证、工程实施规划、网络优化等很有帮助。

4. 集成 Shell 命令行调试工具

无线传感器网络中节点数量多,节点的运行维护是一个难题,Contiki 可以通过多种交互方式,如 Web 浏览器,基于文本的命令行接口,或者存储和显示传感器数据的专用程序等。基于文本的命令行接口是类似于 UNIX 命令行的 Shell 工具,用户通过串口输入命令可以查看和配置传感器节点的信息、控制其运行状态,是部署、维护中实用而有效的工具。

5. 基于 Flash 的小型文件系统：Coffee File System

Contiki 实现了一个简单、小巧、易于使用的文件系统,称为 Coffee File System (CFS),它是基于 Flash 的文件系统,用于在资源受限的节点上存储数据和程序。CFS 是充分传感器网络数据采集、数据传输需求以及硬件资源受限的特点而设计的,因此在耗损平衡、坏块管理、掉电保护、垃圾回收、映射机制等方面进行优化,具有使用的存储空间少、支持大规模存储的特点。CFS 的编程方法与常用的 C 语言编程类似,提供 open、read、write、close 等函数,易于使用。

6. 集成功耗分析工具

为了延长传感器网络的生命周期,控制和减少传感器节点的功耗至关总重要,无线传感器网络领域提出的许多网络协议都围绕降低功耗而展开。为了评估网络协议以及算法能耗性能,需要测量出每个节点的能量消耗,由于节点数量多,使用仪器测试几乎不可行。Contiki 提供了一种基于软件的能量分析工具,自动记录每个传感器节点的工作状态、时间,并计算出能量消耗,在不需要额外的硬件或仪器的情况下就能完成网络级别的能量分析。Contiki 的能量分析机制既可用于评价传感器网络协议,也可用于估算传感器网络的生命周期。

7. 开源免费

Contiki 采用 BSD 授权协议,用户可以下载代码,用户科研和商业,且可以任意修改代码,无须任何专利以及版权费用,是彻底的开源软件。尽管是开源软件,但是 Contiki 开发十分活跃,在持续不断的更新和改进中。Contiki 的作者 Adam 是一个编程的天才,它发明了 LwIP、uIP、Protothred、contiki 等软件,都在工业界得到广泛应用,大家熟知的 LwIP 就是一个例子。Adam 还是 IPSO 组织的发起人之一,未来将会不断推进 6Lowpan 的标准化及应用。

13.3.3　Contiki 特性

1. 联网能力

Contiki 提供了完整的 IP 网络栈,包含 UDP、TCP、HTTP 等标准 IP 协议,还包含新的低功耗协议,如 6LoWPAN、RPL、CoAP 等。Cisco 开发并贡献的 Contiki IPv6 协议栈完全通过了 IPv6 Ready Logo Program 认证。Contiki 支持 IETF 最新为低功耗 IPv6 网络制定的标准协议,包括 6LoWPAN 适配层、RPL 多跳路由协议和 REST 风格的 CoAP 应用层协议等。

2. 快速开发

Contiki 应用程序是以标准 C 语言编写,开发快速、简单。使用 Cooja 模拟器可以不用借助硬件设备就能测试 Contiki 网络;Instant Contiki 提供了 Linux 下的一整套开发环境;Contiki Studio 则为 Windows 用户提供了一套良好的 IDE。

3. 支持多种系统

Win32、Native、TI CC2530、TI CC2430、TI MSP430、STM32、Atmel AVR、Freescale MC1322x、LPC2103 等应用。

13.3.4　代码模块

- contiki/Makefile.include：通过 Contiki 构建系统,应用程序可以很容易地编译至任意目标平台,在不同的平台上使用应用程序非常简单。没有硬件设备不要紧,用 Cooja 可以模拟任何支持的硬件设备。

- contiki/core/loader/：Contiki 支持运行时的模块动态装载和链接。当应用程序需要在部署后改变自身行为时,这项特性非常有用。Contiki 的模块装载器能够对标准 ELF 文件进行装载、重新分配和链接。用于装载的 ELF 文件需要能够移除调试符号以减小文件大小。

- contiki/core/lib/{memb,mmem}.[ch]：Contiki 是为只有千字节级别内存的微型系统设计的,因此在内存使用上极为高效,同时提供了一套内存分配机制：内存块分配 memb、托管内存分配函数 memm 和标准 C 内存分配函数 malloc。

- contiki/core/net/：Contiki 提供了完整的 IP 网络栈,包含 UDP、TCP、HTTP 等标准 IP 协议,还包含新的低功耗协议,如 6LoWPAN、RPL、CoAP 等。Cisco 开发并贡献的 Contiki IPv6 协议栈完全通过了 IPv6 Ready Logo Program 认证。

- contiki/core/net/rpl/和 contiki/apps/erbium/：Contiki 支持 IETF 最新为低功耗 IPv6 网络制定的标准协议,包括 6LoWPAN 适配层、RPL 多跳路由协议和 REST 风格的 CoAP 应用层协议等。

- contiki/core/net/mac/：在无线网络中,节点可能需要作为中继替其他节点传输消息。在 Contiki 中,中继节点(路由节点)也可以用电池驱动。Contiki 采用的 ContikiMac 射频 duty-cycling 机制允许路由节点在中继间隙中进行休眠。

- contiki/core/cfs/cfs-coffee/：Contiki 为具有外部 Flash 存储的设备提供了一种名为 Coffee 的轻量级文件系统。应用程序不需要了解 Flash 扇区的底层操作就可以对外部 Flash 中的文件进行打开、关闭、读取、写入、追加等操作。Coffee 文件系统的效率能够达到原生 Flash 存储操作的 95%。

- contiki/apps/shell/：Contiki 提供了一个可选的控制台和一套用于 Contiki 开发与调试的常用命令,并且支持类似 UNIX 的管道功能。开发者也可以添加自定义命令。

- contiki/core/net/rime/：对于带宽有限或者不能运行完整 IPv6 网络栈的环境,Contiki 定制了名为 Rime 的无线网络栈。Rime 栈既支持简单操作,例如向所有邻居或指定邻居节点发送消息,也支持一些复杂机制,例如网络洪泛、多跳数据采集等。Rime 可以运行在休眠路由上以降低功耗。

- contiki/core/sys/pt.h：Contiki 采用了一种称为 Protothreads 的机制,提供良好的控制流的同时可以节省内存。Protothreads 混合了事件驱动模型与多线程模型。在 Protothreads 中,事件处理过程可以阻塞等待特定事件的发生。

- contiki/platform/和 contiki/cpu/：Contiki 支持多种微型平台,包括 8051、MSP430、AVR 以及许多 ARM 设备,还有其他一些平台。

- contiki/sys/energest.[ch]：Contiki 的设计目的是在极端低功耗的系统中运行,

这些系统甚至可能需要只用一对 AA 电池工作许多年。Contiki 为辅助这些低功耗系统的开发提供了功耗估计和功耗分析机制。

- contiki/regression-tests/：为了确保 Contiki 正确工作，Contiki 开发者们采用了一套每日回归测试，每天在 Cooja 模拟器中对 Contiki 的重要部分进行测试。回归测试脚本可以作为使用模拟环境的起点，也可以用于了解 Contiki 机制有哪些不同。
- contiki/examples/：Contiki 源码树中有足够多的示例，包括如何进行网络编程、如何操作硬件设备等，展示了 Contiki 系统的方方面面。多数示例有相应的 Cooja 模拟环境。这些示例能够帮助开发者开始快速地开发自己的应用程序。

Contiki 用 C 语言开发、易于移植、支持大量的硬件平台和开发工具、事件驱动机制占用内存小、集成了多种无线传感器网络协议、无专利和版权费、集成仿真工具等特点和优势，已经成为无线传感器网络学术研究和产品开发的理想平台，在欧洲已经得到广泛应用，并逐渐得到其他地区开发人员的支持。随着物联网、无线传感器网络的发展，IP 地址将耗尽，骨干网络必将升级到 IPv6，因此 6Lowpan 标准被越来越多的标准化组织所采纳，研发 6lowpan 的人员将越来越多，这将使得 Contiki 成为嵌入系统中的 Linux，在物联网领域得到广泛应用，发挥重要作用。操作系统 Contiki 完全开源、免费，可以从网上下载到源代码，下载地址：http：//sourceforge.net/projects/contiki/files/Contiki。

13.4　物联网开源数据交换标准

XML(Extensible Markup Language)即可扩展标记语言。XML 是为互联网的数据交换而设计的。它可以为构建数据提供一种高度结构化的、易于处理的方式，而且能够存储、交换数据，从而使 Web 信息交流更便捷。BITXML 是在 XML 基础上定义而成的一个协议标准。BITX 由意大利 M2M 厂商 Your Voice 发起，并有西门子、爱立信等 M2M 领域的知名厂商参与，专门针对 M2M 应用开发数据标准，并对其代码开源，以便于标准的共同完善。BITXML 是一个开放的，面向 M2M 数据传输的通信协议。一些公司和组织正在制定 M2M 国际数据标准，但目前影响力不大。M2M 数据标准是指 M2M 行业应用设备和应用平台的数据标准。目前比较多的公司和标准组织都是基于 XML 来制定的，例如 OASIS 的 oBIX 标准、BITX 的 BITXML 标准，国内有同方的 oMIX 标准。其中 BITXML 标准比较受到国际认可，有成为国际主流标准的趋势。

本　章　小　结

随着物联网的大量普及，开放性和开源将进一步促进其快速发展及应用。本章介绍了物联网的开源平台与创客文化，重点讲述了物联网开源硬件系统 Arduino 和树莓派 Raspbian，物联网开源操作系统 Contiki 的特点及关键模块，最后介绍了基于 XML 的物联网开源数据交换标准。

习　题

1. 试分析创客文化与硬件学习开发的关系。

2. 开源平台 Arduino 主要特色有哪些？

3. 树莓派不仅支持 Python、Java、C 等丰富的语言开发环境，它提供的 Raspbian 操作系统是历时 5 年多重新测试与移植超过_____个 Linux 软件包的结晶。

4. 开源多任务操作系统 Contiki 有哪些特点？

思　考　题

1. 物联网的发展与开源硬件系统的关系是什么？

2. 如何在物联网应用中有效集成开源硬件、开源软件、开源数据交换标准？

第 14 章

云计算与物联网融合应用

本章结构

14.1　云计算与物联网在智慧城市中的融合应用

14.1.1　智慧城市的理念与分类

　　智慧城市是基于泛在化的信息网络、智能的感知技术和信息安全基础设施,透明、充分地获取城市管理、行业、公众用户海量数据,为公众提供共享信息,打造智能生活、智能产业、智能管理的城市信息化应用。智慧城市以互联网、物联网、通信网、移动网等网络组合为基础,以智慧技术高度集成、智慧产业高端发展、智慧服务高效便民为主要特征的城市发展新模式。

　　"智慧城市"的理念就是把城市本身看成一个生态系统,城市中的市民、交通、能源、商业、通信、水资源构成了一系列子系统。这些子系统形成一个普遍联系、相互促进、彼此影响的整体。借助新一代的物联网、云计算、智能决策优化等信息技术,通过感知化、物联化、智能化的方式,可以将城市中的物理基础设施、信息基础设施、社会基础设施和商业基础设施连接起来,成为新一代的智慧化基础设施,使城市中各领域、各子系统之间的关系显现出来,使之成为可以指挥决策、实时反应、协调运作的"系统之系统",更合理地利用资源、做出最优的城市发展和管理决策、及时预测和应对突发事件和灾害。因此,智慧城市是物联网、云计算、移动网络、大数据等为代表的信息技术与城市化发展相结合的产物。如何有效实现智慧城市中海量、异构、多源数据的数据共享和融合是智慧城市必须要解决的核心问题。

　　随着智慧城市的建设在全球各地蓬勃发展,中国各大城市也都融入智慧城市的建设大潮中,都在努力借助智慧化理念和方法让自己的城市智慧化的向前发展。目前 国内已经提出建设智慧城市的城市中,有的是创新推进智慧城市建设,提出了"智慧深圳"、"智慧南京"、"智慧佛山"等;更多的是围绕各自城市发展的战略需要,选择相应的突破重点,提出了"数字南昌""健康重庆""生态沈阳"等,从而实现智慧城市建设和城市既定发展战略目标的统一。

目前国内智慧城市建设主要分以下几类。

1. 创新推进智慧城市建设

这类城市将建设智慧城市作为提高城市创新能力和综合竞争实力的重要途径。深圳将建设"智慧深圳"作为推进建设国家创新型城市的突破口,以建设智慧城市为契机,着力完善智慧基础设施、发展电子商务支撑体系、推进智能交通、培育智慧产业基地,已被有关部委批准为国家三网融合试点城市,并提出 2012 年实现宽带无线网覆盖率达到100%,组建华南地区的物联网感知认证中心等。

南京将提出要以智慧基础设施建设、智慧产业建设、智慧政府建设、智慧人文建设为突破口建设"智慧南京"。将"智慧南京"建设作为转型发展的载体、创新发展的支柱、跨越发展的动力,以智慧城市建设驱动南京的科技创新,促进产业转型升级,加快发展创新型经济,从根本上提高南京整体城市的综合竞争实力。

2. 以发展智慧产业为核心

武汉城市圈完善软件与信息服务发展环境,加快信息服务业、服务外包、物联网、云计算等智慧产业的发展,推进信息化建设,促进城市圈的综合协调和一体化建设。昆山高新技术产业发达,生产了全球 1/2 的笔记本电脑和 1/8 的数码相机,以此为基础提出了要大力发展物联网、电子信息、智能装备等智慧产业,支撑智慧城市建设。

3. 以发展智慧管理和智慧服务为重点

佛山市为了打造"智慧佛山",提出了建设智慧服务基础设施十大重点工程:即信息化与工业化融合工程、战略性新兴产业发展工程、农村信息化工程、U-佛山建设工程、政务信息资源共享工程、信息化便民工程、城市数字管理工程、数字文化产业工程、电子商务工程、国际合作拓展工程。

4. 以发展智慧技术和智慧基础设施为路径

上海在新推出的《上海推进云计算产业发展行动方案》,即"云海计划"中将"智慧城市"建设所需要的云计算提供非常优秀的基础条件,推出适合本土的云计算解决方案,在智慧技术基础上充分支持上海"智慧城市"建设。

5. 以发展智慧人文和智慧生活为目标

成都提出要提高城市居民素质,完善创新人才的培养、引进和使用机制,以智慧的人文为构建智慧城市提供坚实的智慧源泉。重庆提出要以生态环境、卫生服务、医疗保健、社会保障等为重点建设智慧城市,提高市民的健康水平和生活质量,打造"健康重庆"。

14.1.2　智慧城市基础平台架构

智慧城市的基础平台系统架构如图 14.1 所示。整体系统结构可以分成四个层次和两个体系,四个层次为主机托管层(Hosting)、基础设施服务层(IaaS)、平台服务层(PaaS)、应用软件服务层(SaaS);两个体系为信息安全防护体系和运营管理体系。

由图 14.1 可知,智慧城市基础平台的信息安全防护体系主要参考了信息系统安全保护等级三级基本要求,以"适度的信息安全"为指导原则,搭建符合智慧城市实际业务安全

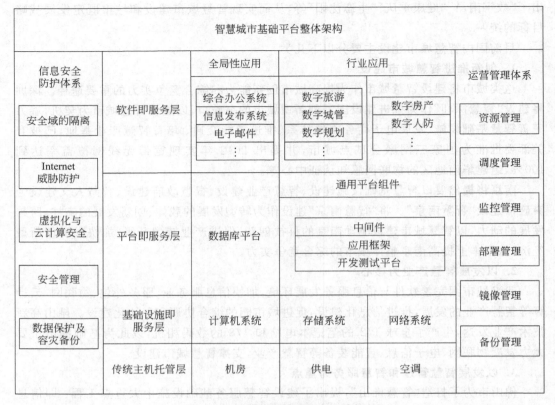

图 14.1　智慧城市基础平台系统构架

运行需求的技术保障体系。在建设智慧城市的过程中,信息安全体系架构防护体系是不可或缺的一部分,它是智慧城市基础平台平稳高效运行的有效保障。如何使智慧城市这种新的信息化城市形态中的各类信息资源被合法、安全、有序地采集、传播和利用,是一项既重要又艰巨的任务。

14.1.3　云计算在智慧城市中的应用

要从根本上支撑智慧城市庞大信息系统的安全运行,需要考虑基于云计算的系统架构,建设智慧城市云计算数据中心。在满足智慧城市建设需求的同时,云计算数据中心具备传统数据中心无法比拟的优势:随需应变的动态伸缩能力(基于云计算基础架构平台,动态添加应用系统)以及极高的性能投资比(相对传统的数据中心,硬件投资至少下降30%以上)。

云计算应用于智慧城市的优势如下所述。

1. 平台层的统一和高效能

通过平台架构即服务(PaaS)的构建模式,将传统数据中心不同架构、不同品牌、不同型号的服务器进行整合,通过云操作系统的调度,向应用系统提供一个统一的运行支撑平台。借助于云计算平台的虚拟化基础架构,可以有效地进行资源切割、资源分配、资源调配和资源整合,按照应用需求来合理分配计算、存储资源,最优化效能比例。

2. 大规模基础软硬件管理

基础软硬件管理,主要负责大规模基础软件、硬件资源的监控和管理,为云计算中心操作系统的资源调度等高级应用提供决策信息,是云计算中心操作系统的资源管理的基础。基础软件资源,包括单机操作系统、中间件、数据库等。基础硬件资源,则包括网络环境下的三大主要设备,即计算(服务器)、存储(存储设备)和网络(交换机、路由器等设备)。

3. 业务/资源调度管理

云计算数据中心的突出特点,是具备大量的基础软硬件资源,实现了基础资源的规模化。可以提高资源的利用率,降低单位资源的成本。业务/资源调度中心可以实现资源的多用户共享,有效提高资源的利用率。且可以根据业务的负载情况,自动将资源调度到需要的地方。

4. 安全控制管理

在云计算环境下,基础资源的集中规模化管理,使得客户端的安全问题更多地转移到数据中心。从专业化角度,最终用户可以借助云数据中心的安全机制实现业务的安全性,而不用为此耗费自己过多的资源和精力。但同时,对云计算中心而言,需要直接对更多用户的安全负责。具体而言,云计算安全涉及以下几个主要方面:数据访问风险、数据存放地风险、信息管理风险、数据隔离风险、法律调查支持风险、持续发展和迁移风险等。云计算数据中心的安全控制,可以从基础软硬件安全设计、云计算中心操作系统架构、策略、认证、加密等多方面进行综合防控,保证云计算数据中心的信息安全。

5. 节能降耗管理

建设节约型社会,是经济社会可持续发展的物质基础,是保障经济安全和国家安全的重要举措。对于云计算数据中心,面对规模巨大的基础软硬件资源,实现这些基础资源的绿色、节能运维管理,是资源供应商业务的必然需求,也是云计算发展的初衷之一。

通常来讲,用户的业务可分为多个子系统,彼此之间会有数据共享、业务互访、数据访问控制与隔离的需求,根据业务相关性和流程需要,需要采用模块化设计,实现低耦合、高内聚,保证系统和数据的安全性、可靠性、灵活扩展性、易于管理。考虑基于 IaaS 架构进行设计,以云计算数据中心为核心,打造独立于多个应用系统的公共云,通过各类不同的云,如市政云、交通云、教育云、安全云、社区云、旅游云为各类上层应用提供支持,其架构能后续扩展支持其他云。市政平台能提供移动办公、移动执法、视频监控、公众服务等业务的移动通信网络的接入通道服务,集成包括 3G 移动宽带、短信、彩信、位置服务等移动通信资源,对委办各局的应用接入进行统一管理,并负责移动智能政务的网络安全、身份认证、运行监控,负责城市综合多媒体信息的发布。

14.1.4 智慧城市中的数据融合与共享

智慧城市中数据容量和类型的急剧增长,如何有效地管理分析和整合这些大数据,从数据中提取出有用的信息并将信息转化为价值,成为众多互联网企业和学术界的研究重点和热点。IT 产业界和学术界对大数据的关注度不断提升,存储和处理大数据的技术得到空前的发展。研究者们对于如何存储管理分析和理解大数据提出了许多技术,大数据相关技术得到了极大的发展。然而如何将多源分散的数据有机整合起来,有效地实现不同数据源的数据共享和融合还没有得到真正的解决。在智慧城市中数据的来源非常分散,如各类传感器数据、移动网络数据、互联网数据和各种信息系统数据。如何将这些分散的数据互联起来实现数据共享和融合,提高数据利用率是智慧城市中亟待解决的关键问题。

在未来的智慧城市中,数据是非常重要的战略性资源,因此构建智慧城市的数据层是智慧城市建设中非常重要的一环。数据层主要的目的是通过数据关联、数据挖掘、数据活化等技术解决数据割裂、无法共享等问题。数据层包含各行业、各部门、各企业的数据中心以及为实现数据共享、数据活化等建立的市一级的动态数据中心、数据仓库等。

数据融合(Data Fusion)技术主要是指整合表示同一个现实世界对象的多个数据源和知识描述,形成统一、准确、有用描述的过程,最早应用于军事领域中的遥感数据。传统的数据融合方法主要包括数据仓库中间件和联邦数据库这些技术,主要用于解决企业多个异构数据集数据的共享和融合,问题建立在规模较小又不太分散的系统上。传统的数据共享技术主要包括语义标注和 Web API 技术。语义标注技术的标准主要包括 Microformat、RDFa、Microdata 等。然而语义标注技术具有使用范围较窄、描述能力有限的缺点。Web API 技术是当前数据共享应用采用最多的形式,缺点是开放接口不一致、返回的数据没有并联性,因而不能实现数据之间的互联。智慧城市中的数据具有海量异构多源的特点,因此解决智慧城市大数据的共享和融合问题需要提出新的数据共享和融合技术。语义网 Semantic Web 概念是对 Web 3.0 的一种设想,互联数据 Linked Data 是语义网中的数据描述框架的实现。它是一种通过发布结构化数据使数据互联,进而提高数据应用价值的框架。Linked Data 适用于分散孤立异构海量的互联网数据,因此对智慧城市大数据的共享和融合具有指导意义。Fan Wei 等人在 2012 年提出了一种扩展物联网的思想 IoD(Internet of Data)将数据类比为物联网中的实体,利用数据标签进行数据关联是实现数据共享和融合的一种新思路,对智慧城市数据共享和融合有积极的作用。北京航空航天大学的陈真勇等在 Linked Data、数据活化和 IoD 等技术基础上提出了一种智慧城市大数据的数据共享和融合框架,它用于解决智慧城市中大数据的共享和融合问题。该数据融合框架通过数据图模型描述数据之间的关联关系从而形成数据网络以实现数据共享和融合,该框架自下而上分为四层,即数据存储层、数据转换层、数据互联层、数据共享层。

数据存储层是各种异构数据源存储形式的抽象。智慧城市中数据源存储形式有很多种,如关系型数据库、半结构化文档、非结构化文档、多媒体数据等。数据存储层数据存储形式主要有两种:一种是存储在各类数据库中的结构化数据,另一种是以文件形式存储的半结构化或非结构化数据。因此数据存储层具有海量、异构和分散的特点。

数据转换层:为了实现数据共享和融合,数据转换层将底层不同存储形式的数据转换为统一的图模型描述,为数据的共享和融合提供统一的数据描述。采用资源描述框架 RDF(Resource Description Framework)描述数据,通过 RDF 形成数据图模型并相互关联,对异构数据进行描述。

数据互联层:统一的数据描述通过数据互联形成数据网络互联层。数据互联层是实现数据共享和融合的核心和基础,其作用是形成数据网络、自动维护数据关联,为数据共享和融合应用提供互联数据基础。数据互联网络中的每个节点代表智慧城市中不同的数据集,如各种信息系统数据、环境采集数据等具有自动变化自动维护数据关联关系等智能行为。

数据共享层:数据共享层是利用数据网络实现数据共享和融合接口和应用的实现层。数据共享层是真正为用户提供数据共享和融合接口、服务和应用的实现层。

该框架还包括了标准本体映射和数据注册中心。标准本体映射用于解决多源数据采用不同描述词汇产生的数据描述问题,而数据注册中心则可以解决数据真实性和安全性问题。传感器收集的数据大部分都是非结构化数据,因此智慧城市中存在大量的非结构化数据。非结构化数据主要包括非结构化文档、图像、音频和视频。对于非结构化数据一般采用标注的方法将信息转化为结构化数据,从而实现对数据的管理处理和分析。由于计算机视觉机器学习和人工智能等领域的发展,基于多媒体内容分析的应用越来越广泛。如基于内容的图像检索技术等,将标注技术基于内容的分析技术和语义结合起来是多媒体数据分析领域的发展趋势。智慧城市中的智能应用就可以通过这些相互关联的数据为公众提供智能服务。例如智慧医疗应用为公众提供专家预约服务。应用程序通过数据融合框架搜集个人信息、医院信息、专家个人信息,通过推理和计算提出最匹配的预约信息。智慧交通应用为公众提供交通推荐服务,应用程序查询融合系统中的交通数据、天气数据、个人位置信息数据和地理位置信息数据,综合这些关联信息为用户推理出合理的出行方案。

14.2　云计算与物联网在智慧医疗中的融合应用

14.2.1　智慧医疗的理念与内容

智慧医疗卫生体现了"以患者为中心"、"以居民为根本"和"以行政为支撑"的医疗卫生理念,通过更深入的智能化、更全面的互联互通、更透彻的感知,实现居民与医务人员、医疗机构、医疗设备之间的互动,构建基于无所不在的全生命周期医疗服务与公共卫生服务的国民健康体系。智慧医疗卫生通过建设基于居民健康档案的区域医疗信息平台,利用最先进的物联网技术,整合现有卫生信息资源、覆盖城市圈卫生系统,形成信息高度集成的医疗卫生指挥、应急、管理、监督信息网络系统。

智慧医疗卫生领域体现以下四个方面的智慧。

(1) 对于医疗机构的智慧内容:科学的辅助治疗和资源的优化及共享利用。通过对区域电子病历的共享,可方便医务人员跨机构快速全面掌握患者的诊疗信息。结合各种医学专家知识库并应用计算机人工智能、通信技术等科学手段来辅助基层卫生机构医务人员提供最佳就诊流程及提高诊疗医技的同时,可最大化地减少误诊率,规范医疗行为、提高医疗质量,节约医疗成本。

(2) 对于公共卫生机构的智慧内容:快速应急指挥响应。卫生应急指挥系统联动疾控系统、急救一体化系统、妇幼医疗保健管理系统、现代血站信息系统,使相关机构的资源信息互通,利用 GIS、GPS 卫星定位技术、传感技术、计算机技术、现代通信技术、信息处理技术等各种高科技手段,实现对卫生应急突发事件的快速反应、统一调度、准确救援。

（3）对于公众的智慧内容：无所不在的全生命周期自我健康医疗服务,无论居民身处城市的任何角落,均可以利用各类先进的感知终端、通过全面覆盖的各种网络技术,搭乘智慧医疗卫生信息平台,享受全程的"一站式"医疗服务,以及个性化的健康保健服务。从而缓解了居民"看病难,就医贵"的问题,进而真正实现"知未病、治未病"。

（4）对于卫生局的智慧内容：系统的分析、科学的决策、优化的管理,通过对海量、真实、有效的数据进行挖掘,利用分析决策系统,为卫生局对全市的医疗资源的规划、各类疾病的控制、健康教育的宣传、慢病的防治、医疗机构和医务人员的管理、突发公共卫生事件的救援、保障与处理等工作提供科学、及时的辅助和支持。

14.2.2　智慧医疗总体架构

智慧医疗卫生总体架构如图 14.2 所示。

在进行智慧医疗各项建设的过程中,只有遵循"统一规范、统一代码、统一接口"的原则,实现卫生信息的标准化,建立标准规范体系,才能真正实现信息资源的充分共享和利用。标准规范应该是贯穿于医院信息化建设的整个过程,通过规范的业务梳理和标准化的数据定义,要求系统建设必须遵循相应的规范标准来加以实施,严格遵守既定的标准和技术路线,从而实现多部门（单位）、多系统、多技术以及异构平台环境下的信息互联互通,确保整个系统的成熟性、拓展性和适应性,规避系统建设的风险。主要包括智慧医疗卫生标准体系、电子健康档案以及电子病历数据标准与信息交换标准、智慧医疗卫生系统相关机构管理规定、居民电子健康档案管理规定、医疗卫生机构信息系统介入标准、医疗资源信息共享标准、卫生管理信息共享标准、标准规范体系管理等建设内容。

遵循"统一规范、统一代码、统一接口"的原则,建立标准规范体系,真正实现信息资源的充分共享和利用。标准规范应该是贯穿于医院信息化建设的整个过程,系统建设必须遵循相应的规范标准来加以实施,保证多部门（单位）、多系统、多技术以及异构平台环境下的信息互联互通,确保整个系统的成熟性、拓展性和适应性,规避系统建设的风险。

（1）有国家（行业）标准的,优先遵循国家（行业）标准;

（2）即将形成国家（行业）标准的,争取在标准基本成熟时,将该标准率先引入试用;

（3）无国家（行业）标准,等效采用或约束使用国际标准;

（4）无参照标准,按标准制定规范,自行进行研制;

（5）在编写卫生信息交换标准时,需特别考虑到未来的发展和变化;

（6）在此基础上形成医疗卫生信息交换标准。

通信标准使来自于不同厂商的产品能够容易地交换医疗信息,提高各种医疗信息系统间的互操作性;标准刺激竞争,从而降低费用;使用标准化的产品,医疗机构可以从单个科室的低门槛的系统开始,逐步建立更大的系统,直至覆盖整个医疗机构的综合集成解决方案;与投资私有解决方案的巨大风险相比,标准化产品可以很容易地被替换或升级。

从六个方面建设安全防护体系,包括物理安全、网络安全、主机安全、应用安全、数据安全和安全管理,为智慧医疗卫生系统安全防护提供有力的技术支持,通过采用多层次、

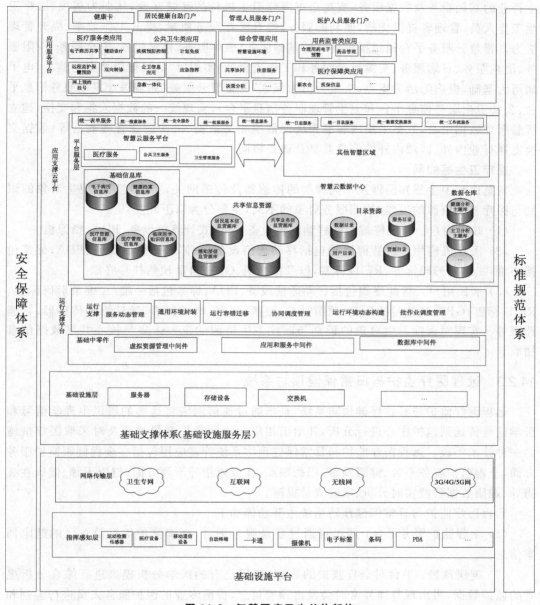

图 14.2　智慧医疗卫生总体架构

多方面的技术手段和方法,实现信息安全保障,整个体系的构建遵循系统安全工程过程开展。

　　智慧医疗卫生信息平台建设主要包括智慧云服务平台和智慧云数据中心两个部分。其中智慧云数据中心需要建立包括基础信息库、目录资源、共享资源、数据仓库在内的多种基础信息资源库;智慧云服务平台则应实现统一的基础服务,基于各类数据资源向应用服务层提供医疗、公卫、管理"三类"智慧医疗卫生云服务。智慧云服务平台是医疗卫生行业的一体化平台,以服务的方式完成全市医疗卫生机构的数据采集、交换、整合,并提供卫生行业的基础服务及数据服务,实现全市医疗卫生机构的互联互通,从而为居民、医疗卫生工作人员、管理者提供优质、便利的服务,提升医疗服务质量、提升工作效率、提升管理能力。智慧云服务平台通过提供统一的基础服务(表单服务、检索服务、安全服务、权限服务、消息服务、日志服务、资源目录服务和工作流服务)实现以"居民健康档案为核心,电子病历为基础,慢病防治为重点,决策分析为保证"的智慧云服务(涵盖医疗卫生服务信息平台、公共卫生服务信息平台和卫生管理服务信息平台),实现统一的数据采集和交换,建立智慧医疗数据中心,数据采集内容涵盖居民健康相关数据、机构运营管理数据等;数据交换支撑行业内外、区域内外的信息共享及业务协同。

医疗卫生感知网

智慧医疗卫生感知网涉及不同种类的传感器及传感网关,实现对医疗卫生对象的识别与医疗卫生资源的采集;按照服务对象的不同,主要分为以下几类:

(1) 政府用户。智能终端包括移动通信设备、一体式计算机设备、PDA、摄像机。

(2) 医疗机构用户。智能终端包括移动通信设备、一体式计算机设备、PDA;标签包括一维/二维条形码标签、RFID 标签,以及摄像机、GPS、自助预约挂号终端。

(3) 居民用户。智能终端包括移动通信设备、PDA;标签包括一维/二维条形码标签、RFID 标签;GPS;其他包括耳麦、项圈衬衫、短裤、腰带、电子腕表、运动检测传感器、智能药瓶等。实现对医疗卫生对象的识别与医疗卫生资源的统一采集与核心共享数据信息抽取。

14.2.3　远程医疗监护与日常保健预防系统

远程医疗监护与日常保健预防系统,是指通过通信网络将远端的居民生理学信号和医学信号传送到监护中心进行分析,并给出相应的诊断意见和建议或及时采取医疗措施的一种技术手段。远程医疗监护与日常保健预防系统管理应用包括在全程健康监护服务方面,全程监护服务平台、健康预警、用药跟踪;在健康指导干预方面,健康干预、健康在线指导、健康数据智能实时分析、家庭成员提醒。

远程医疗监护与日常保健预防系统主要功能如下。

(1) 全程监护服务平台:居民可通过登录服务平台,查询监护信息及自己的健康档案信息。

(2) 健康预警:平台对全程监护的数据,使用已有的医学分析模型进行综合分析患者的监护数据,当出现身体异常时会发出预警信息,提醒专业的医护服务人员进行鉴别和干预。此外,系统还会结合一些其他的监测数据对患者进行全面的监护保护,例如,当患者出现在房间突然向下跌倒的时候,结合血压、脉搏等状况,系统会分析出患者可能已经跌倒,同样会发出预警信息,提醒医务人员进行确认。

(3) 用药跟踪:对特殊人群服用的药品,通过智能化的 RFID 识别技术,实现智能化的用药跟踪服务,如服药时间、服药剂量等。

(4) 健康干预:专业的医护服务人员根据系统发出的预警信息,首先对监护数据进行人工分析,在必要的时候,通过网络向患者或者家属核实患者身体状况,并可以指导患者或家属进行现场的应急急救。针对不同的用户身体情况,系统提供可定制化的监护计划管理功能。

（5）健康在线指导：专业医护人员可以在线通过语音、文字、视频等手段指导老年人或其亲人进行现场的健康指导。

（6）健康数据智能实时分析：基于积累的个人健康服务基础数据，在分析以往历史数据的基础上提取个人的个性化数据，再叠加实时监测数据，利用医学理论、健康评估模型、智能挖掘和分析技术，由系统综合自动评判个人健康状况，对健康预警等功能提供数据分析支持。

（7）家庭成员提醒：特殊人群可能存在自理能力差、患病较为严重需照顾等问题，故智慧的特殊人群健康监护还将患者与家庭成员进行绑定，通过短信、邮件等多种方式对患者的家庭成员进行各类提醒。如患者复诊相关信息、定期随访检查提醒以及季节性注意事项等智能化贴心服务，使得特殊人群的照顾者也可以依托智能化平台，给予患者悉心的照料。

14.3　云计算与物联网在智慧社区中的融合应用

14.3.1　智慧社区的理念

智慧社区是指通过利用各种智能技术和方式，整合社区现有的各类服务资源，为社区群众提供政务、商务、娱乐、教育、医护及生活互助等多种便捷服务的模式。运用现代信息技术，系统的方法、创新的思维，围绕服务对象、服务主体、服务形式、服务类别、服务层次、服务供给进行智慧社区的总体规划和顶层设计。从应用方向来看，"智慧社区"应实现"以智慧政务提高办事效率，以智慧民生改善人民生活，以智慧家庭打造智能生活，以智慧小区提升社区品质"的目标。

智慧社区是通过综合运用现代科学技术，整合区域人、地、物、情、事、组织和房屋等信息，统筹公共管理、公共服务和商业服务等资源，以智慧社区综合信息服务平台为支撑，依托适度领先的基础设施建设，提升社区治理和小区管理现代化，促进公共服务和便民利民服务智能化的一种社区管理和服务的创新模式，也是实现新型城镇化发展目标和社区服务体系建设目标的重要举措之一。

我国智慧社区建设仍然处于初级阶段，存在着一些困难和问题。例如社区基础设施建设水平参差不齐，缺乏社区综合服务平台，应用尚未形成规模；社区治理职能亟待完善，公共服务项目少且使用不便；小区房屋和物业管理服务层次低，社区自治能力尚未充分发挥；便民利民领域应用未能广泛推广；缺乏统筹规划，体制机制不顺畅，相关人才队伍欠缺，可持续的建设运营模式尚未形成。作为智慧城市建设的核心组成部分，智慧社区建设具有见效快、惠民利民的特征，智慧社区还能增强社区居民对智慧城市建设的感知度和社会认同度，为智慧城市建设的普及和宣传增光添彩。

积极推进智慧社区建设，有利于提高基础设施的集约化和智能化水平，实现绿色生态社区建设；有利于促进和扩大政务信息共享范围，降低行政管理成本，增强行政运行效能，推动基层政府向服务型政府的转型，促进社区治理体系的现代化；有利于减轻社区组织的工作负担,改善社区组织的工作条件,优化社区自治环境,提升社区服务和管理能力;有利于保障基本公共服务均等化,改进基本公共服务的提供方式,以及拓展社区服务内容和领域,为建立多元化、多层次的社区服务体系打下良好基础。

在新时期新形势下,居民对便捷、高效、智能的社区服务需求与日俱增,倒逼政府优化行政管理服务模式,引导建立健康有序的社区商业服务体系。随着信息技术的高速发展,国内智慧社区建设相关的技术基础较为扎实,面向移动网络、物联网、智能建筑、智能家居、居家养老等诸多领域的应用产品及模式已基本成熟。此外,广州市、深圳市、常州市等经济发达地区已率先开展了智慧社区建设,在社区治理、便民服务等领域取得了显著的成效。因此在我国大规模开展智慧社区建设势在必行。本节的主要内容包括智慧社区的指导思想和发展目标、评价指标体系、总体架构与支撑平台、基础设施与建筑环境、社区治理与公共服务、小区管理服务、便民服务、主题社区、建设运营模式、保障体系建设等。

14.3.2 智慧社区的总体框架

智慧社区总体框架以政策标准和制度安全两大保障体系为支撑,以设施层、网络层、感知层等基础设施为基础,在城市公共信息平台和公共基础数据库的支撑下,架构智慧社区综合信息服务平台,并在此基础上构建面向社区居委会、业主委员会、物业公司、居民、市场服务企业的智慧应用体系,涵盖包括社区治理、小区管理、公共服务、便民服务以及主题社区等多个领域的应用,如图14.3所示。

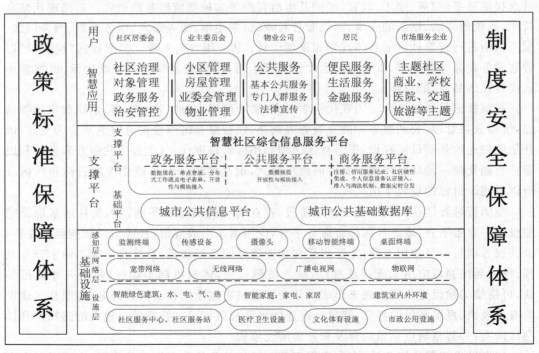

图 14.3　智慧社区总体框架图

1. 基础设施

基础设施包括设施层、网络层和感知层三部分：设施层是智慧社区管理服务的载体和依托，覆盖社区、建筑和家庭三个层面，包括以社区服务中心、社区服务站、医疗卫生设施、文化体育设施和市政公用设施为主的综合服务设施，以及以"四节一环保"、"水、电、气、热智能化监管"为特征的智能绿色建筑，以智能家居、智能家电为主的智能家庭。网络层是一体化融合的网络基础设施，支撑智慧社区的高效运行，包括宽带网络、无线网络、广播电视网和物联网等智能网络，通过把社区内各种智能枢纽和节点统一接入，实现网络无处不在、智慧运行的目标。感知层是通过信息采集识别、无线定位系统、RFID、条码识别等各类传感设备，对社区中的人、车、物、道路、地下管网、环境、资源、能源供给和消耗、地理信息、民生服务信息、企业信息等要素进行智能地感知和自动获取，实现社区的"自动感知、快捷组网、智能化处理"。

2. 支撑平台

智慧社区综合信息服务平台架构在城市公共信息平台和公共基础数据库上，由市级或区级统一建设，包括政务服务、公共服务和商业服务三大版块，通过数据规范和接口服务，接入政府相关部门业务数据和商业服务数据，支撑各类智慧应用服务，与上级平台实现数据共享。

3. 智慧应用

智慧应用体系架构在智慧社区综合信息服务平台之上，涵盖了以对象管理与专门人群服务、政务服务、治安管控为主的社区治理与公共服务，以房屋管理和物业管理为主的小区管理，以生活服务和金融服务为主的便民服务，以及主题社区五大领域，涉及社区管理、运行、服务三个层面。各类应用遵循智慧社区综合信息服务平台建设规范的标准，通过数据交换和整合，统一以平台向居民、企业等提供服务，并对各种活动做出闭环响应。

4. 用户对象

智慧社区的用户和服务对象主要包括社区居委会、业主委员会、物业公司、居民、市场服务企业以及相关社会组织等。

5. 保障体系

智慧社区的网络、基础设施、支撑平台和各类应用系统的建设与运行维护，需符合已有的标准规范，如相关的技术标准、数据标准、接口标准、平台标准、管理标准等。智慧社区的政策和标准体系，要符合国家、行业以及各地城市发展的总体要求。

14.3.3　智慧社区综合信息服务平台

智慧社区综合信息服务平台是智慧社区的支撑平台，是以城市公共信息平台和公共基础数据库为基础，利用数据交换与共享系统，以社区居民需求为导向推动政府及社会资源整合的集成平台，该平台可为社区治理和服务项目提供标准化的接口，并集社区政务、公共服务、商业及生活资讯等多平台为一体。结合社区实际工作的特点与模式，智慧社区综合信息服务平台的定位是一个轻量级、服务功能模块化的平台，其框架如图 14.4 所示。

政务服务模块：各行政机关及社会公共机构可将自身业务系统的受理环节设立在社区服务窗口，由社区面向居民负责事务的受理和收件，具体的行政审批和许可的决定仍由

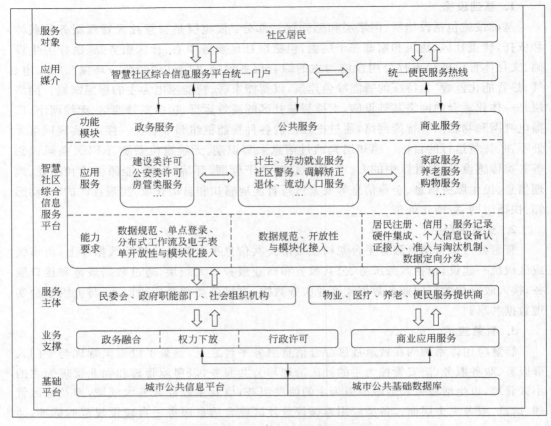

图 14.4　智慧社区综合信息服务平台框架图

原机关作出,社区负责该决定的告知,从而实现在不打破原有管理体制的前提下,切实为群众办理各类事项提供方便。在此基础上,通过公共信息平台和基础数据库中业务以及数据的重组与整合,为居民提供更多、更便捷的服务。

公共服务模块:平台整合各业务部门以及社会公共机构的服务窗口。随着政府职能下沉和服务进程加快,社区在公共服务中的地位将会逐步显现。

商业服务模块:社会资源服务与居民生活息息相关,借助智慧社区的开放平台,通过建立信用和淘汰机制,为居民提供便民利民服务,也为商家提供各类基础数据与服务。

平台采用"政府主导、社区主体、市场运作"的运营模式,将政府牵头的社区服务信息化系统建设逐步转变为一个多元主体共同投资、建设和运营的"大信息服务平台"。投资主体由政府独家转变为政府、企业、专业投资机构共同参与,或以社会投资、政府购买服务的方式;建设运营主体由街道、业务主管部门为主转变为政府、商户等共同建设,服务主体由原来的政府主导扩展为以社区、商户和居民为主。

14.3.4　智慧社区基础数据

基础数据是智慧社区的核心内容之一。智慧社区作为智慧城市的子集,需要充分共享和利用智慧城市的数据资源和平台,建立社区相关的数据交换接口规范和标准,对不同应用子系统的数据采用集中、分类、一体化等策略,进行合理有效的整合,保障支撑层内各不同应用之间的互联。智慧社区基础数据包括人口、地理、部件、消息、事项和建筑等六大类。

1. 人口数据库

以城市人口数据库为基础,结合各业务条线内人口数据库的相关要求,统一规范标准,统一数据格式,通过集中导入、清洗及过滤,形成统一的综合人口数据库,实现人口信息在各个职能部门之间的实时高效共享。优化社区分散采集和更新维护,应用网格化管理思路强化数据动态管理,与市级人口数据库及各条线数据库保持定期同步并及时更新。人口基础数据是社区经济社会发展中各部门应用系统的重要基础,对劳动就业、税收征管、个人信用、社会保障、人口普查、计划生育、打击犯罪等系统的建设具有重要意义。人口基础数据库的数据来自公安、劳动保障、民政、建设、卫生、教育等相关部门。

2. 地理数据库

以市级地理信息平台数据为基础,借助第三方商务地图数据支持,整合全市自然资源与空间基础地理信息及关联的各类经济社会信息,建立多源、多尺度且更新及时的空间共享数据库,构建科学、规范的空间信息共享与服务的技术体系,有效提升信息资源共享能力。同时,区分内外网不同的安全要求,优化基础数据采集和维护,根据各应用系统的不同要求,由不同主体分层负责地理数据的采集和维护。

3. 部件数据库

部件数据库包括社区内各类公用设施的地理数据和属性数据。按照相关行业标准,部件分为公用设施类、道路交通类、市容环境类、园林绿化类、房屋土地类、其他设施类等。公用设施类主要包括水、电、气、热等各种公用设施等;道路交通类主要包括停车设施、交通标志设施等;市容环境类主要包括公共厕所、垃圾箱、广告牌匾等;园林绿化类主要包括古树名木、绿地、雕塑、街头座椅等;房屋土地类主要包括宣传栏、人防工事、地下室等。消息数据库包括各系统平台发布的各类规范资讯和动态信息,对各系统平台消息类数据进行整合,实现消息数据格式标准化和分类标签化,并优化消息生成、共享和查询机制,根据不同权限实现内外网分层管理,同时规范数据呈现,动态智能排序。

4. 事项数据库

事项数据库包括各系统平台运行中形成的审批、服务、咨询、投诉和任务等事项处理数据,并实现与市行权事项数据库的同步与对接,支持对规范事项流程和权限进行定制,对非规范事项流程灵活设置,优化事项分类自动匹配查询等应用功能。

5. 建筑数据库

建筑物数据库是社区内建筑物属性信息、空间信息、业务数据和服务数据的集合,是智慧社区的重要支撑数据,是社区网格化管理和服务的定位基础。建筑物基础数据是指描述建筑物基本自然属性的数据,包括建筑名称、门牌地址、平面位置、建造年代、建筑状态、使用年限、主要用途、结构类型、建筑层数、建筑高度、总建筑面积等信息。建筑物扩展数据是对建筑物基础数据的扩展,主要指描述建筑物本身物理实体的几何位置、空间关系等信息,包括二维图形数据和三维模型数据等。建筑物业务数据是指建筑物管理和应用部门在日常业务管理及应用中产生的核心的专业数据,主要包括规划、建设、交易、抵押、租赁、物业、公安、消防、民政、社会保障等业务过程中产生的核心数据。

本 章 小 结

本章系统地介绍了云计算与物联网在智慧城市、智慧医疗、智慧社区中的融合应用。分别给出了智慧城市、智慧医疗、智慧社区的总体架构图,论述了云计算和物联网在各个系统中的关键作用及相互关系,阐述了二者的信息融合对大型信息系统应用的必要性与可行性。

习 题

1. 智慧城市的基础平台系统架构可以分成四个层次,即主机托管层(Hosting)、基础设施服务层(IaaS)、_____、应用软件服务层(SaaS)。

2. 智慧城市中数据存储层的存储形式主要有两种:一种是存储在各类数据库中的结构化数据,另一种是以文件形式存储的_____或非结构化数据。

3. 在进行智慧医疗各项建设的过程中,需要遵循"统一规范、统一代码、_____"的原则。

4. 从六个方面建设安全防护体系,包括物理安全、网络安全、主机安全、应用安全、_____和安全管理,为智慧医疗卫生系统安全防护提供有力的技术支持。

思 考 题

1. 智慧社区的基础数据如何采集?
2. 如何通过物联网技术为远程医疗监护提供网络通信服务?

第15章

云计算与物联网实验指导

本章结构

15.1　RFID 实验

15.1.1　RFID 实验系统介绍

RFID 的软硬件平台如图 15.1 所示。

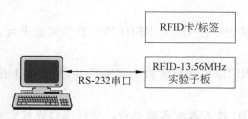

图 15.1　RFID 实验系统框图

本实验的硬件平台包括以下四部分：

（1）联创中控 UICC-RFID 实验主板。该主板拥有一个 ST 公司的 ARM-Cortex M3 处理器。

（2）RFID-13.56MHz 实验子板。该子板包括一个 NXP 公司的非接触式读写卡芯片 CLRC632、射频 PCB 天线以及相应射频收发电路。该子板通过 SPI 接口与实验主板相连。

（3）PC。PC 通过串口与实验主板相连。通过 PC 端的 RFID-13.56MHz 上位机软件可以访问/控制实验系统。

（4）RFID 卡/标签。RFID 卡/标签置于实验子板的正上方，通过射频传递能量和信号。

1. 射频基站芯片

CLRC632 是恩智浦公司推出的适用于工作频率为 13.56MHz 的非接触式智能卡和标签射频基站芯片,并且支持这个频段范围内多种 ISO 非接触式标准,其中包括 ISO 14443 和 ISO 15693。CLRC632 负责读写器对非接触式智能卡和标签的读写等功能,其基本功能包括调制、解调、产生射频信号、安全管理和防冲突处理,是读写器 MCU(微控制器)与非接触式智能卡和标签交换信息的桥梁。

2. RFID 实验软件平台

本实验系统的软件平台包括以下两部分:

(1)基于 KEIL 的 ARM-Cortex M3 软件开发平台。用于开发基于 M3 的 RFID 嵌入式软件。

(2)RFID 实验系统上位机软件。支持 ISO/IEC 14443A 及 ISO/IEC 15693 两种协议的访问控制。

15.1.2　RFID 认知实验

1. 实验目的

(1)熟悉 UICC-RFID 技术教学实验平台的使用方法。

(2)学习 ISO/IEC 14443 Type A 标准规范。

(3)学习对射频卡的访问。

2. 实验内容

通过 UICC-RFID 技术教学实验平台实现对射频卡 FM11RF08 的访问。

3. 实验仪器

本实验所需仪器:联创中控 UICC-RFID 技术教学实验平台。

4. 实验步骤

(1)连接好 UICC-RFID 射频技术教学实验平台,并启动上位机软件,该系统运行如图 15.2 所示。

(2)连接 UICC-RFID 技术教学实验平台。选择串口连接到实验系统板的端口,选择波特率为 115 200,单击"打开"按钮,右侧的信息提示窗会有串口打开的提示信息,如图 15.3 所示。

(3)该软件提供了低频、高频、超高频、微波等 RFID 模块的功能,单击相应的标题,就可以进入响应的模块操作界面。单击"ISO 14443 模块"选项卡,进入该模块操作界面,选择串口连接到 RFID 实验系统板的端口,选择波特率为 115 200,单击"打开"按钮,右侧的信息提示窗会有串口打开的提示信息,如图 15.4 所示。

(4)寻卡操作。将一张 FM11RF08 射频卡放置在 IOS 14443 模块的天线区域的正上方,然后单击界面上的"单次寻卡"按钮,如图 15.5 所示。

(5)认证密钥。在密码操作-密码验证选项卡中,单击"验证"按钮,显示验证操作成功界面,如图 15.6 所示。

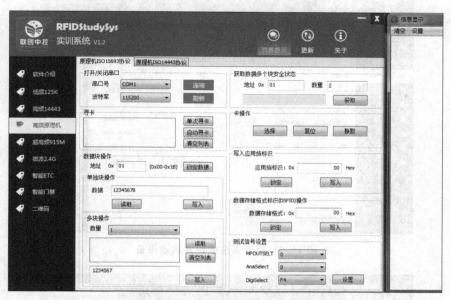

图 15.2　RFID 实验系统

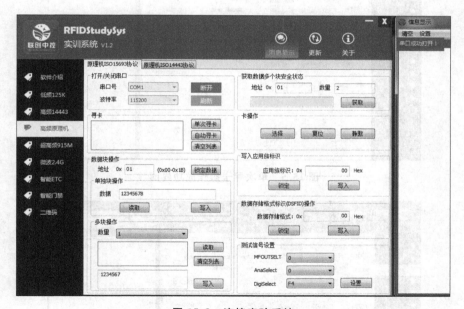

图 15.3　连接实验系统

（6）读取数据块内容。单击读写操作中的"读取"按钮，如图 15.7 所示。

分析数据内容。学习 FM11RF08 射频卡相关资料，分析 FM11RF08 第 0 区、第 0 块的数据内容。如 FM11RF08 第 0 区、第 0 块为卡制造商信息块，低 4 字节存储的是卡序列号，如图 15.8 所示。

云计算与物联网信息融合

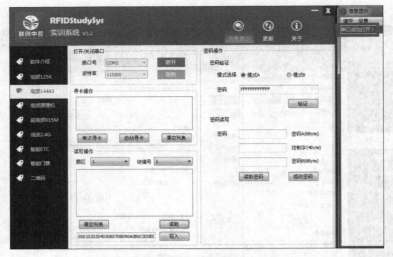

图 15.4　打开相应模块并启动设备

图 15.5　单次寻卡操作成功界面

图 15.6　验证操作成功界面

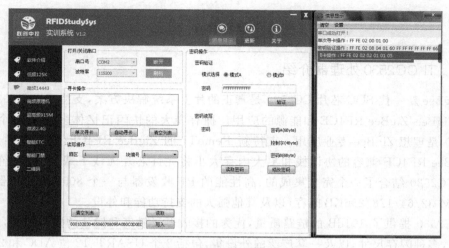

图 15.7　读取数据块内容

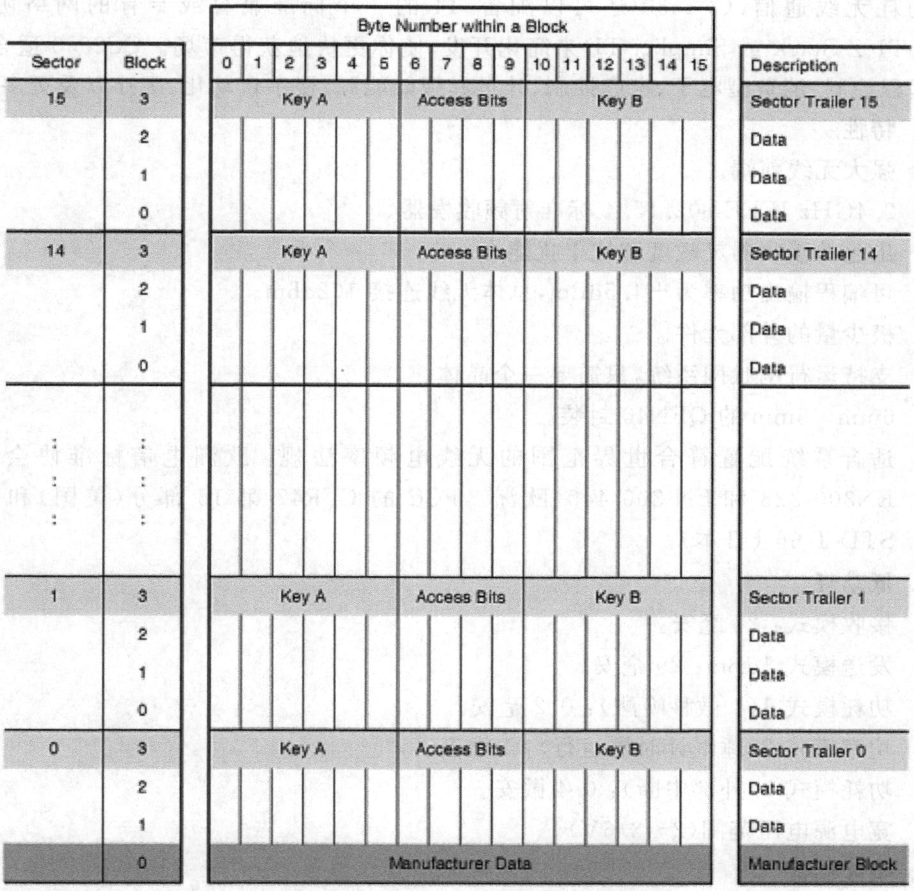

图 15.8　FM11RF08 射频卡内存结构图

15.2　ZigBee 实验

15.2.1　TI CC2530 处理器介绍

ZigBee 新一代 SOC 芯片 CC2530 是真正的片上系统解决方案,支持 IEEE 802.15.4 标准/ZigBee/ZigBee RF4CE 和能源的应用。拥有庞大的快闪记忆体多达 256 个字节, CC2530 是理想 ZigBee 专业应用。支持新 RemoTI 的 ZigBee RF4CE,这是业界首款符合 ZigBee RF4CE 兼容的协议栈和更大内存大小将允许芯片无线下载,支持系统编程。此外,CC2530 结合了一个完全集成的、高性能的 RF 收发器与一个 8051 微处理器,8KB 的 RAM 32/64/128/256KB 闪存,以及其他强大的支持功能和外设。

CC2530 提供了 101dB 的链路质量,优秀的接收器灵敏度和健壮的抗干扰性,四种供电模式,多种闪存尺寸,以及一套广泛的外设集,包括 2 个 USART、12 位 ADC 和 21 个通用 GPIO。除了通过优秀的 RF 性能、选择性和业界标准增强 8051MCU 内核,支持一般的低功耗无线通信,CC2530 还可以配备 TI 的一个标准兼容或专有的网络协议栈 (RemoTI、Z-Stack 或 Simplici TI)来简化开发,使你更快地获得市场。CC2530 适合应用包括远程控制、消费型电子、家庭控制、计量和智能能源、楼宇自动化、医疗以及更多领域。

1. 特性

- 强大无线前端。
- 2.4GHz IEEE 802.15.4 标准射频收发器。
- 出色的接收器灵敏度和抗干扰能力。
- 可编程输出功率为＋4.5dBm,总体无线连接 102dbm。
- 极少量的外部元件。
- 支持运行网状网系统,只需要一个晶体。
- 6mm×6mm 的 QFN40 封装。
- 适合系统配置符合世界范围的无线电频率法规:欧洲电信标准协会 ETSI EN300 328 和 EN 300 440(欧洲),FCC 的 CFR47 第 15 部分(美国)和 ARIB STD-T-66（日本）。

2. 低功耗

- 接收模式:24 毫安。
- 发送模式 1dBm:29 毫安。
- 功耗模式 1(4 微秒唤醒):0.2 毫安。
- 功率模式 2(睡眠计时器运行):1 微安。
- 功耗模式 3(外部中断):0.4 微安。
- 宽电源电压范围(2～3.6V)。

3. 微控制器

- 高性能和低功耗 8051 微控制器内核。
- 32/64/128/或 256KB 系统可编程闪存。

- 8KB 的内存保持在所有功率模式。
- 硬件调试支持。

4. 外设

- 强大五通道 DMA。
- IEEE 802.15.4 标准的 MAC 定时器,通用定时器(一个 16 位,2 个 8 位)。
- 红外发生电路。
- 32kHz 的睡眠计时器和定时捕获。
- CSMA/CA 硬件支持。
- 精确的数字接收信号强度指示/ LQI 支持。
- 电池监视器和温度传感器。
- 8 通道 12 位 ADC,可配置分辨率。
- AES 加密安全协处理器。
- 两个强大的通用同步串口。
- 21 个通用 I/O 引脚。
- 看门狗定时器。

5. 应用

- 2.4GHz IEEE 802.15.4 标准系统。
- RF4CE 遥控控制系统(需要大于 64KB)。
- ZigBee 系统/楼宇自动化。
- 照明系统。
- 工业控制和监测。
- 低功率无线传感器网络。
- 消费电子。
- 健康照顾和医疗保健。

15.2.2　ZigBee 点对点通信实验

1. 实验目的

(1) 在 UIZB CC2530 节点板上运行相应实验程序。

(2) 熟悉通过射频通信的基本方法。

(3) 练习使用状态机实现收发功能。

2. 实验环境

(1) 硬件:UIZB CC2530 节点板两块、USB 接口的 CC2530 仿真器、PC。

(2) 软件:Windows 7/Windows XP、IAR 集成开发环境、串口监控程序。

3. 实验原理

ZigBee 的通信方式主要有三种:点播、组播、广播。点播,顾名思义就是点对点通信,也就是两个设备之间的通信,不容许有第三个设备收到信息;组播,就是把网络中的节点分组,每一个组员发出的信息只有相同组号的组员才能收到;广播,最广泛的也就是一个设备上发出的信息所有设备都能接收到。这也是 ZigBee 通信的基本方式。

在点对点通信的过程中,先将接收节点上电后进行初始化,然后通过指令 ISRXON 开启射频接收器,等待接收数据,直到正确接收数据为止,通过串口打印输出。发送节点上电后和接收节点进行相同的初始化,然后将要发送的数据输出到 TXFIFO 中,再调用指令 ISTXONCCA 通过射频前端发送数据。

4. 实验内容

在本实验中,主要是实现 ZigBee 点播通信。发送节点将数据通过射频模块发送到指定的接收节点,接收节点通过射频模块收到数据后,再通过串口发送到 PC 在串口调试助手中显示出来。如果发送节点发送的数据目的地址与接收节点的地址不匹配,接收节点将接收不到数据。下面是源码实现的解析过程:

```
void main(void)
{
    halMcuInit();                              //初始化 mcu
    hal_led_init();                            //初始化 LED
    hal_uart_init();                           //初始化串口
    if (FAILED==halRfInit()) {                 // halRfInit()为射频初始化函数
        HAL_ASSERT(FALSE);
    }
    //Config basicRF
    basicRfConfig.panId=PAN_ID;                //panId,让发送节点和接收节点处于同一网
                                               //  络内
    basicRfConfig.channel=RF_CHANNEL;          //通信信道
    basicRfConfig.ackRequest=TRUE;             //应答请求
    #ifdef SECURITY_CCM
        basicRfConfig.securityKey=key;         //安全密钥
    #endif
    //Initialize BasicRF
    #if NODE_TYPE
        basicRfConfig.myAddr=SEND_ADDR;        //发送地址
    #else
        basicRfConfig.myAddr=RECV_ADDR;        //接收地址
    #endif
    if(basicRfInit(&basicRfConfig)==FAILED) {
        HAL_ASSERT(FALSE);
    }
    #if NODE_TYPE
        rfSendData();                          //发送数据
    #else
        rfRecvData();                          //接收数据
    #endif
}
```

主函数中主要实现了以下步骤。

（1）初始化 mcu 即 halMcuInit()：选用 32kHz 时钟。

（2）初始化 LED 灯 hal_led_init()：设置 P1.0、P1.2 和 P1.3 为普通 I/O 口并将其作为输出，设置 P2.0 为普通 I/O 口并将其作为输出。

（3）初始化串口 hal_uart_init()：配置 I/O 口、设置波特率、奇偶校验位和停止位。

（4）初始化射频模块 halRfInit()，设置网络 ID、通信信道，定义发送地址和接收地址。

（5）接收节点调用 rfRecvData()函数来接收数据，发送节点调用 rfSendData()函数来发送数据。

通过下面的代码来解析射频模块的初始化：

```
uint8 halRfInit(void)
{
    //Enable auto ack and auto crc
    FRMCTRL0 |= (AUTO_ACK | AUTO_CRC);
    //Recommended RX settings
    TXFILTCFG= 0x09;
    AGCCTRL1= 0x15;
    FSCAL1= 0x00;
    //Enable random generator ->Not implemented yet
    //Enable CC2591 with High Gain Mode
    halPaLnaInit();
    //Enable RX interrupt
    halRfEnableRxInterrupt();
    return SUCCESS;
}
```

节点发送数据和接收数据的代码实现如下：

```
*  射频模块发送数据函数  */
void rfSendData(void)
{
    uint8 pTxData[]={'H', 'e', 'l', 'l', 'o', ' ', 'c', 'c', '2', '5', '3', '0',
'\r', '\n'};     //定义要发送的数据
    uint8 ret;
    printf("send node start up…\r\n");
    //Keep Receiver off when not needed to save power
    basicRfReceiveOff();   //关闭射频接收器
    //Main loop
    while (TRUE) {
        ret=basicRfSendPacket(RECV_ADDR, pTxData, sizeof pTxData);
            //点对点发送数据包
        if (ret==SUCCESS) {
            hal_led_on(1);
            halMcuWaitMs(100);
```

```
            hal_led_off(1);
            halMcuWaitMs(900);
        } else {
            hal_led_on(1);
            halMcuWaitMs(1000);
            hal_led_off(1);
        }
    }
}
/*   射频模块接收数据函数   */
void rfRecvData(void)
{
    uint8 pRxData[128];
    int rlen;
    printf("recv node start up…\r\n");
    basicRfReceiveOn();            //开启射频接收器
    //Main loop
    while (TRUE) {
        while(!basicRfPacketIsReady());
        rlen=basicRfReceive(pRxData, sizeof pRxData, NULL);
        if(rlen >0) {
            pRxData[rlen]=0;
            printf((char * )pRxData);            //串口输出显示接收节接收到的数据
        }
    }
}
```

接收节点和发送节点的程序流程图如图 15.9 所示。

(a) 接收节点程序流程图   (b) 发送节点程序流程图

图 15.9   接收节点和发送节点的程序流程图

5. 实验步骤

(1) 准备两个 CC2530 无线节点板,分别接上出厂电源;将其中一个 CC2530 无线节点板通过 RS-232 交叉串口线连接到 PC 串口。

(2) 在 PC 上打开串口终端软件,设置好波特率为 19 200。

(3) 双击本实验程序 p2p.eww,打开本实验工程文件。

(4) 打开 main.c 文件,下面对一些定义进行介绍。RF_CHANNEL 宏定义了无线射频通信时使用的信道,在实验室中,多个小组同时进行实验时建议每组选择不同的信道,即每个小组使用不同的 RF_CHANNEL 值(可按顺序编号)。但同一组实验中两个节点需要保证在同一信道,才能正确通信。

(5) PAN_ID 个域网 ID 标识,用来表示不同在网络,在同一实验中,接收和发送节点需要配置为相同的值,否则两个节点将不能正常通信。

- SEND_ADDR 发送节点的地址;
- RECV_ADDR 接收节点的地址。

(6) NODE_TYPE 节点类型:0-接收节点,1-发送节点。在进行实验时一个节点定义为发送节点用来发送数据,一个定义为接收节点用来接收数据。

(7) 修改 main.c 文件中的 NODE_TYPE 的值为 0,保存,然后选择 Project→Rebuild All 重新编译工程。

(8) 将 CC2530 仿真器连接到串口与 PC 相连接的 CC2530 节点上,单击 Project→Download and debug 下载程序到节点板。此节点以下称为接收节点。

(9) 修改 main.c 文件中的 NODE_TYPE 的值为 1,然后单击"保存"按钮,然后选择 Project→Rebuild All 重新编译工程。

(10) 接下来将接收节点断电,取下 CC2530 仿真器连接到另外一个节点上,单击 Project→Download and debug 下载程序到节点板。此节点板以下称为发送节点。

(11) 确保接收节点的串口与 PC 的串口通过交叉串口线相连。

(12) 先将接收节点上电。查看 PC 上的串口输出。接下来将发送节点上电。

(13) 从 PC 上串口调试助手观察接收节点收到的数据。

可以修改发送节点中发送数据的内容,再编译并下载程序到发送节点,然后从串口调试助手观察接收到的数据。可以修改接收节点的地址,再重新编译并下载程序到接收节点,然后从发送节点发送数据,观察接收节点能否正确接收数据。

6. 实验结果

发送节点将数据发送出去后,接收节点接收到数据,并通过串口调试助手打印输出。发送数据的最大长度为 125 字节(加上发送的数据长度和校验,实际发送的数据长度为 128 字节)。

15.2.3 ZigBee 协议分析实验

1. 实验目的

(1) 掌握 Z-Stack 协议栈的结构。

(2) 理解 ZigBee 各种命令帧及数据帧的格式。

(3) 理解 ZigBee 的协议机制。

2. 预备知识

（1）掌握在 IAR 集成开发环境下下载和调试程序的过程。

（2）了解 ZigBee 协议栈的通信机制。

（3）了解并安装 ZigBee 协议栈。

（4）了解 Packet Sniffer 软件的使用。

3. 实验环境

（1）硬件：UIZB CC2530 节点板若干、CC2530 仿真器、PC。

（2）软件：Windows 7/Windows XP、IAR 集成开发软件、TI 公司的数据包分析软件 Packet Sniffer。

4. 实验原理

Packet Sniffer 用于捕获、滤除和解析 IEEE 802.15.4 MAC 数据包，并以二进制形式存储数据包。安装好 Packet Sniffer 之后，在桌面上会生成快捷方式，双击，进入协议选择界面，如图 15.10 所示，在下拉菜单中选择 IEEE 802.15.4/ZigBee，单击 Start 按钮进入 Sniffer 界面，如图 15.11 所示。

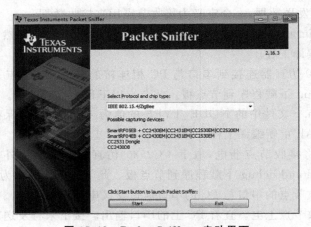

图 15.10　Packet Sniffer　启动界面

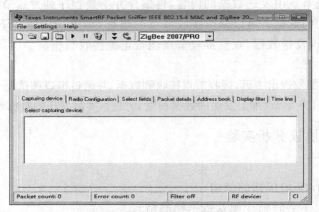

图 15.11　选择侦听协议界面

Packet Sniffer 有三个菜单选项,File 可以打开或保存抓取到的数据,Setting 可以进行一些软件设置,Help 可以查看软件信息和用户手册。

　　菜单栏下面是工具栏,用于清除当前窗口中的数据包,打开之前保存的一段数据包,保存当前抓取到的数据包,显示或隐藏底部的配置窗口,单击之后开始抓包,暂停当前的抓包,清除抓包开始之前保存的所有数据,禁止或使能滚动条,禁止或使能显示窗口中显示小字体,下拉菜单用于选择侦听的协议类型,有三个选项,即 ZigBee 2003、ZigBee 2006 以及 ZigBee 2007/ZigBee PRO,这里选择 ZigBee 2007/ZigBee PRO。工具栏下面的窗口分为两个部分,上半部分窗口为显示窗口,显示抓取到的数据包下半部分窗口为配置窗口,下面介绍以下配置窗口各标签的意义。

- Capturing device：选择使用哪块评估板。
- Radio Configuration：选择捕获的信道。
- Select Fields：设置需要显示的字段。
- Packet Details：双击要显示的数据包后,就会在下面窗口显示附加的数据包细节。
- Address Book：显示当前侦听段中所有已知的 MAC 地址。
- Display Filter：根据用户提供的条件和模板筛选数据包。
- Time Line：显示大批数据包,大约是上面窗口的 20 倍,根据 MAC 源地址和目的地址来排序。
- Packet Sniffer：软件选择的默认信道值为 0x0B,如果要侦听其他信道的数据,可以在 Radio Configuration 标签下将侦听信道设置为其他值(信道 12~26)。
- LR-WPAN：定义了四种帧结构：信标帧、数据帧、ACK 确认帧、MAC 命令帧。用于处理 MAC 层之间的控制传输。MAC 命令帧有信标请求帧、连接请求帧、数据请求帧等几种,信标请求帧是在终端节点或路由节点刚入网时广播的请求帧,请求加入网络中。信标帧的主要作用是实现网络中设备的同步工作和休眠,其中包含一些时序信息和网络信息,节点在收到信标请求帧后马上广播一条信标帧。数据帧是所有用于数据传输的帧。ACK 确认帧是用于确认接收成功的帧。

5. 实验内容

　　在本节实验中将协调器节点、路由节点和终端节点组网成功之后,在网络之外添加一个侦听节点,用 CC2530 仿真器将侦听节点和 PC 相连,当网路中各节点进行通信时,侦听节点就可以侦听到网络中的数据包,并通过 Packet Sniffer 软件可以实现对侦听到的数据包中各协议层的具体内容进行观察分析。图 15.12 是本实验的数据流程图。

　　下面结合本实验的实验原理以及实验内容的设计,分别对终端节点、路由节点和协调器节点的源关键源程序进行解析。

　　终端节点、路由节点。根据本节内容的设计,终端节点、路由节点加入 ZigBee 网络后,终端节点和路由节点的任务事件都一样。根据 ZStack 协议栈的工作流程,在程序源代码 MPEndPoint.c 或 MPRouter.c 中可以看到 ZStack 协议栈成功启动后,终端节点、

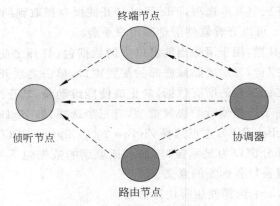

终端节点

侦听节点   协调器

路由节点

图 15.12   实验网络拓扑图

路由节点都调用了数据上报函数 myReportData( )，myReportData( )函数的代码解析如下：

```
/*   数据上报   */
static void myReportData(void)
{
    byte dat[6];
    uint16 sAddr=NLME_GetShortAddr();                    //获取终端节点的网络短地址
    uint16 pAddr=NLME_GetCoordShortAddr();               //获取协调器的网络短地址
    HalLedSet( HAL_LED_1, HAL_LED_MODE_OFF );            //关闭 D7
    HalLedSet( HAL_LED_1, HAL_LED_MODE_BLINK );          //使 D7 闪烁
    dat[0]=0xff;
    dat[1]=(sAddr>>8) & 0xff;                            //取得终端节点 16 位网络短地址的高 8 位
    dat[2]=sAddr & 0xff;                                 //取得终端节点 16 位网络短地址的低 8 位
    dat[3]=(pAddr>>8) & 0xff;                            //取得协调器 16 位网络短地址的高 8 位
    dat[4]=pAddr & 0xff;                                 //取得协调器 16 位网络短地址的低 8 位
    dat[5]=MYDEVID;          //设备 ID,宏定义终端节点 ID 为 0x21,路由节点 ID 为 0x11
    zb_SendDataRequest(0, ID_CMD_REPORT, 6, dat, 0, AF_ACK_REQUEST, 0 );
                                                                        //发送数据

}
```

协调器的任务就是收到终端节点、路由节点发送的数据报信息后进行处理。通过 5.2 节的工程解析实验可得知，ZigBee 节点接收到数据之后，最终调用了 zb_ReceiveDataIndication 函数，该函数的内容如下：

```
/*   接收到数据提醒   */
void zb_ReceiveDataIndication(uint16 source, uint16 command, uint16 len, uint8
  * pData)
{
    char buf[32];
    HalLedSet( HAL_LED_1, HAL_LED_MODE_OFF );            //关闭 D7
```

```
HalLedSet( HAL_LED_1, HAL_LED_MODE_BLINK );          //使 D7 闪烁
if (len==6 && pData[0]==0xff) {                      //如果数据报头标识为 0xf
    sprintf(buf, "DEVID:%02X SAddr:%02X%02X PAddr:%02X%02X",
    pData[5], pData[1], pData[2], pData[3], pData[4]);
            //将接收到的数据 pData 写到 buf
    debug_str(buf);                                  //在调试中分析数据
    }
}
```

由于 ZStack 协议栈的运行涉及很多任务,而且也比较复杂,所以在本节实验中,将终端节点、路由节点和协调器的程序流程图进行了简化,简化后的程序流程图如图 15.13 所示。

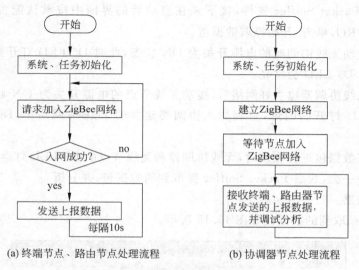

(a) 终端节点、路由节点处理流程　　　　(b) 协调器节点处理流程

图 15.13　ZigBee 节点的程序流程

6. 实验步骤

由于出厂源码 ZigBee 网络 PAN ID 均设置为 0x2100,为了避免实验环境下多个实验平台之间网络互相串扰,每个实验平台需要修改 PAD ID,修改工程内文件:Tools→f8wConfig.cfg,将 PAN ID 修改为个人学号的后四位(范围 0x0001~0x3FFF),具体参考《产品手册》8.2 节部分。

(1) 确认已安装 ZStack 的安装包。如果没有安装,打开 ZStack 协议栈安装包 ZStack-CC2530-2.4.0-1.4.0.exe,双击之后直接安装,安装完后默认生成 C:\Texas Instruments\ZStack-CC2530-2.4.0-1.4.0 文件夹。

(2) 准备三个 CC2530 射频节点板,接上出厂提供的电源。

(3) 打开实验例程:ProtocolAnalysis\ ProtocolAnalysis。整个文件夹复制到 C:\Texas Instruments\ZStack-CC2530-2.4.0-1.4.0\Projects\ZStack\Samples 文件夹下。

双击 ProtocolAnalysis\CC2530DB\ ProtocolAnalysis. eww 文件。

（4）在工程界面中，选择 MPCoordinator 配置，如图 15.14 所示。生成协调器代码，然后选择 Project→Rebuild All 重新编译工程。

（5）接下来将工程选择配置为 MRouter 或者 MEndPoint，选择 Project→Rebuild All 重新编译工程。

图 15.14　选择协调器工程

（6）把 CC2530 仿真器连接到 CC2530 无线节点，使用 Flash Programmer 工具把上述程序分别下载到对应的 CC2530 无线节点板中。

（7）将 CC2530 仿真器与任意空闲 CC2530 射频节点板连接起来，此节点称为监听节点。

（8）将监听节点上电；然后按下 CC2530 仿真器上的复位按键。

（9）打开 Packet Sniffer 软件，接下来在启动后的界面中按默认配置，协议栈选择 ZigBee 2007/PRO，单击，开始抓取数据包。

（10）先拨动无线协调器的电源开关为 ON 状态，此时 D6 LED 灯开始闪烁，当正确建立好网络后，D6 LED 会常亮。

（11）当无线协调器建立好网络后，拨动无线节点的电源开关为 ON 状态，此时无线节点的 D6 LED 灯开始闪烁，直到加入协调器建立的 ZigBee 网络中，D6 LED 灯开始常亮。

（12）当有数据包进行收发时，无线协调器和无线节点的 D7 LED 灯会闪烁。

（13）等待一会，观察 Packet Sniffer 抓取到的数据包，并分析。

7. 实验结果

侦听节点抓取到的数据包如图 15.15 所示。

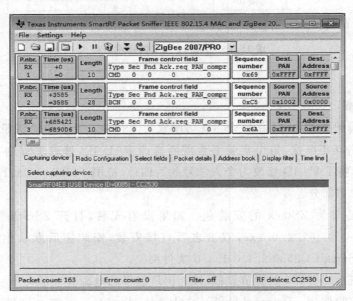

图 15.15　Packet Sniffer 抓取到的数据包

选取抓取到的一个数据包进行分析,如图 15.16 所示。

P.nbr. RX 2468	Time (us) +64470 =342350901	Length 12	Frame control field					Sequence number 0xF8	Dest. PAN 0x2100	Dest. Address 0x0000	Source Address 0xDDCA	Data request	LQI 57	FCS OK
			Type CMD	Sec 0	Pnd 0	Ack.req 1	PAN_compr 1							

图 15.16　Packet Sniffer 抓取到的某个数据包

P. nbr.：RX 表示接收；2468 为开始侦听以来接收帧的编号。

Time：＋64470 表示帧接收距离上一帧的时间；＝342350901 表示帧接收距离开始侦听的时间。

Length：帧的长度。

Frame control field：帧控制域,CMD 表示该帧 MAC 命令帧。

Sequence number：序号。

Dest. PAN：目的 PAN ID。

Dest. Address：目的地址。

Source Address：源地址。

Data request：该 MAC 命令帧为数据请求帧。

LQI：接收到的帧的能量与质量。

FCS：校验。

15.3　WiFi 实验

TP-Link TL-WR745N 作为最新支持 IEEE 802.11n 技术的无线 ADSL 路由器,它集路由器、交换机、无线 AP、防火墙于一体,可支持 ADSL(电话线)、LAN(网线到家)两种接入方式,用户可根据自身实际情况,选择合适的接入方式。TL-WR745N 有三种工作模式：无线 ADSL 路由、无线 ADSL 桥、无线路由,本文将介绍最常用的工作模式——无线 ADSL 路由模式的快速安装方法。

无线路由器配置

1. PC 的网络参数设置

手动指定 IP：设置 IP、DNS、网关。

动态获取 IP 地址：让主机自动获得 IP 地址,TL-WR745N 的 DHCP 服务器默认开启,可以自动为主机分配 IP 地址。

登录：在浏览器地址栏输入 http：//192.168.1.1 打开无线路由器的 Web 管理界面。输入用户名为 admin,密码为 admin,单击"确定"按钮,进入管理主界面,如图 15.17 所示。

2. 网络参数配置

在主界面选择"网络参数"菜单项,显示如图 15.18 所示配置界面。

(1) WAN 口设置,如图 15.19 所示,本项是设置 WAN 口连接类型,有动态 IP、静态 IP、PPPoE 三种选择。

图 15.17　无线路由器的 Web 管理界面

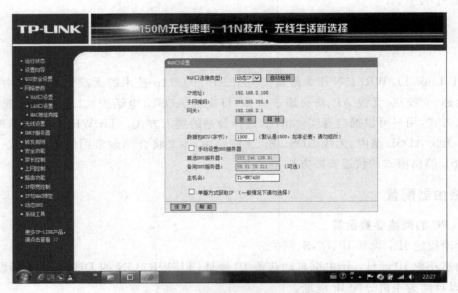

图 15.18　无线路由器的配置界面

动态 IP：即路由器自动获取 IP 地址。

静态 IP：即为路由器设置固定的 IP 地址。

PPPoE：即采用 ADSL 接入方式。

（2）LAN 口设置，如图 15.20 所示，本项是设置该路由器本身的 IP 地址和子网掩码，是登录该路由器的 IP 地址。

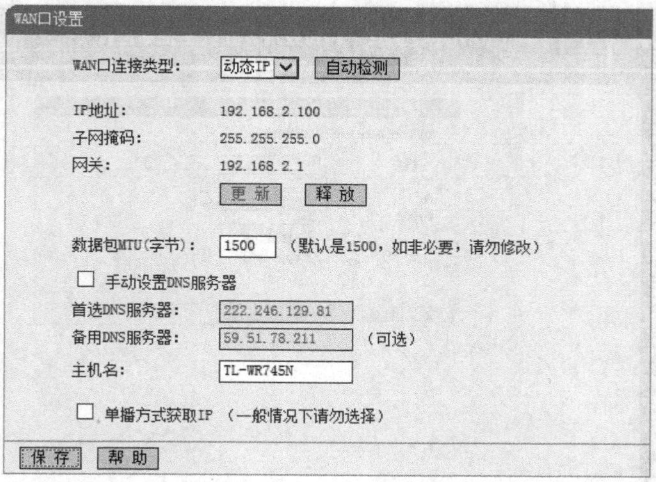

图 15.19　无线路由器的 WAN 口配置

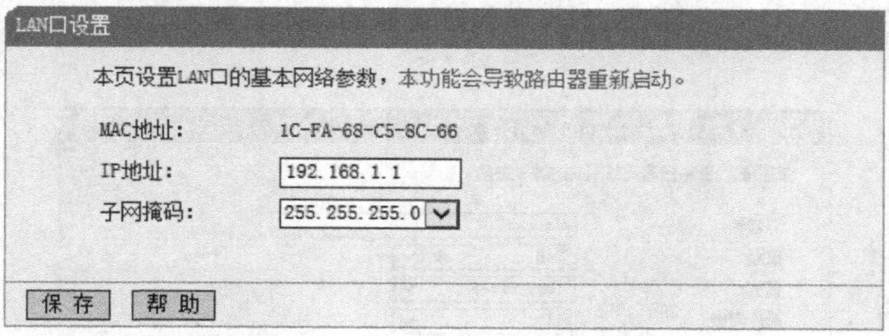

图 15.20　无线路由器的自身配置

（3）MAC 地址克隆，如图 15.21 所示，本项是设置路由器对广域网的 MAC 地址。

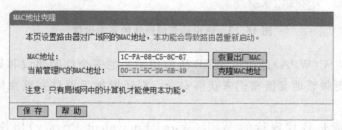

图 15.21　无线路由器的 MAC 地址配置

3. 无线设置

选择"无线设置"菜单，显示如图 15.22 所示界面。

（1）基本设置，如图 15.23 所示，本项是设置路由器无线网络的 SSID 号、信道、模式和频段带宽等。

（2）无线安全设置，如图 15.24 所示，本项是设置路由器无线网络的安全设置。

如图 15.24 所示，本页面设置路由器无线网络的安全认证方式，有不开启无线安全、WPA-PSK/WPA2-PSK、WPA/WPA2 和 WEP 四种选择。

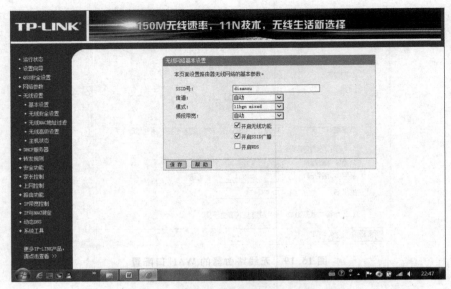

图 15.22　无线路由器的基本设置

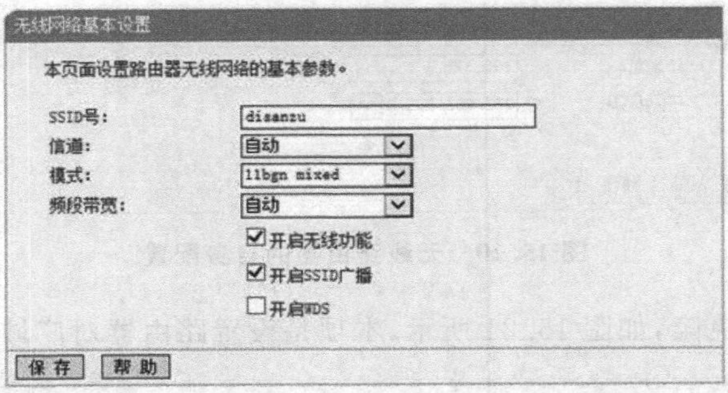

图 15.23　路由器无线网络的基本设置

WiFi 保护接入(WPA)是改进 WEP 所使用密钥的安全性的协议和算法。它改变了密钥生成方式,更频繁地变换密钥来获得安全。它还增加了消息完整性检查功能来防止数据包伪造。

WPA 的功能是替代现行的 WEP(Wired Equivalent Privacy)协议。过去的无线 LAN 之所以不太安全,是因为在标准加密技术 WEP 中存在一些缺点。

WPA 是继承了 WEP 基本原理而又解决了 WEP 缺点的一种新技术。由于加强了生成加密密钥的算法,因此即便收集到分组信息并对其进行解析,也几乎无法计算出通用密钥。

WPA 还追加了防止数据中途被篡改的功能和认证功能。由于具备这些功能,WEP 中此前倍受指责的缺点得以全部解决。

完整的 WPA 实现是比较复杂的,由于操作过程比较困难,一般用户实现是不太现实。所以在家庭网络中采用的是 WPA 的简化版——WPA-PSK(预共享密钥)。

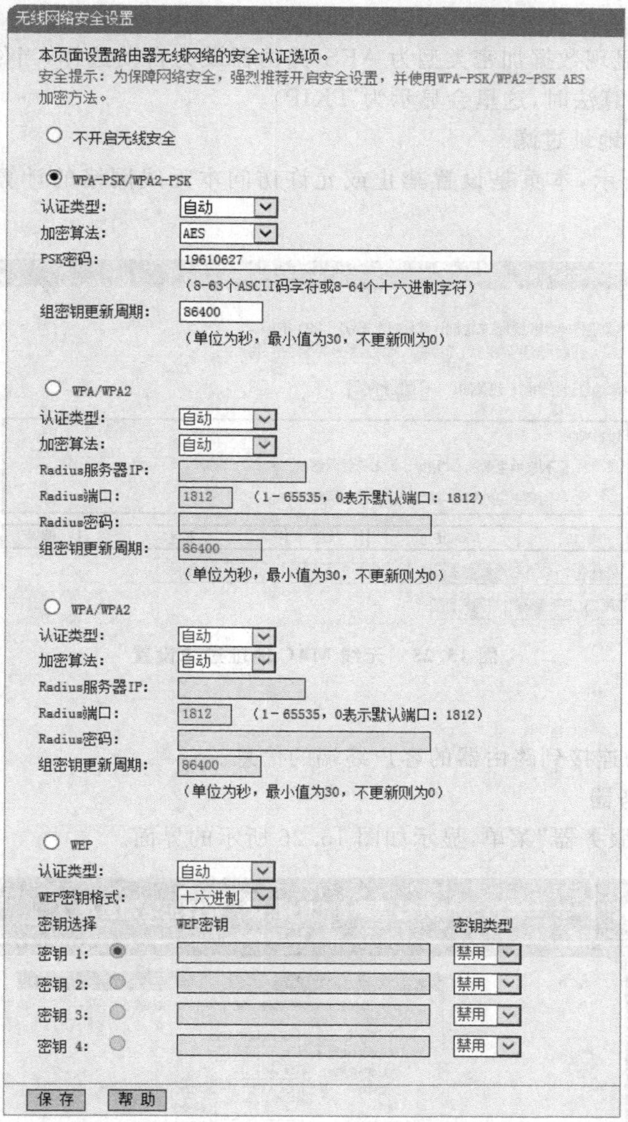

图 15.24　路由器无线网络的安全设置

WPA-PSK 的设置过程如下：

（1）路由器上的设置。打开路由器的"无线设置"→"无线安全设置"，安全认证方式选择为 WPA-PSK/WPA2-PSK。"认证类型"有三种选择，即自动、WPA-PSK、WPA2-PSK，"加密方法"有自动、TKIP、AES，选择哪一项关系不大，客户端是会和无线路由器自动协商的，默认为 AES。

WPA-PSK 密钥设置和无线网卡上的设置是要求一致的。

（2）客户端无线网卡上的参考设置。在"用户文件管理"里面选中当前使用的配置文件，单击"修改"按钮：在"安全"项，把安全设置选为 WPA Passphrase。然后单击"配置"

按钮：这里输入的预共享密钥可一定要和路由器中设置的一样。

连接成功后，显现数据加密类型为 AES(路由器设为自动选择，当你在路由器中强制选择为 TKIP 加密算法时，这里会显示为 TKIP)。

4. 无线 MAC 地址过滤

如图 15.25 所示，本页是设置禁止或允许访问本无线网络的计算机等网络设备的 MAC 地址。

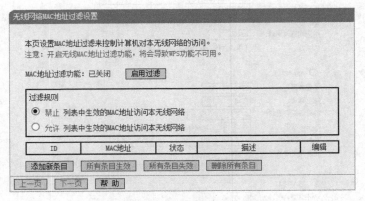

图 15.25　无线 MAC 地址过滤设置

5. 主机状态

显示已经成功连接到路由器的客户终端的信息。

6. DHCP 服务器

选择"DHCP 服务器"菜单，显示如图 15.26 所示的界面。

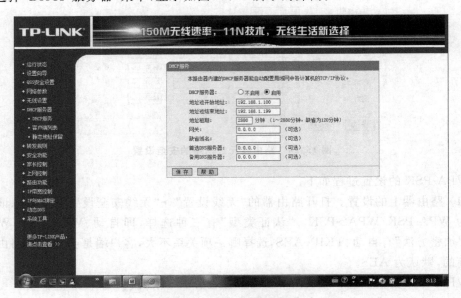

图 15.26　DHCP 服务设置

(1) DHCP 服务,如图 15.27 所示,本项是设置路由器内建的 DHCP 服务器的地址
池的开始地址与结束地址等信息。

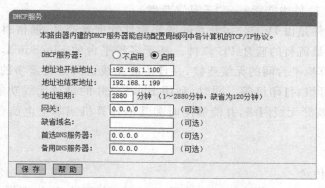

图 15.27　路由器内建的 DHCP 服务器的地址池设置

(2) 客户端列表。本项显示与该路由器建立了连接的客户端信息,如图 15.28 所示。

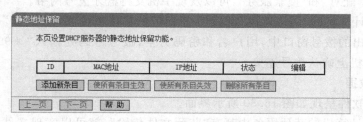

图 15.28　与路由器建立连接的客户端列表

(3) 静态地址保留。本项是设置 DHCP 服务器保留给固定客户端的 MAC 地址、IP
地址等信息,如图 15.29 所示。

图 15.29　DHCP 服务器的静态地址保留列表

15.4　蓝 牙 实 验

1. 实验目的
初步了解蓝牙机理、学习蓝牙协议结构的基本功能,掌握蓝牙设备的各种应用方式。

2. 实验设备与软件环境
• PC,2 台。

- USB 接口蓝牙适配器,2 个。
- 基于 Windows XP 操作系统。
- BlueSoleil 软件中文版——"千月"(免费)。

　　BlueSoleil 软件是由 IVT 公司开发的蓝牙软件管理器产品,通俗讲就是蓝牙驱动程序,是目前行业内最流行的蓝牙 PC 软件。基于多种平台的 BlueSoleil,能实现台式机或笔记本等各种计算机平台间的无线连接,并且还能无线访问种类繁多的支持蓝牙功能的设备,例如手机、耳机、打印机等。同时,利用 BlueSoleil 的卓越无线功能,还可以无线接入 Internet、搭建蓝牙无线网络,并能够随时和其他计算机或掌上电脑(PDA)交换信息、共享资源。

3．实验内容

1) 蓝牙文件传送

　　在具备蓝牙接口的两台计算机上安装并运行 BlueSoleil,分别操作两台计算机的 BlueSoleil 执行设备搜索。

　　操作双方计算机 BlueSoleil 执行针对对方计算机的服务搜索。

　　操作任一方计算机的 BlueSoleil 执行配对操作,完成两台计算机的蓝牙配对。

2) 蓝牙网桥

　　在两台具备蓝牙无线接口的计算机运行 BlueSoleil,分别在两台计算机上操作 BlueSoleil 搜索设备,发现对方计算机后执行配对,并搜索服务。确认两台计算机都支持蓝牙个人局域网服务。

　　在"主机"操作 BlueSoleil 中"从机"图标,执行"连接 蓝牙个人局域网",经"从机"确认后,两台计算机建立蓝牙个人局域网。

3) 蓝牙拨号网络

　　(1) 打开手机的蓝牙,在计算机上运行 BlueSoleil,执行设备查找,找到手机后,单击手机图标执行"配对"和"搜索服务",可以发现手机支持蓝牙拨号网络。

　　(2) 打开计算机的"网络连接",找到手机对应的连接项目,执行"连接"。

　　(3) 在弹出的拨号窗口中,用户名和密码为空,拨号号码处输入"＊99♯",单击"拨号"按钮,在手机上确认拨号连接。

4．实验数据

　　(1) 启动软件呈现如图 15.30 所示界面。

　　如果双方计算机的蓝牙服务中都有"蓝牙文件传输",就可以实现文件传送。单击对方计算机图标,如果上方的服务图标中"蓝牙文件传输"图标为高亮,则说明对方计算机支持蓝牙文件传输服务。

　　配对完成即可传送文件,并不必实现连接。传送文件时找到文件,单击文件并按右键,在功能菜单中选择"发送到(N)"→"蓝牙",再选对方计算机名,即可完成文件传送,如图 15.31 所示。

　　(2) 蓝牙网桥。更改"主机"(连接在 Internet 上的计算机)和"从机"(通过蓝牙连接 Internet 的计算机)工作组名称。

　　从"我的电脑"→"属性"→"计算机名"可以查看该计算机的"计算机名"和"工作组",

图 15.30 BlueSoleil 软件启动界面

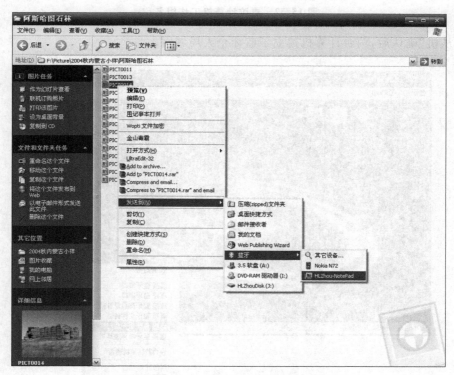

图 15.31 使用 BlueSoleil 软件传输文件

如果工作组名不相同,按"更改"按钮更改工作组名,使得两台计算机的工作组名相同,如图 15.32 所示。

在"主机"操作 BlueSoleil 中"从机"图标,执行"连接蓝牙个人局域网",如图 15.33 所

图 15.32　更改计算机工作组名称

示；经"从机"确认后，两台计算机建立了蓝牙个人局域网。

图 15.33　"主机"操作 BlueSoleil 中的"从机"图标

　　打开"主机"的"网络连接",找到名称为 Bluetooth PAN Network Adapter 的连接项目,如图 15.34 中名为"本地连接"的连接项目。该连接就是蓝牙个人局域网生成的网络连接,下面为该连接设定 IP 地址等参数,使得其他蓝牙个人局域网成员可以访问该计算机。

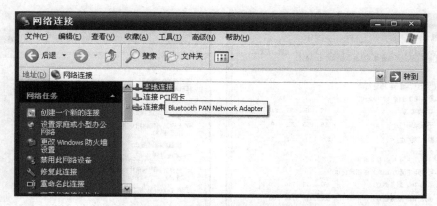

图 15.34　蓝牙个人局域网生成的网络连接

　　选择"状态"→"属性"→"常规",找到 Internet 协议(ICP/IP),打开属性,选择"使用下面的 IP 地址",输入"IP 地址"、"子网掩码"等项目,如图 15.35 所示。其中 IP 地址 192.168.0.1 是组建内部局域网的专用 IP 地址。

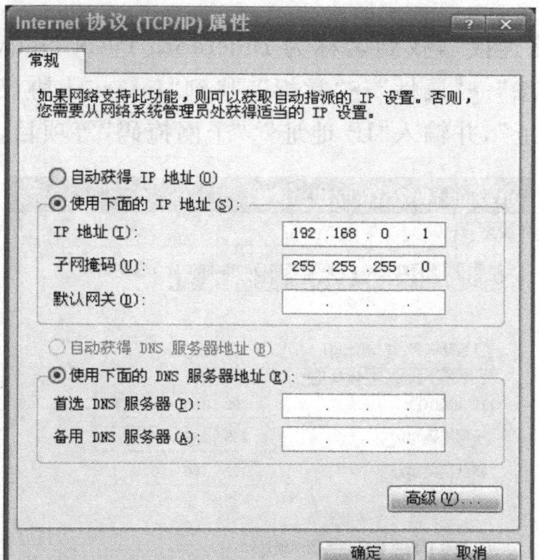

图 15.35　设置本地连接属性

　　如果"主机"是通过局域网连接 Internet,可以在"主机"的"网络连接"中找到用于连接 Internet 的局域网的网卡对应的网络连接项目,通过该连接项目的"属性"→"常规"→"Internet 协议(TCP/IP)"→"属性",可以查看该局域网连接的 IP 地址等设定,如图 15.36(a)所示。再通过该连接项目的"属性"→"高级"→"Internet 连接共享"设定共享。设定了共享，"主机"和"从机"才能共享该网络连接项目。选定"允许其他网络用户通过此计算机的 Internet 连接来连接"复选框，接下来，在"家庭网络连接"中选定蓝牙个人局域网对应的连接项目，图 15.36 中为"本地连接"，再选定"允许其他网络用户控制或禁用共享的 Internet 连接"复选框。这些设定表示允许"从机"共享和控制该网络连接。

(a) 网络连接属性设置　　　　　　　　　(b) 连接属性高级设置

图 15.36　网络连接属性及设置

打开"从机"的"网络连接"，找到名称为 Bluetooth PAN Network Adapter 的连接项目，从该连接项目的"状态"→"属性"→"常规"，找到"Internet 协议(ICP/IP)"，打开属性，选择"使用下面的 IP 地址"，并输入"IP 地址"、"子网掩码"等项目，如图 15.37 所示。

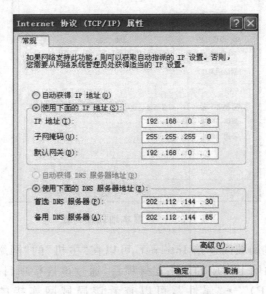

图 15.37　从机的网络连接属性设置

其中 IP 地址设定符合通式 192.186.0.x,x 是 1～255 的任何值。默认网关是"主机"的蓝牙个人局域网连接项目中设定的 IP 值。DNS 服务器地址设定为与"主机"中连接 Internet 的网卡的 DNS 服务器地址一样。

通过以上设定后,"从机"的蓝牙网桥就建立好了,可以在"从机"中打开 IE 浏览器验证蓝牙网桥是不是工作正常。

(3) 蓝牙拨号网络。

打开手机的蓝牙,在计算机上运行 BlueSoleil,执行设备查找,找到手机后,单击手机图标执行"配对"和"搜索服务",可以发现手机支持蓝牙拨号网络。打开计算机的"网络连接",找到手机对应的连接项目,如图 15.38 所示,执行"连接"。

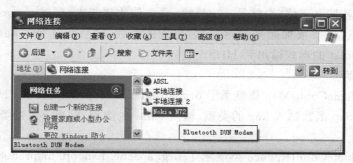

图 15.38　网络连接中对应的手机连接

在弹出的拨号窗口中,用户名和密码为空,拨号号码处输入"＊99♯",单击"拨号"按钮,在手机上确认拨号连接,即可实现拨号,并在网络上注册该计算机。

可以通过 IE 验证是否连接到 Internet 上。

15.5　Hadoop 云计算实验

1. 实验目的

在虚拟机 Ubuntu 上安装 Hadoop 单机模式和集群;编写一个用 Hadoop 处理数据的程序,在单机和集群上运行程序。

2. 实验环境

虚拟机:VMware 9。

操作系统:ubuntu-12.04-server-x64(服务器版)、ubuntu-14.10-desktop-amd64(桌面版)。

Hadoop 版本:hadoop 1.2.1。

Jdk 版本:jdk-7u80-linux-x64。

Eclipse 版本:eclipse-jee-luna-SR2-linux-gtk-x86_64。

Hadoop 集群:一台 namenode 主机 master,一台 datanode 主机 salve,master 主机 IP 为 10.5.110.223,slave 主机 IP 为 10.5.110.207。

15.5.1　实验设计说明

1. 主要设计思路

在 Ubuntu 操作系统下,安装必要软件和环境搭建,使用 Eclipse 编写程序代码。实现大数据的统计。本次实验是统计软件代理系统操作人员处理的信息量,即每个操作人员出现的次数。程序设计完成后,在集成环境下运行该程序并查看结果。

2. 算法设计

该算法首先将输入文件都包含进来,然后交由 MAP 程序处理,MAP 程序将输入读入后切出其中的用户名,并标记它的数目为 1,形成＜word,1＞的形式,然后交由 reduce 处理,reduce 将相同 key 值(也就是 word)的 value 值收集起来,形成＜word,list of 1＞的形式,之后再将这些 1 值加起来,即用户名出现的个数,最后将这个＜key,value＞对以 TextOutputFormat 的形式输出到 HDFS 中。

3. 程序说明

(1) UserNameCountMap 类继承了 org. apache. hadoop. mapreduce. Mapper,四个泛型类型分别是 map 函数输入 key 的类型、输入 value 的类型、输出 key 的类型、输出 value 的类型。

(2) UserNameCountReduce 类继承了 org. apache. hadoop. mapreduce. Reducer,四个泛型类型含义与 map 类相同。

(3) main 函数通过 addInputPath 将数据文件引入该类,再通过 setOutputPath 将生成结果转为一个文件,实现生成结果,即统计结果的查看。

```
FileInputFormat.addInputPath(job, new Path(args[0]));
FileOutputFormat.setOutputPath(job, new Path(args[1]));
```

程序具体代码如附件中源程序。

15.5.2　实验过程

1. 安装实验环境

安装 Ubuntu 操作系统的步骤如下:

(1) 打开 VMware,在 Home tab 中单击 Create a New Virtual Machine。

(2) 选择 custom,选择虚拟硬件版本 Workstation9.0,选择 ios 文件,进入下一步。

(3) 录入目标操作系统信息,包括 Full name、Uer name 和 Password,进入下一步。

(4) 选择默认的选项,一般不做更改,最后确认信息,完成操作。

(5) 安装成功后,会看到如图 15.39 所示的系统登录界面。

2. 安装配置 Samba

安装 Samba 主要为了实现与 Windows 操作系统的通信,由于 Server 版本的 Ubuntu 没有自带图形操作界面,所以下载资料等操作不太方便,这也是安装 Samba 的目的之一。

(1) 安装 Samba,输入如下命令,如图 15.40 所示。

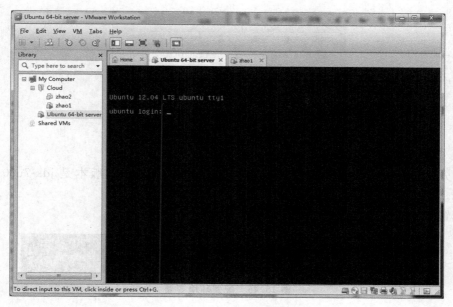

图 15.39　系统登录界面

```
zhao@ubuntu:~$ sudo apt-get install samba_
```

图 15.40　安装 Samba 的命令

（2）安装 Vim，如图 15.41 所示。

```
zhao@ubuntu:~$ sudo apt-get install vim_
```

图 15.41　安装 Vim 的命令

（3）创建共享目录，并修改权限，如图 15.42 所示。

```
zhao@ubuntu:~$ sudo chmod 777 share_
```

图 15.42　修改目录权限

（4）配置 samba。修改 samba 的配置文件/etc/samba/smb.conf，将 security = share，并在文件的末尾追加如下内容，如图 15.43 所示。

```
zhao@ubuntu:~$ sudo vi /etc/samba/smb.conf_

[share]
path = /home/zhao/share
public = yes
writable = yes
```

图 15.43　修改 samba 的配置文件

（5）测试。在 Windows 实机中，通过 IP 访问 Ubuntu 虚拟机，可以见到 share 文件夹，如图 15.44 所示。

图 15.44　通过 IP 访问 Ubuntu 虚拟机

3. 安装配置 JDK

首先,下载 Java 开发工具包 JDK。在本次试验中,下载的版本是 jdk-7u80-linux-x64.gz。解压安装到/usr/lib/jvm/目录下,更名为 java-7-sun。

配置环境变量/etc/environment,如图 15.45 所示。

```
PATH="/usr/local/sbin:usr/local/bin:usr/sbin:usr/bin:sbin:bin:usr/games:/u
sr/lib/jvm/java-7-sun/bin:/opt/hadoop/bin"
CLASSPATH=.:/usr/lib/jvm/java-7-sun/lib
JAVA_HOME=/usr/lib/jvm/java-7-sun
```

图 15.45　配置环境变量

使配置生效,如图 15.46 所示。

```
zhao@ubuntu:/usr/lib/jvm$ source /etc/environment
```

图 15.46　配置生效

测试安装配置结果,如图 15.47 所示。

```
zhao@ubuntu:~$ java -version
java version "1.7.0_80"
Java(TM) SE Runtime Environment (build 1.7.0_80-b15)
Java HotSpot(TM) 64-Bit Server VM (build 24.80-b11, mixed mode)
```

图 15.47　测试安装配置结果

4. 在单节点(伪分布式)环境下运行 Hadoop

(1) 添加 Hadoop 用户并赋予 sudo 权限。

(2) 安装配置 SSH,如图 15.48 所示。

```
zhao@ubuntu:/home$ sudo apt-get install openssh-server
```

图 15.48　安装配置 SSH

切换至 Hadoop 用户,如图 15.49 所示。

```
zhao@ubuntu:/home$ su - hadoop
Password:
hadoop@ubuntu:~$ _
```

图 15.49　切换至 Hadoop 用户

配置密钥,使得 Hadoop 用户能够无须输入密码,通过 SSH 访问 Localhost。

测试结果如图 15.50 所示。

```
hadoop@ubuntu:~$ ssh localhost
Welcome to Ubuntu 12.04 LTS (GNU/Linux 3.2.0-23-generic x86_64)

 * Documentation:  https://help.ubuntu.com/
New release '14.04.2 LTS' available.
Run 'do-release-upgrade' to upgrade to it.

Last login: Sun May 10 00:24:53 2015 from master
hadoop@ubuntu:~$ _
```

图 15.50　通过 SSH 访问 Localhost

(3) 安装配置 Hadoop。

首先下载 Hadoop,解压缩到/opt/hadoop 目录下,本次试验中下载的版本是 hadoop-1.2.1-bin.tar.gz,更改目录名称为 Hadoop。

修改与 Hadoop 相关的配置文件(在/opt/hadoop/conf 目录下),分别是 core-site.xml、hadoop-env.sh、hdsf-site.xml、mapred-site.xml。在此不一一列举。

(4) 运行 Hadoop。

首先格式化 HDFS,如图 15.51 所示。

```
hadoop@ubuntu:/opt/hadoop/bin$ ./hadoop namenode -format
15/05/17 02:03:32 INFO namenode.NameNode: STARTUP_MSG:
/************************************************************
STARTUP_MSG: Starting NameNode
STARTUP_MSG:   host = ubuntu/127.0.1.1
STARTUP_MSG:   args = [-format]
STARTUP_MSG:   version = 1.2.1
STARTUP_MSG:   build = https://svn.apache.org/repos/asf/hadoop/common/branches/branch-1.2 -r 1503152; compiled by 'mattf' on Mon Jul 22 15:23:09 PDT 2013
STARTUP_MSG:   java = 1.7.0_80
************************************************************/
Re-format filesystem in /opt/hadoop/tmp-hadoop/dfs/name ? (Y or N) y
Format aborted in /opt/hadoop/tmp-hadoop/dfs/name
15/05/17 02:03:35 INFO namenode.NameNode: SHUTDOWN_MSG:
/************************************************************
SHUTDOWN_MSG: Shutting down NameNode at ubuntu/127.0.1.1
************************************************************/
hadoop@ubuntu:/opt/hadoop/bin$ _
```

图 15.51　格式化 HDFS

启动单节点集群,通过 jps 查看,在 master 节点执行 jps,如图 15.52 所示。

```
hadoop@ubuntu:/opt/hadoop/bin$ jps
2082 TaskTracker
1823 SecondaryNameNode
2294 Jps
1464 NameNode
1910 JobTracker
```

图 15.52　在 master 节点执行 jps

在 slave 节点执行 jps,如图 15.53 所示。

```
hadoop@ubuntu:/opt/hadoop/bin$ jps
2353 TaskTracker
2442 Jps
2263 DataNode
```

图 15.53　在 slave 节点执行 jps

停止单节点集群,如图 15.54 所示。

```
hadoop@ubuntu:/opt/hadoop/bin$ ./stop-all.sh
stopping jobtracker
slave: stopping tasktracker
```

图 15.54　停止单节点集群

15.5.3 运行程序

1. 在单机上运行程序

（1）在 Eclipse 下，新建 map/reduce 工程。

（2）新建一个 Java 类 UserNameCount，编写代码，如图 15.55 所示。

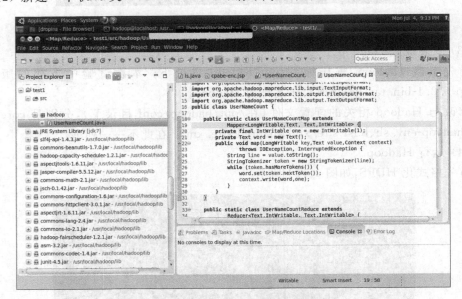

图 15.55　编写 map/reduce 工程代码

（3）运行程序，结果如图 15.56 所示。

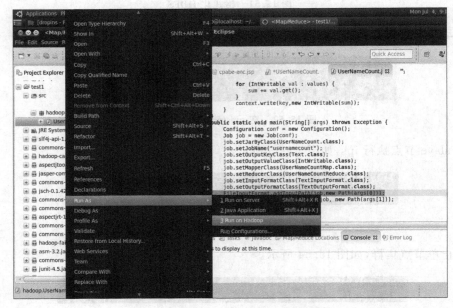

图 15.56　运行 map/reduce 工程结果

(4) 在 Eclipse 中编译好源代码后,导出程序的 jar 包,供在集群上使用。

2. 在集群上运行程序

启动集群,通过 jps 命令查看 master,slave 上启动的服务列表。

(1) 在集群环境下运行该程序 jar 包(UserNameCount.jar),结果如图 15.57 所示。

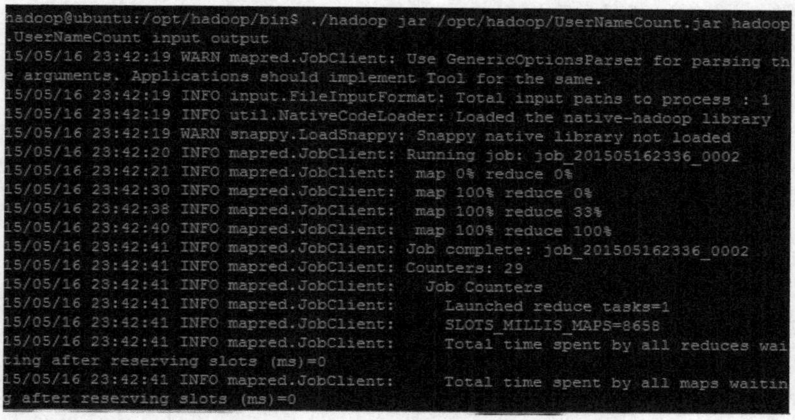

```
hadoop@ubuntu:/opt/hadoop/bin$ ./hadoop jar /opt/hadoop/UserNameCount.jar hadoop
.UserNameCount input output
15/05/16 23:42:19 WARN mapred.JobClient: Use GenericOptionsParser for parsing th
e arguments. Applications should implement Tool for the same.
15/05/16 23:42:19 INFO input.FileInputFormat: Total input paths to process : 1
15/05/16 23:42:19 INFO util.NativeCodeLoader: Loaded the native-hadoop library
15/05/16 23:42:19 WARN snappy.LoadSnappy: Snappy native library not loaded
15/05/16 23:42:20 INFO mapred.JobClient: Running job: job_201505162336_0002
15/05/16 23:42:21 INFO mapred.JobClient:  map 0% reduce 0%
15/05/16 23:42:30 INFO mapred.JobClient:  map 100% reduce 0%
15/05/16 23:42:38 INFO mapred.JobClient:  map 100% reduce 33%
15/05/16 23:42:40 INFO mapred.JobClient:  map 100% reduce 100%
15/05/16 23:42:41 INFO mapred.JobClient: Job complete: job_201505162336_0002
15/05/16 23:42:41 INFO mapred.JobClient: Counters: 29
15/05/16 23:42:41 INFO mapred.JobClient:   Job Counters
15/05/16 23:42:41 INFO mapred.JobClient:     Launched reduce tasks=1
15/05/16 23:42:41 INFO mapred.JobClient:     SLOTS_MILLIS_MAPS=8658
15/05/16 23:42:41 INFO mapred.JobClient:     Total time spent by all reduces wai
ting after reserving slots (ms)=0
15/05/16 23:42:41 INFO mapred.JobClient:     Total time spent by all maps waitin
g after reserving slots (ms)=0
```

图 15.57　在集群环境下运行该程序 jar 包的结果

(2) 查看集群环境下启动程序生成的结果,即 output 文件,结果如图 15.58 所示。

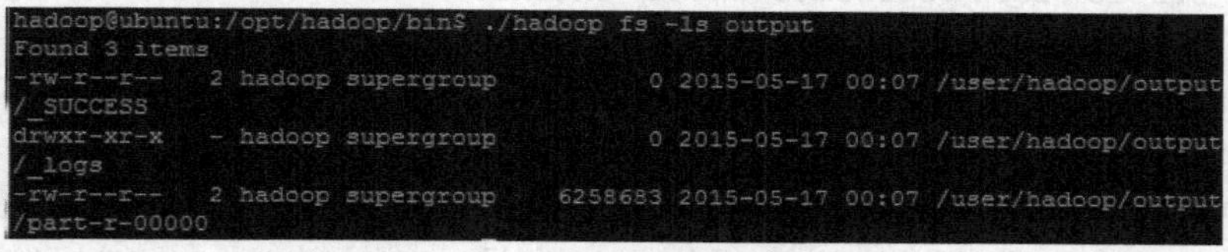

```
hadoop@ubuntu:/opt/hadoop/bin$ ./hadoop fs -ls output
Found 3 items
-rw-r--r--   2 hadoop supergroup          0 2015-05-17 00:07 /user/hadoop/output
/_SUCCESS
drwxr-xr-x   - hadoop supergroup          0 2015-05-17 00:07 /user/hadoop/output
/_logs
-rw-r--r--   2 hadoop supergroup    6258683 2015-05-17 00:07 /user/hadoop/output
/part-r-00000
```

图 15.58　查看集群环境生成的结果

(3) 数据统计结果在 part-r-00000 中,具体内容如图 15.59 所示。

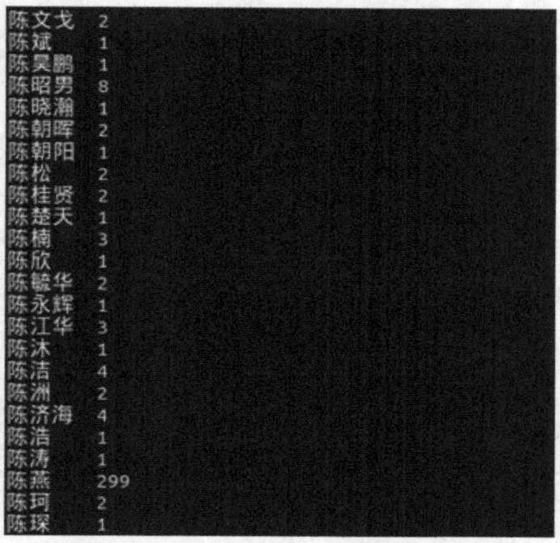

```
陈文戈	2
陈斌	1
陈昊鹏	1
陈昭男	8
陈晓瀚	1
陈朝晖	2
陈朝阳	1
陈松	2
陈桂贤	2
陈楚天	1
陈楠	3
陈欣	1
陈毓华	2
陈永辉	1
陈江华	3
陈沐	1
陈洁	4
陈洲	2
陈济海	4
陈浩	1
陈涛	1
陈燕	299
陈珂	2
陈琛	1
```

图 15.59　生成结果的具体内容

3. 附件

源代码如下：

```java
package hadoop;
import java.io.IOException;
import java.util.StringTokenizer;
import org.apache.hadoop.conf.Configuration;
import org.apache.hadoop.fs.Path;
import org.apache.hadoop.io.IntWritable;
import org.apache.hadoop.io.LongWritable;
import org.apache.hadoop.io.Text;
import org.apache.hadoop.mapreduce.Job;
import org.apache.hadoop.mapreduce.Mapper;
import org.apache.hadoop.mapreduce.Reducer;
import org.apache.hadoop.mapreduce.lib.input.FileInputFormat;
import org.apache.hadoop.mapreduce.lib.input.TextInputFormat;
import org.apache.hadoop.mapreduce.lib.output.FileOutputFormat;
import org.apache.hadoop.mapreduce.lib.output.TextOutputFormat;
public class UserNameCount {

public static class UserNameCountMap extends
        Mapper<LongWritable, Text, Text, IntWritable>{
    private final IntWritable one=new IntWritable(1);
    private Text word=new Text();
    public void map(LongWritable key, Text value, Context context)
            throws IOException, InterruptedException {
        String line=value.toString();
        StringTokenizer token=new StringTokenizer(line);
        while (token.hasMoreTokens()) {
            word.set(token.nextToken());
            context.write(word, one);
        }
    }
}


public static class UserNameCountReduce extends
        Reducer<Text, IntWritable, Text, IntWritable>{

    public void reduce(Text key, Iterable<IntWritable>values,
            Context context) throws IOException, InterruptedException {
        int sum=0;
        for (IntWritable val: values) {
            sum+=val.get();
        }
```

```
        context.write(key, new IntWritable(sum));
    }
}
public static void main(String[] args) throws Exception {
    Configuration conf=new Configuration();
    Job job=new Job(conf);
    job.setJarByClass(UserNameCount.class);
    job.setJobName("usernamecount");
    job.setOutputKeyClass(Text.class);
    job.setOutputValueClass(IntWritable.class);
    job.setMapperClass(UserNameCountMap.class);
    job.setReducerClass(UserNameCountReduce.class);
    job.setInputFormatClass(TextInputFormat.class);
    job.setOutputFormatClass(TextOutputFormat.class);
    FileInputFormat.addInputPath(job, new Path(args[0]));
    FileOutputFormat.setOutputPath(job, new Path(args[1]));
    job.waitForCompletion(true);
}
}
```

本 章 小 结

本章介绍了 RFID 实验教学系统,给出了读取射频卡实验的操作步骤;结合 TI CC2530 射频片上系统给出了 ZigBee 点对点通信实验和 ZigBee 协议分析实验的操作步骤;针对 TP-Link 无线路由器,给出了通过 Web 界面进行配置管理的过程;结合 BlueSoleil 蓝牙管理软件给出了蓝牙配置和使用过程;最后,给出了在 Ubuntu 上安装 Hadoop,编写和运行 map/reduce 工程的过程。

习　　题

1. RFID 实验中串口的作用是什么?
2. 在 ZigBee 协议分析实验中如何用 Packer Sniffer 软件区别不同的节点类型?
3. 如何通过无线路由器实现无线 MAC 地址过滤?
4. 如何搭建蓝牙无线个人局域网?

思　考　题

1. 在 Eclipse 中编译好 Hadoop 工程文件后,如何导出并提供给 Hadoop 集群使用?
2. ZigBee 网络节点有几种数据收发方式?

参 考 文 献

[1] 刘鹏. 云计算[M]. 3版. 北京：电子工业出版社，2015.

[2] Thomas Erl, Zaigham Mahmood, Ricardo Puttini. 云计算：概念、技术与架构[M]. 北京：机械工业出版社，2014.

[3] 董西成. Hadoop技术内幕：深入解析MapReduce架构设计与实现原理[M]. 北京：机械工业出版社，2013.

[4] 刘刚，侯宾，翟周伟. Hadoop开源云计算平台[M]. 北京：北京邮电大学出版社，2011.

[5] 姚宏宇，田溯宁. 云计算：大数据时代的系统工程[M]. 北京：电子工业出版社，2013.

[6] 唐国纯. 云计算及应用[M]. 北京：清华大学出版社，2015.

[7] Barrie sosinsky. 云计算宝典[M]. 北京：电子工业出版社，2013.

[8] 李天目，韩进. 云计算技术架构与实践[M]. 北京：清华大学出版社，2014.

[9] 杨正洪，周发武. 云计算和物联网[M]. 北京：清华大学出版社，2011.

[10] 杨正洪. 智慧城市：大数据、物联网和云计算之应用[M]. 北京：清华大学出版社，2014.

[11] 张春红. 物联网技术与应用[M]. 北京：电子工业出版社，2011.

[12] 杜小桂，张学军，赵建强. 物联网信息安全[M]. 北京：机械工业出版社，2014.

[13] 刘化君，刘传清. 物联网技术[M]. 2版. 北京：电子工业出版社，2015.

[14] 徐光侠. 物联网及其安全技术解析[M]. 北京：电子工业出版社，2013.

[15] 李虹. 物联网与云计算：助力战略性新兴产业的推进[M]. 北京：人民邮电出版社，2014.

[16] 陆平，李明栋，罗圣美，钟健松. 云计算中的大数据技术与应用[M]. 北京：科学出版社，2013.

[17] 张为民. 物联网与云计算[M]. 北京：电子工业出版社，2012.

[18] 陆嘉恒. Hadoop实战[M]. 2版. 北京：机械工业出版社. 2012.

[19] ZigBee无线传感器技术与应用系统开发. 联创中控(北京)科技有限公司，2015.